人工智能与数字建造

胡涵清　邹爱华　刘　涛　徐振强　郭　飞　金苑苑◎著

U0387721

中国建筑工业出版社

图书在版编目（CIP）数据

人工智能与数字建造 / 胡涵清等著. -- 北京：中国建筑工业出版社，2024.6. -- ISBN 978-7-112-29987-4

Ⅰ. TU-39

中国国家版本馆 CIP 数据核字第 20246UB519 号

责任编辑：刘颖超　李静伟
责任校对：赵　力

人工智能与数字建造

胡涵清　邹爱华　刘　涛　徐振强　郭　飞　金苑苑　著

*

中国建筑工业出版社出版、发行（北京海淀三里河路 9 号）

各地新华书店、建筑书店经销

国排高科（北京）信息技术有限公司制版

北京市密东印刷有限公司印刷

*

开本：787 毫米×960 毫米　1/16　印张：22¾　字数：507 千字

2024 年 6 月第一版　　2024 年 6 月第一次印刷

定价：**50.00** 元

ISBN 978-7-112-29987-4

（42902）

在人类文明的长河中，技术革新在推动社会进步中发挥着越来越重要的作用。随着人工智能（AI）的兴起，我们正站在一个新的技术革命门槛上。《人工智能与数字建造》一书，正是在这样的背景下，向广大读者介绍了 AI 的基本概念及其与智能建造技术融合的前景，对于普及 AI 知识、促进 AI 应用有着重要意义。

在本书中，作者通过丰富的案例和深入的分析，展示了 AI 技术如何在医疗、教育、能源、城市建设等多个领域中发挥作用，以及这些应用如何推动了社会的数字化转型。人工智能与数字建造的结合，不仅仅是技术层面的创新，更是一种全新的生产方式和思维方式的变革。本书的内容既可作为学术前沿的探讨，又可作为前沿信息技术知识的科普。

特别值得一提的是，作者对人工智能芯片的发展历程进行了细致的梳理。从初级阶段到未来发展，不仅介绍了技术前沿，还探讨了 AI 芯片在实际应用中的进展，为我们理解 AI 技术的核心驱动力提供了宝贵视角。书中对智能产业的讨论同样精彩。无论是数字化转型、数字化产业、金融科技，还是智慧教育、智慧医疗、智慧交通，作者都从技术、战略和实践三个层面进行了全面阐述，展示了 AI 技术如何推动产业的智能化升级。

我相信，这本书将为所有对 AI 技术、数字经济以及未来发展趋势感兴趣的读者，提供宝贵的知识储备和思想启发，有助于做好充分准备，共同迎接未来的挑战与机遇。

清华大学：顾秉林院士

2024 年 5 月 22 日

在当今信息时代，人工智能和大数据正以惊人的速度改变着我们的生活和工作方式。从医疗、教育到交通和金融，几乎没有哪个领域不受这两项技术的影响。它们不仅在技术层面上引领着创新的潮流，更在社会、经济和文化层面上引发了深远的变革。《人工智能与数字建造》旨在为读者提供一幅全面而详细的人工智能与大数据发展的全景图，涵盖从基础概念到前沿技术及其广泛应用。

第 1～3 章为全书打下了坚实的基础。从人工智能的起源和定义开始，回顾了其发展历程，探讨了大数据的特征及其与人工智能的紧密关系，分析了两者在应用中的机遇与挑战。尤其是第 3 章深入介绍了人工智能芯片的发展历程、技术前沿与应用进展，展示了硬件在推动 AI 发展中的关键作用。这些章节旨在帮助读者建立对人工智能和大数据的全面认识。

第 4、5 章进一步深入技术与应用。涵盖了数据挖掘、机器学习、神经网络和深度学习等核心技术，并展示了人工智能在计算机视觉、自然语言处理和语音处理等实际应用中的广泛应用。此外，分析了人工智能的当前发展状况及其未来趋势，从政策、技术和产业等多角度进行全面解读，帮助读者了解最新的行业动态和未来前景。

第 6～8 章聚焦于数字经济及其相关基础设施的发展现状和未来趋势。深入探讨了数字资产和数字经济范式的核心概念及其应用，阐述了如何利用这些技术推动经济和社会的全面数字化。这部分内容展示了数字经济对各行业的深远影响，并提供了实践中的成功案例和经验教训。

最后，第 9～12 章关注智能产业、智慧城市和智能制造。详细探讨了各个领域的数字化转型路径和实践案例，展示了数字技术如何重塑传统产业和城市结构。

本书描述了当今世界人工智能与数字建造重要成果,作为该领域的研究者、实践者和受益者，我们希望通过这本书向广大读者传递最新的研究成果和技术动态，帮助他们更好地理解和应用这些技术。无论您是希望深入了解技术细节，还是只想掌握基本概念，本书都能为您提供有价值的参考。希望本书能成为您了解人工智能和大数据的有益指南，助您在这一领域的学习和工作中取得更大的进步。

胡涵清

2024 年 5 月

人工智能概述

1.1 人工智能的起源和定义

如果不进行深入的历史回溯，人工智能的起源现在已经变得非常清晰。人们普遍认为，现代人工智能的根源可以追溯到 1956 年的达特茅斯大会。在 1956 年的夏天，麦卡赛、明斯基、香农和罗切斯特等一群具有远见和卓识的年轻科学家聚集在一起，共同探讨和研究使用机器模拟智能的一系列相关问题。他们首次提出了"人工智能"这个术语，这标志着"人工智能"这个新兴学科的正式诞生。在这之前，尽管存在相关的专业术语，但并不是所有人对人工智能领域的命名都持有一致的看法。

从严格的角度看，历史上存在许多关于人工智能的定义，这些定义在帮助人们更好地理解人工智能时都发挥了关键作用，有时甚至是非常重要的。例如，在达特茅斯会议的提议文件中，对于人工智能的未来目标，设想是"开发一台能够模拟学习或智能的机器，只要这些特性能够被准确地描述"（Every aspect of learning or another feature of intelligence can in principle be so precisely described that a machine can be made to stimulate it）。这一预期目标曾被视为人工智能的一个定义，并对人工智能的进步产生了深远的影响。

直到现在，尚未有一个被广大群众普遍接受的准确的人工智能定义。然而，目前最普遍接受的 AI 定义主要有两种：一种是明斯基所提出的："人工智能是一种科学领域，其目的是让机器能够完成那些人类需要依赖智能来完成的任务"；来自美国斯坦福大学人工智能研究中心的尼尔森教授提出了一个更为专业的定义，那就是"人工智能是一门以知识为核心的科学"。这里的"知识的科学"指的是对知识的呈现、知识的收集以及知识的实际应用。

在这两种定义里，专家们更倾向于选择第二种定义。原因相当直接，因为在第一个定义里，涉及两个尚未明确的概念：一个是关于人，另一个是关于智能。人的定义是什么？智能的定义是什么？直到目前，这个问题仍然难以给出明确的答案。与此相对，第二个定义只触及了一个尚未明确的概念，即知识。在"人""智能"和"知识"这三个核心概念中，知识的研究应当是相当深入和全面的。与此同时，人与智能的概念与知识有着密切的联系，并且知识构成了智能的根基。在缺乏知识的情况下，很难识别出智能的真正含义。

因此，通常而言，AI 研究的核心是知识的呈现、知识的收集以及知识的实际应用。尽管各个学科都致力于探索不同的知识领域，但我们必须认识到，所有学科的核心目标都是知识的发现。例如，数学专注于研究数学领域的知识，而物理则研究物理领域的知识等。人工智能的目标是探索那些不受特定领域束缚、可以应用于各种领域的知识，这包括知识的表示、获取方式以及知识应用的普遍规则、计算方法和实施策略等。因此，与其他学科相比，AI 展现出了广泛的适应性、移动性和渗透能力。通常，当我们将人工智能的知识融入特定的学科中，也就是通常所说的"AI +某一学科"，那么就有可能孕育出如生物信息学、计算历史学、计算广告学、计算社会学等全新的学科领域。因此，掌握人工智能的知识已经不只是对从事人工智能研究的人的期望，同时也是这个时代的需求。

1.2　人工智能的进展

基于之前的讨论，我们明白要真正理解人工智能，就需要探讨如何在普遍意义上明确知识的定义。概念构成了知识的核心单位。要想真正精通并掌握某一领域的知识，首先需要从该领域的基础概念着手进行学习。知识本质上也是一个独立的概念，因此，在人工智能领域，如何准确地定义这一概念具有至关重要的作用。

为了简洁明了，我们首先来探讨最基础的经典观念。经典概念的定义分为三个部分：第一部分是概念的符号表示，即概念的名称，说明这个概念叫什么，简称概念名；第二部分是概念的内涵表示，由命题表示，命题就是能够判断真假的陈述句；第三部分专注于概念的外延描述，通过经典的集合来呈现，旨在阐明与该概念相对应的实际实体是什么。经典的概念定义分为三个部分，每个部分都有其独特的功能，并且它们之间不能相互替代。更准确地说，一个概念具有三种功能或作用，要想真正理解一个概念，就必须明确它的这三种功能。

首个功能涉及概念的指代功能，也就是指向客观世界中的实体，并展示这些实体在客观世界中的可观测性。对象的可观测性描述的是对象对人或设备的感知特点，这并不取决于人们的主观体验。以温度计为例，它是一个用于测定物体温度的工具。不管一个人是否能够感知到物体的温度，温度计都有能力精确地测定物体的实际温度。物体的可观测性依赖于其热量和温度传递的物理属性，这与人们的主观体验并没有直接关系。第二个功能是指心功能，也就是指向心智世界中的对象，代表着心智世界中的对象的表示。当我们的目光落在一幅艺术作品或一张摄影作品上时，这些作品能够引述我们心智世界里的各种人物、实体或视觉场景。在我们的思维中，这些图像象征着真实存在的实体。这一概念中的指心功能肯定是存在的。如果一个人未能实现某一概念的指心功能，那么这个词对此人来说是不可见的，简而言之，此人并不真正理解这个概念。最后一个功能是指名功能，即指向认知世界或符号世界表示对象的符号名称，这些符号名称构成了各种语言。乔姆斯基的"colorless green ideas sleep furiously"是最为人们所熟知的例子，这句话的意思是"无色的绿色思想正在愤怒地休憩"。这句表达并不具有太多的含义，但它确实与语法相吻合，它仅仅是在一个语义符号的世界中，也就是指向那个符号的世界。当然，"鸳鸯两字怎生书"实际上是指由"鸳""鸯"这两个字构成的名字。通常，一个概念的指定功能是基于多种语言或符号系统，这些系统是由人类创造出来的，属于我们的认知领域。在不同的符号体系中，同一概念的名称可能会有所不同，例如在汉语中被称为"雨"，而在英语中则被称为"rain"。

　　一旦理解了这一概念的三大功能，我们便能够洞察人工智能的三大流派以及它们之间的相互联系。人工智能不仅仅是一个抽象的概念，为了让这个概念真正实现，它必须具备三大核心功能。人工智能有三个主要的研究方向，它们专注于如何赋予机器人工智能的特性，并根据不同的功能概念提供了各自的研究路径。致力于实现AI指名功能的人工智能流派被称为符号主义。西蒙和纽维尔是符号主义的领军人物，他们提出了一个物理符号系统的假设，即只要在符号计算上实现了相应的功能，那么在现实世界中就能实现相应的功能，这是实现智能的充分必要条件。因此，符号主义的观点是：只要机器上的描述是对的，那么真实的世界便是对的。用更通俗的话来说，如果指名正确，那么指代的对象自然也是准确的。专注于AI指心功能实现的人工智能学派被称为连接主义。连接主义主张大脑是所有智能活动的核心，主要研究大脑神经元和它们之间的连接方式，旨在揭示大脑的结构和信息处理机制，以及人类智能的根本工作原理，并在计算机上进行相应的模拟试验。致力于实现AI指物功能的人工智能流派被称为行为主义。行为主义的观点是，智能是基于感知和行为来决定的，它不依赖于知识、表达或推断，只需展示智能的行为，也就是说，只要能够实现指代功能，就可以被视为具备智能。

　　总结来说，符号主义的观点是：只要能够实现指定功能，人工智能就有可能成为现实；连接主义的观点是：只要能够实现指心功能，人工智能就有可能成为现实；行为主义的观点是：只要能够实现指物功能，人工智能就有可能成为现实。尽管人工智能的三个主要流派已经取得了显著的进步，但它们也各自面对着巨大的挑战。简而言之，人工智能的三大理论流派之所以能够成立，是因为它们的指名、指物和指心功能是相等的。

　　但这个假设真的适用吗？在人工智能的早期研究中，经典概念被广泛应用，而这些经典概念通常基于五个核心假设：首先，这些概念的外延可以通过经典集合来描述；其次，概念的深层含义可以通过命题来表示；再次，指称对象的外延描述与其内涵描述的名称是一致的；然后，概念意味着它是唯一的。也就是说，对于同一个概念，每个人的表述都是相同的，与个体无关；最后，在指称对象上，概念的内涵和外延表示具有相同的功能。从上述的五个前提假设中，我们可以清晰地观察到，经典概念中的指心、指物和指名功能是相互等同的，也就是说，指名代表了指物和指心。然而，我们在日常生活中所使用的概念往往不能满足经典概念中的五个基本假设，因此也无法确保它们在指心、指物和指名功能上具有等效性。在《周易·系辞上》这本书中，也提到"书不尽言，言不尽意"，这明确表示指名、指心和指物并不总是等同的。接下来，我们将展示两个实例，以阐明在日常生活中，概念的指名和指物功能并不是完全相同的。

在微信平台上，有一个广为流传的笑话：某人声称手头拥有一个亿资金，如果有人有任何项目，请及时通知我，我们可以共同投资。否则，再晚些时候，我就会洗手不干了。听众误以为这是一个物品，也就是说，确实拥有数亿的资金。但实际情况是，此人仅仅在他的手上写下了"一个亿"这三个字。此处明确指出，"手里有一个亿"其实只是代表"一个亿"的符号。这则笑话显然是被利用的。

对于概念的指名和指代对象，它们并不总是具有相同的性质。在西方的绘画历史中，存在一幅非常知名的画作，画中描绘了一个烟斗，但题字却错误地称其为烟斗。这显然是为了强调符号与实际物体的差异，也就是说，指名和指代的对象并不是等价的。在日常生活中，我们经常可以看到指名和指心并不是等同的情况。

总的来说，在日常生活中，概念的指名、指物和指心功能并不是等同的，仅仅实现概念的一个功能并不能确保它具有智能。同理，仅仅遵从某一学派是不足以推动人工智能的实现的，目前的人工智能研究已经不再过分强调遵从单一的人工智能学派。在许多情况下，人们会融合不同流派的技术手段。例如，起源于专家系统的知识图谱已经不再完全沿着符号主义的路径发展。AphaGo 在围棋比赛中击败了人类顶级棋手，并综合运用了三种不同的学习算法：强化学习、蒙特卡罗树搜索和深度学习。这三种算法分别属于三个不同的人工智能流派，其中强化学习是行为主义的，蒙特卡罗树搜索是符号主义的，而深度学习则是连接主义的一部分。另外，无人驾驶技术是一种综合性的技术，它成功地突破了人工智能的三大分支的限制。

尽管人工智能至今仍在不断发展，并且已经取得了显著的进步，但各流派的融合已经成为一种不可逆转的趋势。特别是在大数据和云计算的推动下，新一代的人工智能技术将引领社会进入第四次技术革命。

尽管如此，当前的人工智能仍然存在明显的不足，它所依赖的知识表示仍然是基于传统观念的。图灵测试的论文是在 1950 年发表的，那时，人们对经典概念的普遍适用性还没有提出疑问，因此，其所使用的概念是基于经典概念的。在进行图灵测试时，人被视为最核心的概念之一，涵盖了提问者与回答者。然而，图灵测试并没有明确定义哪种人才是合适的提问者或回答者，是中国人、英国人、圣人、智力障碍者，还是装傻者？在图灵测试中，如果人们有一个经典的定义，那么确定哪种人是提问者和回答者将变得相对容易。遗憾的是，我们不能简单地用传统的概念来定义一个人。

经典的观念仍然基于指心、指名和指物的等价性，这与人们的日常生活体验大相径庭，显得过于简化。在我们人类的日常生活中，概念的具体指代并不总是等同的。在以经典观念为基础的知识表示体系中，当前的机器性能有时表现得相当不佳，不仅缺少基本的常识和理解能力，而且在应对突发事件方面也表现得相当不足。事实上，维特根斯坦在 1953 年发布的《哲学研究》一书中明确指出：我们在日常生活中所使用的诸如"人"这样的概念，并没有一个被广泛接受的经典定义。这事实上为图灵测试引入了相当大的不确定因素。因此，当传统的概念表示方法不适用时，如何有效地进行概念描述成为一个极具挑战性的议题。在未来，人工智能有潜力通过整合各种不同的思想流派和使用更为灵活的知识表达方式，更有效地模拟人类的思维模式和理解能力，以便更好地解决复杂的现实世界问题。

第2章

人工智能与大数据

2.1 大数据的特征

大数据（Big Data）也被称作巨量资料，这一术语的起源可以追溯到1980年，著名的未来学家阿尔文·托夫勒所著的《第三次浪潮》一书。知名的研究机构Gartner对大数据的定义是：只有采用新的处理方式，我们才能拥有更高的决策能力、更强的洞察和发现能力，以及更好的流程优化能力，以适应信息资产的海量、高速增长和多元化需求。IBM所描述的大数据拥有5V的特性，这主要包括：第一是Volume（大量），这意味着数据量巨大，达到了PB级别或更高，也就是我们常说的大数据量。第二是Velocity（高速行驶），在互联网时代的背景下，随着移动网络向5G的升级，数据生成和传输变得更加方便和高效。第三是Variety（多样性），大数据的种类非常丰富，不仅包括文字和图片，还涵盖了语音、视频、地图定位和网络日志等多种信息，共同构建了一个多元化的数据环境。第四是Value（低价值密度），是指从大量的数据集中抽取出相互关联且具有价值的信息。第五是Veracity（真实性），是指数据的来源是真实且有效的。

2.2 人工智能的特征

人工智能，也被称为Artificial Intelligence，其英文缩写是AI。人工智能建立在计算机技术之上，旨在通过模仿人类的智慧来达到智能化的目标。它在当代科技领域占据了核心位置，并在医疗、金融、交通和军事等多个行业中得到了广泛应用。人工智能以其智能化、自主性、适应性、高效性、可靠性以及创新性等多个特质而著称。由于这些独特的属性，人工智能在当代科技领域占据了不可忽视的位置和拥有无可比拟的实用价值，对于促进社会经济增长和人类文明的向前发展发挥了不可或缺的作用。

1. 智能化

人工智能最显著的特性便是其高度智能化。它具备与人类相似的思维、评估、决策能力，甚至有可能超过人类的智慧水平。通过模仿人类的智慧，人工智能有能力独立地学习和进化，从而不断地提升其智慧和应用技能。

2. 自主性

人工智能拥有独立的决策能力。该系统能够根据任务的具体需求和环境的不断变化，独立地做出决策和执行操作。举例来说，在自动驾驶汽车领域，人工智能技术能够依据道路状况和交通法规，独立地驾驶车辆并调整行驶速度。

3. 适应性

人工智能显示出了高度的适应能力。该系统能够根据任务的不同需求和环境的不断变化，灵活地调整其应用技能和智能水平。比如说，在医学领域，人工智能有能力根据各种不同的疾病状况和诊断要求，独立地进行疾病的诊断与治疗。

4. 高效性

人工智能展现出了高效的工作性能。它有能力在极短的时间里完成众多任务并处理海量的数据。比如说，在金融行业，人工智能能够通过对市场数据和交易信息的深入分析，迅速地制定出合适的投资策略和风险管理措施。

5. 可靠性

人工智能显示出了高度的可靠性。该系统能够根据任务的具体需求和环境的不断变化，独立地做出决策和执行操作，以确保任务的顺利完成和数据的安全性。举例来说，在军事应用中，人工智能能够通过对战场状况和敌方情报的深入分析，独立地构建作战策略和战术方针。

6. 创新性

人工智能展现了其独特的创新之处。它有能力模仿人类的聪明才智和思考模式，从而独立地进行创新和创造。举例来说，在科研领域，人工智能有能力通过对试验数据和研究成果的分析，独立地探索新的科学法则和技术应用。

2.3　人工智能与大数据的关系

当谈到人工智能（AI）与大数据时，它们常常被视为相互依存、相互促进的关系。这两个领域的交叉点产生了许多令人振奋的创新和发展。

大数据为人工智能提供了必要的基础。AI 系统需要大量的数据来进行训练和学习，以便能够做出准确的预测、决策或执行任务。大数据提供了这种丰富的信息资源，使得 AI 模型能够通过分析这些数据来发现模式、趋势和规律，从而不断优化自身的性能。同时，人工智能技术也为大数据的处理和分析提供了强大的工具和方法。AI 能够帮助处理大规模的数据集，加速数据的清洗、转换和分析过程。例如，机器学习算法可以用于识别数据中的模式，自动化数据分类或预测趋势，从而帮助分析师或决策者更好地理解数据背后的含义。

人工智能和大数据的结合也推动了智能决策系统和预测模型的发展。通过利用大数据的洞察力，AI 可以建立更精确的预测模型，帮助企业和组织做出更明智的决策。这些决策可能涵盖市场趋势、客户行为、风险管理等多个领域。这种关系也面临一些挑战。例如，数据的质量、隐私和安全问题是人工智能和大数据发展过程中的重要考量。AI 模型的准确性和可靠性取决于所使用的数据，因此，确保数据的质量和可靠性是至关重要的。

总的来说，人工智能和大数据的结合创造了一个相互促进、互相支持的生态系统。它们共同推动着科技的发展，并在多个领域展现出巨大的潜力，从智能城市到医疗保健，从金融服务业到制造业等。

2.4 大数据与人工智能的机遇与挑战

2.4.1 大数据与人工智能面临的困境

前行的旅程并非一帆风顺，特别是对于一个刚刚诞生才过十年的新兴学科而言。就在研究者们基于已有的研究成果努力向更高的标准迈进时，一系列的挑战和问题也紧随其后。

1. 数据隐私与安全问题

随着大数据技术的持续增长和普及，保护个人隐私的重要性日益凸显。在大数据的背景下，计算机网络技术能毫不费力地获取用户的私人数据，还能迅速地进行数据处理和深度挖掘。大量的数据采集和分析活动有可能引发个人敏感信息的外泄和不当使用。与此同时，黑客和其他恶意行为者的威胁也在不断上升，这对数据安全形成了威胁。在大数据的时代背景下，拥有大数据资源等同于掌握了该行业的核心资源。企业利用大数据技术来明确自己的定位，进而为其未来的发展路径提供指导。这些企业或机构，在利用大众的大数据来追求最大的资本收益时，对个人的自由和隐私安全构成了前所未有的风险。在应用大数据和人工智能技术时，确保数据的隐私保护和安全性变得尤为重要和紧迫。

2. 偏见和歧视问题

在计算机科学的研究中，有一种被称为"偏见进，偏见出"的观点。如果所收集和使用的数据可能是不客观的，甚至可能含有偏见，那么基于历史数据的大数据和人工智能系统在训练和学习时可能会对某些特定的群体或个体产生偏见和歧视。在历史数据中，如果出现了偏见或不公正的模式，那么人工智能系统可能会再次展现这些偏见。这样的偏见和歧视有可能在招聘、贷款和法律等多个方面出现，从而给社会带来不公平和不平等的现象。

另外，"回音壁效应"（Echo Chamber Effect）进一步催生了社会偏见、数据偏见、算法偏见和商业偏见，形成了一个反馈循环机制，这一动态传递过程最终加强了现实生活中的社会偏见。如图 2.4-1 所示：首先，我们不能忽视现实生活中存在的各种社会偏见；其次，由人类行为模式生成的大数据真实地反映了现实生活中的社会偏见；然后，算法通过学习和分析训练数据，揭示了数据中隐藏的人类偏见；接着，依赖于算法赋予能力的商业平台为了追求经济利益而实施了算法偏见，这进一步导致了商业偏见的形成；最终，

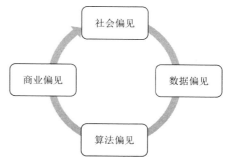

图 2.4-1　偏见反馈循环图

商业偏见以其强大的影响力再次塑造了我们所生活的现实世界。很明显，这种封闭的系统会通过不断的循环来加强现实生活中的社会偏见。

相关性意味着在两个变量之间，一个变量的变动与另一个变量的变动是相互关联的。存在一些相互关联的关系，它们是复杂且非线性的。在这种情况下，我们需要加入更多的新变量来衡量高维度的相关性。随着更多新变量的加入，数据的其他整体指标将会下降，因此，在度量复杂数据的相关性强度时，需要进行综合考虑。然而，这个问题具有相当的复杂性，并且难以给出合理的解释。

寻找相关的联系需要依赖于经验的评估，这主要体现在数据选择方面。首先，我们在实际应用中所选择的数据并不总是具有代表性，因此可能不能准确地反映出数据的基础分布状况。例如，在研究某一疾病的致死率时，如果仅依赖医院急症科的数据，那么得出的致死率可能远高于社会总体人群的实际死亡率。相对地说，当研究某一疾病的痊愈率时，选择急症科的数据可能会使其比率远低于社会总体人口。上面提到的只是一个简略的例子，许多实际的研究可能会变得更为复杂。其次，在选择复杂相关关系中的其他变量时，除了最初的数据选择外，其余的也是基于经验的。比如，有一名商人研究了天气状况与冰激凌销售量之间的相关性，但得到的数据并没有充分反映出相关性的强度。在这种情况下，他需要挑选其他变量，以便获得明显的相关性，从而为后续的决策提供指导。他是否会失去某些有价值的联系，很大程度上取决于他选择的时间、职业或其他因素。此外，描述所有数据之间的关联关系是相当困难的。关联关系建立在相互依赖的变量发生变化的基础上，如果没有这些变化，那么就不存在真正的关联。然而，在实际情况中，某些明确相关的数据可能展现出令人困惑的差异，或者保持不变。以辛普森悖论为研究对象，这一悖论明确表示：当存在此类数据时，整体的统计数据与其各个子部分的统计数据是相反的。以新药的测试为例，从总体数据来看，使用这种药物的男性患者的痊愈率明显高于不使用该药物的男性患者；同时，女性患者的痊愈率也超过了不使用该药物的女性患者。然而，从总体数据来看，使用这种药物的患者的恢复率明显低于不使用该药物的患者。换句话说，基于统计资

料了解患者的性别后，使用这种药物对治疗是有利的；在不了解患者的性别的情况下，使用这种药物对治疗没有任何帮助，这无疑是荒唐的。问题出现的根本原因是数据之间的内在联系相当复杂，简单地进行数据分解可能会导致不同的子组表现出不均衡的形态。

3. 就业和劳动力变革

大数据与人工智能的普及有可能给就业市场带来显著的变革，并对我国的劳动力供应质量构成带来深远的影响。从一方面看，劳动市场中有一些职位出现了空缺。随着人工智能的快速发展，劳动力供应的质量更新速度难以跟上。我国培养的高技能人才数量已经不能满足当前人工智能发展的高技能需求。因此，各个行业对高技能型劳动力的需求正在持续增长。随着技术的不断更新和升级，需要与之相匹配的技术型人才来应用这些技术。这导致高技能劳动力变得越来越稀缺，一些产业甚至出现了高薪聘用但无人应聘的情况。与此同时，随着人们消费观念的转变和生活品质的持续提升，一些高风险且工作环境恶劣的职位和高技能职位都面临着被忽视的风险。这两个因素共同作用，导致了当前劳动力市场中部分职位空缺的情况。从另一个方面看，劳动市场也面临着没有工作岗位可供雇佣的问题。人工智能在提升劳动生产率方面表现为资本和技术结构的优化，这意味着仅依赖较少的劳动力就能增加生产资料的获取，从而在客观上减少了对劳动力的依赖。与此同时，那些不能满足新的生产技能需求的劳动者数量却在相对上升，这两种趋势直接导致了劳动岗位的减少，众多劳动者面临岗位空缺，从而引发了技术性的失业问题。被人工智能替代的低技能劳动者在劳动市场上的竞争力已经减弱，导致供应超过了需求，使得寻找工作变得困难。

4. 道德与伦理问题

随着大数据和人工智能在日常生产和生活中的广泛应用，人类在自然和社会中的主导地位可能会受到削弱，从而引发主体性的危机。人工智能在信息收集、分析、推断和决策方面的高效能力是人类难以达到的。如果通过人工智能对数据进行深入分析并得出"最优解"以做出决策，那么就失去了完全自主决策的先验条件。不管是人们利用人工智能进行决策，还是直接让人工智能进行判断，人工智能的介入都会对人们的判断产生影响。

人工智能由于其固有的安全隐患，当发生意外或对他人造成伤害时，其固有的独立性和不可预知性可能会对责任承担构成威胁，导致受害者无法得到应有的补偿。在人工智能伦理研究中，如何明确责任成为一个核心议题。欧盟和英国等国家已经开始思考制定新的责任准则，例如通过保险和赔偿基金来分摊事故造成的损失，但要真正解决这些责任问题，还有很长的路要走。弱人工智能不具备独立思考和自主决策的能力，它仅仅是一个算法模型的辅助工具，无法承受由于运行错误或失误造成的损害。当发生事故时，可以利用类似飞机的"黑匣子"功能来确定责任，分析事故是由于出厂设计失误、外部数据劫持还是错误使用造成的，责任应由产品设计公司、供应商还是使用者自己承担。因此，这个议题的研究焦点主要集中在拥有独立判断和决策能力的人工智能体上，例如自动驾驶汽车或陪伴机器人对人造成的伤害，是否应该让这些人工智能体承担相应的法律或道德责任，以及这些智能体应如何承担这些责任？首先，我们需要深入探索人工智能的核心地位，并在此基础上从法律和道德两个方面来思考责任问题。人工智能算法固有的诸如不透明性、难以理解和难以解释的特点，使得确定责任变得异常困难，前景看起来非常不明朗。当我们面临这些挑战时，有必要出台相关的政策和法律，以确保数据的隐私得到保护，消除歧视、增加透明度，并保障人工智能技术得到合理且负责任的应用。与此同时，跨学科的研究与合作显得尤为关键，目的是解决当前的难题，并促进大数据和人工智能的持续进步。

2.4.2　大数据与人工智能的前景

大数据技术与人工智能的融合为未来创造了巨大的潜力和机会。鉴于我国已经把人工智能的发展提升为国家级的战略目标，政府无疑会增加更多的人力和物力投入，以推动这一领域的进一步发展。在人工智能技术的助力下，当前的行业已经经历了翻天覆地的变革，科技正在重塑我们的生产和生活模式，为人们带来了前所未有的便利。在未来，人工智能技术预计将作为基础元素，对各个行业进行全面重塑和深化。尽管人工智能技术的发展势头强劲，但仍有一部分相对传统的人无法适应这类技术所带来的变革，因此，不愿意接受这项技术的人最终会被愿意接受它的人所替代。

我国在人工智能的发展上拥有市场规模、应用场景、数据资源、人力资源、智能手机的普及、资金投入和国家政策支持等多方面的综合优势，因此，人工智能的发展前景非常乐观。2017 年，全球领先的管理咨询公司埃森哲发布了一份名为《人工智能：助力中国经济增长》的报告。该报告指出，截至 2035 年，人工智能有潜力将中国的劳动生产率提升 27%。根据我国公布的《新一代人工智能发展规划》，预计截至 2030 年，人工智能的核心产业将达到超过 1 万亿元的规模，并带动相关产业的规模进一步扩大至超过 10 万亿元。在我国即将到来的发展阶段，"智能红利"将有潜力填补人口红利的缺口。

事物的发展不可能始终保持在高峰，高潮时总会有低谷，这是一个客观的规律。要让机器在各种实际环境中实现自主和通用的智能，仍需长时间的理论和技术积累。同时，人工智能在工业、交通、医疗等传统行业的应用和整合是一个漫长的过程，不可能一蹴而就。因此，在推进人工智能的发展过程中，我们必须深入考虑人工智能技术的局限性，并充分认识到人工智能对传统产业进行重塑的长期性和困难性。我们需要理性地分析人工智能的发展需求，合理地设定发展目标，明智地选择发展路径，并务实地推动人工智能的发展措施。只有这样，我们才能确保人工智能的健康和可持续发展。

对于人工智能可能会替代人类的担忧，有些人过于担忧。人工智能技术正在快速进步，尽管它确实激起了关于人类伦理的讨论，但技术的最终目的仍然是服务于人类，而不是替代人类。只要我们能够明确地设定发展目标，确定正确的发展路径，并致力于构建一个全面而系统的智能社会，合理地运用科学的力量，使技术能够更好地服务于人类社会，那么科学家和研究人员的愿望便有可能得以实现。

第 3 章

人工智能与芯片

3.1 人工智能芯片发展概述

3.1.1 人工智能芯片概况

从更广泛的角度看，人工智能芯片是专为处理人工智能应用中的众多计算任务而设计的模块，也就是说，所有面向人工智能的芯片都被称作人工智能芯片。狭义上的人工智能芯片是指为人工智能算法进行了特别的加速设计的芯片。"无芯片不AI"这一观点强调，以人工智能芯片为基础的计算能力是衡量人工智能发展程度的关键指标。因此，开发更加侧重于超速计算能力的人工智能芯片已经成为推动人工智能产业快速发展的核心要素之一。

根据不同的应用场景，人工智能芯片可以被分类为云端（服务器侧）和移动端（边缘侧）这两种类型；根据芯片的功能特性，它们可以被划分为训练和逻辑推断两大类别。基于技术框架，处理器可以被分类为通用处理器、特定用途的处理器以及可重构的处理器三种类型。

冯·诺依曼体系结构是通用处理器的基础，其中常见的处理器包括 CPU、GPU和 DSP。CPU 拥有极高的通用性，能够生成复杂的控制流。然而，对于人工智能芯片来说，深度神经网络算法的执行过程几乎不需要额外的控制，数据流才是主要的计算组成部分，因此，CPU 在并行计算处理方面的能力相对较弱。相较于 CPU，GPU 的处理器架构具有大量的算术逻辑单元（ALU），这使得它能在大规模的并行计算过程中发挥最大的优势，特别是在模拟大型人工神经网络时，GPU 架构具有更大的优势（图 3.1-1）。

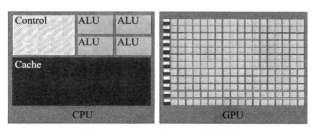

图 3.1-1　CPU 与 GPU 架构图

所谓的专用处理器是指专门的集成电路（ASIC），而 ASIC 则是为特定计算网络结构定制的人工智能专用芯片，它是通过硬件电路来实现的。在网络模型算法和应用需求保持不变的前提下，算法的"硬件化"确实带来了如高性能和低功耗等显著优势，但同时也存在一些明显的不足。从一方面看，ASIC 芯片的研发过程需要巨大的资金投入和相对较长的研发时间；而从另一方面来看，一旦 ASIC 芯片进入大规模生产阶段，其硬件结构就无法进行任何改动。可重构处理器是一种基于可配置处理单元构建的处理器，它利用处理器的实时动态配置功能来调整存储器与处理单元之间的连接方式，从而实现软硬件的协同设计。可重构处理器可以根据软件的不同需求调整其硬件架构和功能。它不仅具有通用处理器的灵活性，还拥有专用处理器的低功耗和高性能特点，能够满足人工智能芯片"软件定义芯片"的需求，符合人工智能芯片未来的发展方向。

3.1.2　人工智能芯片发展阶段

1. 人工智能芯片初级阶段

在第一阶段，自 2016 年人工智能芯片初次崭露头角至今，其架构设计已经相当稳固。与之相关的编译器技术也日益成熟，从而使得整个行业的格局逐渐形成。毫不夸张地说，当前的人工智能芯片的硬软件技术已经为其大规模的商业应用做好了充分的准备。这种类型的芯片主要是基于 CPU、GPU、DSP、FPGA 等传统芯片架构来执行深度学习算法，并主要在云端进行部署。

在云端的训练过程中，深度神经网络所需的计算资源是巨大的，并且其数据和计算可以实现高度地并行处理。GPU 不仅拥有处理大量数据的并行能力，还为浮点矢量运算提供了丰富的计算资源，这与深度学习的实际需求高度吻合，使其成为云端训练的核心芯片，并以超过 70% 的市场份额领先于其他竞争者。然而，由于 GPU 无法支持复杂的程序逻辑控制，仍然需要依赖高性能的 CPU 来构建一个完整的计算系统。

与训练环节相比，云端的推理过程所需的计算量较少，但依然需要进行大量的矩阵计算。尽管 GPU 还在使用中，但它并不是最佳的选择，更倾向于使用不同的计算框架来完成云端的推理工作。FPGA 不仅增强了芯片应用的适应性和编程能力，而且与 GPU 相比，它具有更出色的计算性能和更低的能耗，这在云计算加速领域具有显著的优势。在产业应用尚未大规模发展的情况下，利用这种现有的通用芯片可以规避专门为 ASIC 研发所需的高额投资和风险。然而，由于这些通用芯片最初的设计目的并不是为了深度学习任务，因此，在性能和功耗等方面存在明显的限制。随着人工智能应用的规模逐渐扩大，这些问题也越来越引人关注。

2. 人工智能芯片发展阶段

随着新计算模式的出现，通常会产生新型的专用计算芯片。面对人工智能时代对计算能力的巨大需求，学术界和产业界纷纷提出了各自的解决方案。其中，谷歌（Google）的 TPU、麻省理工学院（MIT）的 Eyeriss、韩国科学技术院（KAIST）的 UNPU 和寒武纪的 1A 是具有代表性的芯片。这些芯片在大规模量产的情况下，具有性能更强、体积更小、功耗更低、成本更低等优势。当前，有一部分公司通过运用语音识别、图像识别和自动驾驶等先进算法进入人工智能行业，并期望通过开发匹配算法定制的芯片和产品来实现盈利目标。

目前，深度学习的部署正逐渐从云端向端进行赋能，但大部分应用于云端的人工智能芯片都面临着高功耗、低实时性、带宽不足和数据传输延迟等问题，这些问题使得它们难以满足边缘计算的实际需求。与云端相比，边缘端推理的应用场景更为丰富和多样。智能手机、可穿戴设备、ADAS、智能摄像头、语音交互、VR/AR、智能制造等边缘智能设备的需求各不相同，因此需要更加定制化、低功耗、低成本的嵌入式解决方案。这为初创公司提供了更多的机会，可以根据不同的细分市场来设计差异化的产品。考虑到未来的市场规模，边缘计算芯片在智能终端的推动下，其市场规模将超过云端数据中心芯片市场的五倍。在接下来的几年里，我们有望见证一个 "AI 与芯片无关" 的时代。随着人工智能应用的逐步普及，基础技术和硬件的方向变得更为明确，这将引发各种芯片公司之间的激烈竞争。

3. 人工智能芯片进阶阶段

在当前的发展阶段，随着深度学习算法的持续进化，现有的芯片架构已经不能满足日益增长的计算能力要求、更低的能耗需求以及实现不断涌现的多种算法。因此，架构创新成为人工智能芯片发展的必经之路，其中可重构计算架构被认为是最具代表性的技术之一。可重构计算架构是一种位于通用处理芯片和专用集成电路之间的新型体系结构，它利用可配置的硬件资源，根据不同的应用需求灵活地重构自身。这种架构具有通用计算芯片的兼容性和专用集成电路的高效性，因此被《国际半导体技术路线图》（2015 版）评为 "后摩尔" 时代最具发展前景的未来通用计算架构技术。美国国防部推进的 "电子复兴计划"（ERI）也将这项技术纳入了未来芯片的关键支撑体系结构技术列表中。可重构的计算框架完全满足了各种人工智能算法对特定计算芯片的需求，并确保了算法与硬件的持续进化，这使其成为人工智能芯片设计中的理想选择。在采纳了可重构的计算框架后，软件的定义不再仅仅局限于其功能，算法的计算准确性、表现和能源效率等方面都被纳入了软件定义的考虑范围内。可重构计算技术利用其实时动态配置的优势，实现了软硬件的协同设计，从而为人工智能芯片提供了极高的灵活性和应用范围。

美国 Wave Computing 公司推出的 DPU 芯片与清华大学微电子学研究所设计的 Thinker 系列芯片都是基于可重构计算架构的典型代表。与传统的计算架构相比，这两种芯片不仅具有更高的灵活性和计算效率，还拥有处理器的通用性，以及 ASIC

的高性能和低能耗特点。

4. 人工智能芯片未来阶段

展望未来，随着算法的不断进化和实际应用的普及，人工智能芯片将面临更高的技术要求。考虑到底层半导体技术的持续进步，我们有望在未来 3～5 年内见证人工智能芯片技术的第二次创新高峰，如存内计算芯片、类脑仿生芯片和光子芯片等尖端技术将逐渐从实验室阶段转向实际产业应用。

目前市面上的人工智能芯片大多基于"存储与计算分开"的架构设计，这意味着内存的访问和计算是独立的。但神经网络同时拥有计算和内存访问的高密度特性，这导致内存访问时的功耗和延迟问题变得尤为明显，从而使得内存成为处理器性能和功耗的主要限制因素。为了解决所谓的"存储墙"问题，许多学者都提出了存内计算这一新概念。通过在内存内直接使用模拟电路来进行模拟计算，这样就无需在处理器与内存之间消耗大量的时间和能量来移动数据。与传统的数字电路人工智能芯片相比，结合存内计算和模拟计算的电路的能效比预计会有显著的提升。

神经拟态工程设计的神经拟态芯片是类脑仿生芯片的核心思想。神经拟态芯片利用电子技术来模仿已经被验证的生物脑的操作模式，进而创建出与生物脑相似的电子芯片。全球各地都在进行神经拟态的研究，这些研究得到了众多国家政府的高度关注和大力支持，其中包括美国的人脑项目、欧洲的人脑项目，以及中国近期推出的类脑计算项目等。受到大脑结构研究成果的鼓舞，复杂的神经网络项目在计算方面展现出了低能耗、低延时、快速处理和时空整合的优势。

目前，硅光子技术在数据中心以及 5G 高速数据传输领域得到了日益广泛的应用。除了这些，硅光子还能以极低的能耗直接提高深度学习的计算速度。它可以将深度学习的两个输入调制到两束光上，然后在光子芯片上进行 SVD 分解和干涉相乘，最终将光信号转换为数字信号进行读取。最终，所有这些光器件都有可能被集成到同一块硅光子芯片中，从而构建出高性能的光计算模块。

3.2　人工智能芯片的技术前沿与应用进展

3.2.1　人工智能芯片的技术前沿

新一代的人工智能芯片是基于人工智能算法需求，对芯片硬件进行重构、设计和优化，突破了传统架构的限制和缺点，提供了更加强大高效的计算和存储能力。目前，新一代的人工智能芯片在语音识别、自然语言处理、图像识别和智能控制等领域得到了广泛的应用。

伴随着人工智能市场需求的飞速增长，与新型人工智能芯片相关的技术也实现了显著的进步。目前，全球一些知名的技术巨头，例如英特尔、AMD、谷歌等，都在新型人工智能芯片的研究和开发上进行了资金投入。在芯片技术领域，他们提出了一种更为高效的处理器架构和管理策略以此不断加快芯片的处理速度。与此同时，他们也在不断地对设计、生产和应用技术进行迭代和优化，提升人工智能的准确度和实用性，以满足日益增长的需求。当前，人工智能芯片的尖端技术主要集中在几个关键领域。

1. 为应用场景定制芯片的具体规格

在不同的应用环境中，芯片的计算能力、能耗、成本、视频和图像处理能力以及工作温度等方面的需求存在显著的不同。在芯片规格的初步设计阶段，我们需要明确芯片设计所面对的具体应用场景和场景对芯片的特定需求，这样才能确保芯片设计中的制程工艺、MAC 阵列、存储器、IP 核以及接口的选择和比例更为精确和合适。

2. 关于量子的计算方法

当谈及量子力学时，很多人可能会觉得这一复杂的物理理论与他们的日常生活并没有直接的联系。但实际上，我们在设计和制造手机、电脑等电子产品的某些部件时所依赖的相关技术，都是在量子力学的理论指导下诞生的，例如激光蚀刻技术。随着时间的推移，一个相对成熟的产业逐渐崭露头角，它彻底地改变了人们的日常生活，这一变革被普遍认为是首次的量子革命。目前，全球多个国家的科研团队正集中精力研究新的量子技术，也就是量子计算，并计划利用这一技术来推动第二次量子革命的实现。科研团队正致力于开发和完善量子芯片技术，目的是达到更高的量子比特数和增强量子计算的稳定性，进而促进量子计算领域的发展。

3. 关于低精度的量化方法

模型的低精度量化能够显著缩小模型的尺寸，并提高模型推理的速度。在学术界和工业界，这种方法已经得到了广泛的研究和应用。目前，Float16 和 Int8 是主要的计算精度选择，而 Int8 精度则依赖于量化技术。为了确保量化模型的精度相对于浮点模型的损失最小化，研发团队需要在量化方法和实施策略上付出更多努力。目前，通过模拟训练量化、非对称量化、Per-channel 量化以及混合精度计算等多种技术手段，量化模型精度已经得到了一定程度的提升。在选择芯片的过程中，用户还需要检验量化模型在芯片上的实际测量精度。

3.2.2 人工智能芯片的应用进展

在人工智能芯片中，图像识别被视为一个关键的应用领域。在图像识别的应用中，AI 芯片能够高效且精确地完成目标的检测、图像的分类以及目标的追踪等多种任务。例如，在人脸识别、车牌识别和智能安防等多个领域，AI 芯片都被视为关键的应用场景。

在智能家居领域，新一代的人工智能芯片技术的引入将会让智能家居变得更为智能化，能够实现自动化的智能控制功能，例如自动开启或关闭灯光、自动调整空调的温度以及自动开启电视等功能。

在机器人技术领域，新一代的人工智能芯片得到了广泛的应用，它们可以被应用于机器人的控制、环境的感知以及运动的控制等多个方面。

在人工智能芯片中，语音识别被视为一个关键的应用领域。新一代的人工智能芯片为语音识别提供了更高的效率和准确性，从而推动了语音交互技术的广泛应用。在语音识别这一领域内，人工智能芯片有能力实现高效且准确的语音识别和语音合成等多种功能。比如说，像智能音箱和语音助手这样的产品，都是人工智能芯片的关键应用领域下的成果。

第 4 章

人工智能技术与应用场景

4.1 人工智能技术总览

4.1.1 数据挖掘

数据挖掘是一种在庞大的数据存储库内，自动识别有用信息的技术过程。数据挖掘技术被应用于大型数据库的探查，以识别之前尚未被发现的有效模式。通过数据挖掘技术，我们还能对未来的观察数据进行预测，比如预估一个新客户是否会在某家百货商店消费超过 100 美元。不是所有的信息挖掘任务都被认为是数据挖掘的一部分。例如，在信息检索（Information Retrieval）这一领域中，利用数据库管理系统来检索特定的记录或通过互联网的搜索引擎来定位某一特定的 Web 页面是一项核心任务。尽管这些任务极为关键，可能需要复杂的计算方法和数据框架，但它们主要是基于传统的计算机技术和数据的显著特性来构建索引结构，进而高效地整合和查找信息。然而，人们也在采用数据挖掘方法来提升信息检索系统的性能。

4.1.2 机器学习

1. 机器学习概述

直到现在，"机器学习"的定义尚未统一，并且很难给出一个被广泛接受且精确的定义。简而言之，机器学习的核心目标是使机器具备与人类相似的学习能力。米歇尔（Mitchell）教授，机器学习领域的开创者之一和美国工程院的院士，坚信机器学习融合了计算机科学与统计学的精髓，并且是人工智能与数据科学的中心领域。在他编写的经典教材 *Machine Learning* 中，他将机器学习的经典概念定义为"借助经验来提升计算机系统的整体性能"。通常，经验是与历史数据（例如互联网数据、科学试验数据等）相对应的，而计算机系统则与机器学习模型（例如决策树、支持向量机等）相对应。性能则是模型处理新数据的能力（例如分类和预测性能等），如图 4.1-1 所示。简单地讲，经验与数据如同燃烧的燃料，而性能则是我们追求的目标；机器学习技术犹如火箭，为计算机系统提供了走向智能化的技术路径。

更深入地说，机器学习专注于探索如何利用计算技术和经验来优化系统性能，其核心目标是对数据进行智能化的分析和建模，从而从这些数据中挖掘出有价值的信息。随着信息技术如计算机、通信和传感器的快速进步，以及互联网应用的广泛普及，人们现在可以以更迅速、简便和经济的方式获取和储存数据，这导致了数字化信息的快速增长。然而，数据本质上是固定的，它无法自动展示出有价值的信息。机器学习技术作为一种从数据中提取有价值信息的关键工具，通过对这些数据进行抽象描述和基于这些描述的建模，估算模型的各项参数，最终从数据集中挖掘出对人类具有价值的信息。

图 4.1-1　机器学习的定义

2. 机械学习算法

（1）监督学习

在机器学习领域，监督学习被视为最关键的方法之一，它占据了当前机器学习算法的大多数内容。监督学习的核心思想是在已知输入和输出数据的前提下构建一个模型，并将这些输入数据转化为输出数据。简而言之，在我们开始训练之前，我们已经对输入和输出有了明确的了解。我们的目标是构建一个模型，该模型能够准确地将输入数据映射到输出数据上，并在为模型输入新的数值后，能够预测相应的输出结果。

在监督学习的领域里，我们可以将其分类为回归算法和分类方法。回归算法涵盖了线性回归、岭回归、lasso 回归、梯度下降以及正则化等多种方法。分类方法涵盖了 K 近邻算法、决策树算法、贝叶斯分类器、逻辑回归以及支持向量机等多种技术。

（2）无监督学习

无监督学习即一种不受任何形式监督的学习方式。与基于人类标注数据的监督学习不同，无监督学习并不依赖于人类的数据标注，而是依赖于模型的持续自我认知和巩固，最终通过自我总结来完成其学习旅程。

在无监督学习领域，聚类算法被认为是最关键的一种。简而言之，聚类是把样本集划分为多个互不重叠的子集，即样本簇。聚类算法旨在确保同一组样本之间的相似性尽可能高，也就是说，它们具有较高的类内相似度（intra-cluster similarity）；在同一时间内，各个簇的样本应尽量保持差异，簇之间的相似度应该是较低的。自从机器学习的出现，研究人员为各种不同的问题设计了众多的聚类策略，其中 K-均值算法的应用尤为普遍。

（3）弱监督学习

与监督学习相比，弱监督学习是一个相对的概念。与监督学习有所区别，弱监督学习的数据标签可能是不完整的；也就是说，在训练集中，仅有部分数据带有标签，而其他大部分数据是没有标签的。换句话说，数据的监督学习是一种间接方式，即机器学习的信号并不是直接发送给模型，而是通过一系列的引导信息间接发送给机器学习模型。简言之，弱监督学习的覆盖范围相当广泛，只要标记信息存在不完整、不准确或不精确的情况，都可以视为弱监督学习的一种形式。

半监督学习被视为弱监督学习的一个经典方法。在半监督学习的环境下，我们往往仅拥有有限的有标注数据，这些数据不足以构建出高质量的模型。但是，我们也有大量的未标注数据可供参考。通过充分利用有限的有监督数据和大量的无监督数据，我们可以有效地提升算法的性能。因此，半监督学习能够充分挖掘数据的潜在价值，帮助机器学习模型从庞大和复杂的数据中找出隐藏的规律。这也是为什么在近些年，机器学习领域变得非常活跃，并在社交网络文本分类、计算机视觉以及生物医学信息处理等多个领域得到了广泛应用。

迁移学习被视为一种相对重要的弱监督学习策略，它主要关注如何将已经掌握的知识应用于新的挑战中。迁移学习能够最大化地利用已有的模型知识，使得机器学习模型在面对新任务时，仅需进行微小的调整就能完成相应的任务，这具有极高的应用价值。

强化学习可以被视为弱监督学习中的一种经典方法。强化学习的目标是通过试验来探索各种动作所带来的效果，尽管没有具体的训练数据来指导机器应该执行哪种动作，但我们可以通过设定适当的奖励机制，让机器学习模型在奖励机制的指导下独立地学习并制定相应的策略。强化学习旨在探究在与外部环境互动的过程中，如何掌握一套行为策略，以便最大限度地获得累计的奖励。

4.1.3　神经网络

1. 神经网络概述

神经网络实际上是一个由多个简单神经元的轴突与其他神经元或其自身的树突连接组成的复杂网络。虽然神经网络中的每一个神经元在结构和功能上都不是特别复杂，但其行为表现并不仅仅是单元行为的简单叠加。网络的整体动态行为具有极高的复杂性，能够构建出高度非线性的动力学系统。这使得它能够描述多种复杂的物理系统，并展示出一般复杂非线性系统的各种特性，例如不可预测性、不可逆性、多吸引子和可能出现的混沌现象等。

神经网络是一个数学模型，它基于信息技术的理论来简化生物大脑的神经结构，并模拟生物大脑在处理信息时的行为。神经网络展现了生物神经系统中的非线性、非限制性和高度定性等核心属性，并具备大范围的并行处理能力。由于具备自我学习等多种优势，该技术已在智能控制、语音解析、预测评估以及图像识别等多个领域得到广泛应用，并已取得了不少成就。

2. 神经网络工作原理

神经网络是一种由人脑神经系统所激发的机器学习模型，它的工作机制是基于人工神经元之间的相互连接和信息传输。神经网络是由多个不同的层级构成的，在每一个层级中，都嵌入了大量的神经元节点。输入的数据经由输入层传送至网络，并在经过多个中间层的处理与转化后，得到了最终的输出数据。每一个神经元都会接受来自其前一层神经元的数据输入，并结合加权与非线性激活函数来进行相应的计算。加权的目的是调节输入的重要性，非线性激活函数则加入了非线性变换，这使得网络能够学习和表示更加复杂的模式和关系。

神经网络的培训流程是利用反向传播技术来完成的。首先，根据网络预测输出与实际标签的偏差来计算损失函数，以此来评估预测的准确度。其次，利用反向传播技术，将误差从输出层逐级反向地传送到网络中，从而更新神经元间的连接权重，降低损失函数。该过程是通过梯度下降优化算法来完成的，它不断地迭代调整权重，从而使网络的预测能力得到逐步的优化和提升。利用此方法，神经网络能够掌握输入与输出间的复杂关系，并能应用于多种任务：例如图像的分类、语音的识别以及自然语言的处理等。它的显著特点是可以自主地从数据中提取特征和模式，进而捕捉并展示数据中的高阶抽象概念，从而达到高效的模式辨识和预测的目的。

3. 神经网络算法

（1）高斯-牛顿迭代法

神经网络的解决方案与非线性目标函数的解决方法具有相似性。在神经网络的训练过程中，为了最大限度地减少损失函数并获得最佳的模型参数，我们需要优化算法来减少迭代次数，并提高非线性目标函数在计算时的收敛速度，这样可以最大限度地降低损失函数，从而获得更优的数值解。

高斯-牛顿迭代法是一种专为非线性回归模型中的回归参数求解而设计的方法。该方法首先通过对函数进行泰勒展开来逼近非线性目标函数；然后通过不断地验证输入和输出参数，经过多轮迭代计算来修正回归系数，使其更接近最优回归系数；最终，与原始模型的参数进行比对，以确保误差的残差平方和能够达到预定的误差范围。

高斯-牛顿迭代法在每一个步骤中都需要对目标函数的 Hessian 矩阵的逆矩阵进行复杂的计算，这不仅增加了计算量，而且不能确保每一次的迭代操作都是收敛的。如果二阶函数在 β_0 附近表现为线性，那么它的二阶偏导数将不存在，这将使得高斯-牛顿迭代法变得不适用。

（2）LM 神经网络优化算法

Levenberg-Marquardt 算法，也称为 LM 算法，是由列文伯格（DWMarquard）在

1963 年首次提出的。LM 算法旨在实现非线性目标函数的最小化或寻找局部最小值的数值答案,它基于高斯-牛顿迭代法和梯度下降法,通过调整参数来实现迭代计算,从而克服了这两种方法的局限性。

　　LM 算法与其他最小化算法的思维方式是一致的,都需要进行持续的迭代计算。在进行非线性目标函数的最小化计算时,有必要为参数向量 β 分配一个初始值。即使在非线性目标函数仅有一个最小值的场景下,为 $\beta T = (1\,1 < \mathrm{unk} > 1)$ 设置这样的初始值也不会对 LM 算法的迭代计算产生影响;在非线性目标函数存在多个最小值的场景中,只有当为参数向量 β 设置的初始值已经趋近于最终的解决策略时,LM 算法才可能收敛至全局最小值。LM 算法是一种融合了梯度下降算法和牛顿法的神经网络现象目标函数求解算法,它具有较少的迭代运算次数、更快的逼近最优解的收敛速度和更高的精度。

4.1.4　深度学习

1. 深度学习概述

　　深度学习这一概念最早是由美国的学者马顿(Ference Maton)和塞尔乔(Roger Saljpo)所提出的。在对大学生进行文献阅读试验的过程中,他们观察到学生主要依赖于机械记忆和理解记忆这两种方法。基于这些观察,他们进一步提出了浅层学习和深度学习这两个新的概念。随着理论研究的不断深化,对于深度学习的理解也出现了三种不同的观点:一种是关注学习方法的学习方式,另一种是关注学习发生过程的学习过程,还有一种是根据社会能力发展需求来确定学习结果的学习方式。这三种不同的理解方式也各自代表了深度学习不同的发展阶段。深度学习的定义是:当学习者学习不同种类的知识时,他们可以根据自己的理解选择合适的学习方法,批判性地吸收新的观点和事实,并将这些知识整合到他们原有的认知框架中,从而在各种思维之间建立联系,再将已有的知识应用到新的场景中,为决策和问题解决作出贡献。

2. 深度学习工作原理

　　深度学习的核心工作机制是基于大数据和出色的计算性能,它通过多级特征学习和抽象描述,可以揭示数据中的复杂构造和模式,并展现出强大的自适应和泛化特性。

　　深度学习的关键在于深度神经网络,它是由众多的隐藏层所构成,而每一个隐藏层内都蕴含了众多的神经元节点。输入数据在网络前向传播的过程中,在每一个隐藏层都会经历一系列的加权运算和非线性激活函数处理,从而逐步抽取和整合数据中的抽象特性。最终,我们可以通过输出层来生成预测数据或做出相应的决策。

　　在深度学习的培训中,大量的标记数据被用于监控学习过程。首先,根据网络预测输出与实际标签的偏差来计算损失函数，以此来评估预测的准确度；其次，利用反向传播技术，将误差从输出层逐级反向地传送到网络中，从而更新神经元间的连接权重，最小化损失函数。该过程采用梯度下降优化算法进行迭代，不断地调整权重和参数，从而逐步优化和提高网络的预测性能。

3. 深度学习算法

深度学习算法指的是一套以深度神经网络为基础的机器学习技术和模型，这些都是为了应对各种不同的机器学习挑战。下面列举了几种常用的深度学习方法。

（1）卷积神经网络

CNN 主要用于图像处理和视觉任务，它通过卷积层、池化层和全连接层来处理图像数据，并能够提取图像中的特征。CNN 具有将大量图像有效地转化为小数据量的能力（这并不会对结果产生负面影响），并且它还能维持图像的独特属性，这与人类视觉的基本原理相似。

（2）循环神经网络

RNN 是一个适合处理序列数据的工具，它具备循环连接功能，可以捕获序列中的时间序列信息，经常被应用于语言模型和机器翻译等多种任务中。

（3）生成对抗网络

GAN 是由生成器和判别器两部分构成的，它采用对抗训练方法来学习并生成逼真的样本数据，这在生成图像、音频等任务中是非常常见的。

（4）深度强化学习

深度强化学习融合了深度学习与强化学习的方法，主要用于培训智能体在特定环境中做出决策和学习，这种方法在游戏和机器人控制等多个领域都有广泛应用。

4.2　人工智能应用场景

4.2.1　计算机视觉

1. 计算机视觉概述

计算机视觉具有极其丰富的内涵，并且需要完成大量的任务。试想，当我们为盲人设计一个导盲系统时，当盲人过马路时，系统的摄像机会捕捉到他们的图像，那么这个导盲系统需要执行哪些视觉相关的任务？可以轻易地设想到，这至少应该涵盖以下列出的任务：

（1）关于距离的估算：这种估算涉及计算输入图像中每一个点与摄像机之间的

实际物理距离。对于导盲系统来说，这个功能显得尤为关键。

（2）目标侦测、追踪和定位：在图像和视频中识别出感兴趣的目标，并确定其具体位置和所在区域。对于导盲系统而言，各种类型的车辆、行人、交通信号灯以及交通标识等都是需要密切关注的关键目标。

在图像视频中，前背景分割与物体分割的方法是描绘前景物体所占据的特定区域或其轮廓。为了实现导盲的目标，描绘视野中的车辆和斑马线区域是非常必要的。当然，对盲道和可行走区域的划分显得尤为关键。

（3）关于目标的分类与识别：为视频图像中的目标指定其所属的标签类别。这里的分类概念非常多样：包括画面中的性别、年龄、种族等，视野中的车辆款式乃至型号，甚至包括对面走来的人是谁（是否认识）等。

（4）场景的分类与辨识：基于图像和视频的内容，对摄影的环境进行了划分，例如室内、户外的山景、海洋的景色以及街道的景观等。

在城市环境中，场景文字的检测和识别非常重要，尤其是场景中的各种文字，如道路名称、商店名称等，它们对导盲有着至关重要的作用。

（5）事件侦测与辨识：对视频内容中的人物、物体和场景进行深入分析，以确定人的具体行为或正在进行的事件（尤其是那些异常的事件）。对于导盲系统，可能要评估是否有车辆正在通过；对于监控系统而言，诸如闯红灯和逆行等行为都是需要密切关注的问题。

（6）3D 重建技术：能够对屏幕上的各种场景和物体进行自动化的 3D 建模处理。这在增强现实和其他应用场景中具有重要意义，因为在游戏中加入虚拟物体是一个不可或缺的前置步骤。

（7）图像编辑功能：通过调整图像的内容和风格，创造出更具真实感的图像效果。例如，可以将图像转化为油画的效果，或者甚至是某位艺术家的绘画风格图。图像编辑有能力对图像中的某些部分进行修改，例如移除照片里令人不悦的垃圾桶，或者移除照片中某个人的眼镜等。

（8）自动化图像问题：通过分析输入的图像或视频内容，并使用自然语言进行描述，能够模拟小学生"看图说话"的视觉体验。

（9）视觉问答环节：提供特定的图像或视频来回答某一特定问题，这与语文考试中的"阅读理解"部分有些相似。

计算机视觉技术在多个行业中都展现出了巨大的应用潜力。据传，在一个人的一生中，有 70% 的信息是通过"观察"来获取的。很明显，视觉能力对于 AI 的发展是非常关键的。可以很容易地理解，对于任何 AI 系统，只要它需要与人类互动或根据周围环境做出决策，那么"观察"的能力就至关重要。因此，应用日益增多的计算机视觉技术逐渐成为人们日常生活的一部分，包括但不限于指纹识别、车牌识别、人脸识别、视频监视、自动驾驶系统以及增强现实技术等。

计算机视觉与许多其他学科，例如数字图像处理、模式识别、机器学习和计算机图形学等都存在着紧密的联系。其中，数字图像处理可以被视为一种较为基础的计算机视觉技术。在大多数情况下，它的输入和输出都是图像形式，而计算机视觉系统的输出通常是模型、结构或符号信息。在模式识别领域，大部分以图像作为输入的任务都可以被视为计算机视觉的研究内容。机器学习为计算机视觉领域提供了一系列的分析、识别和理解工具，尤其是在最近几年，统计机器学习和深度学习已经成为计算机视觉研究中的主流方法。计算机图形学与计算机视觉之间的联系是非常独特的，从某个角度看，计算机图形学主要探讨如何从模型中产生图像或视频的"正"问题；与此相对，计算机视觉的研究焦点是如何从输入的图像中找出模型存在的"反"问题。在最近的几年中，计算摄影学开始受到越来越多的关注，主要研究的是如何通过数字信号处理而不是光学过程来实现新的成像技术，例如光场相机、高动态成像和全景成像等，这些技术经常依赖于计算机视觉算法。

与计算机视觉紧密相连的另一类学科起源于脑科学，例如认知科学、神经科学和心理学等领域。这些学科不仅从数字图像处理、计算机摄影学和计算机视觉等领域获得了大量的图像处理和分析工具，而且它们揭示的视觉认知模式和视皮层的神经机制也为计算机视觉的进一步发展注入了活力。例如，多层神经网络（也就是深度学习）是在认知神经科学的启示下发展起来的。从2012年开始，它为计算机视觉领域的许多任务带来了巨大的进步。交叉学科与脑科学的研究，无疑是一个充满潜力的研究领域。

2. 数字图像的类型及机内表示

数字图像是由多个点构成的，这些点被称作像素（pixel）。在计算机中，每个像素的亮度、颜色或距离等特性可以表示为一个或数个数字。对于黑白或灰度图像，每一个像素都是由一个特定的亮度值来表示的，这个值通常用一个字节来表示。如果最小的亮度值是0（代表最低亮度或黑色），而最大的则是255（代表最高亮度或白色），那么0～255的中间数值就代表了这些中间的亮度。在彩色图像中，每个像素的颜色通常由代表红、绿、蓝的三个字节来表示，如果蓝色分量为0，则表示该像素已经吸收了所有的蓝色光；在255的情况下，这个像素点反射了所有的蓝色光线。相似地，红与绿的比例也是这样。

除了传统的黑白或彩色图片，还存在一种独特的相机能够捕获深度数据，也就是RGBD图像。在RGBD图像中，除了为每个像素提供红、绿、蓝的色彩信息外，还存在一个表示像素与摄像机之间距离的深度值（depth）。其测量单位是基于相机的精确度来确定的，通常是毫米大小，并至少用 2 个字节来表示。物体的三维形态信息在本质上是由深度信息所揭示的。这种类型的相机在体感游戏、自动驾驶和机器人导航等多个领域都展现出了巨大的潜在应用价值。

另外，计算机视觉处理生成的图像或视频可能源自超出人类视觉范围的成像设备，这些设备所捕获的电磁信号波段已经超出了人类视觉能够感知的可见光电磁波段，例如红外、紫外和 X 光成像等。在医疗、军事和工业等多个领域，这些成像设备以及其后续的视觉处理技术都得到了广泛的应用，它们可以被用来进行缺陷的检测、目标的识别以及机器人的导航等任务。以医疗领域为例，利用计算机断层 X 光扫描（CT）技术，我们能够揭示人体器官内部的组织结构。在 3DCT 图像中，每一个灰度值都揭示了人体某一特定部位（即体素 Voxel）对 X 射线的吸收状况，这反映了人体内部组织的紧密度。利用 CT 图像的处理与分析技术，我们能够自动地检测和识别病变部位。

3. 常用计算机视觉模型和关键技术

虽然计算机视觉的任务种类繁多，但绝大部分的任务在本质上都可以被视为广义的函数匹配问题，如图 4.2-1 所示。对于输入的任意图像x，我们需要学习一个以 0 作为参数的函数F，确保y等于$F_\theta(x)$这其中可以分为两个主要类别：

（1）y代表类别标签，它适用于模式识别或机器学习中的"分类"问题，例如场景分类、图像分类、物体识别、精细物体类识别、人脸识别等视觉任务。这种任务的显著特性是输出为数量有限的离散型变量。

（2）y代表连续的变量、向量或矩阵，这与模式识别或机器学习中的"回归"问题，例如距离的估计、目标的检测和语义的分割等视觉任务相对应。在这类任务里，y可能是一个连续的变量，例如距离、年龄、角度等，或者是一个向量，比如物体的横纵坐标位置和长宽，或者是每个像素对应一个特定物体类别的编号，比如分割的结果。

尽管存在多种实现上述函数的方法，但在过去的几十年中，大部分的视觉模型和技术可以被归纳为两大种类：一种是自 2012 年起被广泛采用的深度模型和学习策略，而另一种则是与"深度"概念相对应的浅层模型和策略。

图 4.2-1　常见视觉任务的执行方式

4. 示例应用：人脸识别的技术手段

人脸识别技术在计算机视觉领域是一个标志性的研究主题，它不仅可以作为计算机视觉、模式识别和机器学习等多个学科的理论和方法的实证案例，而且在金融、交通和公共安全等多个行业中具有极高的应用价值。尤其在最近的几年中，人脸识别技术日益完善，基于此技术的身份验证、门禁和考勤系统也开始大规模部署。这一部分将深入探讨人脸识别系统的核心构成，希望读者能对计算机视觉技术有更为深入的了解。

如图 4.2-2 所示，人脸识别的核心是计算两张图片中人脸之间的相似度。为了精确计算相似度，一个标准的人脸识别系统涵盖了六个关键步骤：首先是人脸识别；接着是特征点的定位；然后是面部子图的预处理；接着是特征的提取；之后是特征的比对；最后是决策过程。

步骤 1：进行人脸识别，也就是从输入的图像中判断是否存在人脸，如果确实存在，那么提供人脸的具体位置和尺寸（如图 4.2-2 所示的矩形框）。人脸检测作为一种独特的目标类型，可以采用本书第 10.3.2 节中所描述的基于深度学习技术的通用目标检测方法来实现。然而，在这之前，维奥亚和琼斯在 2000 年左右提出了一种基于 AdaBoost 的人脸识别技术，这是实现该功能的经典算法。

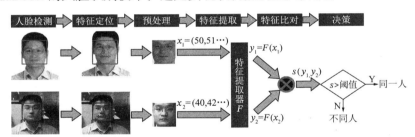

图 4.2-2   人脸识别的标准步骤

步骤 2：在人脸检测所提供的矩形区域内，进一步定位关键的特征点，如眼睛的中心、鼻尖和嘴角，以方便后续的数据预处理工作。从理论角度看，我们也可以使用通用的目标检测方法来检测眼睛、鼻子和嘴巴等物体。此外，我们还可以使用回归技术，直接采用深度学习策略来实现从检测到的人脸子图到关键特征点坐标位置的回归分析。

步骤 3：首先进行面部子图的预处理，也就是对人脸的子图进行标准化处理，这主要涉及两个核心步骤：首先是确保所有人脸的关键点对齐，也就是将它们放置在相近的地方，以减少由于人脸大小和旋转等因素带来的影响；其次，我们对人脸的核心区域的子图进行了光亮度的调整，目的是减少光线的强度和偏移对图像的影响。这一步骤得到的处理成果是一个具有标准尺寸（例如 100×100 像素）的人脸核心子图像。

步骤 4：特征提取被视为人脸识别的关键环节，它的主要功能是从第三步输出的人脸子图中抽取出能够区分不同个体的独特特征。在开始实施深度学习之前，通常的做法是遵循本书的第 10.3.1 节中描述的"特征设计与提取"和"特征汇聚与特征变换"这两个关键步骤来完成。例如，通过使用 LBP 特征，我们最终能够生成由多个区域的局部二值模式直方图串联组成的独特特征。

步骤 5：进行特征对比，也就是计算两张图片中提取的特征之间的距离或相似度，例如欧氏距离和 Cosine 相似度等。如果使用的是 LBP 直方图的特性，那么直方图交叉成为一种常见的相似度测量方法。

步骤 6：做出决策，也就是对之前提到的相似度或距离实施阈值化处理。最直接的处理方式是使用阈值方法，如果相似度超出了预设的阈值，则认为是同一个人，反之则认为是另一个人。在上述示例中，提供了 1：1 的人脸识别判断。在实际应用场景中，人脸识别可能是通过将一张照片与注册数据库中的 N 张个人照片进行比较来实现的。在这种情况下，只需对 N 张照片的相似度进行排序，如果相似度最高并且超过了预设的阈值，那么就可以得到最终的识别结果。

4.2.2　自然语言处理

1. 自然语言处理概述

简而言之，人工智能涵盖了运算智能、感知智能、认知智能以及创造智能这几个方面。其中，计算机在记忆和计算方面的智能已经大大超越了人类的能力。感知智能指的是电脑对环境的感知能力，涵盖了听觉、视觉以及触觉等多个方面。在最近的几年中，深度学习在语音和图像识别领域的应用取得了显著的进展。在某些测试集中，其性能甚至达到或超越了人类的标准，并在多种情境中展现出了实际应用的潜力。认知智能涵盖了语言的理解、知识积累和逻辑推断，其中，语言的理解不仅包括对词汇、句法和语义的掌握，还涵盖了对篇章结构和上下文的解读；知识反映了人们对外部事物的理解和利用这些知识来解决问题的技巧；推理是一种基于语言的理解和知识，在已知条件下，根据特定的规则或规律来推导出某种可能的结果的思维过程。创造智能是一种智力活动，它涉及对从未见过或发生过的事物，运用个人经验，并通过想象力进行设计、试验和验证，最终将其转化为现实。

随着感知智能的显著提升，人们的关注点逐步从感知智能转移到了认知智能上。比尔·盖茨曾经表述："在人工智能的皇冠之上，语言理解犹如一颗璀璨的明珠"。自然语言理解在认知智能中占据了至关重要的位置，其不断的发展不仅会推动知识图谱的完善，还会增强用户的理解能力，并进一步促进整体推理能力的提升。自然语言处理技术将促进人工智能的全面发展，从而使人工智能技术能够实现实用化。

自然语言处理技术是通过对单词、句子和文章的深入分析，来理解内容中的角色、时间和地点，并在此基础上支持一系列核心技术，例如跨语言翻译、问答系统的阅读理解和知识图谱等。利用这些先进技术，我们还可以将其扩展到其他多个领域，例如搜索引擎、客户服务、金融和新闻报道等。简而言之，通过深入理解语言，我们可以实现与电脑的直接沟通，从而使人与人之间的交流更为高效。自然语言技术并不是一个孤立存在的技术领域，它得到了云计算、大数据分析、机器学习以及知识图谱等多个方面的全面支持（图 4.2-3）。

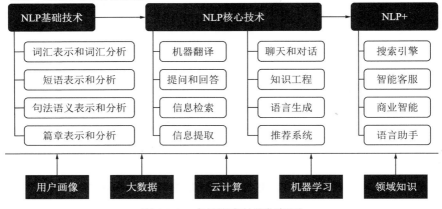

图 4.2-3   自然语言处理框架图

2. 机器翻译

在自然语言处理的研究中，机器翻译被视为一个核心的研究领域。在 17 世纪初期，法国知名哲学家笛卡尔提出了世界语言这一概念，目的是将在不同语言中具有相同含义的词汇转化为一个统一的符号。1946 年，沃伦·韦弗首次提出了利用机器技术将一种语言中的文字转化为另一种语言的想法，并随后发布了他的著名备忘录《翻译》。这标志着现代机器翻译概念的正式确立。机器翻译从最初的提出到现在的发展，从方法论角度看，可以被划分为基于规则、基于实例、基于统计和基于神经的四个主要阶段。在机器翻译的早期发展阶段，由于计算能力受限和数据稀缺，人们通常会将翻译和语言学专家设计的规则输入到计算机中，然后计算机根据这些规则将源语言的句子转化为目标语言的句子，这就是基于规则的机器翻译。基于规则的机器翻译过程通常可以划分为三个主要阶段：源语言句子的分析、转换以及目标语言句子的生成。如图 4.2-4 所示，给定输入的源语言句子在经过词法和句法分析后会形成句法树。接下来，通过特定的转换规则，我们可以对源语言句子的句法树进行调整，如更改词序、插入或删除词，并用相应的目标语言词替换句法树中的源语言词，从而构建目标语言的句法树。最终，我们使用目标语言的句法树对叶子节点进行遍历，从而获得了目标语言的完整句子。

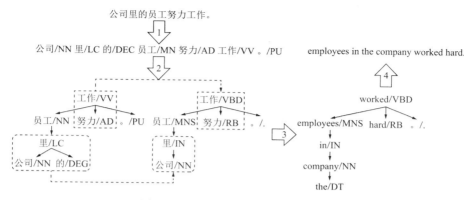

图 4.2-4　基于规则的机器翻译流程图

　　基于规则的机器翻译依赖于有经验的专家来制定规则。在规则数量过多的情况下，规则间的相互依赖关系会变得异常复杂，这使得建立大规模的翻译系统变得异常困难。随着科技进步，人们开始收集双语和单语的数据，并根据这些数据来提取翻译模板和翻译词典。在进行翻译的过程中，计算机会对输入的句子进行翻译模板的匹配，并根据匹配成功的模板片段以及词典中的翻译知识来生成相应的翻译结果，这一过程被称为基于实例的机器翻译。如图 4.2-5 所示，基于实例的机器翻译首先利用实例库中的源语言实例来匹配输入源语言句子S，然后返回结构或句法上最接近的源语言句子S'，并确定相应的目标语言句子T'。通过对命中句子S'和输入句子S的深入分析，结合S'和T'在词汇层面的翻译知识，我们将T'修正为最后的译文T。

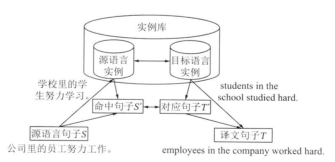

图 4.2-5　基于实例的机器翻译流程图

　　伴随着互联网技术的飞速进步，获取大量双语和单语语料已经变得可行，因此基于这些大规模语料的统计分析方法逐渐成为机器翻译领域的主导技术。在给定源语言句子后，我们使用统计机器翻译方法对目标语言句子的条件概率进行了建模。这种建模通常包括语言模型和翻译模型。翻译模型描述了目标语言句子与源语言句子在意义上的一致性，而语言模型则描述了目标语言句子的流畅性。语言模型是基于大量的单语数据来进行培训的，而翻译模型则是利用大量的双语数据来进行训练的。在统计机器翻译的过程中，通常会采用特定的解码算法来生成翻译候选，接着利用语言模型和翻译模型对这些候选进行评分和排序，最终挑选出最优秀的翻译候选作为译文的输出结果。常见的解码方法包括束解码和 CKY 解码等技术。

图 4.2-6 展示了一个基于 CKY 解码技术的统计机器翻译实例。统计机器翻译采用特定的翻译规则（这些规则通常是基于对齐后从双语数据中提取的）来匹配输入的句子，从而确定输入句子片段的潜在翻译选项。当一个片段存在多个翻译候选人时，我们会采用语言模型和翻译模型来对这些翻译候选人进行排序，仅保留评分最高的几个候选人。针对这些翻译片段的候选，我们采用了特定的翻译规则来拼接这些片段，从而得到更长的翻译候选片段。在翻译片段的拼接过程中，存在顺序和反序两种不同的方法。例如，在图 4.2-6 中，X_6和X_7都遵循反序拼接的规则。X_6则是通过将X_1和X_2的翻译进行反向拼接，从而生成片段"公司里的员工"的翻译"employees in the company"；X_8与X_9代表了正向连接的标准。在评分过程中，翻译模型与语言模型具有不同的权重，这些权重一般是通过特定的开发数据集进行训练得出的。

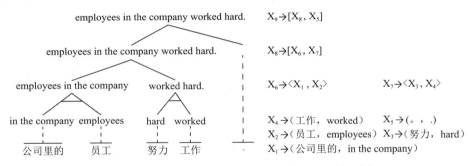

图 4.2-6　基于 CKY 解码算法的统计机器翻译示例

随着计算技术的持续进步，尤其是基于 GPU 的并行训练技术的迅猛增长，深度神经网络技术在自然语言处理领域开始受到越来越多的重视。最初，基于深度神经网络的技术被引入到统计机器翻译的某些子模型（如基于深度神经网络的语言模型或基于深度神经网络的翻译模型）的训练中，这大大增强了统计机器翻译的整体性能。随着解码器、编码器框架和注意力机制的出现，神经机器翻译已经全面超越了传统的统计机器翻译，进入了一个全新的神经网络时代。

3. 自然语言人机交互

以自然语言为基础的人与机器的互动系统涵盖了对话功能和聊天机器人。这两个系统既有相似之处，也存在差异。它们都支持基于自然语言的多轮人机对话。但它们的不同之处在于：对话系统主要负责完成特定任务，如预订机票和酒店、查询天气和制定日程等；而聊天机器人则更侧重于进行闲聊。紧接着，我们会对这两种人与机器的交互系统中的某些特定模块和核心技术进行简短的阐述。

1）对话系统

对话系统（Dialogue System）主要是一个以执行特定任务（Task Completion）为核心目标的人与机器的交互平台。早期的交流系统主要是为了完成特定的任务。比如说，我们有机票预订对话系统、天气预报对话系统、银行服务对话系统以及医疗诊断对话系统等。近几年，随着数字化技术的持续进步和自然语言处理以及深度学习技术的飞速发展，为多任务设计的对话系统逐渐出现，并越来越符合人们的日常需求。代表性的智能个人助手如 APPle Siri、Google Assistant、Microsoft Cortana 和 Facebook Messenger 等，以及智能音箱如 Amazon Alexa、Google Home 和 APPle Home Pod 等，都是其典型代表。

大部分的对话系统是由三大部分组成的：对话的理解、对话的管理以及回复的产生。对话理解模块首先会基于过去的对话记录，对用户当前输入的对话内容进行深入的语义分析，从而确定对话的具体领域（例如航空领域）和用户的意向（例如机票预订），并从中提取完成当前任务所需的关键信息，如起飞的时间、目的地和航空公司等。接着，对话系统会根据用户当前输入的自然语言理解结果来更新整个对话状态，并根据更新后的对话状态来决定系统接下来需要执行的行动指令。最终，回复生成模块会根据对话管理系统输出的动作指令来生成自然语言的回复，并将其返回给用户。上面提到的流程是持续迭代的，直到对话系统收集到充分的数据并成功完成任务。语音识别（ASR）与文本生成语音（TTS）都是对话系统的核心组件。前者主要负责把用户输入的语音信息转化为自然语言的文本，而后者则专注于将对话系统产生的自然语言反馈转化为语音形式。

下一步，将详细阐述这三个模块的任务定义以及它们的标准方法。

（1）通过对话进行理解

对话理解模块的主要职责是对用户输入的对话内容进行深入的语义分析，这包括领域分类、用户意图的分类以及槽位的填充等任务。

·领域分类（Domain Classification）：任务的分类是基于用户的对话内容来确定的，例如，常见的任务领域有餐饮、航空和天气等。

·用户意图分类（User Intent Classification）是一种根据领域分类结果来进一步明确用户具体意图的方法，而这些不同的用户意图会对应到各自不同的特定任务。例如，在餐饮行业中，用户的常见意图涵盖了餐厅的推荐、预订以及餐厅的对比分析等方面。

槽位填充（Slot Filling）是指：为了完成特定的任务，从用户的对话中提取完成该任务所需的槽位数据。比如说，餐厅预订任务所需要的座位包括用餐的时间、地点、餐厅的名称以及用餐的人数等。

图 4.2-7 展示了一个对话理解模块的输入和输出示例。对于当前轮的输入"我想预订明天下午 3 点在王府井附近的全聚德烤鸭店",从领域分类来看,该输入属于"餐饮"领域;而从用户意图分类来看,输入的用户意图是"餐厅预订"。从这个输入中,我们可以抽取"就餐时间""就餐地点"和"餐厅名称"这三个槽位,它们对应的槽位值分别是"明天下午 3 点""王府井"和"全聚德烤鸭店"。请注意,为了顺利完成餐厅的预定工作,对话系统还需获取与"就餐人数"这一特定槽位相对应的具体数值。鉴于当前的输入信息并没有涵盖这一点,所以相应的槽位值实际上是空的,用"–"来表示。

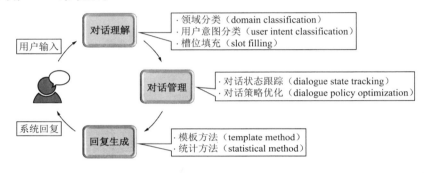

图 4.2-7　对话系统流程图

领域分类与用户意图分类都是分类任务的一部分,因此它们可以使用相同的方法来完成。早期的分类主要依赖于统计学习模型,例如最大熵模型(maximum entropy)和支持向量机(support vector machine)等技术。近几年,基于深度学习的分类模型在领域分类和用户意图识别任务中得到了广泛应用,包括基于深度信念网络(deep belief nets)的分类技术、基于深度凸网络(deep convex network)的分类方法,以及基于循环神经网络和卷积神经网络的分类方法等。这种方法不需要手动设定特征,可以直接对分类任务进行端到端的模型优化,而且在大部分分类任务上已经取得了最佳的效果。

槽位填充是一个序列标注的任务,其中每个任务的槽位信息都是由一组键值对组合而成的。每一个键(key)都与一个特定的槽位相对应,比如在餐厅预定任务中的用餐时间、用餐地点、餐厅的名称以及用餐人数等信息;每一个数值(value)都为其对应的前槽位分配了特定的值,如图 4.2-8 表格中的第二个例子所示。基于条件随机场(Conditional Random Field CRF)模型被广泛认为是早期序列标注的首选方法。与其他的统计学习模型相似,CRF 模型也需要手动选择特定的特征来完成序列标注的工作。在最近的几年中,深度学习为基础的序列标注技术在槽位填充任务中已经取得了显著的进展,例如基于递归循环网络(recurrent neural network)的槽位填充技术、基于编码器-解码器(encoder-decoder)的槽位填充技术以及基于多任务学习(multi-task learning)的槽位填充技术等。

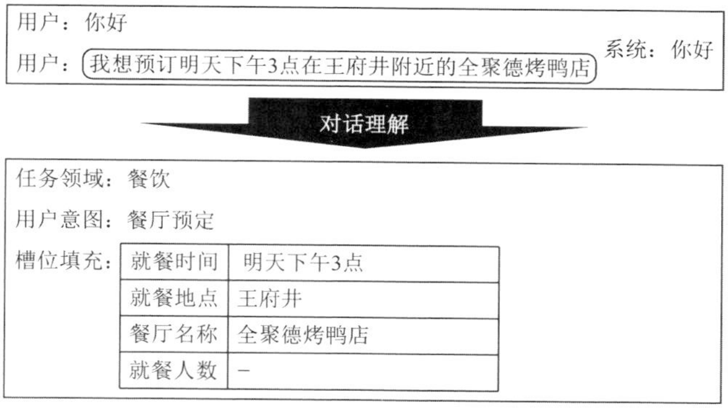

用户：你好
系统：你好
用户：我想预订明天下午3点在王府井附近的全聚德烤鸭店
对话理解
任务领域：餐饮
用户意图：餐厅预定
槽位填充：
就餐时间　明天下午3点
就餐地点　王府井
餐厅名称　全聚德烤鸭店
就餐人数　–

图 4.2-8　对话理解示例

（2）对话管理

对话管理模块主要由两大部分构成：一是对话状态的追踪（dialogue state tracking），二是对话策略的优化（dialogue policy optimization）。第一个职责是在每一轮对话结束后，对整个对话的状态进行实时的更新，而第二个职责则是基于更新后的对话状态来决定系统接下来将如何行动。图 4.2-9 展示了一个对话管理模块的输入与输出示例。对话状态跟踪模块所维护的对话状态负责为每一个槽位的相应槽值维持一个概率分布，这样做的优点是可以解决前期槽位填充错误在后期无法修正的问题。对话策略优化模块的主要职责是基于当前的对话状态来确定系统接下来需要执行的命令。例如，根据图 4.2-9 展示的更新对话状态，该模块建议在即将进行的对话中询问用餐人数，相应的操作代码为“询问就餐人数（ ）”。常见的对话管理策略主要可以归纳为三大类：基于有限状态机的策略、基于部分可观测马尔科夫过程的策略以及基于深度学习的策略。

任务领域：餐饮
用户意图：餐厅预定
槽位填充：
就餐时间　明天下午3点
就餐地点　王府井
餐厅名称　全聚德烤鸭店
就餐人数　-
对话管理
对话状态跟踪：
就餐时间　明天下午3点　0.90
就餐地点　王府井　0.85
餐厅名称　全聚德烤鸭店　0.90
就餐人数　-　0.10
对话策略优化：询问就餐人数（）

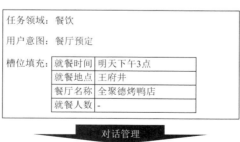

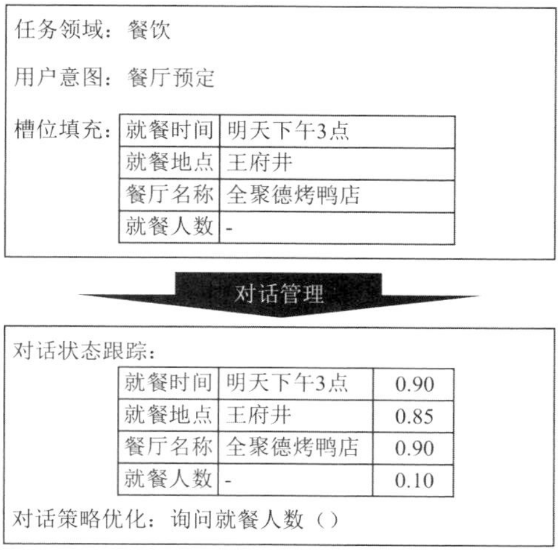

图 4.2-9　对话管理示例

（3）回复生成

回应生成模块的职责是根据对话管理模块给出的系统操作命令，产生相应的自然语言反馈并将其发送给用户。图 4.2-10 展示了一个回复生成模块的输入与输出示例。根据对话管理模块发出的"询问就餐人数"的指令，对话系统所产生的自然语言回应是："请问有多少人来用餐呢？"

图 4.2-10　回复生成示例

常见的回复生成技术主要分为两大类：一是基于模板的方法，二是基于统计分析的方法。

①利用基于模板的技术，规则模板被用于将系统的行动指令转化为自然语言的回复，而这些规则模板大多是通过人工归纳得出的。尽管这种方法可以产生高品质的回复，但其模板的扩展能力和句子的多样性仍显不足。

②采用基于统计的手段，我们利用统计模型实现了从系统指令到自然语言反馈的转换。基于规划（plan-based）的方法是通过句子规划（sentence planning）和表层实现（surface realization）这两个步骤来完成上述的转化任务。句子规划的职责是将系统的行动指令转换为一个预先设定的中间结构，而表层实现则负责进一步将这个中间结构转换为自然语言的回复，并将其输出给用户。这种方法的不足之处在于，在句子规划的过程中，仍然需要依赖预先制定的、基于语料（corpus-based）的规则来有效地解决上述提到的问题。举例来说，一种基于语言模型的方法是从系统的行动指令开始，利用语言模型直接产生自然语言的回复句子，而不需要通过任何中间状态。这种方法的一个显著优势是，它最大限度地减少了对人工制定规则的过度依赖。然而，传统的语言模型在处理长距离依赖问题时存在明显的局限性。深度学习方法采用了基于循环神经网络的序列生成模型来替代传统的语言模型，这不仅可以高效地处理长距离的依赖问题，而且通过深度学习的特性选择机制，可以实现从一端到另一端的任务数据优化。经过实际测试，这种方法在对话系统任务的自然语言生成数据集中展现出了目前最为出色的表现。

2）聊天机器人

随着人工智能技术从感知智能进化到认知智能，自然语言处理的角色变得越来越重要。作为人类思考的工具，自然语言成为人们分享观点、看法、思维和情感的桥梁，其中对话是最普遍的语言交流方式。因此，聊天机器人被视为自然语言处理技术中最具代表性的应用之一。聊天机器人代表了一种人工智能的互动系统，它的主要工作机制是利用语音或文字来实现人与机器在各种开放话题上的沟通。现阶段，人们创建聊天机器人的初衷是为了模仿人类的对话模式，进而评估人工智能软件是否具备理解人类语言的能力，并能与人类进行持久的自然对话，让用户完全沉浸在这种对话环境中。

从国家的角度看，聊天机器人系统为国家产业的升级提供了基础性的研究，这与国家的科研和产业化方向是一致的。在 2017 年国务院发布的《新一代人工智能发展规划的通知》文档中，人机对话系统被认定为自然语言处理技术这一八大关键共性技术之一的核心技术。因此，对聊天机器人的研究在构建基于自然语言的人机交互服务方面具有显著的应用价值，这对于推动人工智能的进步有着积极的影响，也是国家人工智能发展战略的一个重要组成部分。

经过几十年的持续研究和开发，从二十世纪六七十年代的 Eliza 和 Parry，到 ATIS 项目中的自动任务完成系统，再到 Siri 这样的智能个人助理和微软小冰这样的聊天机器人，各种各样的聊天机器人不断涌现。社交聊天机器人的魅力不只是因为它能够处理用户的各种请求，更重要的是它可以与用户建立深厚的情感纽带。随着智能手机的广泛使用和宽带无线技术的进步，社交聊天机器人越来越受到公众的欢迎。社交聊天机器人旨在满足用户在交流、情感表达和社交归属感方面的需求，并能在轻松的对话中协助用户完成多样化的任务。

最近几年，与会话系统相关的产品不断涌现。包括苹果 Siri、微软 Cortana、谷歌 Now 和亚马逊 Echo 在内的智能语音助手都在其中；京东 JIMI、阿里巴巴的"阿里小蜜"以及支付宝的"安娜"都是智能客服系统的成员；在精神陪伴类应用中，微软的"小冰"和微信的"小微"都是其中的代表。特别是微软的"小冰"，它激发了聊天机器人的新热潮。这种陪伴型聊天机器人的主要目标是培养聊天机器人的 EO 功能，使用户能够完全沉浸在与机器人的互动中，而不仅仅是帮助人们完成特定的任务。目前，可定制的聊天机器人已经成为应用领域的焦点。例如，Kik 公司为服装公司 H&M 定制了服装导购机器人，微软的"小冰"与敦煌研究院合作推出了"敦煌小冰"机器人，而小 i 机器人则为电信、金融等行业定制了自动客服机器人。与此同时，各大企业也纷纷研发或收购 AI 平台，例如微软研发的语言理解智能服务 Luis.ai，三星、Facebook 和谷歌也分别收购了 Viv.ai、Witai 和 apiai。

聊天机器人的技术主要可以划分为三种类型：基于规则的聊天机器人、基于检索功能的聊天机器人以及基于生成功能的聊天机器人。

（1）基于规则的聊天机器人

最初的聊天机器人是基于特定规则设计的。设计师在设计时，会事先明确一套规则，如关键词的回复字典、条件的终止判定以及一些更为复杂的输入分类器。在给定的对话输入条件下，规则系统首先会对这些输入进行自然语言的解析，并在这个解析过程中提取预先设定的关键词和其他相关信息；接下来，我们会根据提取出的关键数据，利用预先定义的模板进行相应的回应。如果用户的输入不在规定的规则体系内，那么可以使用万能回复来回应他们，具体的例子可以见表 4.2-1。

与规则式聊天机器人（cleverbot）的对话历史　　　　　表 4.2-1

角色	对话内容
人	Hello.（你好。）
聊天机器人	Hi. How are you?（你好，你怎么样?）
人	I am fine.（我挺好的。）
聊天机器人	I am happy to hear that.（很高兴听到。）
人	I am eating Meatball Marinara.（我在吃百味肉丸。）
聊天机器人	Ok. Good for you.（还不错哦。）

基于规则的聊天机器人的起源可以追溯到 20 世纪 60 年代。在那个时期，麻省理工学院的人工智能实验室利用众多的规则创建了一个名为 ELIZA 的聊天机器人，并取得了初步的成功。但在很多情况下，人们很难区分后端回答的是人还是机器。甚至 ELIZA 的创始人也曾表示："机器能够展现出惊人的性能，足以欺骗经验丰富的观察者。"尽管 ELIZA 是由众多的规则组成的，但这些规则并不能有效地处理开放领域的对话难题，导致许多输入的句子难以得到满意的答复。因此，ELIZA 并未被广大领域所采纳，它最后仅仅局限于实验室环境中。继此之后，像 1972 年的 PARRY 这样的基于规则系统的聊天机器人也被成功研发出来。1995 年，Alicebot（artificial linguistic internet computer entity）首次亮相，它采用了 AIML（一种表示语义的 XML 语料库）来定义聊天的知识库，并利用 Javascript 命令来实现检索和计算功能。这款聊天机器人为后续基于搜索功能的聊天机器人提供了稳固的技术支撑。在 1997 年，互联网上推出了一款名为 Jabberwacky 的聊天机器人，尽管其初衷是为了通过图灵测试，但其真正的设计理念是通过与人类的互动来实现机器学习的对话功能。与 ELIZA 相比，这无疑是一个巨大的飞跃。至今，人们依然有机会在互联网上与这个机器人的升级版本 Cleverbot（https://en.wikipedia.org/wiki/Cleverbot）进行互动和交流。

以规则为基础的聊天机器人最大的优势在于其回复的可控性，每一条回复都是由设计师亲自编写的，并且触发这些回复的逻辑也经过了精心的设计。如表 4.2-1 所示，"Hi, How are you?"是由模板所触发的。然而，由于人类语言的高度复杂性，聊天规则是无限的，很难通过手工编写模板的方法一一列举，这也导致了基于规则的聊天机器人很难覆盖所有开放领域的聊天话题，很多话题就没有适当的回应，系统的可扩展性也相对较弱。总的来说，基于规则的聊天机器人是人类在这一技术领域的初步探索，但由于规则的复杂性，这种基于规则的聊天机器人在开放环境中与人类长时间交流变得困难。

（2）基于检索的聊天机器人

检索式聊天机器人系统是基于成熟的搜索引擎技术和人类的对话数据来构建的。检索式的聊天机器人首先会从网络上收集大量的人与人之间的聊天历史记录，如表 4.2-2 所示。

互联网上人们之间的交谈记录	表 4.2-2

角色	对话内容
A	我从 53kg 瘦到 43kg 用了七个半月。
B	我没吃米饭，半斤都没瘦我都哭了。
A	是不是其他的吃太多了啊，油分大的也不能多。
B	比以前吃少很多了。
A	我是跟网上减肥瑜伽做的。

其中，A 和 B 正在深入讨论如何有效地减轻体重，而 A 则在向 B 分享关于减肥的宝贵经验。接下来，检索式聊天机器人将把 A 和 B 的聊天记录保存在一个索引里。一旦用户输入的聊天语句能够使用存储的某一条聊天记录进行回复，系统将自动输出之前存储的聊天记录。比如，有一个用户最近的输入是："这几天我完全没有变瘦，也没有吃太多的主食。"这台机器能够通过对上下文的语义分析和语义相似度的计算，输出"是不是其他的吃得过多了，油分大的也不能多"这样的结论。图 4.2-11 展示了检索式聊天机器人的整体系统结构。

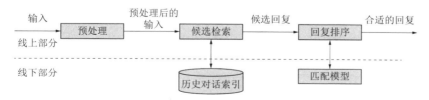

图 4.2-11　检索式聊天机器人架构

检索式的聊天机器人被划分为线上和线下两个部分。线下部分是由索引、匹配模型和排序模型这三个部分构成的，这三个部分分别负责在线生成候选回复、描述信息-回复对的特征以及排序回复候选。在索引里，我们整理了大量源于社交网络的人与人之间的互动数据，并将其组织为"一问一答"的模式。索引的主要目标是在线输入用户信息后，能够迅速地从众多的"问答对"中筛选出潜在的回复选项。匹配模型被视为检索式聊天机器人的核心部分，它的主要功能是对用户的信息和可能的回复进行语义解读，并对这两者在语义上可能形成的回复关系进行评分。这些评分在网络上形成了每一条信息-回复对的独特属性，这些属性最后会被一个排序模型融合，从而得到最后的候选排序结果。

与检索式聊天机器人的对话历史   表 4.2-3

角色	对话内容
人	你最近怎么样？
聊天机器人	挺好的，好久不见呀。
人	你吃午饭了吗？
聊天机器人	我吃了番茄炒西红柿和马铃薯炒土豆丝，味道有点怪。
人	番茄炒西红柿是什么？
聊天机器人	胡萝卜。

检索式聊天机器人的核心功能是筛选和重用现有的人类回复，以回应新的信息。表 4.2-3 展示了人类与检索式聊天机器人之间的对话历程。从一个角度看，重复使用人类的对话历史作为回应具有明显的优势。因为人们的回应不仅流畅，还常常蕴含着网友的智慧。因此，检索式聊天机器人只需找到与输入信息语义相符且与上下文逻辑匹配的回应，就能与用户流畅地交流。此外，这种机器人还能偶尔发出"金句"，这也解释了为什么检索式聊天机器人在工业领域得到了广泛的应用。正如表 4.2-3 中的聊天机器人描述的那样："我品尝了番茄炒西红柿和马铃薯炒土豆丝，发现味道略显不寻常。"他的回应非常出色，充满了幽默与机智。然而，检索式聊天机器人的一个明显局限性是，其回复质量在很大程度上依赖于索引的质量和是否能找到合适的候选者，而且检索式聊天机器人并没有明确地将人类的常识建模到系统中。因此，在某些情况下，聊天机器人可能会给出一些与人类常识不符或不适当的答案，比如在表 4.2-3 中关于"番茄炒西红柿是什么"的答案，"胡萝卜"这个词可能会让人感到困惑。更加令人担忧的是，由于在进行多轮对话时我们需要考虑到上下文的信息，如何找到与上下文逻辑相匹配的回应候选者，以及如何准确地分析上下文，都是目前检索式聊天机器人面对的难题。

如何精确地评估聊天历史与候选之间的匹配度，成为聊天机器人的关键问题。一般的状况下，检索式聊天机器人面对用户的输入信息，将会在已知的人类对话历史中寻找潜在的回复信息。

接下来，检索式聊天机器人会将聊天的历史记录和潜在的回复信息编码为向量形式，并对这两个向量的相似性进行计算。假定 x 代表聊天历史的向量，y 代表候选回复的向量，那么x和y的匹配可以被简单地表示为双线性匹配：

$$\text{match}(x, y) = xTAy$$

在这之中，A代表参数矩阵或更为复杂的构造。现阶段，检索式聊天机器人的研究焦点主要集中在如何将对话内容和回复转化为向量，以及如何构建向量之间的相似度量函数A。例如，我们可以采用卷积神经网络（CNN）、循环神经网络（RNN）或层次循环神经网络（HRNN）来为对话内容编码。为了评估相似度，我们可以采用双线性匹配模型、多层感知机模型（MLP）或简单的点积计算和余弦相似度方法。

在设计聊天机器人的算法时，我们不能仅仅关注当前这一轮的对话内容，因为这可能会导致检索式聊天机器人出现"短视"的问题。近期，以检索为基础的多次对话逐渐受到了广泛的关注。一些研究工作采用循环神经网络技术，将整体的上下文（涵盖当前的消息和过去的对话）以及回复信息编码为上下文向量和回复向量，并基于这两种向量来计算匹配的得分。另一些研究利用卷积神经网络对候选回复与上下文中的每一个句子进行了不同级别的匹配，接着采用循环神经网络对句子之间的联系进行建模，这大大增强了检索式聊天机器人对聊天上下文的解读能力。

（3）基于生成的聊天机器人

生成式聊天机器人是一种能够利用自然语言生成技术，在给定的对话上下文中直接生成一句完整话语进行回应的设备。这种类型的算法能够生成训练集中从未出现过的响应，这是基于现有模型的。目前，基于神经网络的"序列到序列"模型被广泛应用于生成式聊天机器人的实现，如图 4.2-12 所示。

图 4.2-12　生成式聊天机器人序列到序列模型示意图

生成式聊天机器人在"序列到序列"的过程中，与机器翻译有相似之处，仍需对大量的聊天数据进行处理和训练，以确保能够提供高效的反馈。但是，尽管有这些情况，生成模型的许多反馈要么信息不足，要么过于普遍（例如"确实如此""我也认为"这样）。这种回应产生的根本原因在于，人类之间的对话异常复杂，缺乏明确的相互关联，并且许多这样的回应需要更多的人类智慧来产生。在机器翻译领域，一个源语言通常只存在少数几种翻译方式；在对话交流中，尤其是在聊天机器人的开放性对话环境里，单一的输入信息能够提供多达上千种不同的适当回应。这种过分倾斜的多对应关系导致在机器翻译中表现出色的编码–解码模型只能捕获对话中的少数高频模板，从而产生通用的回复。普适的反馈方式既可能削弱回复的相关性，同时也可能导致人与机器之间的对话变得困难。此外，探索如何自动评估一个生成模型的质量仍是一个待解的难题。现有的自动评价标准很难准确地判断生成模型的表现，这在某种程度上限制了生成式聊天机器人的进一步发展。

表 4.2-4 呈现了一个人与生成式聊天机器人之间的对话历史记录。从我们的观察中，生成式聊天机器人能够针对不同的输入提供相应的响应，如"你最近怎么样"和"最近忙着呢"。然而，某些问题，如"午餐吃完了"和"我不知道"的回应，可能并不包含太多的信息，因此与机器的互动并没有带来太多的乐趣。尽管如此，生成式聊天机器人仍被学界视为未来聊天机器人的发展趋势，因为它对语料库的依赖并不强烈，能够生成语料库中从未出现过的相关回复。而且，由于生成模型具有数据驱动的特性，它可以大大减少开发过程中的人力投入，从而使系统具有很强的扩展性。

与生成式聊天机器人的对话历史　　　　　　　　　　　　　表 4.2-4

角色	对话内容
人	你最近怎么样？
聊天机器人	最近忙着呢。
人	你吃午饭了吗？
聊天机器人	午饭吃完了。
人	午饭吃的什么？
聊天机器人	我不知道。

为了解决当前生成式聊天系统中的安全回复问题，目前最普遍的策略是通过优化目标函数来对安全回复进行有效的惩罚，从而降低生成安全回复的可能性。常见的生成式对话系统普遍采用 seq2seq 作为其核心模型。一个标准的 seq2seq 模型是由编码器和解码器两部分构成的。在模型中，编码器负责将输入的语句转化为向量，而解码器则根据这些编码的向量来生成相应的回复。

4. 智能问答

智能问答（Question Answering，QA）的核心目标是为用户在自然语言问题上自动给出准确的解答。如今，这种系统在人工智能产品中（如搜索引擎和智能语音助手等）得到了广泛的应用。

在早期，智能问答系统的设计主要是为了满足特定领域的问答需求。在 20 世纪 60 年代，关于智能问答的研究主要集中在数据库的自然语言接口任务上，也就是如何利用自然语言来检索结构化数据库，其中代表性的系统有 BASEBALL 和 LUNAR。这两套系统为用户提供了通过自然语言提出问题的方式，以便查询美国棒球联赛的数据库以及 NASA 的月球岩石和土壤数据库。在 20 世纪 70 年代，智能问答的研究逐渐将焦点集中在对话系统上，其中 SHRDLU 是其代表性系统。该系统允许用户利用自然语言来控制模拟程序中的积木进行各种操作，并允许用户对积木的状态提出自然语言的问题。在 20 世纪 80 年代，由于知识领域的不断扩展，基于知识库的智能问答系统的研究得到了进一步的推进，其中 MYCIN 被视为代表性的系统。该系统是基于推理引擎和一个包含 600 条规则的知识库构建的，其目的是识别可能导致感染的病毒，并根据患者的体重等相关信息来推荐合适的抗生素。总体而言，早期的智能问答系统高度依赖由领域专家编写的规则，这大大限制了这类系统的规模和通用性。

在 20 世纪 90 年代，针对开放领域的问答任务，智能问答系统开始被开发和构建。1993 年，MIT 公司开发并上线了第一个基于互联网的智能问答内容系统 START。这个系统采用了结构化的知识库和非结构化的文档作为其问答功能的知识库。对于那些可以由结构化知识库解答的疑问。该系统会直接给出与问题相关的精确解答。如果不这样做，START 首先会对输入的问题进行句法分析，并根据这些分析结果来提取关键字；接着，我们根据提取出的关键字，在非结构化的文档集合中寻找与其有关的文档集合；最终，我们使用答案抽取方法从相关文件中筛选出可能的答案选项进行评分，并挑选得分最高的句子作为答案的输出。在 1999 年，Text REtrieval Conference（TREC）组织了首次的开放领域智能问答评估活动 TREC-8，其核心目标是在大量的文档中筛选出与输入问题相关的文档。这一研究任务从信息检索的视角为智能问答领域带来了全新的研究方向，并因此吸引了越来越多的研究人员投身于这一领域的深入研究。毫不夸张地说，TREC 问答评测在全球范围内是最受瞩目和最有影响力的问答评测任务之一。在 2011 年，IBM 开发的 Watson 系统参与了美国电视问答比赛节目 "Jeopardy!" 在比赛过程中，他成功地战胜了人类的冠军选手。"Jeopardy!" 问答竞赛覆盖了历史、语言、文艺、科技、流行文化、体育、地理和文字游戏等多个领域的问题，每一个问题都与多个线索相对应。在向选手逐一展示这些线索的过程中，选手需要依据现有的线索迅速提供问题的相应解答。Watson 系统是由问题分析模块、答案候选生成模块、答案候选打分模块以及答案候选合并排序模块这四大核心部分组成的。此外，该系统还融合了文本问答和知识图谱问答等多种问答技术，对于现代智能问答领域的研究具有很高的参考价值。斯坦福大学在 2016 年推出了名为 SOuAD 的数据集，这个数据集是为机器阅读理解任务设计的，它要求问答系统从指定的自然语言文本中寻找与输入问题相匹配的精确答案。SOuAD 数据集上的描述性论文被提交到 EMNLP 2016，并荣获了那一年的最佳资源论文奖项。鉴于该数据集为我们提供了十万级别的高品质标注信息，从其发布之初，便吸引了众多自然语言处理研究机构的高度关注和积极参与。截至 2018 年 1 月初，微软亚洲研究院和阿里巴巴 iDST 所提出的策略在精准匹配（Exact Match，EM）这一标准上已经超越了 Amazon Mechanical Turk 标注者的阅读理解平均水平，这可以被视为深度学习模型在智能问答任务中的一次成功实践。在中文领域，百度和哈工大讯飞的联合实验室已经发布了中文机器阅读理解的数据集。从 2017 年开始，他们组织了中文机器阅读理解的评测比赛。根据使用的问答知识库的差异，智能问答任务主要可以分为四大类：基于知识图谱的问答、基于文本的问答、基于社区的问答和基于视觉的问答。由于文章长度的限制，我们将在接下来的部分主要探讨基于知识图谱的问答环节。

知识图谱问答（knowledge-based QA）是一种任务，它基于特定的知识图谱来自动解答与自然语言相关的问题。为了帮助读者更好地理解，接下来我们将通过一个简洁的实例来解释知识图谱问答系统是如何运作的（图 4.2-13）。该实例提供了知识图谱以及一个名为 "Where was Barack Obama born?" 的自然语言问题，知识图谱的问答系统能够按照以下四个步骤来完成相关的问答任务：

（1）实体链接（entity linking）的主要职责是从输入问题中识别出该问题所涉及的知识图谱实体。图 4.2-13 展示了问题实体 Barack Obama 与知识图谱实体 Barack Obama 之间的对应关系。

（2）关系分类（relation classification）的主要职责是从输入问题中识别出与该问题相关的知识图谱谓词。如图 4.2-13 所示，问题的后续部分 where was#born 与知识图谱中的谓词 PlaceOfBirth 相对应。

（3）语义分析（semantic parsing）的职责是基于实体之间的链接和关系进行分类，并将输入的问题转换为相应的语义描述。如图 4.2-13 所示，问题的λ-算子在语义上被表示为$\lambda x.PlaceOfBirth(BarackObama, x)$。

（4）答案查找（answer lookup）的职责是根据问题的语义描述，在知识图谱中寻找与问题相关的答案实体。图 4.2-13 展示了 Honolulu 与答案搜索结果的对应关系。

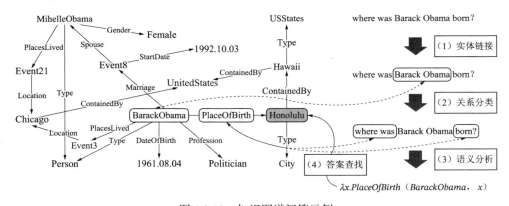

图 4.2-13　知识图谱问答示例

值得一提的是，上述示例展示的流程仅仅是知识图谱问答方法中最基础的一种形式。在日常工作实践中，各种知识图谱的问答方式主要可以分为两大类：一是基于语义分析的方法，二是基于答案排序的方法。

（1）利用语义分析技术，我们可以将自然语言的问题转换为机器可以执行的语义描述，并通过查询知识图谱来获取与问题相关的解答。常用的语义分析技术可以进一步细分为基于语法规则的方法和基于深度学习技术的方法。采用基于文法的策略，语义分析任务可以通过三个阶段来完成：首先，从语义分析中提取规则集合，确保每一条规则至少涵盖了自然语言和语义表示的相关信息；其次，利用基于动态规划的方法，如 CYK 算法和 Shif-Reduce 算法，为输入句子生成相应的语义表示候选集合；在第三个步骤中，我们使用标注数据集来训练语义候选排序模型，并对具有不同语义表示的候选打分，然后返回得分最高的语义表示候选，作为语义分析的最终结果。常见的语法类型有组合范畴文法（Combinatory Categorial Grammar，CCG）、同步上下文无关文法（Synchronous Context-Free Grammar，SCFG）以及依存组合语义（Dependency-based Compositional Semantics，DCS）等。采用基于深度学习的策略，我们将语义分析视为序列生成的过程，并在神经机器翻译的编码器-解码器结构中完成了从自然语言到语义描述的转化工作。其中，编码器的职责是将输入的问题转化为相应的向量形式，而解码器则是基于这些问题的向量形式来生成相应的语义序列。

（2）采用基于答案排序的策略，我们可以将问答任务视为检索任务。这种方法主要涉及四个步骤的 D 问题实体识别，其主要任务是从输入的问题中识别出所提及的知识图谱实体；答案候选检索的职责是基于识别出的问题实体，从知识图谱中筛选出满足特定约束条件的知识图谱实体集合，作为答案的候选来源。一个常见的限制条件是：在知识图谱中，与问题实体通过一个或两个谓词连接的知识图谱实体，这种方法假设问题的答案实体和问题实体在知识图谱中的距离通常不会很远；答案候选表示负责生成与答案候选相关的向量表示，这是基于答案候选所处的知识图谱上下文，因此，计算输入问题与答案候选者之间的关联度，实际上是将输入问题与答案候选者的对应向量表示的关联度转化为计算；答案候选集的排序任务是对各个答案候选集进行评分和排序，然后将得分最高的答案候选集与其他候选集一同输出结果。在这种方法里，各个工作的主要差异体现在如何产生与不同答案相关的候选表示。

在现代搜索引擎和智能语音助手的支持下，智能问答系统扮演着不可或缺的角色，这主要是因为在搜索和人与机器的对话过程中，大量的场景都是问答类型的。代表性的搜索引擎如 Google、微软必应和百度，都为用户提供了智能化的问答功能。在 Apple、Google 和 Microsoft 等公司推出的智能对话产品中，智能问答模块被视为其核心组件之一。

4.2.3　语音处理

语音信号是人类交流活动中的主要手段之一。语音处理是一个跨学科的领域，它建立在心理语言和声学的基础之上，并受到信息论、控制论和系统论等多个理论的指导。通过运用信号处理、统计分析和模式识别等先进技术，它已经成为一个新兴的学科领域。语音处理技术不仅在通信、工业、国防和金融等多个领域具有巨大的应用潜力，同时也正在逐步改变人与机器的交互方式。语音处理的核心技术涵盖了语音识别、语音合成、语音增强、语音转换以及情感语音等多个方面。

1. 语音的基本概念

语音被定义为人类通过特定的发音器官发出的声音，这些声音不仅具有特定的意义，而且是为了进行社交活动而产生的。语音是由肺部呼出的气流，在喉头到嘴唇的器官中通过多种方式产生的。基于发音的差异，我们可以将语音区分为元音和辅音，而辅音又可以根据其是否振动被分类为清辅音和浊辅音。在 $20\sim30000Hz$ 的频率范围内，声音信号的强度介于 $5\sim130dB$，但超出这一范围的音频成分是人耳无法听到的，因此在音频处理时，这些成分可以被忽视。

语音的物理基础主要包括音高、音强、音长和音色，这四个要素共同构成了语音的构成。其中，音高是指声波的频率，也就是每秒钟的振动次数；声波的振幅大小被称为音强；音长是指声波的振动持续的时间长度，有时也被称作"时长"；音色描述的是声音的独特性质和本质，也被称为"音质"。语音在经过采样后，会在计算机上以波形文件的形式保存，这种波形文件展示了语音在时间域上的演变。虽然人们能够通过语音的波形来判断语音的音强（或振幅）、音长等参数的变化，但是很难从波形中区分出不同的语音内容或不同的说话人。为了更准确地揭示不同语音之间的内容或音质的差异，我们需要在频域上对语音进行转换，也就是提取语音频域的相关参数。在语音频域中，常见的参数有傅立叶谱、梅尔频率倒谱系数等。通过离散傅里叶变换对语音进行处理，我们可以获得傅立叶谱。基于人耳的听觉特点，我们可以将语音信号在频域中划分为多个子带，从而计算出梅尔频率的倒谱系数。梅尔频率倒谱系数是一种频域参数，它能够近似地反映人的听觉特性，因此在语音识别和说话人识别方面得到了广泛的应用。

2. 语音识别

语音识别指的是一个将语音内容自动转化为文字的技术过程。在实际的使用场景中，语音识别技术经常与自然语言的理解、生成和合成技术相融合，从而构建一个基于语音的流畅且自然的人与机器的交互平台。

从 20 世纪 50 年代初开始，语音识别技术的探索已经超过了 60 年的时光。1952年，贝尔实验室成功开发了全球首个能够识别十个英文数字的系统。在 20 世纪 60年代，基于动态时间规整的模板匹配方法被认为是最具代表性的研究成果，此方法成功地解决了在特定说话人的孤立词汇音识别过程中，语速不均匀和长度不一致的匹配问题。自 20 世纪 80 年代开始，基于隐马尔科夫模型的统计建模方法逐步替代了基于模板匹配的方法，而基于高斯混合模型——隐马尔科夫模型的混合声学建模技术则推动了语音识别技术的快速发展。在美国国防部高级研究计划署的支持下，大量词汇的连续语音识别技术取得了显著的进展，众多机构都研发了自己的语音识别系统，并且已经开发了对应的语音识别码，其中英国剑桥大学的隐马尔可夫工具包（HTK）是最具代表性的。自 2010 年以后，深度神经网络的崛起和分布式计算技术的发展为语音识别技术带来了显著的突破。在 2011 年，微软公司的俞栋等人成功地将深度神经网络技术应用于语音识别任务，从而在公开数据上实现了错词率相对下降了 30%。在众多基于深度神经网络的开源工具包中，霍普斯金大学发布的 Kaldi 是使用最为普遍的一个。

图 4.2-14 展示了语音识别系统的四大核心组成部分：特征提取、声学模型、语言模型以及解码搜索，这些都是语音识别系统的标准框架。

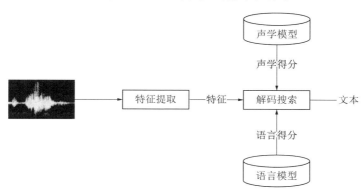

图 4.2-14　语音识别系统的框架

（1）语音识别的特征提取

语音识别面临的一大挑战是语音信号的高度复杂性和变化性。这是一个表面上看起来简单的语音信号，但实际上包含了丰富的信息，如说话者、发音细节、信道属性以及各种方言和口音；此外，这些信息在相互结合的过程中，展现了情感的波动、语法的含义、隐含的含义等更加丰富的信息。在这么多的信息中，只有很少的信息与语音识别有关，这些信息被大量的信息所掩盖，因此它们具有很强的变化性。语音特征提取的过程是从原始语音信号中筛选出与语音识别最为相关的信息，并剔除掉其他不相关的信息。三种常见的声学属性包括梅尔频率倒谱系数、梅尔标度滤波器组特性以及感知线性预测倒谱系数。梅尔频率倒谱系数的特性是基于人的听觉特点来计算梅尔频谱域倒谱系数所得到的相关参数。梅尔标度滤波器组的特性与梅尔频率倒谱系数的特性存在差异，但梅尔标度滤波器组仍然保持了特征维度之间的相关性。在提取过程中，感知线性预测倒谱系数采用了人的听觉原理来为人声进行建模。

（2）语音识别的声学模型

声学模型是声学特性与建模单元间映射关系的载体。在开始声学模型的训练之前，有必要先选择合适的建模单元，这些单元可能包括音素、音节和词语等，而这些单元的粒度会逐渐增大。如果使用词汇作为建模的基础单元，由于每一个词汇的长度不统一，这将导致声学建模缺乏足够的灵活性；另外，由于词汇具有较大的粒度，这使得基于词汇的模型训练变得困难，因此通常不会选择词汇作为建模的基础单元。与此相对照，词汇中所含的音素是固定且受限的。通过大量的训练数据，我们可以有效地训练基于音素的声学模型，因此，目前绝大部分的声学模型都选择使用音素作为其建模的基础单元。在语音中，我们可以观察到协同发音的特点，这意味着音素与上下文有关，因此通常使用三音素来进行声学模型的构建。鉴于三音素数量之大，如果训练数据受限，某些音素可能会训练不足。为了应对这一挑战，之前的研究建议使用决策树来对三音素进行分类，从而降低其数量。

经典的声学模型中，混合声学模型主要分为两大类：一是基于高斯混合模型结合隐马尔科夫模型的模型，另一是基于深度神经网络结合隐马尔科夫模型的模型。

①基于高斯混合模型—隐马尔科夫模型的模型

隐马尔科夫模型中的参数主要涵盖了状态之间的转移概率和每个状态的概率密度函数，这也被称为出现概率，通常是用高斯混合模型来描述的。在图 4.2-15 中，最顶部展示的是输入语音的语谱图。通过将语音的第一帧与一个状态相对应来计算出现的概率，并用相同的方法来计算每一帧的出现概率，图中则用灰色点来表示。灰色点之间存在转移的可能性，基于这一点，我们可以计算出最佳路径（如图中的红色箭头所示），这条路径的概率值总和就是通过隐马尔科夫模型输入语音得到的概率值。当为每个音节构建一个隐马尔科夫模型时，只需将语音输入到每个音节的模型中进行一次计算，得到的概率最高的音节将被认定为对应的音节，这也是传统语音识别技术的一种方式。

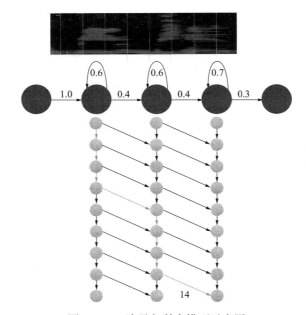

图 4.2-15   隐马尔科夫模型示意图

使用高斯混合模型来计算出现概率具有多个优势，包括训练速度快、模型体积小以及容易迁移到嵌入式平台。然而，该模型的不足之处在于没有充分利用帧的上下文信息，也缺少对深层非线性特征变化的深入研究。高斯混合模型是一种概率密度模型，但其局限性在于无法全面地模拟或记住同一音符在不同人之间的音色差异或发音习惯的变化。

对于那些基于高斯混合模型和隐马尔科夫模型的声学模型，在处理小词汇量的自动语音识别任务时，通常会采用与上下文无关的音素状态作为建模的基本单元；对于词汇量中等或较大的自动语音识别任务，我们采用与上下文相关的音素状态来进行模型构建。图 4.2-16 展示了该声学模型的结构图，其中高斯混合模型用于估算观察特征（即语音特征）的观测概率，而隐马尔科夫模型则被应用于描述语音信号的动态变化，即状态之间的转移概率。在图 4.2-16 中，S_k 代表音素状态；$a_{s_1s_2}$ 代表转移概率，即状态 S_1 转为状态 S_2 的概率。

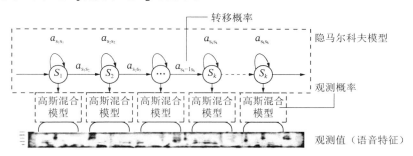

图 4.2-16　基于高斯混合模型—隐马尔科夫模型的声学模型

②基于深度神经网络—隐马尔科夫模型的模型

声学模型基于深度神经网络和隐马尔科夫模型，这意味着使用深度神经网络模型来替代之前的高斯混合模型，而深度神经网络模型可能包括深度循环神经网络和深度卷积网络等形式。此模型的构建单位是经过聚类处理的三音素状态，其结构图如图 4.2-17 展示。在图示中，神经网络被用来估算观察特征（即语音特征）的观测概率，而隐马尔科夫模型则用于描述语音信号的动态变化（即状态间的转移概率）。S_k 代表音素状态；$a_{s_1s_2}$ 代表转移概率，即状态 S_1 转为状态 S_2 的概率；V 代表输入特征；$h^{(M)}$ 代表第 M 个隐层；W_M 代表神经网络第 M 个隐层的权重。

相较于基于高斯混合模型的声学模型，这一基于深度神经网络的声学模型展现出两个明显的优点：首先，深度神经网络可以有效地利用语音的上下文信息；其次，它可以学习到更高级的非线性特征表达。因此，与基于高斯混合模型—隐马尔科夫模型的声学模型相比，基于深度神经网络—隐马尔科夫模型的声学模型展现出了更为卓越的性能，并已逐渐成为当前声学建模的主导技术。

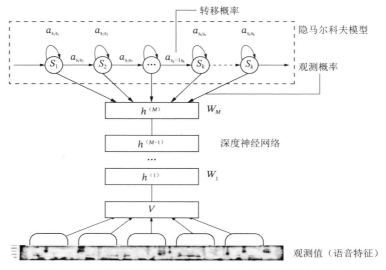

图 4.2-17　基于深度神经网络—隐马尔科夫模型的声学模型

（3）语音识别的语言模型

语言模型基于语言的客观事实来进行语言的数学抽象建模。语言模型也可以被视为一个概率分布模型P，它被用来估算任何句子S的可能性。

例 1：令句子S = "今天天气怎么样"，这句话非常普遍，通过语言模型，我们可以计算出它发生的概率P（今天天气怎么样）= 0.800 00。

例 2：将句子S定义为"材教智能人工"，这是一个不常见的病句，通过语言模型，我们可以计算其发生的概率P（材教智能人工）= 0.000 01。

在语音识别技术中，语言模型的主要功能是在解码时从语言的角度来限定搜索的路径。常见的语言模型包括N元文法语言模型和循环神经网络语言模型。虽然循环神经网络语言模型在性能上超越了N元文法语言模型，但其训练过程相对耗时，并且在解码阶段识别的速度也相对较慢，因此当前的工业界依然倾向于使用基于N元文法的语言模型。评价语言模型的标准是该模型在测试数据集上所表现出的困惑程度，这一数值揭示了句子的不确定性水平。在构建语言模型的过程中，我们的目标是找到一个困惑度相对较低的模型，以便它能更接近真实语言的分布特性，因为当我们对某一事物有更多的了解时，我们的困惑度会相应地减小。

（4）语音识别的解码搜索

解码搜索的核心目标是在声学模型、发音词典以及语言模型组成的搜索领域中，寻找最合适的路径。在解码过程中，声学得分和语言得分是必需的，其中声学得分是通过声学模型来计算的，而语言得分则是由语言模型来确定的。在处理每一帧的特征时，都会使用声学评分，但只有在解码到单词级别时，语言评分才会被考虑。一个单词通常会覆盖多帧的语音特征，因此，在解码过程中，声学得分与语言得分之间存在明显的数值差距。为了消除这种差异，解码过程中会引入一个参数来平滑语言得分，确保两种得分在尺度上是一致的。构建解码空间的策略主要可以分为两大类：一种是静态解码，另一种是动态解码。在静态解码过程中，需要先将整个静态网络加载到内存里，这就意味着需要占用更多的内存空间。动态解码指的是在解码的过程中，动态地建立和销毁解码网络，这种构建搜索空间的方法可以减少网络占用的内存，但是基于动态的解码速度比静态的解码速度慢。在实际应用场景中，选择构建解码空间的方式时，通常需要在解码速度与解码空间之间做出权衡。用于解码的搜索方法大致可以分为两大类：一种是利用时间同步技术，例如维特比算法；而另一种则是时间异步技术，例如 A 星算法。

（5）基于端到端的语音识别方法

上面提到的混合声学模型有两个明显的缺点：首先，神经网络模型的表现受到高斯混合模型与隐马尔科夫模型精度的限制；其次，其训练流程过于复杂。为了克服现有的不足，研究团队推出了一种端到端的语音识别技术。其中一种是基于连接时序分类的端到端声学建模方法，而另一种则是依赖于注意力机制的端到端语音识别技术。前者仅仅是声学建模从一端到另一端的实现，而后者真正达到了端到端的语音辨识。

端到端声学建模方法基于联结时序分类，其声学模型的结构如图 4.2-18 所示。这一方法仅在声学模型的训练阶段被应用，其核心理念是引入一种全新的训练标准来连接时间序列分类。这种损失函数的优化目标是确保输入和输出在句子级别上对齐，而不是在帧级别上对齐。因此，它不需要依赖高斯混合模型和隐马尔科夫模型来生成强制对齐信息，而是直接建立输入特征序列与输出单元序列之间的映射关系，从而极大地简化了声学模型的训练流程。然而，为了构建解码的搜索范围，语言模型仍需进行独立的训练。

由于具备出色的序列建模功能，通常会将联结时序分类损失函数与长短时记忆模型相结合，当然，也可以与卷积神经网络模型共同进行训练。在混合声学模型中，建模单元通常处于三音素状态，但基于联结时序分类的端到端模型的建模单元则是音素，甚至可能是字。这种建模单元的粒度变化带来了两个主要优势：首先，它增加了语音数据的冗余性，从而提高了音素的区分能力；其次，在不损害识别准确性的前提下，它也提高了解码的速度。考虑到这一点，这种策略在工业领域受到了广泛的欢迎，如谷歌、微软和百度等都在其语音识别系统中采用了这一模型。

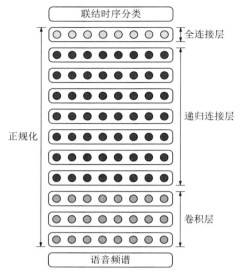

图 4.2-18　基于连接时序分类的端到端声学模型结构图

　　依赖于注意力机制的端到端语音识别技术成功地实现了真正意义上的端到端语音识别。在传统的语音识别系统里，声学模型与语言模型是分开进行训练的，但这种方法是通过将声学模型、发音词典和语言模型整合为一个统一的模型来进行训练的。端对端的模型采用了基于循环神经网络的编码与解码方式，其具体结构如图 4.2-19 所示。

　　在图 4.2-19 中，编码器的功能是将不固定长度的输入序列转化为固定长度的特征序列，而注意力机制则负责从编码器的编码特征序列中提取有价值的信息，解码器则负责将这些固定长度的序列进一步扩展为输出单元序列。虽然这个模型展现出了相当不错的表现，但与混合声学模型相比，其性能明显逊色。最近，谷歌公布了它的最新科研成果，并提出了一个全新的多头注意力机制的端到端模型。当训练的数据累积到数十万小时，它的表现可以与混合声学模型的表现相媲美。

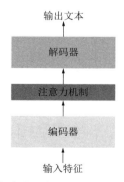

图 4.2-19　基于注意力机制的端到端语音识别系统结构图

3. 语音合成

语音合成，也被称为文语转换，它的核心作用是将各种输入文本转化为流畅自然的语音输出。银行和医院的信息播报系统、汽车导航系统、自动应答呼叫中心等，都广泛采用了语音合成技术。

图 4.2-20 展示了一个基础的语音合成系统的框架图。语音合成系统有能力将各种文本输入，并据此生成相应的语音输出。语音合成系统主要由文本分析模块、韵律处理模块和声学处理模块组成。其中，文本分析模块被视为系统的前端，而韵律处理模块和声学处理模块则被视为系统的后端。

图 4.2-20　语音合成系统结构图

文本分析模块作为语音合成系统的起始部分，其核心职责是对输入的各种文本进行深入分析，并输出大量的语言学数据，例如拼音、节奏等，为后续的语音合成设备提供关键信息。对简易系统来说，仅提供拼音信息的文本分析是完全足够的；对于高度自然的合成系统来说，文本分析需要提供更加详细的语言学和语音学信息。因此，文本分析在本质上可以被视为一个人工智能的系统，它是自然语言理解领域的一部分。

在汉语语音合成系统中，处理文本分析的步骤通常涵盖了文本的预处理、规范化、自动分词、词性的标注、多音字的消歧以及节奏的预测等步骤。文本的预处理步骤涵盖了移除无效标记和断句等操作。文本规范化的核心目标是识别文本中的这些独特字符，并将其转换为一种标准化的表达方式。自动分词的方法是将待合成的句子按照单词进行单元排序，这样可以方便后续的词性和韵律边界的标注工作。词性的标注同样至关重要，因为词性有可能对字或词的发音产生影响。字音转换的主要职责是将待合成的文本序列转化为相应的拼音序列，并向后端的合成器明确指出应该读哪种音。鉴于汉语中多音字的存在，解决多音字的消歧问题成为字音转换中的一个核心难题。

韵律处理被视为文本分析模块的核心目标，而节奏和时长的预估都是基于文本分析得出的结论。从直观的角度看，韵律可以理解为实际语言中的起伏和节奏变化，例如重音的位置和它们之间的等级差异，韵律的边界位置和它们之间的等级差异，以及语调的基础结构和它与声调、节奏及重音的相互关系等。韵律的表达是一种复杂的现象，研究韵律涉及语音学、语言学、声学、心理学、物理学等多个学科。然而，韵律模块在语音合成系统中起到了承前启后的作用，它实际上构成了语音合成系统的关键组成部分，对合成语音的自然感有着巨大的影响。从听众的视角出发，与韵律有关的语音参数涵盖了基频、时长、停顿以及能量。韵律模型的核心思想是基于文本分析的数据来预估这四个关键参数。

声学处理单元会根据文本分析单元和韵律处理单元所提供的数据来产生自然的语音波形。在语音合成系统的合成过程中，主要有两种核心方法：其中一种是基于时域波形的合成技术。声学处理模块会根据韵律处理模块给出的基频、时长、能量和节奏等数据，在大量的语料库中选择最适合的语音单元，并利用拼接技术来产生自然的语音波形；还有一种方法是基于语音参数的合成技术，声学处理模块的核心职责是依据韵律和文本信息来确定语音参数，并利用语音参数合成器生成自然的语音波形。

4. 语音增强

语音增强的一个核心目标是促进双手之间的语音互动，通过增强语音可以有效地压制各种外部干扰、提高目标语音的清晰度，从而让人与机器的交互更为流畅。语音增强不仅有助于提升语音的整体质量，同时也能增强语音识别的准确度和对干扰的抵抗力。通过使用语音增强处理模块来减少各种外部干扰，我们可以使待检测的语音变得更为清晰，特别是在智能家居和智能车载等应用场景中，语音增强模块起到了至关重要的作用。除此之外，语音增强技术在语音通信和语音修复领域也得到了广泛的应用。在实际环境中，背景噪声、人声、混响和回声等多种干扰因素都存在，当这些干扰源同时出现时，解决这一问题将变得更加具有挑战性。语音增强是一种技术，其目的是在语音信号被多种干扰源掩盖后，从重叠的信号中筛选出有价值的语音信息，并采取措施来抑制和减少这些干扰，这主要涉及回声消除、混响抑制和语音降噪等核心技术。

（1）回声消除

回声干扰指的是从远处的扬声器发出的声音，通过空气或其他媒介传递到近处的麦克风，从而产生的声音干扰。回声消除技术最初是用于语音通信的，当终端设备接收到语音信号并通过扬声器播放后，这些声音会被传送到麦克风，从而产生回声干扰。消除回声需要解决一个核心问题：远端信号和近端信号的同步问题。在双讲模式中，这是一种消除回声信号干扰的高效手段。在远场语音识别系统中，回声消除模块扮演着至关重要的角色。其最常见的应用场景是在智能终端播放音乐时，通过扬声器将音乐会回传给麦克风。在这种情况下，开发高效的回声消除算法以减少回声干扰成为智能音箱和智能耳机需要特别关注的问题。值得强调的是，尽管回声消除算法为扬声器信号提供了一个参考来源，但由于扬声器在播放过程中可能出现的非线性失真、声音在传输中的衰减，以及噪声和回声的双重干扰，消除回声的问题依然面临诸多挑战。

（2）混响抑制

混响干扰描述的是声音在室内传播时，由于墙壁或其他障碍物的反射，会通过各种不同的途径到达麦克风，从而产生干扰。房间的尺寸、声音来源、麦克风的放置位置、室内的障碍以及混响的持续时间等都会对混响语音的产生产生影响。混响时间可以通过 T60 来描述，也就是说，在声源停止发声之后，声压级降低 60dB 所需的时间就是混响时间。如果混响的时间太短，声音就会变得干燥、枯燥无味、不友好自然；如果混响持续时间太长，那么声音就会变得模糊不清；当混响的时机恰当，其声音会显得既圆润又悦耳。大部分房间的混响持续时间介于 200～1 000ms 之间。图 4.2-21 展示了一个标准的房间脉冲反应，其中蓝色区域代表早期的混响，而橙色区域则代表晚期的混响。在执行语音去混响的任务时，我们更倾向于研究如何抑制晚期的混响现象。

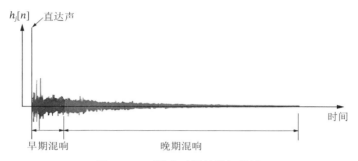

图 4.2-21　混响时间的详细描述

（3）语音降噪

　　噪声抑制技术可以被划分为基于单一通道的语音降噪和基于多通道的语音降噪两大类。前者是通过单一麦克风来消除各种类型的噪声干扰，而后者则是利用麦克风阵列算法来增强目标方向上的声音质量。多通道语音降噪技术的核心目标是整合多个通道的数据，减少非目标方向上的干扰源，并提高目标方向上的声音质量。我们面临的关键挑战是如何估计空间滤波器，其输入由麦克风阵列捕获的多通道语音信号组成，而输出则是经过处理的单通道语音信号。由于声音的强度与其传播距离的平方成反比关系，这使得仅依赖单一麦克风进行远场语音交流变得困难，因此，在远场语音交流中，基于麦克风阵列的多通道语音降噪技术显得尤为关键。多通道的语音降噪技术常常受到麦克风阵列结构的限制，其中比较常见的阵列结构有线阵和环阵两种。麦克风阵列的选择与其在特定应用场景中的表现密切相关。对于智能车载系统，通常更倾向于使用线阵；而对于智能音箱系统，则更多地选择使用环阵。随着麦克风数量的逐渐增加，其对噪声的抑制能力也随之增强，但这也导致了算法的复杂性和硬件的功耗上升，因此，基于双麦的阵列设计也被广大用户所采纳。

　　单通道语音降噪技术在多个领域都有着广泛的应用，无论是在智能家居、智能客服还是智能终端，它都是一个至关重要的组件。单通道语音降噪技术主要分为三大类主流方法，分别是基于信号处理技术的方法、基于矩阵分解的方法和基于数据驱动的方法。传统的信号处理为基础的语音降噪技术在处理稳定噪声时展现出了良好的表现，但当遭遇非稳定噪声和突发噪声时，其性能会有显著的下滑；而基于矩阵分解的语音降噪技术在计算上相对更为复杂。当训练数据与测试数据不一致时，传统的数据驱动语音降噪技术的性能会有显著的下滑。随着深度学习技术的飞速进步，深度学习为基础的语音降噪手段得到了广泛应用。其中，深层结构模型展现出更出色的泛化性能，特别是在处理非平稳噪声时表现尤为突出。这种方法与语音识别的声学模型更为匹配，从而增强了语音识别的稳健性。

5. 语音转化

语音信号不仅包含丰富的语义信息，还涵盖了说话人的个性特点和说话的场景等多方面的信息。在现代信息领域，语音中说话人的个性信息起着至关重要的作用。语音转换是一种利用语音处理技术来调整语音中说话人的个性信息的方法，使得修改后的语音听起来更像是由另一位说话人所发出的。语音转换作为语音信号处理领域的一个新兴分支，其研究有助于深化我们对语音参数的理解，探索人类发音的机制，并了解影响语音信号个性特征参数的各种因素。此外，它还能促进语音信号在其他多个领域，例如语音识别、语音合成和说话人识别等，展现出巨大的应用潜力。

在语音转换过程中，首先是提取与说话人身份有关的声学特性参数，接着利用这些经过修改的声学参数来合成与目标说话人相近的语音信息。例如，我们可以采用语音转换技术，将我们的声音转化为奥巴马等著名人物的声音。要构建一个全面的语音转换系统，通常需要进行离线训练和在线转换这两个关键步骤。在训练过程中，首先需要提取源说话人与目标说话人的独特特征参数，接着依据特定的匹配规则来建立源说话人与目标说话人之间的匹配函数；在语音转换的过程中，我们使用在训练阶段得到的匹配函数来对原始说话人的独特特征参数进行调整，并最终使用这些调整后的特征参数生成与目标说话人相似的语音。

6. 情感语音

作为人们主要的沟通手段，语音不仅蕴含了丰富的语义信息，同时也包含了大量的情感元素。语音信号代表了语言中的声音呈现，而情感则是说话者所面对的环境和他们的心理状况的体现。在语音传递的过程中，说话人的情感介入使得语音变得更加丰富。同一句话，如果说话人的情感和语气不同，那么听者的感知也可能会有所不同。来自美国麻省理工学院的明斯基教授专门强调了情感的重要性，并明确表示："真正的问题不是智能机器是否具备情感，而是缺乏情感的机器是否能够真正实现智能。"如果人工智能在与人的交互过程中缺乏情感元素，那么它可能会显得冷漠，无法准确地识别和响应情感，从而无法构建出真正意义上的人工智能。因此，对语音信号中的情感成分进行分析和处理，以及评估说话者的各种情感反应，都是至关重要的。

4.3　人工智能的应用场景

4.3.1　人工智能与医疗

1. 辅助临床诊断

关于名老中医经验复制的难题已经存在很长时间。通过应用人工智能技术，我们整合了不同的学术观点和治疗经验，创建了一个在线学习和诊断辅助工具。这使得学习者可以利用智能算法来模仿中医的诊断思维，从而极大地拓宽了学习的深度和范围，进一步推动了中医理论的规范化和客观化研究，为中医的诊断和治疗提供了智能化的信息支持。人工智能技术为医生提供了电子病历、辅助诊断和开方等功能，这有助于患者进行远程诊断，从而加快诊疗速度，减轻中医专家的压力。利用基于人工智能的中医诊断系统，我们采用了带有条件随机森林的双向长短期记忆网络来处理自由式电子健康记录中的笔记。这些处理后的结构化数据被用来提取特征并进一步进行矢量化。最终，通过卷积神经网络技术，我们能够从这些非结构化的自由式电子健康记录中诊断出 187 种常见的中医疾病，并预测与之相关的综合症状。利用人工智能技术，中医的诊断和治疗方法变得更加精确和直观，为临床治疗提供了有力的指导。从这一点来看，人工智能技术能够帮助医生更有效地进行中医的诊断工作。

2. 助力四诊信息客观化

当前，制约中医诊断学进一步发展的主要障碍包括四诊信息的标准化、客观数据的收集以及中医诊断术语的规范化。采用基于基准术语库的人工智能自然语言处理技术，可以智能地读取各个时代的医疗案例和文献，这被认为是目前中医诊断术语领域中较为实用的策略之一。通过结合多种人工智能算法和中医四诊仪器，实现了传统诊断手段与人工智能信息数据的有效对接。

3. 医疗影像智能化

高精度的图像识别技术和庞大的医疗影像数据共同为医疗影像的智能化提供了坚实的基础。医疗影像的智能分析指的是利用人工智能技术对医疗影像进行识别和分析，从而协助医生更准确地定位疾病、评估病情，并做出相应的判断。在现有的医疗资料中，超过 90% 的数据来源于影像，这些建议的数据大部分需要手工处理。如果我们能采用智能算法来自动解析这些影像，那么医生可以更准确地进行诊断，从而提高他们的工作效率。在抵抗疫情的过程中，众多的人工智能公司都投身于这场疫情的"战场"中。这批企业所推出的如肺炎 CT 影像辅助诊断系统、疫情防控机器人、智能测温系统和疫情防控外呼机器人等先进的智能技术，在疫情防控和抗击工作中起到了非常积极的推动作用。例如，平安科技的 AI 系统成功地筛查出了超过 2 万名具有肺炎 CT 影像学特征的疑似患者，并协助医生进行了进一步的诊断，累计智能阅片量超过了 400 万张。与医生仅需 5～15min 的肉眼阅片时间相比，新冠肺炎智能阅片系统仅需 15s 就能为患者的 CT 影像提供智能化的分析结果，这极大地提高了医生的诊断和治疗效率，进而实现了更为高效的患者排查。图 4.3-1 展示了胸部 CT 的智能影像系统图像。

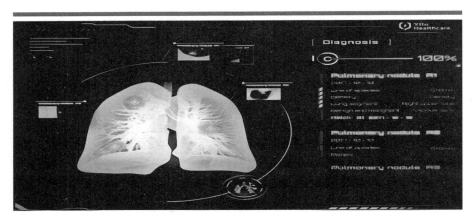

图 4.3-1　CT 智能影像系统

人工智能与医疗影像融合的三大核心要素是：首先是数据处理；其次是计算方法；最后是关于临床的证据。数据和算法构成了这一过程的基石。AI 阅片系统主要依赖于机器所具备的深度学习特性。简而言之，这是利用计算机模拟人的视觉能力，训练机器通过学习大量已标注的数据，以识别数据中的统计模式。我们的终极目标是使机器具备与人类相似的分析和学习能力，以便能够准确地识别和判断异常情况。

4. 药品研发

在药品的研发过程中，人工智能得到了应用。药物研发是一个耗时、高风险和高成本的过程。人工智能技术不仅加速了新药的研发进程和提高了药品的成功率，还有效地帮助生产企业节约了资源和原材料，从而显著降低了药品的生产成本。在 2020 年，英国的 AI 制药公司 Exscientia 与日本的药企 Sumitomo Dainippon 合作，将 AI 人工智能开发的新药候补化合物推向了临床试验的第一阶段，这也标志着全球首次尝试使用人工智能 AI 进行药物开发的临床试验。因此，2020 年被誉为"AI 制药的起始年份"。

众多的国内公司纷纷进入这个领域，华为推出了名为"EIHealth"的医疗智能体，而阿里云则与全球健康药物研发中心建立了合作关系。腾讯推出了以 AI 为核心的"云深智药"研发平台，字节跳动则创建了专门负责大健康领域的极光部门，并在国内外积极招募 AI-drug 团队成员。

5. 医疗器械制造

对所有行业的生产商而言，产品质量始终是他们最为关注的核心议题。制造医疗器械的行业具有特殊的重要性，因为即便是微小的产品瑕疵也可能引发关乎生命的严重问题。

历来，设备的品质都是通过质量分析团队的手工检查来确保的，并对那些当时存在问题的产品进行清理。然而，如果一个产品是在使用了一段时间之后才出现问题，或者是在植入到患者体内之后才出现故障呢？医疗设备正朝着智能化和数字化的方向发展，这是一个不可逆转的趋势。在众多医疗设备制造巨头中，人工智能，更确切地说，是机器学习技术，已经得到了广泛的应用，其目的是确保产品在出厂前没有任何缺陷。例如，在波多黎各的一个医疗设备生产商中，他们所使用的机器学习软件可以对过去的数据与现在的数据进行综合预测和分析，这有助于在产品正式出厂之前识别可能导致其失效的微小差异和瑕疵，从而避免可能的严重影响。

此外，人工智能技术还能协助制造商识别问题的根本原因，进而为所有产品提供更为安全和高效的改进和设计方案。这样做不仅有助于挽救人们的生命，同时也能协助企业降低经济损失。

AI 确实是一项对残疾人极为有效的技术，许多行业巨擘都对此类设备进行过研究。借助于云计算、大数据、生物识别和深度学习等先进技术，AI 不仅能够为盲人提供视觉修复服务，还可以通过智能穿戴工具来增强盲人的日常生活能力。腾讯天籁实验室运用 AI 降噪技术，成功地将人工耳蜗的语音清晰度和可理解性提高了40%；阿里达摩院已经将 AI 语音技术集成到字幕机顶盒中，实现了实时同屏显示画面和辅助字幕的功能；小米与科大讯飞合作，推出了名为"小米闻声"的听力辅助设备：通过脑电波的意念控制，书籍的自动翻页系统可以让人们佩戴特制的发带，保持四肢静止，仅需眨动一下眼睛就能实现翻页，这也使得残障人士能够自主地进行翻书和阅读。

4.3.2　人工智能与教育

教育实践的具体转变不仅依赖于科学的理论指导，还需要新技术的支持。基础科学（例如脑科学、认知神经科学等）与技术创新（例如脑机接口技术、生物特征识别技术等）之间的互动逻辑，为人工智能在推动教育具身方面开辟了新的实践路径，即从仅关注技术应用的单一方向发展，转向强调技术与教育之间的互动和双向赋能。

其内部逻辑是通过基础科学与技术创新的联合发展，推动教育实践的具身水平不断提升。

从斯托克斯（Stokes）对科学研究的分类来看，人工智能被视为一种由应用触发的基础科学研究，它是"巴斯德象限"下的一种新型科学研究形式，这反映了现代基础科学与技术创新之间的相互影响和发展模式。从基础科学的角度看，人工智能的探索建立在对人类学习过程、思维方式等方面的深入了解和洞察之上；从技术创新的角度看，人工智能研究主要集中在不同技术工具在社会多个领域的系统整合和综合应用上。从教育的角度来看，人工智能不仅是一门学习科学，同时也是一种教育技术，两者之间存在着相互影响和相互促进的关系。从一方面看，关于人类的认知、学习和决策的各种理论为智能系统的构建提供了既科学又细致的指导；从另一个方面看，智能系统中脚本的执行方法、特性和效率为学习理论的验证、完善和进一步发展奠定了坚实的基础。科学的研究学习机制为智能时代的教育技术设计提供了坚实的基础，同时，智能技术在教育实践中的应用及其成果也为加深人们对学习科学的理解带来了无尽的启示。人工智能正处于基础科学与技术创新之间的有益互动中，以实现两者的耦合发展。在这个过程中，人与技术之间的具身关系得以生成和进化，从而进一步推动了教育实践具身水平的持续提升。

人与技术之间的紧密联系意味着人和技术紧密结合，共同影响外部环境。这一关系被形式化地描述为"（人—技术）→整个世界"。人与技术之间的身体联系是由三大要素所决定的：（1）构成性（Composition）是指人的身体构造与技术构造之间的紧密结合，人们通过一种独特的方式将技术整合到自己的身体体验中，利用技术来感知和理解外部世界；（2）透明性（Transparency）是指技术所拥有的一种感知透明性的能力，这意味着技术在经过人们短暂的适应之后，会悄无声息地"消失"，成为人们日常生活经验中不可或缺的一部分；（3）沉降度（Sedimentation）描述了一个人在使用特定技术时的习惯强度。习惯强度越高，技术行为的自动化水平也就越高，从而使得人与技术之间的关系更为紧密。在教育实践中，人与人工智能之间的具身关系可以从工程和科学两个维度来探讨。从工程的角度看，具身的人工智能与物理上的具身系统（例如机器人）有着紧密的联系。这意味着具身的人工智能能够通过机器人对人类的认知和智能进行建模和模拟，从而在物理上实现具身；从科学的角度分析，具身的人工智能实质上是对自然环境下的认知和智能进行建模和模拟，也就是说，人工智能具身所展示的是机器人在建模和模拟过程中所包含的人类智能和认知。建立人与人工智能之间的具身关系不仅有助于增强学习者的场景感和丰富他们的学习体验，还可以通过人工智能技术作为中介，促进人与世界之间的具身交互，从而增强学习者的参与感，并实现知识和经验的意义构建。

实践的方向是：利用具身认知科学和人工智能技术的双重能力，推动教育与实践经验的融合。

为了实现教育的全面革新，我们必须依赖于基础科学与技术创新之间的紧密结合和互动机制，将教育技术的初始创新转变为推动教育进步的核心动力。这一变革的关键在于加强学习科学与教育技术之间的相互赋能，并促进教育主体与教育环境的双向发展。具身认知和人工智能被视为学习科学和教育技术进步的前沿领域，它们旨在通过增强教育环境的沉浸式体验和感知，推动教育参与者的身心融合和统一，从而促进教育实践的具身转变，并在这个过程中实现协同发展。通过具身认知科学和人工智能技术的共同助力，可以推动教育实践的具身转型。为此，我们需要以具身认知科学为基石，搭建一个智能化的教育技术体系，并进行实际的工程应用。首先，基于具身认知，这意味着教育系统需要通过身体参与和场景参与的方式，形成一个自我组织、自我适应和自我进化的健康循环。在这方面，我们需要构建一个虚拟与现实之间无缝连接的学习环境，其中人与技术能够协同工作，以支持学习者进行体验式、个性化和适应性强的自主学习；从另一个角度来看，我们需要最大限度地激发个体的身体潜力，并推动学习者实现"大脑与身体、身体与情境"的具身学习模式。进一步地，开发智能教育技术系统并将其应用到实际工程中，意味着我们需要充分发挥人工智能在自动感知、实时响应和快速反馈等方面的优势。以促进学习者在物理、生理和心理过程中的认知耦合循环为核心，我们应在教育和学习的实际环境和实践中，积极地建立人与技术之间的紧密联系，以促进学习者在身体、心灵和环境方面的互动，从而实现人与世界之间的双向构建和共同发展。

通过具身认知科学和人工智能技术的共同作用，我们可以推动教育实践的具身转变，这要求我们深入理解教育与经验之间的一致性，并努力使它们达到和谐统一。杜威持有这样的观点："教育本质上是对经验的重塑或重组，这样的重塑不仅可以增强经验的价值，还能增强对后续经验过程的指导能力。"在实际操作中，教育和经验是相辅相成的。教育，作为一种旨在有针对性地培育人的社会行为，其核心目标是通过实际生活经验来推动学生的经验成长。它不仅是一个经验积累的过程，同时也是经验的产物。从积极的角度看，经验代表着主动的探索、深入的研究和创新的执行；从连续性的角度来看，经验是一种持续不断的自我革新，它是按照循序渐进的方式动态生成，同时也是一种可选择性地进行适应性发展的过程；从交互的角度看，经验代表了学习者与其学习环境之间的互动，它是基于实际行动的反思实践。在具身认知科学与人工智能技术共同支持的教育实践中，具身转向的实施必须强调身体体验和情境互动在教学过程中的重要性，以促进经验的主动性、连续性和交互性。例如，通过将具身认知与人工智能相结合，智能导学系统在模拟人的身体动作、激发人的共情能力和互动欲望等方面取得了持续的突破，有效地改变了学生学习的被动状态，推动了教育教学的具身转变。有研究表明，在智能导学系统中融入自然语言对话、导师的手势、身体姿势和面部表情等元素，可以显著增强学习者的学习热情和成果。

4.3.3　人工智能与能源

1. 用人工智能助力电网

解决电网老化导致的低效率问题将是人工智能在能源领域产生巨大影响的策略之一。众所周知，目前我国的电力基础设施在建设和设计方面尚未达到高效的水平。虽然我们的日常生活通常只在遭遇极端气候条件时才会受到影响，但随着与气候变化有关的事件增多和更多的设备接入电网，电网的弹性问题将变得更为突出。

尽管像电池存储和微电网这类创新技术为提高电力供应提供了宝贵的机会，但为了优化电力在网络中的整合方式，它们仍需大量的计算资源，而人工智能技术预计将迅速成为解决此问题的关键手段。

比如说，人工智能有能力分析由工厂和其他能源消费者生成的海量数据，以便根据数据的可用性、成本、存储能力和冗余性进行评估。尽管关于在特定时段内如何操作电池的二元决策看似简单，但当它被用于跨时段的预测任务时，其复杂性增加了。人工智能在时间范围分析和预测方面的应用将带来显著的优化，从而让公共服务和电网运营商能更全面地掌握他们当前以及未来的运营状况。在能源转型的过程中，人工智能将扮演至关重要的角色，因为它是唯一一种能够筛查所有数据点的技术，这包括历史上的气象数据、当前网络状况、预期的负载需求以及可能出现的故障点。

2. 规划高效运营

更具体地说，人工智能技术有助于提前几天预估能源使用情况，从而让生产商能根据预先设定的需求来规划其运营活动并准确地生成所需能源。这一措施将协助能源制造商为可能出现的生产短缺做好充分准备，并在突发事件（如突如其来的气候变化或电网中的其他问题）发生时，能够调配各种类型的备用电源。

支持需求预测的这一计划流程是所有负责美国电网运营的独立系统运营商（ISO）的持续努力。了解何时储存能量或是否有可能中断微电网以维持稳定的能量流并满足人们的消费需求，这些要素以及其他相关因素都显得尤为关键。这样做不仅有助于节约能源，还能通过考虑电网的容量和拥塞状况来对电网进行适当的限制和约束，从而减轻电网的压力。

3. 为可再生能源的发展创造条件

在能源行业的转型过程中，将太阳能和风能等可再生能源融合到电网是人工智能解决方案发挥核心作用的另一个途径。通过利用过去的数据和未来的气象模型来预测天气情况，这些建议能够估算自然生成的能源的可获取性。这样做让管理层有能力预测可再生能源与传统化石燃料能源的可能组合，以满足他们的预期需求，同时也能最大限度地利用可再生能源。在必要的情况下，这种预测解决方案在全天根据环境状况和负载需求的变化来调整设备的设置点时，必须考虑到操作的限制。随着更多的可再生能源投入使用，人工智能的解决策略将迅速应对系统的高度复杂性。这也增强了可再生能源在能源行业的吸引力，因为过去难以预测的电力供应将变得更为稳定和可靠。在促进行业向可再生能源的转型过程中，人工智能的解决策略将为一个更加安全和环境友好的未来铺设道路。

4.3.4　人工智能与城市建设

1. 人工智能背景下的"物联网"技术系统

在比尔·盖茨于 1995 年出版的《未来之路》这本书中，物联网这一概念被引入。这本书对"物联网"的未来发展进行了预测。由于当时的无线网络和传感器设备都受到了技术条件的限制，"物联网"的理念并没有得到很好的实现，书中的观点也没有引发世界的改变。如今，各种技术都取得了显著的进步，使得"物联网"所依赖的技术不再是遥远的。"物联网"不但已经成为我们日常生活的一部分，而且还不仅仅是关于物体和人之间的数据传输。它在更高的层面上引入了"人机交互"的理念，利用射频识别、智能传感器和智能网络等技术来操控信息感知设备，从而实现了更广泛、更方便的物联网应用。基于"物与物、人与人"的交互关系，物联网应用层技术体系是通过基础层技术来实现的，这不仅是智慧城市系统建设的核心要素，也预示着未来城市系统建设的新方向。

"物联网"和"智慧城市"作为未来技术进步的新趋势，都是人工智能领域的创新成果。它们在"因特网"的基础上进一步扩大了网络的覆盖范围，展现了更高的传输速度、更迅速的响应、更广泛的应用场景和更智能的功能特点。我们可以更加科学地使用和分配现有的资源，从而提高居民的生活品质和城市的生产效益。物联网技术代表了一种创新的思维方式，它构建了一个独特的架构体系。这个体系能够连接数字化和信息化的城市软件系统与基础硬件设施，使得软件网络能够覆盖区域内的所有基础设施、公共服务、商业建筑、生产企业、娱乐场所、家庭住宅和区域安全等多个方面。这是继互联网之后，一个更为广泛的"万联信息网络"。

以人工智能为基础的"物联网"作为一种创新的城市建设模式，与传统的"互联网"相比，可能会对传统居民的生活模式带来巨大的挑战，并颠覆原有的区域产业布局和城市空间结构。物联网技术的广泛应用有助于加速城市空间结构的转变，促进城市结构的优化，并加快城市的发展进程。最后，这也有可能对未来的人类价值观和社会观念产生深远的影响，使城市不仅能满足人们的生活需求和确保安全，还能增强人们对城市信息、资源利用和公共服务的了解和掌握。利用物联网技术，居民可以更加积极地参与智慧城市的管理、监督和决策过程。城市的空间发展将展现出更多的多样性。在"物联网"的支持下，并以人工智能为基础，城市的空间共享和虚拟转换将进入一个新的发展阶段，使得整个城市更加紧密和万物相互连接。

2. 人工智能背景下的大数据智能城市平台

在 2019 年 6 月，中国信息通信研究院公布了我国的《城市大数据平台白皮书》。

该白皮书在稳定的基础上阐述了大数据对城市发展的重要性，引入了城市大数据的新概念，并详细解释了智慧城市大数据平台在智慧城市建设中的关键作用。白皮书定义了"智慧城市大数据"为"在城市运营中生成或收集的数据，以及这些数据与各种活动要素有关的信息的收集、处理、应用和通信能力的综合系统"，这一定义可以通过一个简洁的数学公式来表达。智慧城市的大数据是由（城市数据＋智慧城市技术＋智慧城市功能）×人工智能组成的。智慧城市大数据平台是基于人工智能和信息技术构建的，它通过创建一个能够连接多个平台进行数据收集、分析和管理的服务系统，以实现城市管理的协同作用，并最终达成智慧城市未来建设的目标。

现阶段，我国智慧城市的大数据平台建设仍处于初级阶段，各个应用领域的平台都在独立地进行开发工作。展望未来，我们需要将各种平台进行整合，从单一的分块平台转变为更大规模的平台，并从单一的专业应用扩展到涵盖多个领域和行业的"块状数据"和"立体数据"应用平台。随着数据规模的指数化增长，我们需要借助人工智能技术来管理大量的数据应用，这样才能充分利用这些数据，满足智慧城市的发展需求。在未来的城市大数据平台建设中，数据安全将被视为一个核心的考量点。这不仅在当前以区块链技术为标志的数据安全领域有所体现，而且在尊重人权和隐私的方面也同样重要。最终，我们的目标是创建一个生活安全、生产效率高、居住环境生态友好、政务管理透明公开的数字信息城市。在这一大数据平台的支持下，市民将具有更强烈的安全感和幸福感。

4.3.5　人工智能与汽车

人工智能技术有能力通过对大量数据的分析和机器学习来实现城市交通系统的智能化。终端设备上的人工智能专用芯片负责收集城市交通相关数据，这些数据通过物联网技术实现了互联互通，确保了数据的安全和可靠传输，最终生成了交通系统的大数据；交通系统服务平台利用人工智能计算引擎来处理车流量、视频等大量的数据，以增强其计算能力。通过挖掘数据的内在规律，该平台能够实现路权分配、道路状态的实时监控和交通引导等智能决策功能，最终以可视化和可交互的形式展示给大众，从而为他们提供各种便捷的交通服务。例如，西安交警城市大脑智慧中心采用了驾驶行为的实时感知和分析技术，成功地为公众提供了多种模式和多个标准的动态导航服务，从而显著提升了出行的效率。当前，人工智能在交通领域的应用也成为无人驾驶的热门话题。无人驾驶系统能够通过计算机视觉技术、高精度的城市地图和标志性建筑的三维建模来识别交通灯和车道并进行定位。在汽车行驶过程中，车速、位置和行驶轨迹等关键数据会被同步上传到云端，然后人工智能将这些数据进行加工、分析和建模，最终形成一个以 AI 为驱动的认知决策控制系统来控制汽车的驾驶行为。北京亦庄经济开发区目前已经开展了与无人驾驶相关的测试和运营活动，这种先进的无人驾驶技术预计将为智能交通的车路协同带来技术上的重大突破，从而显著提高出行的效率。

4.3.6　人工智能与家居

　　智能化家居设计有助于进一步增强现代住宅的安全、舒适和整洁特性。例如，我们可以利用人工智能技术来控制门窗的开合，这将使我们更方便地调整自己的家居环境，从而为我们的生活和休息提供一个更加清新、舒适的环境；人工智能技术开发的无线传感器设备能够通过各种集成的微型传感器协同工作，实时地监控、感知和收集各种环境或被监测对象的信息，从而确保住宅的安全性。值得特别强调的是，目前众多的智能家居系统能够通过网络连接等手段，轻松地解决用户在不同地点远程查询和操控家庭智能系统的难题。从这一点出发，我们可以明确地认识到，智能家居技术的进步是一个不可逆的发展方向。人们普遍追求的是一个舒适和便捷的生活方式，而这项技术在很大程度上有助于解决日常生活中遇到的各种问题，从而更好地服务于广大民众。

　　在人类的文明进程中，科技所扮演的角色是独一无二的。在工业革命爆发之前，东方和西方的人均 GDP 并未经历根本性的转变。然而，在工业革命之后，人均 GDP 经历了显著的增长，欧洲在 200 年的时间里增长了 50 倍，中国则在短短 40 年内增长了超过 10 倍。如今，我们正生活在一个技术飞速发展的时代，其中科技正以叠加的方式持续快速进步。也许在此之前，科技的快速发展与人们的生活习惯之间的联系还能维持在一个相对"和谐"的状态，但在现代社会，随着科技飞速进步，生活方式的滞后问题开始变得更为明显。如果这两者之间的平衡被破坏，将会引发一系列复杂的问题。这些问题不仅会影响人们对未来社会、经济和伦理等多个与日常生活密切相关的议题的看法，还可能导致一定程度的社会混乱。对于设计行业而言，这样的平衡还可能导致方向性错误的出现。提前进行对未来生活模式的深入研究，可以帮助我们更准确地了解用户需求，明确当前智能家居行业所面临的挑战，并据此及时制定出合适的设计方案，以更好地满足人们的日常生活需求。

4.3.7　人工智能与农业

1. 智能新能源的技术

　　鉴于当前社会对能源需求的持续增长，为了构建一个全新的发展模式，我们必须加强对新能源技术的关注。当这些技术被整合到农业机械的发展中，它们可以与新能源的开发和利用相结合，展现其独特的优势，从而在未来获得更大的发展机会。因此，在农业新能源的开发和应用过程中，像风能、水能和太阳能这样的现代农业关键能源不仅满足了绿色发展的需求，还有助于减轻对周围环境的不良影响。例如，在采用新能源技术的过程中，有机蔬菜能够获得所需的热能和驱动力；在现代机械设备的使用过程中，安装日光灯可以有效地吸引和控制害虫，降低农药残留，从而减少对农业的不良影响，并提高技术应用的整体效果。

2. 智能自动化技术

在农业机械设备的创新设计过程中，整合计算机系统能够实现智能化操作，为自动化机械的发展提供了重要的支持。目前，在农业机械的生产过程中使用智能自动化技术是最普遍的现象。通过整合智能控制和监控系统，我们能够优化整体的设计流程，创建智能显示屏，从而实时监控农业状况，深入了解农作物的成长情况；通过优化环境监测系统以适应当前的发展趋势，解决了传统农业实践中遇到的各种问题，从而确保了整体工作效率。为了确保农业生产的可控性，相关工作人员需对收集到的数据进行深入分析，并通过反馈和研究来调整农业的自动化流程。

3. CAD 技术

在三维设计体系中，软件设计的应用有助于机械结构的优化。在理论设计阶段，应充分利用 CAD 技术的优势，科学地将这些技术应用于各个环节，从而在现有基础上实现创新，构建更符合当前发展需求的机械设备。但是，在进行智能机械的设计时，我们必须考虑到成本控制的关键点，进行全方位的预防措施，并进一步完善CAD 技术的实际应用；通过构建 3D 结构图，我们能够对机械设备的各种数据进行精确的分析，这有助于数据的修改和统计，确保数据的准确性，以满足智能机械设备的设计要求。与此同时，在农业机械设计领域，CAD 技术的运用仍需不断创新，我们应该深入挖掘 CAD 技术的潜在优点，并强化其创新设计能力；我们使用 CAD技术来进行三维仿真设计，这样可以根据实际的结构进行定位处理，确保坐标系统的稳定性，并严格按照坐标系统进行组装；利用 CAD 技术对农业设备的整体规划性能和需求进行了优化，并在精确的参数设置下确保了数据的高度准确性。

4. 计算机视觉技术

利用微型摄像机和其他相关设备，我们能够模拟人类的视觉能力。作为计算机视觉技术的关键组成部分，当这些技术被整合到现代农业机械中时，它们能够精确地识别机械设备的耕作目的，准确地记录相关数据，为后续的测量工作提供必要的支持，从而有针对性地提高检测的准确性，并明确工作的目标。同时，在农业生产的各个环节中，经常会遇到复杂的田间作业环境。通过科学地运用技术手段，我们能够对周围环境进行精确的分析，从而为机械设备的后续应用提供准确的数据支持，以更有效地采取预防措施，并提高整个系统的运行效率。随着计算机技术和图像处理技术的持续进步，人工智能能够在田间的除草、施肥等任务中发挥其独特的作用，这使得我们可以更加精确地控制施肥的数量，从而提高技术的实际应用效果。

5. GPS 技术

如果农业机械设备希望向智能化方向进步并真正实现双手的解放，那么科学地应用 GPS 导航技术将为这些机械设备的使用提供精确的地理信息。并且，这项技术的成本相对较低。通过深入分析设备当前的运行状态，我们可以在已有的基础上进行进一步的优化，从而显著提高机械设备的工作效率。同时，建立 GPS 导航系统，为农业机械的稳定运行提供了坚实的支持。例如，在农药喷洒的过程中，我们可以大大减少人力资源的消耗，有效地控制农业的成本，并充分展示其在实际应用中的重要性和价值。然而，我们必须认识到，在系统的运行过程中仍有一些明显的不足之处，这可能会导致地图的不精确。因此，我们应该根据当前的实际需求进行调整和优化，制定更符合现代发展趋势的运行策略，以防止因数据错误导致的机械运行效率降低。

4.3.8　人工智能与零售领域

1. 供应链上的数据共享

供应链的核心是零售商，涵盖了上游的制造商和下游的消费者。在供应链生成的各种数据中，我们可以看到生产量、库存、产品设计、质量、原材料来源、场景、服务、会员、结算、销售、运营、品牌形象、客户信息、建议以及购买力等多方面的信息。得益于人工智能技术的推动，新零售有能力收集和整理相关数据，以便为零售决策过程提供有力的支持，并为消费者带来更优质的购物体验。举例来说，当顾客首次踏入一家新的零售实体店时，人工智能技术能够通过人脸识别和语音识别技术自动保存该顾客的画像、购物行为和消费数据，这些数据便构成了该顾客的基本信息。如果这种情况持续下去，人工智能技术会对这位客户生成的众多数据进行深入的分析和整合，从而准确地识别出消费者的喜好和习惯性的消费行为，并据此做出消费趋势的预测。因此，这些研究成果为这家新的零售店在商品展示和商品结构的选择上提供了重要参考。此外，这些研究成果也为生产型企业在生产和设计方面提供了新的思考路径和方向。对消费者来说，准确的市场预测能够为他们提供更加令人满意的产品选择。此外，消费者在购物时可以选择多种途径和方式，利用 VR 技术等线上和线下的体验，使得购物过程变得更为轻松和愉悦。

2. 商业价值的增值

现阶段，新零售这一商业模式还处于初级发展阶段，其潜在的商业价值对于许多零售企业来说几乎是无形的。新零售以数据驱动、技术驱动和用户体验为核心，这种创新的商业模式使得大量的技术创新能够转化为经济价值，并在实际应用中实现其价值的增长。比如说，人工智能技术有能力协助新零售在降低运营成本、提升工作效率、减缓潜在风险、突出其市场竞争力以及提升服务质量和客户体验方面取得进展。通过使用机器来取代人工，不仅可以减少人力成本，还能提升工作效率和准确性。利用深度学习的方法，不仅可以增强决策的效率和准确性，还能从多个角度深入了解并满足客户的需求。

4.3.9　人工智能与客服

在为客户提供服务的领域中，目前的人工智能技术应用可以被划分为四个主要的发展时期：

第一点是，我们主要提供以智能机器人和智能助理为核心的自助交互服务，7×24 小时不间断地处理大量的常规咨询、业务处理、流程指导、社交媒体监控和预警等简单场景。根据调查的数据，AI 的客服费用只是人工客服的十分之一，但它可以帮助消费者解决超过 60%的普遍问题。

第二点是，通过与人工服务的协同工作，我们在人工服务流程中采用智能路由技术，并辅助人工坐席完成客户需求的预测、快速侦测、识别、判断、查询和推荐等机器擅长的任务，从而使人工服务的流程变得更加迅速和高效，更好地满足客户的需求，并提高客户的体验。

第三点是，从服务运营管理的视角出发，通过深入分析交互流程和内容，我们能够识别和分析一线员工在流程遵循、工作模式、技能差异、培训需求、客户问题、需求来源以及行为预测等方面的运营改进潜力，从而使运营提升更加具有针对性。

第四点是，在营销管理领域，我们能够为客户提供智能化的推荐服务，以实现更为精准的营销策略。该系统具备识别每位访客的能力，并能自动捕获他们的信息，精确地绘制出客户的画像。基于这些"用户画像"，客服和营销团队能够提供有针对性的产品和服务，而不只是简单地回答问题。

以周黑鸭为例，周黑鸭拥有遍布全国的数百家直营门店，每日都有众多客户通过各种途径进行售前和售后的咨询服务。由于人工客服的工作压力巨大和任务繁重，他们无法全天候在线回答用户的各种问题。因此，如何有效地降低客服运营的成本，提升客服工作的效率，并进一步提高企业的经济效益和用户的满意度成为亟待解决的问题。周黑鸭利用 UNIT（理解与交互技术）为用户构建了一个全方位的 AI 智能机器人在线客服系统，该系统被广泛应用于网站、微信公众号、APP 等多种在线咨询平台。在问答功能中，我们为用户提供了关于产品的质量、规格、价格和会员卡等常见问题的自动回答功能。许多常见的重复问题都可以通过机器人来解决。此外，我们还提供了一个 7×24 小时的在线客服模拟真人对话，这不仅帮助企业降低了人工成本，提高了工作效率，还显著提高了用户的满意度。

然而，目前的人工智能技术还不能完全取代人工客服服务。从一方面看，当前的 AI 技术还不能完全替代人工操作，智能客服虽然经常被用于预测用户的意图和需求，但在处理复杂和个性化的问题时，其解决能力仍然显得不足。因此，目前最普遍的应用方式依然是"智能＋人工"模式。也就是说，常见的问题通常由智能客服来解决，而复杂和个性化的问题则会转由人工客服来处理。另外在用户体验方面，与机械式回复的智能客服相比，绝大部分消费者更倾向于选择充满"人情味"的人工客服方式。从另一个方面看，目前的智能客服大部分都是被动地等待客户的提问和回答，并没有能力主动地与他们进行深入的交流。

4.3.10　人工智能与文旅

数字时代以其"高度的通用性、交互性、集智性和增值性"为显著特点，这不仅为文旅产品资源注入了新的活力，同时也为文旅产业的进一步发展带来了新的生机。

1. 数字技术赋能公共服务与行业监管部门

政府在公共治理结构中扮演着关键角色。信息技术，尤其是网络和数据技术的进步，为政府提供了更多的优势来增强其职责执行能力，同时也为公众提供了更多的机会来依法管理公共和自己的事务。特别是在经济调控、市场监督、社会治理和公共服务等领域，数字技术为政府更有效地履行其职责提供了强大的支持。政府治理能力的增强也构成了推动产业进步和变革的关键动力，这是因为数字技术的快速发展将促进公共服务的效率提升和行业监管模式的变革，从而进一步促进产业的创新和发展。随着数字技术在文化旅游产业中的广泛应用，数字技术正在为文旅产业的公共服务和行业监管部门提供技术支持，从而使得文旅产业的智能管理变得可行。通过利用文旅产业的各种运行数据，我们可以更容易地识别出具有差异性和个性化的公共服务需求。这不仅可以提高文旅产业的公共服务效率，还可以为管理部门的市场监管提供技术支持，进一步推动数字文旅产业的发展。例如，在管理旅游目的地的过程中利用由游客行为生成的大量数据，能够为潜在的旅游目的地提供更为出色的市场推广服务。

2. 数字技术推动文旅产业发展模式和业态变革

从产业发展的历史轨迹来观察，大致可以分为以下几个发展阶段：首先，技术的进步促使组织机构突破现有的产业结构；其次，推动新产业生态的形成；然后，进行商业模式的改革和创新；最后，最终实现整个产业体系的全面重构。在新的技术革命驱动之下，改变发展策略已经变成了创造价值和获得收益的关键途径。可以预期，随着数字技术在文化旅游产业中的广泛应用，基于追求利益和实现价值的驱动，文化旅游产业将逐渐进行组织结构的调整。这将引发文化旅游产业发展模式的革新和新业态的崛起，形成新的发展动力。近几年，VR、AR、5G 等数字技术在文化旅游产业中的快速应用，催生了如虚拟现实景区、虚拟现实娱乐、数字博物馆等全新的文化旅游业态，这都是明证。随着数字技术的深入应用，各种传统的文化和旅游资源都通过数字技术得到了充分的利用。这不仅会为文旅产业带来新的资源，还会催生新的文旅融合业态，进一步推动数字文旅新生态和数字化产业链的形成。在这个基础上，文化旅游产业的基础设施将得到持续改进，包括商业模式的转变、有效供给水平的提升以及开发新的发展空间。

3. 数字技术带来大众行为与体验认知的转变

个体在时空感知上的差异会导致他们的消费行为和体验认知发生变化，而技术的进步则是影响这种时空感知的关键要素。随着技术进步，个体的消费习惯和对体验的认知都会发生相应的变化。近几年，如抖音和快手等短视频平台的迅速崛起，反映了数字时代下大众的行为模式和体验认知发生了显著变化。随着数字技术的广泛应用，大众的体验内容、方式和质量都将得到进一步的拓展，这也将逐渐改变他们的行为模式和对体验的认知。随着这种变化，人们对多样性和个性化的需求也会逐渐增加，使得沉浸式和交互式的体验更加受到大众的喜爱。展望未来，随着数字化技术在文化和旅游产业中的快速应用，公众在食品、住宿、交通、旅游、购物和娱乐等多个方面的行为和体验都将经历深刻的变革。这也意味着，只有当数字技术被广泛应用于文化和旅游产业时，我们才能满足数字时代人们的新的体验和需求。

4.3.11　人工智能与建筑

人工智能在建造领域的应用正日益扩展，为城市规划、模块化建筑和室内布局等方面的自动化提供了强大的支持和工具。这意味着人工智能不仅仅是一个未来的趋势，而且已经成为建筑行业的不可或缺的一部分，为各种建设项目提供了更高效、更智能的解决方案。

在当今的建造领域，随着越来越多的建造项目在建造和运营中积累大量数据，一个新问题随之浮现——如何高效地整理和分类这些海量数据？答案就在于人工智能。

人工智能和机器学习的崭新应用正在彻底改变建造工程行业的面貌。在设计师进行设计迭代之前，利用各种自动化工具整理场地和背景数据，不仅能够减少不确定性，还能降低潜在的风险。设计师、开发商以及其他非编程背景的从业者都能依赖这些工具完成原本需要高度技术和编程工作的任务。以下通过一些例子来探讨人工智能在建造领域的应用如何为设计流程的优化提供机会，让建造领域的创造力得到极大的发挥。

1. 人工智能应用于城市规划

除了能够满足个别建筑的需求，人工智能工具还能应用于城市规模的场地，将生成和迭代能力扩展到更广泛的范围。一个典型的例子就是挪威科技公司Spacemaker，该公司提供基于云的人工智能和衍生设计软件，旨在协助规划和设计团队更迅速地做出明智的决策，以便从一开始就统筹规划可持续的发展。

如果在房地产开发的早期阶段得到应用，Spacemaker能够分析城市各个版块内多达100项的指标，包括区划、日光、噪声、景观、道路、交通、停车等。该软件还具备风模拟功能，能够分析建筑物的导风模式，运用流体运动学来优化设计，以提高人们的舒适度。此外，软件的噪声分析功能可以预测交通或者其他声源的噪声水平，然后将其与当地法规的标准作比较。这一平台还能提供替代的建材组合建议，以减轻噪声污染这一环境健康影响因素。这一系列功能不仅能提高城市规划和建筑设计的效率，还有助于增进城市的可持续性。

在挪威奥斯陆的一个占地 9.3 万 m^2 的多功能开发项目包含着 1 500 个住宅单位。该项目的开发商 Steen & Strøm 以及 Storebrand 利用 Spacemaker 这一工具，结合了 A-lab 建筑事务所的建筑师和城市规划专家的合作，成功地对项目进行了噪声级别和日照量的优化。在将建筑设计输入 Spacemaker 进行优化后，最为嘈杂的住宅立面上的噪声减少了 10%，同时光线不足的住宅区的日照也减少了 50%。在实现这些改进的基础上，该团队还合理地安排出更多可售的房地产空间。Steen & Strøm 的开发者彼特·福瑟姆（Peter Fossum）表示："我们可以使用各种不同的参数，比如噪声、日照等，来调整项目，也可以手动修改设计方案以测试不同的假设，每次测试在短短几分钟之内就可以查看结果。"他还补充说，Spacemaker 对建筑总体规划起到了积极作用，大大改进了工作流程，优化了结果。

2. 利用人工智能改善投标过程

美国旧金山湾区的模块化建筑公司 ConXtech 正在运用人工智能技术来助力建造领域内最难预测的环节之一：投标过程。与众多建筑公司一样，ConXtech 经常在项目开发阶段参与建设项目的投标。这一时期，项目的可行性尚未确定，各种可能性都需要进行考量。像 ConXtech 这样的公司往往需要进行多次迭代设计，投入大量的资金，但最终也可能会失败或者项目无法启动。与此同时，业主和开发商在迫切地寻求高效可行且经济的解决方案，以满足他们的需求。

为了缩短投标的周期并降低投标的成本，ConXtech 与欧特克研究院合作开发了一个投标平台。该平台利用人工智能，结合采购材料、制造和施工成本，来确定最具有成本效益的钢结构设计。这些成本会根据选定的项目供应商和分包商以及项目地点而变化。在项目管理团队列出潜在的供应商和分包商后，该平台会联合项目的结构工程师，在三个人工智能代理器的协助下，设计出最具成本效益和竞争力的结构。第一个代理器是 HyperGrid（"超级网格"），其结合了结构工程知识和强化学习，设置立柱并为特定场地设计结构网格，同时考虑业主和建筑师的要求和限制。第二个代理器是 Approximator（"预测器"），其利用经过 4 000 多个建筑模拟数据点训练的图神经网络，预测各横梁和立柱的尺寸以及连接器的位置。第三个代理器是 Optimizer（"优化器"），其作用是在符合当地建筑规范的前提下，优化各种结构体，以降低施工成本。

ConXtech 的首席工程师亚当·布朗（Adam Browne）表示："我们提出的这项人工智能投标技术可以辅助业主和开发商，无需雇佣专业工程师就可以获取建造项目的结构设计和所需材料估算。这个产品对结构工程领域来说，可能就像法律领域的 LegalZoom 平台一样，是一种在线分析技术，可帮助客户在不必雇佣专业人员的情况下创建材料估算、设计方案和计算文档。"但值得注意的是，这项人工智能技术并不会取代结构工程师和责任工程师的角色，这些专业人员在项目执行过程中仍然扮演着不可或缺的角色。

3. 人工智能应用于容积设计和规划

日本的建筑工程和房地产开发公司大林组与欧特克研究院展开合作，推出一项创新的人工智能解决方案。该方案以基本建筑参数为基础，然后加入极少的指导即可获取容积估算和室内规划布局。该平台主要应用于办公场所。

建筑的容积反映了建筑物的连接性、尺寸和比例需求，这一人工智能工具能够理解这些需求与规划之间的抽象关系。在生成室内规划布局时，设计师和客户需要输入一系列词汇参数，即用一些简单的句子指定建筑元素及其位置，以及描述它们之间的关系，例如"为安全起见，食堂应远离实验室""会议室要有窗户"。代理器能够快速而准确地将设计元素放置在项目中的最佳位置，并将这些高级设计原则应用于不同的几何布局项目。这一人工智能平台为建筑师提供了一个便捷的工具。这一创新过程与传统的建筑师徒手绘制草图以争取客户认可的方式完全不同。在传统方式下，建筑师或建筑师会花费相当多的时间来为潜在客户提供一个可能的外观草案。然而，通过该平台，这些设计方案不仅是实时的，而且在时间和地点上都是实际可行的。

大林组建筑设计工程部的总经理辻义人（Yoshito）表示："我们与欧特克研究院的长期合作在该人工智能辅助设计原型中得以体现，这一合作反映了建筑师在设计过程中的思考方式，包括设计内容、设计原理和设计方法。这种人工智能与建筑师之间的协作，使我们能够更快速地向客户传递设计概念并迅速获得客户的认可。"

4. 人工智能应用于房地产开发

建筑参数化设计是指着眼于正式的奢华感以及壮观的建筑形状、曲线和悬臂设计。Parafin平台通过采用参数化迭代设计结合人工智能技术，实现了在规划、成本和商业可行性之间的平衡，能够生成几乎无限数量的衍生式设计方案，以实现客观的盈利潜力和绩效。该平台由美国芝加哥的开发者亚当·亨格斯（Adam Hengels）和迈阿密的建筑师布莱恩·艾姆斯（Brian Ahmes）共同开发。

Parafin是一种基于云计算的衍生式设计平台，主要用于酒店开发项目。这一面向房地产开发商的平台有助于在项目的早期规划阶段快速评估出潜在建筑场地的财务可行性。开发商只需输入少数几个参数，如客房数量、停车场、场地特征、建筑高度、酒店品牌要求等，即可生成符合这些要求的数以百万计的设计方案，并且上述方案都能根据财务绩效和成本等条件进行筛选。用户可以通过网络浏览器界面轻松操作。

　　亨格斯说："开发商无需花费大量时间，只要短短几分钟内就可以了解'可以在这个场地上建造什么''建造的项目能不能带来盈利'之类的问题。"通常情况下，开发商需要评估多个不同场地和开发机会，这个过程的工作量是相当庞大的，Parafin 平台为他们提供了便利。开发商无需调派团队就可以评估新场地的可行性，从而节省了重要的劳动时间。除此之外，它还大大缩短了规划估算的时间，几分钟就可以提供初步的规划建议。所以，Parafin 有助于让项目从一开始就走在数字化的轨道上。

　　这些人工智能应用平台的共同好处在于，它们从建造项目的早期阶段就开始采用数字化方法进行设计，这有助于更有效地管理时间、资源、可行性和进度。通过数字化设计，项目可以更好地管理和控制，从而减少了不确定性，提高了效率，加速了决策过程，并确保了项目在更早的阶段就能在可行性和经济性方面得到验证。这种数字化方法的采用也为设计师提供了更多的时间来关注创造性的设计和提高项目质量，更好地满足客户需求，提供更精确和可行的解决方案，从而激发建造领域的创造潜力。

第 5 章

人工智能发展现状与未来趋势

5.1 人工智能技术发展历程

基于人工智能的技术实力，我们可以将其分类为弱人工智能、强人工智能和超人工智能。尽管当前人类的科技水平已经相当高，但我们仍然生活在弱人工智能的时代。每一个弱人工智能的创新都在为进入强人工智能和超人工智能的新时代作出贡献。

5.1.1 弱人工智能

在 1980 年，哲学家约翰·希尔勒（John Searle）明确指出了弱人工智能（Weak AI）与强人工智能（Strong AI）之间的不同之处。相对于弱人工智能的机器能够表现出更高的智能，强人工智能的机器则是真正有意识地进行思考，而不仅仅是模拟思维。经过多年的发展，两个在人工智能研究中广泛存在但又各不相同的子领域已经取得了进展。有一个学派与麻省理工学院有所关联，该学派认为所有表现智能行为的系统都可以被看作是人工智能的典型代表。这一学派持有的观点是：人造物执行任务时是否采用与人类一致的方法并不重要，关键在于程序是否能够被准确地执行。在电子工程、机器人及其相关领域中，人工智能工程的核心目标是获得令人欣喜的实施成果。这一技术被命名为弱人工智能。

卡内基梅隆大学的人工智能研究方法是另一个学派的代表，这些方法主要集中在生物的可行性上。换句话说，当人造物体展示出智能行为模式时，其表现方式是基于人们所采用的相似技术。比如说，思考一个带有听觉功能的系统。支持弱人工智能的人士主要集中在系统性能上，而支持强人工智能的人士则致力于通过模仿人类的听觉系统，利用等效的耳蜗、听力管、耳膜以及耳朵的其他组件（每一个组件都能在系统内完成其预定的任务）来有效地获取听觉信息。支持弱人工智能的人士通常仅根据系统性能来判断系统是否达到预期，而那些支持强人工智能的人则更关心他们所搭建的系统架构。支持弱人工智能的人士认为，人工智能研究存在的根本原因在于解决棘手的问题，而不是过分关注解决问题的具体方法；支持强人工智能的人士坚信，仅凭人工智能程序的启动机制、计算方法和相关知识，计算机便能实现意识和智能的获取。好莱坞有关电影已经成为后者的一部分，我脑海中浮现的影片包括 *I Robot*、*AI* 以及 *Blade Runner*。

5.1.2　强人工智能

强人工智能采用了人类常用的方法来寻找和解决棘手的问题，这意味着它是基于认知心理学的视角来进行的。言外之意，解决方案模仿了人类的行为模式，为人们提供了对工作和思维方式更深入的洞察。

随着时间流逝，"强人工智能"的定义逐渐转向"人类级别的人工智能"或"通用人工智能"，它能够处理多种任务，其中包括许多新颖的任务，并且其执行效果与人类相当。从目前人工智能的发展状况来看，所谓的"强人工智能"还没有完全实现，但走向"强人工智能"的道路可能并不是遥不可及的。

5.1.3　超人工智能

所谓的"超人工智能"是通过模仿人类智慧的方式，使得人工智能开始拥有独立思考的能力，进而形成新的智能集群，使其能够像人类那样独立思考。

从目前的趋势来看，人工智能正逐渐从一个较弱的人工智能向通用型人工智能甚至超级人工智能的方向演进。随着技术的持续进步，终将有一天，人类能够创造出通用型的人工智能。进入到数学家（欧文·古德）（IJ.Good）所提出的"智能大爆炸"或"技术奇点"的阶段后，通用型人工智能将具备持续自我提升的能力，这将催生超级人工智能的诞生，而其上限仍然是个未知数。库兹韦尔，被比尔·盖茨称赞为"预测人工智能最强的人"，他预测在 2019 年，机器人智能将有能力与人类进行竞争；截至 2030 年，人类将与人工智能融合，形成一个"混血儿"。计算机将进入我们的身体和大脑，与云端连接，这些云端计算机将加强我们现有的智能；截至 2045年，人类与机械将实现深度整合，人工智能预计将超越人类，引领我们进入一个全新的文明纪元。

5.2　人工智能发展现状

5.2.1　国家推动人工智能核心技术研发

在人工智能这一领域，全球主要的大国纷纷制定了国家级的战略方针以加速高级战略规划，并积极争取在人工智能时代中的主导地位。美国的白宫连续发布了三篇关于人工智能的官方报告，这使其成为全球首个将人工智能提升至国家战略高度的国家；同时，把人工智能的战略规划看作是美国新的阿波罗登月计划，期望美国能在人工智能领域获得与其在互联网时代相同的霸主地位。在 2020 年的国家发展策略中，英国明确了人工智能的未来发展方向；同时，政府也发布了一份报告，呼吁在英国政府内部加快人工智能技术的应用速度。不只是英国和美国，欧盟在 2014年已经开展了名为"SPARC"的全球最大的民用机器人开发项目。在 2015 年，日本政府出台了名为《日本机器人战略：愿景、战略、行动计划》的文件，其中明确表示日本计划对人工智能机器人进行一场革命。这一系列高级设计涵盖了从自动驾驶汽车到精准医疗和智能城市的多个方面，主要集中在创新领域的资金投入，以实现国家关键领域的创新和变革，从而更好地应对国家和全球所面临的各种挑战。这也暗示着，在当前科技进步的背景下，人工智能将成为人类未来发展的不可或缺的一部分，我们应当以人工智能作为追求目标。如果政府、产业界和大众能够齐心协力，推动技术进步，密切关注其潜在的发展空间，并妥善管理其潜在风险，那么人工智能有望成为推动经济增长和社会向前发展的核心动力。

自从我国改革开放开始，始终高度关注科技的进步，坚信科技是最主要的生产动力。在当前经济新常态的背景下，我们更加迫切地需要新的科技革命来推动经济结构的转型升级和国民经济的持续健康发展。人工智能技术无疑代表了当前科技的最高水平。2017 年 7 月 20 日，国务院正式发布了《新一代人工智能发展规划》，该规划从战略方向、总体要求、资源分配、立法、组织等多个方面详细阐述了我国人工智能的发展规划。该规划明确表示，我国在人工智能的整体发展上，无论是在重要的原创成果、基本理论、核心算法，还是在关键设备、高端芯片和元器件等领域，与发达国家仍存在明显的差距。规划进一步提出了 2030 年的三阶段发展策略目标，即截至 2020 年，我国的人工智能技术和应用将与全球先进水平保持同步；预计截至 2025 年，基础理论将实现显著的突破；预计截至 2030 年，我国在人工智能的理论、技术和应用方面都将达到全球先进水平，届时我国将崭露头角，成为全球主要的人工智能创新中心。之前由国务院发布的《"十三五"国家科技创新规划》和《"十三五"国家战略性新兴产业发展规划》，以及发改委与多个部门联合发布的《"互联网+"人工智能三年行动实施方案》，都把人工智能发展视为战略焦点，但这些都还没有被提升到国家战略的高度。从宏观角度看，这一规划顺应了人工智能的发展趋势，并对人工智能发展中的核心问题进行了深入的解读，它代表了我国在这一产业趋势中的顶级策略。

相较于其他国家的战略，我国的规划更多地强调技术和应用，而相对忽视了人工智能发展中的其他方面或问题，如人力资源、教育、标准和数据环境等。以美国为背景，2016 年 10 月，美国白宫公布了两份关键报告，分别是《国家人工智能研究和发展战略计划》和《为人工智能的未来做好准备》。《国家人工智能研究和发展战略计划》作为全球首个国家级的人工智能发展策略（奥巴马称之为新的"阿波罗登月计划"），明确了人工智能发展的七大策略方向，这些方向包括：基本研究策略、人与机器的交互策略、社会学策略、安全策略、数据与环境策略、标准化策略以及人力资源策略。《国家人工智能研究和发展战略计划》详细描述了七大战略方向的平行关系，并对每一个战略进行了深入的解读。《为人工智能的未来做好准备》这本书从政策制定、政府对技术的监管、财政支持、全民人工智能教育、预防机器偏见等多个方面详细阐述了为人工智能发展提供准备和保障的重要性，并提出了 23 条实施人工智能的建议措施。而我国的规划明确了六个核心任务：建立一个开放且协同的人工智能科技创新框架；致力于培养高水平、高效率的智能经济体系；致力于构建一个既安全又便捷的智慧型社会；在人工智能领域进一步促进军民之间的深度融合；构建一个既安全又高效的智能基础设备体系；对新一代人工智能的重大科技项目进行前瞻性的布局。从总体上看，它们主要集中在技术或应用领域，而在投资、教育、人才培养、道德伦理和制度构建等其他领域的描述则相对较少。

最近，《经济学人》的文章提到，有五个主要因素推动中国向全球 AI 中心的方向发展：（1）许多行业都期望通过 AI 技术实现数字化的转型；（2）众多的高级人工智能专才；（3）移动互联网的市场潜力是非常巨大的；（4）高效能的计算方法；（5）政府的政策扶持。特别值得注意的是，前两个关键因素是中国成为全球 AI 中心所带来的独有优势。在诸如宽带部署、大数据和云计算这样的信息通信领域中，我们几乎都是战略的跟随者；在 AI 领域，我国在美国、加拿大等国家之后，公布了 AI 的全国策略。面对 AI 带来的产业变革，我国应当从单纯的制度跟随者转变为行业的领导者，努力占据战略的制高点。以 AI 伦理为背景，国外已经提出了关于人工智能发展的“阿西洛马”原则。IEEE 和联合国等机构也已经发布了与人工智能相关的伦理原则，这些原则包括保护人类的利益和基本权利、安全原则、透明度原则以及促进人工智能普及和有益的原则等。这些原则在各国的战略规划中都得到了特别强调。我国也应当努力制定人工智能的伦理指导方针，充分发挥其领导角色，以促进普惠和对人工智能有益的发展。除此之外，在 AI 的法律制定与监督、教育培训与人才发展，以及 AI 相关问题的应对策略等多个领域，我们都应当持续地进行探索，从单纯的跟随者逐渐转变为行业的领导者。

5.2.2　人工智能基础稳固，部分领域成绩显著

1. 人工智能基础设施的核心价值在于：确保其运行的可靠性与性能表现

无论如何强调基础设施在人工智能（AI）中的核心地位都不过分，因为它在保障人工智能系统的稳定性和性能上起到了不可或缺的作用。伴随着人工智能技术的飞速进步，对于高效且强大的基础设施的需求变得日益突出。之所以如此，是因为像机器学习、自然语言处理和计算机视觉这样的人工智能应用，需要强大的计算和存储能力才能有效地运行。因此，为了确保人工智能系统能够成功部署和运行，拥有稳固的基础设施显得尤为关键。

支持各类人工智能算法和流程的硬件是人工智能基础设施的核心要素之一。这涉及高效的处理器，如图形处理单元（GPU）和张量处理单元（TPU），它们是专门为处理人工智能任务中的复杂数学运算而设计的。这些特定的处理器让人工智能系统有能力迅速且高效地处理众多数据，进而增强了其总体表现。

除了需要强大的处理器外，人工智能的基础设施还必须有足够的存储能力，以容纳运行人工智能系统所需的大量数据。这批数据可能涵盖了文本、图片、视频以及其他多种多媒体格式，我们必须对其进行高效的存储和管理，以确保人工智能算法可以被高效地访问和处理。这正是像固态驱动器（SSD）和大容量硬盘驱动器（HDD）这样的数据存储解决方案能够发挥其作用的关键所在。这批存储工具为 AI

应用程序的数据集中性提供了所需的存储容量和处理速度。

人工智能基础设施的另一项关键任务是建立一个能够连接人工智能系统所有组件的网络系统。这个网络必须具备处理由人工智能进程生成的海量数据流量的能力，同时也要满足实时人工智能应用对低延迟的需求。为了达到这一愿景，越来越多的组织开始采用高速网络技术，如 5G 和光纤连接，这些技术相较于传统的网络解决方案，能够提供更快的数据传输速度和更低的网络延迟。

人工智能的基础设施不仅包括硬件和网络组件，还涵盖了能够使人工智能系统高效运行的软件和平台。这涵盖了如 TensorFlow 和 PyTorch 这样的机器学习框架，它们为人工智能模型的开发和部署提供了关键的工具和资源库。这些框架在简化人工智能的开发流程以及确保人工智能系统能够无缝地融入现有的工作流程和应用场景方面具有至关重要的作用。

此外，为了满足人工智能应用日益变化的需求，人工智能的基础设施必须拥有良好的扩展能力和适应性。随着人工智能系统变得日益复杂，其计算需求也在持续上升，因此底层的基础设施必须具备相应的调整和扩展能力。这正是基于云计算的基础设施解决方案，如 Amazon Web Services 和 Microsoft Azure，能够提供显著优势的地方。借助云计算的强大能力，组织能够根据实际需求灵活地扩充或缩减其人工智能基础架构，而无需对本地硬件和维护进行高额投资。

最终，我们不能忽视在人工智能基础设施中安全性的核心地位。随着关键业务流程和决策制定越来越多地融入人工智能系统，确保人工智能数据和应用程序的机密性、完整性和可用性变得尤为重要。为了确保人工智能基础设施不受潜在风险和安全漏洞的影响，我们需要采取强有力的安全手段，如加密技术、访问权限控制以及入侵检测系统。

总体来说，人工智能基础设施在确保人工智能系统的可靠性和性能方面具有不可忽视的重要性。通过对适当的硬件、网络、存储、软件和安全解决方案的投资，组织能够为其人工智能项目奠定坚实的基础，并充分发挥这种变革性技术的全部潜能。随着人工智能技术的持续进步和行业的重塑，具备强大且高效的基础设施在未来几年内保持竞争力和推动创新变得尤为关键。

2. 在实际应用场景中，人工智能取得了显著进展

（1）自动驾驶

自动驾驶技术的进步有潜力给全球带来深远的变革。例如，在汽车产业中，自动驾驶汽车可能不再走向"私有化"，汽车制造商可能会从"销售车辆"转向"提供车辆娱乐服务"。在 ICT 领域中，自动驾驶汽车是通过先进的通信技术进行互联的，而在移动通信服务中心也提供了购买自动驾驶汽车的选项。在金融领域，一旦有了"不会发生车祸的汽车"这一概念，汽车保险的定义、资金的流动方向以及产业的构

成都将经历深刻的转变。考虑到交通监管机构不再允许人们驾驶汽车，是否有可能撤销驾照呢？从当前的产业发展趋势来看，上述的预测已经不再是遥不可及的梦想。不仅是像谷歌和苹果这样的国际高科技巨头已经锁定了这一发展方向，美国、德国、日本和中国也都在自动驾驶技术方面做出了积极的布局，以期在未来的发展中占据有利的位置和优势。

从宏观角度看，自动驾驶技术是汽车行业与人工智能、物联网和高性能计算等现代信息技术深度结合的结果，它代表了当前全球汽车和交通出行领域向智能化和网络化方向发展的核心趋势。

（2）智能机器人

机器人在很久以前就频繁地出现在人类的科幻创作中，在 20 世纪中期，美国见证了第一台工业机器人的诞生。目前，伴随着计算机和微电子等先进信息技术的飞速发展，机器人技术的研发速度和智能化水平都在不断提升，其应用领域也得到了显著的拓宽。在工业、家庭服务、医疗、教育和军事等多个领域，机器人都表现出了其卓越的性能。人类和机器人正在逐渐改变这个世界。智慧的提升是势不可挡的。随着我国劳动力的增长速度逐渐放缓，劳动力在总人口中的占比也在急剧下降，这意味着未来可能会面临劳动力不足的问题，从而导致人口红利的消失。当前，对制造业进行自动化的升级和改进是最为高效的策略。在政府的大力支持和传统产业的转型升级推动下，机器人的概念可能会持续火爆，市场的参与热情也会持续上升。

（3）智能医疗

在过去的几年中，智能医疗在全球范围内的受欢迎程度持续上升。有观点认为："虽然安全保障和智能客户服务非常受欢迎，但在医疗行业中，AI 技术可能会首先得到应用。"依据 CBInsights 在 2017 年 8 月公布的《人工智能全局报告》，医疗健康领域已经成为人工智能最受关注的投资领域，并且从 2012 年开始至今，已经进行了270 次交易活动。从一方面来看，图像识别、深度学习和神经网络等核心技术的重大突破为人工智能技术带来了新的发展机遇，极大地促进了以数据、知识和脑力劳动为主要特点的医疗行业与人工智能的深度整合。从另一个方面看，随着社会的不断发展、人们对健康的日益关注以及老龄化的问题日益严重，因此，人们对于提高医疗技术、增加人们的平均寿命和提高健康状况的需求变得更为迫切。但在实际操作中，我们发现医疗资源的分配存在不平衡，药物的研发周期过长、成本过高，同时医疗人员的培训费用也偏高。医疗行业对进步的迫切需求极大地推动了人工智能技术在医疗产业中的创新和升级浪潮。

5.2.3　科技巨头竞相涉足人工智能领域

2016 年对于人工智能领域而言，无疑是一个与众不同的年代。年初时，AlphaGo击败了围棋九段的李世石，这使得近十年重新兴起的人工智能技术重新走到了公众的视线中。在过去的几年里，科技巨头已经陆续建立了人工智能实验室，并投入了越来越多的资源来占领人工智能市场，甚至转型为一个以人工智能为驱动的公司，全力以赴地规划人工智能的未来。我国和其他国家的政府均视人工智能为未来的策略导向，制定了全面的战略发展计划，并在国家级别全面推动，为迎接即将到来的人工智能时代做好准备。这场革命不只是关于实验室的研究。在学术研究与商业应用同步进行的过程中，人工智能正逐渐走向产品化和服务化，以便让大众真切地体验到其存在的价值。特别是在图像处理、语音识别和自然语言处理这些基于深度学习算法的应用领域，它们正快速地走向产业化发展的道路。

虽然人工智能在各种不同的环境中被频繁地讨论，但我们观察到，目前在全球范围内广泛讨论的"人工智能"与过去学术界所定义的人工智能并不是完全一致的。代表着人工智能基础研究的科学家、人工智能产品的设计师、商业人士、政策决策者以及广泛的公众群体，通常会在各种不同的语境中使用"人工智能"这一术语。从另一个角度看，如过去的"云计算""大数据""机器学习"和"人工智能"这些术语，现在已经被市场营销专家和广告文案人员广泛采用。在各种不同的群体看来，"人工智能"不仅是解决各种问题的有效手段，同时也是引发大规模失业问题的潜在定时炸弹。

作为 AI 产业发展的主导力量的技术竞赛，主要体现在各大企业之间的竞争和角力。AI 产业的核心技术和资源主要掌握在大型企业的手中，这些巨头企业在产业内的资源配置和战略布局是其他创业公司难以匹敌的，因此这些巨头是 AI 发展的引领者。

如今，苹果、谷歌、微软、亚马逊和脸书这五大行业巨头纷纷加大了资源投入，目的是更好地占领人工智能市场，并有可能将自身转型为一个以人工智能为核心驱动的企业。作为国内互联网行业的领军者，"BAT"也把人工智能视为其核心战略，并利用其内在优势，在人工智能领域进行了积极的战略布局。

由于国家政策多次强调人工智能的重要性，以及在人工智能领域的投资逐渐增加，特别是科技巨擘在人工智能方面的大规模资金投入，大量的人工智能公司如同春天雨后的竹笋般迅速崛起。这代表了人工智能进步的黄金时代，为其创造了最佳的成长环境和最佳的创业生态。我们可以预测，未来的行业趋势很可能会是"科技巨擘主导的人工智能平台与人口、创业公司在特定领域进行深入的应用拓展"。近几年，中国的创业热情依然高涨，各大企业纷纷进入人工智能领域进行布局，无论是在行业巨头还是创业项目方面，都显示出数量上的优势，这无疑将使中国在人工智能行业中占据全球领先地位。

5.2.4 创新创业环境优化，促进人工智能发展

在全球范围内，人才之间的角逐如同战争般激烈。2017 年 7 月 6 日，全球最大的职场社交平台领英，发布了其行业内首个《全球 AI 领域人才报告》。这份报告利

用领英全球 5 亿高端人才的大数据，对 AI 领域的核心技术人才的当前状况、流动模式以及供需状况进行了深入的探讨和分析。根据报告，截至 2017 年第一季度，基于领英平台的全球 AI 技术人才已超过 190 万人。其中，美国的相关技术人才数量高达 85 万，位居首位；而中国的相关技术人才数量也超越了 5 万，全球排名第七。在过去的三年里，通过领英平台发布的 AI 职位数量从 2014 年的 5 万激增到 2016 年的 44 万，实现了近 8 倍的增长。在特定的细分领域中，AI 基础层的人才需求尤为旺盛，特别是在算法、机器学习 GPU、智能芯片等方面与技术层和应用层相比，人才缺口更加明显。

全球各大企业都已经认识到，在人工智能行业中，人才竞争是竞争的关键所在。在如今的大背景之下，像脸书、谷歌、亚马逊和微软这样的科技巨擘都将人才发掘视为其人工智能发展的核心策略。在投入大量资金发展人工智能业务的同时，该领域的人才竞争也进入了一个非常激烈的阶段。无论是学术界和产业界的顶尖实验室，还是全球各大高校的毕业生，他们都成为科技企业争夺和储备人才资源的持久战场。对于这些科技公司来说，掠夺性战略是一个普遍的选择。拥有顶尖的人才和一流的薪酬待遇的科技公司，已经变成了行业内顶尖人才的汇聚之地。这些人才不仅推动了企业的快速成长，而且持续的业绩增长也反过来吸引了大量的优秀人才加入，从而形成了一个良性的发展循环。在过去的一年中，像谷歌、脸书、微软和百度这样的科技巨头投入了大约 85 亿美元来吸引和购买人才，这个数字是 2010 年的 4 倍之多。在美国，企业平均每年为 1 万名从事人工智能领域的专业人士提供大约 6.5 亿美元的薪资。亚马逊投入了超过 2 亿美元的资金来吸引人工智能领域的专才，这使其在众多大型企业中独占鳌头。脸书的人才吸引策略涵盖了提供高达数十万美元的工资和在全球各地的工作机会等方面。除此之外，人工智能不仅赢得了科技巨擘们的喜爱，一些新兴企业也选择将人工智能作为他们的突破点，这表明人工智能人才的竞争已经从科技巨头扩展到了初创企业。根据统计数据，尽管过去一到两年的创业环境总体上并不乐观，但仍有超过 60%的人工智能企业得到了风险投资的资助。

随着全球和国内经济环境的变迁，以及人口红利的迅速减少，中国经济迫切需要找到新的增长动力。基于人工智能技术的智能应用所带来的生产力增长潜能，受到了社会各领域的普遍赞誉。在国内的科技公司中，百度、阿里巴巴和腾讯作为行业的先锋，这三家公司的人才流动一直非常频繁，人才不断地在资源链条中流动。为了全方位的竞争人才，这三家企业已经陆续成立了各自的人工智能人才研究机构，主要目的是培育和挖掘国内的专业人才。针对这一问题，作为国内领先的一站式大数据招聘服务平台的 e 成科技，其人才大数据研究院依据截至 2017 年 4 月在 e 成大数据平台上收集到的百度、阿里巴巴和腾讯的人工智能相关人才数据，发布了一份名为《BAT 人工智能领域人才发展报告》的文档。这份报告对于上述三家公司在人才战略方面具有很高的参考价值。研究报告显示，在人工智能人才的储备方面，百度起到了主导作用；但在薪资和稳定性方面，阿里巴巴占据了领先地位；腾讯则表现得最为稳健。在数据分析、数据挖掘、语言识别和自然语言处理这些岗位上，这三家公司都是争夺的关键人才，它们的人工智能人才结构主要是围绕各自的核心业务来设计的。根据各个公司的核心业务领域的差异，人工智能领域的人才功能布局也存在不同的重点。例如，百度更注重搜索，阿里更倾向于优化策略，而腾讯则更偏向于深入分析。作为国内搜索引擎行业的领军企业，百度在算法和架构等多个方面拥有丰富的专业人才储备；腾讯主要以产品为核心，与之相比，技术专家的比例相对较低；阿里公司的电子商务背景导致了其技术研发人才在公司中所占的比例相对较低。百度正扮演着国内人工智能人才培养的"黄埔军校"角色，而阿里巴巴则更倾向于通过高薪吸引人才，腾讯则是在稳健的基础上实现人才的高效产出比。在这三家公司里，百度作为当前人工智能人才储备的先锋，其相对较低的薪酬和更高的跳槽倾向使得其人工智能人才更受市场欢迎，更容易被挖角。阿里巴巴在薪酬结构和增长速度上都表现出了明显的优越性。在百度起步较晚的大环境中，他们选择高薪策略来吸引高质量的人才，这也成为近些年人工智能领域众多追随者的首选策略。腾讯在算法策略类、工程类和数据分析类这三大职能领域的平均在职时长都超过了三年，同时他们的薪酬始终位于 BAT 三大公司之间，确保了人才的留存和预算的合理控制，从而稳定地推进了人工智能的布局。关于人工智能人才的来源，我国的高等教育机构中，北京大学、清华大学、北京邮电大学、华中科技大学、中国科学技术大学等 20 所大学的毕业生受到了 BAT 的热烈欢迎，尤其是计算机专业的学生，他们在人工智能领域的从业情况尤为突出，而持有硕士学位已经成为他们进入该行业的平均标准。

· 利用人工智能进行创新和创业活动

创新创业管理的三大核心元素——创业者（团队）、创业机会和创业资源，与人工智能的三大支柱——算法、算力和算料（数据），以及人文智慧的三大哲学议题——本体论、认识论和价值论，都表现出了相似的巧妙之处。这三大要素、三大支柱和三个问题相互连接，共同构成了一个完整的体系。

人工智能算法的一个显著特点是深度学习，它与人工神经网络紧密相连，为人工智能注入了新的活力。作为创业旅程的初始阶段，创业者与团队扮演着积极主动的角色，不断地推动创业活动的创新与更新。本体论为我们解答了所有存在的根本问题。从这个角度看，创业者与团队构成了创业活动的核心，这与算法在人工智能领域的初始位置相似。正如创业研究领域的效果逻辑所强调的，"我是谁"标志着创业活动的初始阶段，因此，创业者成为人工智能新领域不断发展和重塑的核心实体。

人工智能的计算能力以其芯片为代表，拥有独特的架构设计，并在云端和终端的各种场景中得到应用，它是算法实现的主要平台。机会可以被视为创业过程中"目的—手段"关系的综合体现，它通过未被充分挖掘的市场需求和未被充分利用的资源作为载体，承载着创新创业者的认知和不确定性情境。认识论揭示了个体在知识获取过程中所持有的信念，以及这些信念如何影响人们对世界的改造。这反映了机会作为创新和创业的主体，其认知结构起到了类似"芯片"的承载和转换作用。一方面，它推动创业者通过满足市场需求来减少情境中的知识"能耗"；另一方面，它也鼓励创业者通过创造市场需求来提升情境中的知识"性能"。

人工智能所需的计算资源是大量的数据，缺乏这些数据，人工智能的发展环境就无从谈起。在 2023 年初，Chat GPT 大模型引发了人工智能领域的广泛讨论，其包含的参数超过千亿级。然而，无论数据量有多大，如果不具备数据挖掘能力，也无法完成大数据应用发展的最后一步，那么数据价值的实现就会变得极其困难。在创业过程中，缺乏资源是绝对不可能的，但资源并不是解决所有问题的答案，这与人工智能与数据之间的联系有着惊人的相似性。价值论的核心议题在于评估各种事物的实际效用。因此，数据和资源在人工智能创业中是否能产生实际效果并发挥其作用，与价值论的观点是一致的。特别是在当前关于人工智能伦理的讨论中，这本质上也是一个关于价值评价的哲学议题。

对于创业者在社会中的主导地位，维特根斯坦等哲学家的观点是一个有力的补充。知识的意会成分与人类的历史和多个领域紧密相关，它不能被完全转化为可计算的编码数据。只有人类才是行动的中心，他们的自主性和意向性是基于与环境在进化过程中的互动，技术很难完全替代它们。从社会技术系统理论的角度进一步梳理，人工智能的创新和创业并不仅仅来自技术系统的内部，更多的是技术系统与社会系统之间的紧密合作。在这一过程中，创新创业者成为推动新价值出现的核心力量。

5.3　人工智能发展趋势

5.3.1　政策体系加速完善

人工智能所带来的影响具有全球性和革命性的特点，它可能引发经济、社会、法律和监管等多方面的问题，甚至有可能彻底改变现有的治理结构。目前，人工智能的发展与相关法律之间的矛盾和缺失已经开始浮现，社会的关注度也在持续上升。深化对相关法律、伦理以及社会议题的研究，并构建一个确保人工智能健康成长的法律和伦理框架，是一个值得我们密切关注的关键议题。

中国信息通信研究院在人工智能产业、法律和监管领域的研究已经取得了显著的成果，并为《关于积极推进"互联网+"行动的指导意见》和《"互联网+"人工智能三年行动实施方案》等众多国家政策的研究和起草提供了坚实的支持。《人工智能》这部著作代表了中国信息通信研究院互联网法律研究中心与腾讯研究院等相关机构在人工智能领域的深度合作与研究成果。这本书深入地探讨了人工智能的历史发展、产业的进展以及各国的人工智能政策，同时也分析了相关的法律和伦理问题，并为人工智能的未来发展提供了治理建议和预测。我们期望这本书能为政府各部门、互联网公司、科研机构等提供一个深入了解人工智能的平台，并在推动我国的人工智能产业增长和相关法律政策制定中起到积极的推动作用。

伴随着"人工智能"时代的兴起，众多发达国家开始把服务机器人产业纳入国家发展策略中。我国也逐步推出了一系列相关政策，将服务机器人定位为未来的优先发展战略技术，特别是集中力量攻克一系列智能化高端装备，并致力于发展和培养一批产值超过 100 亿元的服务机器人核心企业。其中，公共安全机器人、医疗康复机器人、仿生机器人平台和模块化核心部件等四大任务被视为最为重要的任务。得益于政策的大力扶持，我国的服务机器人行业正在经历一个快速的发展阶段。目前，我国的服务机器人市场呈现出以下几个显著特征：

1. 市场渗透率低

鉴于我国服务机器人行业的起步时间相对较晚，再加上我国城乡居民的消费能力相对较弱，这导致服务机器人在中国市场的普及率相对较低。在 2005 年左右，我国的服务机器人开始逐渐展现其规模。与日本、美国等先进国家相比，国内专门从事服务机器人研发和生产的公司数量较少，并且主要集中在低端市场，存在明显的差异。现阶段，产业化的产品已经初步形成规模，其中包括清洁机器人和教育娱乐机器人等，但同时也出现了一系列研发与生产紧密结合的企业。

2. 应用场景日趋成熟

服务机器人被广泛应用于各种场景，包括个人或家庭服务、医疗服务、军事用途以及特定的应用领域等。个人/家庭服务机器人主要分为四大类别：智能家居、娱乐教育、安全健康和信息服务。这些机器人技术相对简单，应用场景明确，商业可行性高，是服务机器人行业中发展最成熟、竞争最激烈的领域。至今，我国已经有几家公司进入了这一行业。医疗机器人可以被划分为两个主要的子领域：手术机器人和康复机器人。在我国，医疗机器人的发展仍然是一个缓慢的初级阶段，由于缺少专业的人才和技术支持，其整体技术水平相对较低，与发达国家之间存在显著的差距。至今，我国尚未拥有大规模的医用机器人产品，而且在各大医疗机构中，医用机器人的普及率也相对较低。此外，我国在公共安全、农业和测绘等特定应用领域对机器人的需求也相当大。目前，在我国部分上市公司已经通过并购或者业务升级的方式，进入了公共安全服务机器人领域，如消防和巡视等，并且已经取得了初步的成功。在农业和测绘的应用中，我国的农业机械化水平仍然相对较低，地面农业机器人技术仍在技术研究阶段，而测绘工作也缺少先进的科技支撑。但无人机在经济性、实用性以及市场潜力方面都表现得更为出色。

3. 市场前景良好

相较于工业机器人，服务机器人在国内的发展遇到的障碍要小得多。其中一个原因是，服务机器人领域在中国企业与国外企业之间的差异相对较小。这主要是因为服务机器人通常需要专门针对某一特定市场进行研发，这样可以充分利用中国本土公司与该行业紧密结合的优势，从而在与外国公司的竞争中获得有利的地位；从另一个角度看，国外的服务机器人行业也是一个新兴领域。目前，规模较大的服务机器人公司的产业化历程大多在 5～10 年之间，许多公司还在初步的研发阶段，这为中国公司提供了一个缩小技术差距的宝贵机会。此外，服务机器人与消费者的距离更近，因此市场潜力巨大。由于人口逐渐老化和劳动力成本的急剧增加等硬性因素的推动，服务机器人产业注定会迎来一个快速发展的时期。

随着科技的快速进步和市场规模的持续扩大，人工智能行业正在逐步成为全球各国政府和企业高度关注的核心议题。众多的地方政府相继推出了各式各样的扶持政策，目的是促进人工智能行业的快速成长。这批政策的实施对于推动人工智能行业的进步起到了至关重要的作用。

首先，密集的政策推出将有助于进一步扩大人工智能行业的市场份额。随着政府政策的逐步放松和支持力度的增强，各级政府将更加重视与人工智能技术相关的企业和项目的发展，并提供更多的政策支持和资源投入。这将推动人工智能行业不断地扩大其市场规模和业务领域，从而促进更多的创新和应用。

其次，随着政策的推出，人工智能行业将朝向更高端的技术领域进行转型。对于融合了技术与应用的人工智能产业，政策的导向可以助力产业的升级与转型，增强人工智能技术的核心竞争优势和预测能力，提升人工智能产品和服务的价值，并推动产业持续向高端技术转型。

再次，政府政策的扶持对于培育人工智能专才和创新氛围是有益的。尽管人工智能行业高度依赖人才，但政府的政策扶持在某种程度上可以激励企业增加技术研发的资金投入，并为大学和科研机构提供更多的科研资金和技术平台建设机会。另外，政府的政策扶持不仅能够提升人工智能产业的创新环境和合作氛围，还能激发从业人员的创新激情，同时也有助于推动学术界、产业界和政府等多方的合作，以促进人工智能产业的综合发展。

最终，政策的推动也将有助于改善人工智能产业的生态环境。随着一系列相关政策的推出，这将有助于推动人工智能行业更加合理和规范的管理，加速该产业的标准化和法治化步伐，以确保该产业能够迅速发展并保持健康的运营状态。此外，相关政策的实施不仅有助于提升人工智能产业在国际舞台上的竞争力和话语权，还能扩大该产业在全球分工中的参与范围和优势，从而增强其在国际市场上的影响力和话语权。

因此，从多个角度看，密集的政策发布对人工智能行业的进步起到了关键的推动和影响。政府在推动人工智能产业的进步中起到了关键的导向和激励作用，为大众创造了更多的新的工作机会和经济增长机会，同时也为产业的创新和持续发展目标做出了显著的贡献。

　　同时，新政策的实施对于提升人工智能产业在全球的竞争地位也产生了显著的效果。全球各国的政府都在努力推进人工智能技术的研究和实际应用，以期在国际上获得更大的竞争力和市场份额。随着政策的实施和支持，中国的人工智能产业有望进一步提高其技术和智能化水平，更好地与国际前沿技术对接，从而增强其在国际上的竞争实力和影响力。

　　此外，政策的推动可能会吸引更多的资金和资源流向人工智能行业。例如，在政府政策的鼓励和支持下，像银行和投资管理机构这样的投资者往往更倾向于投资于人工智能行业，这样可以为人工智能公司提供更多的资金和资源，从而加速人工智能产业的进步和发展。

　　总体而言，新政策的实施对于推动人工智能行业的壮大、促进人工智能技术的创新与广泛应用，以及增强人工智能产业在国际舞台上的竞争力，都起到了不可忽视的作用。我们寄厚望于更多的政策扶持和创新型创业人才的出现，以促进中国的人工智能产业在全球范围内的持续发展、提升和壮大。

5.3.2　产业规模快速增长

　　人工智能行业正在经历一个快速的增长和发展阶段。

　　中国的人工智能产业市场规模持续迅猛增长，这主要归因于技术的不断创新和投资的急剧增加。根据在线网发布的《2023—2029 年中国医疗人工智能行业市场竞争模式分析和发展前景预测报告》，2018 年中国人工智能行业的市场规模达到了794.9 亿元，与前一年相比增长了 50.1%，与 2017 年相比增长了 9.6%，与 2016 年相比增长了 5.5%。

　　随着人工智能技术的飞速进步，预计中国的人工智能产业在未来将经历重大的变革。首先，投资者计划在人工智能领域进行更多的投资，同时也有众多新的投资者计划涉足这一行业。与此同时，为了促进该行业的进一步发展，政府也计划提供更多的政策扶持和财政补助。另外，现阶段，中国的人工智能技术仍有提升的空间，未来我们将持续集中精力于技术的研究与创新，旨在进一步提升中国人工智能领域的技术标准。

　　此外，中国的人工智能产业在未来的发展趋势中将持续走向多样化，这将触及更广泛的领域，例如医疗、金融、公共安全、教育和农业等，这无疑将为人工智能行业的进步提供助力。

　　另外，随着人工智能科技的持续进步，预计中国的人工智能产业将展现出更为明确的发展方向。根据在线网发布的《2023—2029 年中国医疗人工智能行业的市场竞争模式分析和发展前景预测报告》，预测截至 2022 年，中国的人工智能行业市场规模将达到 2050 亿元，同比增长率将达到 15.8%。

总体而言，中国的人工智能产业市场规模持续快速扩张，预计将吸引更多的投资者和相关机构加入，同时技术水平也将逐步提升，为该行业未来的稳健发展打下坚实基础。

5.3.3　核心技术取得突破

1. 关于人工智能的核心技术

以深度学习和其他关键技术为中心，并以云计算、生物识别等数据和计算能力为支撑的人工智能产业，在经历了 60 年的轮回之后，在 2016 年实现了爆发式的增长并表现出色，迎来了它的第三次高潮。目前，人工智能在多个领域都取得了重大突破，全球的人工智能发展势头强劲，毫无疑问，人工智能的新时代已经来临。正如马匹被蒸汽机会所替代作为能源，人工智能作为一种新兴的生产技术，也预示着各个行业将经历深刻的变革，引发生产力的全新转型。在最近的几年中，人工智能技术实现了众多引人注目的技术突破。

在图像识别方面实现了重大突破：

在人工智能技术中，图像识别被视为一个核心的应用领域。借助深度学习和卷积神经网络技术，计算机有能力自动地在图像中识别出物体、人脸和各种场景。举例来说，在一幅图像中展示的街头景观照片上，人工智能技术能够精确地识别建筑、交通工具、行人等多个元素，并对它们的位置和特性进行标记。

在自然语言处理方面实现了重大突破：

在人工智能技术中，自然语言处理被视为一个核心领域。借助深度学习和循环神经网络技术，计算机有能力理解并创造出人类的语言表达。比如，在一段文字描述中，人工智能技术能够解读文本的语义和上下文，并从中提炼出核心信息。此外，它还能够创造出流畅自然的语言，执行如机器翻译和文本摘要等多种任务。

在自动驾驶技术的重大进展：

在交通领域，自动驾驶技术被视为人工智能的关键应用之一。利用感知技术、机器学习和决策算法，自动驾驶汽车可以识别道路、交通标志、行人和其他车辆，并做出相应的驾驶决策。举例来说，在驾驶时，人工智能技术能够检测到前方的交通信号灯，并依据信号灯的当前状态进行适当的加速或减速操作。

在智能推荐技术的重大进展：

在个性化服务领域，智能推荐系统代表了人工智能技术的核心应用。智能推荐系统通过对用户兴趣、行为和喜好的深入分析，能够为用户提供定制化的推荐内容，如音乐、电影等。例如，人工智能技术能够通过研究用户的观影经历和评价，为用户推荐他们喜欢的电影，并据此预测他们的观影兴趣。

在医疗诊断方面实现了重大突破：

在医疗领域，人工智能技术的重大进展为医学诊断开辟了全新的途径。借助深度学习技术和医学影像分析手段，计算机有能力识别出疾病的标志和异常模式，从而为医生在疾病诊断和治疗决策方面提供有力的支持。例如，在医学影像领域，人工智能技术有能力自动检测出肿瘤、病变以及其他的异常区域，从而为医生提供更为精确的诊断数据。

综上，在图像识别、自然语言处理、自动驾驶、智能推荐以及医疗诊断等多个领域，人工智能技术已经实现了引人注目的技术突破。这些技术突破让计算机有能力模仿人类的感知和决策机制，为各种行业带来了深刻的改变和便捷性。展望未来，随着人工智能技术的持续进步，我们有望在更多的领域实现重大突破和创新。

2. 关键技术的突破对于人工智能的进步起到了积极的推动效果

（1）提升工作效能

在众多行业中，人工智能能够利用自动化工具来执行一些单调和重复的任务，这有助于显著提升生产的效率。例如，在工业生产中，通过使用机器人和自动化工具，我们可以替代手工完成重复和单调的工作，从而显著提升生产的效率。例如，在医疗行业中，人工智能技术能够助力医生更迅速地评估病情，并且其准确性也得到了显著提高。

（2）产生价值

人工智能不仅能够提升工作效能，还可以利用深度学习和数据挖掘等先进技术来深挖数据背后的潜在价值，从而为各个行业贡献更多的价值。利用人工智能的先进技术，我们能够深入探索数据背后所蕴藏的巨大价值，进而为各种行业带来更为显著的贡献。

（3）推动人类的进步与发展

人工智能的进步对人类的全面进步也起到了显著的推动效果。人工智能具有助力人们更有效地进行科学探究和发现的能力，并在诸如自然灾害和医学研究等多个领域起到更为关键的角色。人工智能的重要性是显而易见的，它已经变成了我们日常生活以及各个行业中不可或缺的一个关键组成部分，并预计在未来将继续发挥其不可或缺的作用。

5.3.4 主体结构不断演进

1. 关于主体结构的变迁及其发展方向

在过去的几年里，人工智能领域的核心结构经历了一系列的变革和调整，并展现出特定的发展方向。

科技巨擘的主导：在人工智能行业中，大型科技企业扮演着不可或缺的角色，并逐渐成为主要的推动者之一。众多公司，如谷歌、微软、亚马逊和脸书等，都在大规模地投资于研发和创新活动，以促进人工智能技术的持续发展，并在各种不同的应用场景中将这些技术成功地融入日常生活和商业活动中。

创业公司的崛起：伴随着人工智能技术的飞速进步，涌现出大量致力于人工智能领域的新兴企业。这批创业公司利用其灵活的组织架构和创新的商业策略，深入研究人工智能技术的各种应用场景，为特定的行业提供专业的解决策略，进一步促进了人工智能在多个领域的广泛应用。

学术领域的核心地位：在人工智能的探索和进步中，学术界起到了至关重要的角色。各大学、研究单位以及学术组织都在努力推进人工智能的理论进步和算法创新。在学术领域，通过举办学术会议、发表学术论文以及进行合作研究等多种途径，促进学术的交流与合作，从而推动人工智能技术的持续发展。

在人工智能这一领域，政府起到了至关重要的政策导向和监督作用。政府通过出台相关政策、提供财政援助以及制定相应的法律法规，来指导人工智能技术的未来走向，促进技术创新与应用，并对数据隐私保护和伦理准则等方面给予高度关注。

随着人工智能技术的进步，各个领域之间的跨界合作也得到了加强。为了更有效地应对实际挑战，人工智能必须与其他专业领域的知识和实践经验相融合。因此，各个行业的公司、学术团体以及政府部门间的合作与互动逐渐增强，催生了跨领域创新的趋势。

人工智能领域的核心结构正经历着持续的变革和调整，各个主体间相互协作、互相影响，共同促进了人工智能技术的进步。在不久的将来，我们预期会有更多的合作机遇和创新策略出现，人工智能预计会进一步渗透到各种行业和领域，为社会带来更为深远的影响。

2. 在人工智能进展过程中，不同的参与者扮演着各自的角色和影响

在人工智能的发展过程中，不同的参与者扮演着各自不同的角色，并发挥着各自不同的功能。接下来，我们将探讨不同实体在人工智能进展中所扮演的角色及其影响。

政府部门的角色和功能：在人工智能的进展中，政府起到了制定政策、制定规范以及进行监管的关键作用。政府出台了一系列相关的政策和法律规定，旨在为人工智能技术的研究、实施和商业应用提供方针和援助。为了推动人工智能技术的创新与普及，政府不仅提供了必要的资金和资源，还专注于保护数据隐私和制定相关的伦理准则。

企业的角色和功能：企业在人工智能的进步中起到了关键的推动和应用作用。

大型科技公司和初创企业大量投资于人工智能技术的开发和创新，以促进技术进步，并将人工智能技术应用于商业领域。公司在多个行业中积极研究和开发人工智能的解决策略，推出具有创新性的产品和服务，以促进该行业的持续变革和增长。

学术团体的角色与影响：在人工智能的研究与创新过程中，学术团体起到了不可或缺的作用。各大研究机构、学院和学术组织都在努力推进人工智能的理论进步和算法创新。在学术领域，人们通过进行基础性的研究、发表学术论文和组织学术研讨会等多种途径来加强学术的交流与合作，从而为人工智能技术的进一步发展提供了坚实的理论基础和思考方向。

创业者的角色和功能：在人工智能这一领域内，创业者扮演着推动创新和创业活动的关键角色。他们不仅发掘并运用了人工智能的先进技术，还在探寻新的商业潜力，创新产品和服务，以促进整个行业的持续变革和创新。创业者利用创新的商业策略和灵活的组织架构，将人工智能技术融入实际应用中，从而加速了人工智能的商业发展。

社会组织的角色和功能：例如非营利组织和行业协会等，在人工智能的发展过程中起到了推动、监督和规范的作用。它们深入探讨了人工智能在社会上的影响、道德问题以及公正性等议题，并给出了相应的建议和方向，以促进人工智能的持续进步和对社会的责任感。

各个参与方的协同合作和互相影响构成了推动人工智能进步的关键因素，所有参与方的共同努力将促进人工智能技术在创新、应用和发展方面取得进展，从而实现人工智能对社会和经济产生的正面影响。

5.3.5   融合作业不断加强

不论是在全球范围内还是在国内范围内，目前人工智能及其革命性技术的应用主要还是集中在商业领域。由于专用性和数据规模的限制，人工智能与制造业的融合主要发生在非制造业的研发、营销和售后服务环节。腾讯研究院公布的《2017年中美人工智能创投现状与趋势研究报告》对我国人工智能在多个行业中的应用进行了深入探讨，研究结果显示，医疗、汽车、教育、金融等领域与人工智能的整合程度超过了制造业。实际上，当人工智能与制造业进行深度整合时，它所带来的效益和效率的提升，以及对经济增长和产业进步的推动，都明显超过了其他领域。基于ABB的深入研究，当人工智能与制造业实现深度整合时，我国的GDP增长率有望提升1.4%。一些学者对人工智能在我国不同行业部门的增加值增长速度进行了比较分析。他们预测，截至2035年，由于人工智能的广泛应用，制造业的增加值增长速度可能会增加大约2.0%，这在所有产业部门中是增长最为显著的。显然，要真正通过科技创新来重塑我国的实体经济，人工智能在制造行业的广泛应用显得尤为重要。在当前阶段，我们必须高度关注那些影响我国人工智能与制造业深度整合的核心难题。

1. 为了实现人工智能与制造业的深度整合，所需的制造环节数据的开发和利用变得尤为困难

为了实现人工智能与制造业的深度整合，我们需要大数据作为支撑，但与消费环节相比，制造环节的数据在可获取性、通用性和可开发性上都显得相对较弱。与消费者有关的信息，例如他们对某种产品的偏好，都可以轻松地收集、编排和阅读；在制造业中，由机器设备产生的数据往往相当复杂，高达 40% 的这些数据并不具有相关性。另外，与消费环节的数据可以通过电子商务平台以较低的成本获取相比，制造环节的数据需要安装大量的高精度传感器，这不仅需要大量的前期投资，而且后期的日常维护也会产生检修成本和人工成本等。此外，即使在数据采集完成后，将制造过程中的数据通过人工智能进行处理和分析，使其被决策者所理解，也是一项极具挑战性的任务。数据显示，大约 90% 的制造业企业数据是"扁平的"，这些数据既不能关联，也不能被人工智能系统读取和使用。而且，由于信息安全的威胁和互联网技术支持的不足，制造过程中的大数据开发和应用受到了严重的限制，这对人工智能与制造业的深度整合带来了障碍。

2. 制造业与人工智能的深度整合不能依赖于可复制的系统或全面的解决策略

为了适应制造业部门的特定环境，人工智能需要进行个性化定制。简单地复制制造业商业化的人工智能解决方案是不现实的，也没有一个能被大多数制造业部门所接受的统一的人工智能系统。不同于商业领域中的人工智能应用，各个制造业部门在技术和流程上存在显著的差异，因此对人工智能的需求也各不相同，单一的人工智能系统很难满足所有制造业部门的需求。实际上，在制造业的自动化和信息化升级过程中，由于制造业之间存在显著的差异，各个制造部门会选择引进不同的自动化和信息化系统。最普遍的做法是由行业领先的企业独立开发或与信息技术公司合作开发一套完整的软硬件系统，然后逐渐扩展到整个行业，这与商业领域使用统一的信息平台进行信息化升级的方法存在明显的区别。

3. 在人工智能的核心技术和与制造业深度整合的创新模式方面存在明显的不足

尽管我国在商业应用方面的人工智能发展处于全球领先地位，但推动人工智能与制造业深度整合发展的核心和最关键的技术依然受到发达国家的控制。同时，相关的器件和生产设备也主要由发达国家进行研发和制造。例如，人工智能处理器的市场大部分被外国公司所控制，尤其是人脸识别的人工智能处理器，其主要供应商包括英伟达、英特尔和赛灵思公司，而英伟达公司也是全球领先的无人驾驶处理器供应商。相较而言，我国的人工智能产品在制造行业的多个方面所占的市场份额极为有限。例如，在公开的 39 家致力于人工智能芯片研发的中国公司中，大部分的研发都是为安全和消费应用设计的，仅有一家专注于自动驾驶技术的研究。目前，智能制造、工业互联网和工业大数据的应用和解决方案主要是由美国、日本和欧洲的领先制造业企业提供的。尽管我国拥有全球最大规模的制造业体系，但在人工智能与制造业深度融合的模式上，我们仍然缺乏创新，还没有形成一个完善的人工智能与制造业深度融合的中国模式。

4. 制造业企业中缺少那些能够引领全球人工智能与制造业深度整合发展方向的企业

我国在人工智能与制造业的整合方面仍存在巨大的发展潜力，这需要有较大影响力的制造业公司来引领和推动。我国的制造业信息化起始于20世纪90年代的尾声，尽管其发展速度颇为迅猛，但与发达国家的跨国公司相比，在信息化的广度和深度方面仍存在显著的差异。在实现人工智能与制造业之间的深度整合方面，基础设施相对不足，同时也缺少能引领全球人工智能与制造业深度融合发展方向的制造业公司。近几年，中国社会科学院工业经济研究所对国内多家制造业企业进行了深入调查，结果显示，超过90%的企业领导对于人工智能的认识存在误区，并且在如何将人工智能与制造业进行深度整合方面缺乏明确的策略和手段。

5. 为了实现人工智能与制造业的深度整合，我们面临着复合型人才的严重短缺问题

在全球范围内，人工智能与制造业的深度整合发展普遍面临着复合型人才的严重短缺问题。历史上，高端的人工智能人才主要分布在软件和互联网领域，但制造业中负责信息技术的专家对于人工智能的基本概念和技术掌握似乎还不够精确和全面，这使得他们难以为制造业提供智能化的升级和改造支持。从人力资源的角度来看，当前阶段我们面临着一个严重的问题，那就是缺乏既能理解制造业的技术和发展趋势，又能掌握关键的人工智能技术，并具备应用开发能力的复合型人才。尽管国内外的一些高等教育机构已经开始开设人工智能相关的专业或课程，但专门针对制造业的人工智能教学内容仍然相对较少。

各大发达国家都依据自己的独特性质，寻找人工智能与制造业深度整合的最佳路径和行之有效的方法。例如，美国视下一代机器人为人工智能与制造业深度整合的关键工具，其目的是填补美国在实体经济发展中最大的短板，即劳动力成本的劣势；德国的"工业4.0"项目涵盖了构建嵌入式制造的"智能生产"系统的各个方面，目的是形成一个"智能工厂—智能产品—智能数据"的闭环系统，从而推动生产系统向智能化方向发展；英国利用其在教育领域的人工智能优势，培养和储备了多才多艺的人才，重塑了制造业的价值链，特别是在大数据开发、能效计算、卫星和航天等前沿产业领域给予了重点支持，从而利用人工智能重塑了产业的竞争优势；日本主要聚焦于巩固其作为"工业机器人"强国的地位，一方面推动新一代工业机器人在商业领域的应用，另一方面则是通过使用这些工业机器人来收集数据，构建一个庞大的工业数据库。尽管不同国家在选择重点领域和方向上存在差异，但从总体上看，发达国家在推动人工智能与制造业的深度整合方面，都在强化基础研究、大数据的构建、应用场景的形成以及复合型人才的培养等多个方面进行了深入的探索和努力。因此，在人工智能的时代背景下，为了加强和提高我国制造业在全球范围内的竞争力，我们应该根据我国制造业当前的转型和升级需求，针对人工智能与制造业深度整合的挑战，从多个角度迅速弥补存在的不足。

1. 制定制造业的人工智能技术发展蓝图

在行业主管部门的领导下，与其他政府部门、产业界及学术界的专家合作，共同制定制造业的人工智能技术发展路线图，这将有助于制造业企业更准确和及时地了解人工智能技术、产业的当前发展状况以及未来的发展方向。在制定制造业的人工智能技术路线图时，我们需要更加重视技术战略图和预测流程的制定。这不仅有助于达成对人工智能技术发展方向的共识，更关键的是能够促进学术界与产业界之间的知识交流。这将推动学术界与产业界、不同领域之间围绕人工智能技术和人工智能与制造业深度融合的发展方向和可能出现重大突破的领域进行深入的交流和探讨。在知识互动的过程中，可以实现多学科知识的融合和专业知识的扩展，这将成为未来人工智能技术创新和应用发展的一个重要基础。在制造业的人工智能技术路线图制定完毕之后，有必要根据技术和产业的发展状况以及未来趋势，进行定期或不定期的调整，以便更有效地引导下一步的技术创新和产业化应用。

2. 成立一个以基础科学研究为核心的人工智能国家级实验室

基于官方研究机构，我们与领先的互联网公司和制造业合作，共同建立了人工智能国家实验室。人工智能国家实验室应当将研究焦点集中在任务导向型和战略性前沿基础技术上，通过跨学科合作、大规模的资金支持来推动人工智能领域的协同创新和战略性研究。此外，实验室还应加强在大数据智能、人机混合智能、群体智能和自主协同等方面的基础理论研究，并在高级机器学习、类脑智能计算和量子智能计算等多个跨学科领域进行前瞻性的基础理论研究布局。强化国家实验室与制造业公司之间的合作关系，并构建理论研究与市场应用之间的有效对接通道。

3. 建立一个涵盖制造环节的大型工业数据库

电子商务被认为是人工智能技术最早的几个应用领域之一，其中一个显著的原因是消费环节已经积累了大量的大数据，这为机器学习提供了可追踪的路径。相较而言在工业领域，企业的私有数据库占据主导地位，数据的规模和质量都相对较低，这大大限制了人工智能在工业中的"独立学习能力"。为了使人工智能与制造业达到更深层次的结合，我们必须在制造业中强化数据的采集和整合，基于企业的私有数据库，创建全球领先且规模最大的制造业大型数据库，并逐渐建立独立的标准体系，以增强人工智能的安全性和稳定性。

4. 推动人工智能在制造业中的应用研究以及模式的普及

我们鼓励并支持在企业级别上创建人工智能和智能制造的创新中心。创新中心专注于研究和推广人工智能在制造业中的通用技术。人工智能与智能制造创新中心有能力实施"公私合作"模式，其运营资金主要来源于财政支持、政府竞争性采购以及市场机制。在治理结构上，由技术专家、政府官员、企业家代表和学者组成的专业委员会作为最高决策机构，创新中心的最高管理者采用公开招聘的方式，通过专业委员会和社会化管理减少政府的行政干预，确保创新中心的高效运作和专业管理。

5. 我们鼓励制造业的公司运用其综合的优势来进行逆向的整合策略

充分发挥我国人工智能在制造业中应用场景的优化和相应的商业布局的明显优势，整合和利用全球的创新资源，特别是在人工智能的基础技术、核心技术、关键零部件和装备领域的创新资源。更具体地说，我们鼓励具有国内领先地位的制造企业，以其卓越的应用技术、庞大的国内市场、巨大的潜在利润空间和强大的资本支持为基础，加强与国际先进的人工智能企业在核心技术和关键技术方面的研究和开发合作。面对发达国家的封锁和我国企业无法通过引进手段获取的关键人工智能核心技术和装备，我们可以通过主动走出去的策略，尽量将其整合到发达国家的本地创新网络中，以逐步积累相关的核心技术实力。我们鼓励国内领先的制造业企业与海外合作，共同建立人工智能研发中心，深化科技合作和信息分享，以最大化地利用国际技术、资金和人才等创新资源，从而提高核心技术和关键技术领域的研发实力。我们鼓励有能力的本地公司"走出去"以获取国际上的高端技术资源，同时并购技术实力雄厚的外国中小型技术公司，以转移和吸纳国际上的新兴技术。

6. 逐渐构建一个与人工智能和制造业深度整合发展相适应的高等教育和职业培训体系

尽管从历史角度看，技术的进步从未导致长时间的失业，但它确实导致了就业结构的必然变化。当人工智能与制造业进行深度整合时，它可能会对那些简单的、不需要过多创新思维的脑力劳动岗位产生影响，并在体力劳动岗位上促进机器对人的快速替代。目前，大学的专业设置和职业培训课程似乎无法满足新的发展趋势和需求，未来由于人工智能与制造业的深度融合，制造业面临的结构性失业风险将会增加。面对这种情况，我们应该在短时间内调整与人工智能和制造业深度整合直接相关的学科，减少招生规模，同时增加技能型和知识型职业教育的占比。在高等教育体系中，我们应该增加与智能制造相关的课程和专业，合理地规划学科，完善教材的编写，并尽速建立完整的教学结构。各个教育层次的支出都倾向于支持与智能制造相关的专业，同时也在改革技术教育体制，以满足人工智能时代对技术专才的需求。

7. 对人工智能进展中可能出现的社会问题进行评价并采取预防措施

尽管高科技产品已经取代了人类进行大量的生产活动，但这也给人类社会的操作规则和法律制度带来了挑战。随着新的人工智能技术通过图灵测试的出现，模拟机器人与真实人类之间的差异逐渐缩小。因此，人工智能的伦理问题变得尤为重要，这不仅关系到人工智能的安全使用，还对人工智能技术、高端科技产品以及市场的未来发展方向具有决定性的影响。为了共同面对人工智能可能对传统的法律制度和伦理道德带来的挑战和冲击，我们需要加大与发达国家的合作力度。为了准确评估人工智能发展对伦理、法律和社会的影响，我们需要建立一个合适的评估机制。此外，我们还需要成立一个多元化的人工智能委员会来监督科技实践的不断变化。这个委员会应该包括具有广泛代表性的专家、从业者和非政府代表等。通过制定明确的规则，可以确保人工智能决策过程的透明性和规范性，并构建一个结构合理的责任体系，从而确保人工智能的安全使用，并增强人工智能与制造业深度融合的稳定性。

第 6 章

数字经济现状和发展趋势

6.1　数字经济的发展背景与历程

技术的持续创新是经济增长的主要驱动力。无论是农业经济、工业经济还是数字经济时代，每一次技术的重大创新都引发了生产力和生产关系的重大变革。同时，每一种生产工具的快速发展也改变了人类的活动范围和生产方式，这些变化共同催生了一种新的技术-经济模式。在农业经济的时代背景下，土地和劳动力成为主导的生产要素，同时，石器、铁犁、水车等先进的农业生产技术工具的出现也为农业经济的持续发展提供了有力的推动；在工业经济的时代背景下，劳动力、资金和技术成为主导的生产元素，而机械化、电气化以及自动化的工业技术工具的涌现为工业经济的进步提供了动力；在数字经济的时代背景下，劳动、资本、技术和数据成为核心的生产元素。计算机、互联网和人工智能等先进的数字技术的涌现，为数字经济注入了新的活力，推动了经济活动向信息化、网络化和智能化的方向发展。

6.1.1　数字经济的发展背景

数字经济是由数字技术创新推动的一种经济模式。从 1946 年开始，数字技术如计算机、集成电路、互联网、移动通信和人工智能等的巨大创新为数字经济带来了前所未有的进步。数字经济作为一种创新的技术和经济模式，其起源可以追溯到基础科学的创新。随后，通过数字技术的创新、技术的广泛传播和技术应用的整合，触发了新一轮的产业变革。这一变革最终通过数字技术、信息网络、数据以及新型的信息、知识和数字智能，为企业创造了新的生产能力和市场竞争力。

1. 基础科学创新

图 6.1-1 展示了数字技术创新的根源，它源自于数学、物理、热力学、电磁波理论、信息论、控制论以及计算机科学等多个基础科学领域的显著进展。这些建立在基础科学理论和实践上的创新，为经济和社会的历史发展带来了深远的影响。

在计算机科学中，二进制被视为计数的基石。早在 17 世纪中期，德国的数学家莱布尼茨（G.W.Leibniz）就已经提出了一种新的计算方法，即使用 2 作为基数的二进制，并仅用 0 和 1 来进行计数，他认为"用一，从无，可生万物"。在 1854 年，英国的数学家布尔（G.Boole）创立了一种以二进制为基础的布尔代数理论。

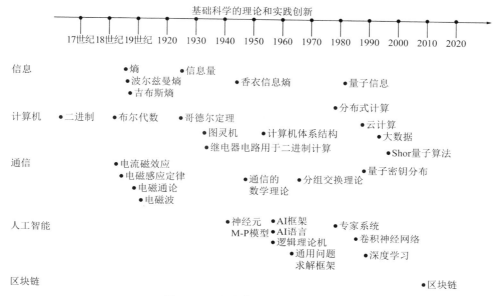

图 6.1-1 基础科学创新的里程碑

熵与信息论的进步为信息的可度量性提供了支持，这也为计算机与通信技术的进一步发展打下了坚实的理论基石。在 1865 年，德国的数学家克劳修斯（R.J.E.Clausius）首次引入了熵这一概念。这一概念阐述了在热力学领域，热量如何从高温的物体流向低温的物体，这是一个不可逆的过程。1877 年，奥地利的物理学者玻尔兹曼（L.E.Boltzmann）从统计物理学的视角出发，对热力学中的不可逆过程以及熵的微观含义进行了深入研究。他持有观点——系统内的微观粒子运动能够阐释系统的宏观行为，并对熵进行了明确的定义。他提出了一个观点，即"熵可以作为衡量系统内分子热运动无序性的一个指标"，并进一步用"$S = k \ln W$"的数学公式来描述系统无序性的程度。在 1878 年，美国的物理化学家吉布斯（J.W.Gibbs）对熵的概念进行了进一步的拓展，使其涵盖了更为广泛的物理体系。他提出了一个观点，即"熵是衡量物理系统信息不足的指标"，这一观点不仅让物理学更加关注事件的不确定性和偶然性，而且也推动了人类在信息科学认识方面取得了显著的进展。1928 年，美国科学家哈特莱（R.V.Hartley）在研究信息传输时，提出了一个信息量的计算公式：$I = \ln m$，其中 I 代表信息量，m 代表信源以相等的数量可能产生的消息。1948 年，美国的科学家和信息论的奠基人香农（C.E.Shannon）首次提出了信息熵这一概念，并通过熵这一概念首次为信息（量）提供了明确的定义。香农的信息熵公式中 $S = -\sum P_i \log_2 P_i$，S 代表信息熵，它是对信息的一个度量；i 代表了众多可能性之中的某一种；P_i 代表了发生概率 i 的可能性。

计算机科学在二十世纪的三四十年代开始兴起，并受到了英国科学家图灵（A.M.Turing）、美国科学家香农和冯·诺伊曼（J.V.Neumann）、美国数学家哥德尔

（K.Gödel）等的深远影响。他们的基础理论创新为电子计算机的诞生和迅速发展提供了推动力。在 1931 年，哥德尔明确指出，无论是哪种逻辑体系（包括数学体系），都不能用来验证其内在的兼容性，因为所有的逻辑体系都依赖于与其无关的其他定理。图灵把哥德尔的证据应用到了计算机科学领域。在 1937 年发布的《论可计算及其在判定问题上的应用》一书中，图灵阐述了一种名为"逻辑计算机器"的设备，该设备在理论层面上能够处理各种计算任务，因此后来被人们普遍称作"图灵机"。1937 年，香农也完成了他的硕士研究论文《继电器与开关电路的符号分析》，从理论角度来看，利用继电器电路进行二进制数学运算是完全可行的。随着时间的推移，电子数字计算机的实施途径变得越来越明确，图灵机现在能够利用简洁的二进制编码命令来处理数学和逻辑学上的难题。在 1945 年，冯·诺伊曼和他的团队进一步完善了配备存储器的现代计算机的架构设计。

丹麦的物理学家奥斯特（H.C.Oersted）、法国的物理学家安培（A.M.Ampère）、英国的物理学家法拉第（M.Faraday）和麦克斯韦（J.C.Maxwell）、德国的物理学家赫兹（H.L.Hertz）以及美国的科学家哈特莱和香农等，都为信息通信科学的进步做出了重要贡献。在 1820 年，奥斯特观察到电流具有磁性效应。在 1831 年，法拉第首次提出了电磁感应法则，并首次介绍了电场与磁场的定义。在 1873 年，麦克斯韦发布了他的著作《电磁通论》，从而构建了一个全面的电磁理论框架。在 1888 年，赫兹成功地确认了电磁波确实存在。1948 年，香农发表了他的学术论文《通信的数学理论》，这篇论文被视为现代信息论的奠基之作，为信息通信领域的进一步发展奠定了坚实的理论基础。1961 年，美国科学家克兰罗克（L.Kleinrock）发表了题为《大型通信网络的信息流》的研究论文，提出了一种分组交换的理念，即将信息转化为大量的数据包，并通过网络进行传输，当接收到这些数据包后，再进行数据的重新组合。这为互联网未来的成长提供了坚实的理论支撑。

人工智能在基础科学上的创新起始于 20 世纪的四五十年代。在 1943 年，美国的心理学家麦克洛奇（W.McCulloch）与数学家皮茨（W.Pitts）首次为单一神经元提出了一个形式化的数学描述模型，即 M-P 模型，此模型能够进行逻辑计算。这标志着人工神经网络时代的来临，并为神经网络算法奠定了坚实的基础。在 20 世纪 50 年代，人工智能领域的学者如明斯基（M.Minsky）、麦卡锡（J.Mccarthy）、纽厄尔（A.Newell）和西蒙（H.A.Simon）等，各自提出了关于人工智能的框架、语言、逻辑和通用问题解决程序的理论，并因此分别荣获 1969 年、1971 年和 1975 年的图灵奖。在 1956 年，科学家纽厄尔和西蒙等人共同开发了名为"逻辑理论机"（Logic Theory Machine）的软件，该软件成功地证实了《数学原理》第二章所列出的 38 个数学定理。在 1960 年，他们进一步明确了通用问题求解程序（General Problem Solution，GPS）的逻辑推导结构。在人工智能的 60 多年发展历程中，其科学研究主要分为逻辑主义和连接主义两大流派，这两大流派之间存在着相互竞争和争论的现象。在 20 世纪 80 年代的中段，基于神经网络的连接主义开始快速崛起。在 1983 年至 2006 年期间，加拿大的科研人员辛顿（G.E.Hinton）和他的团队提出了多种神经网络算法，并进一步研发了深度学习算法，这一系列的创新将人工智能的科学研究推向了一个前所未有的高度。

区块链领域的理论革新起始于 21 世纪的初期。在 2008 年，中本聪（S.Nakamoto）在密码学讨论组发布了一篇名为《比特币：一种点对点的电子现金系统》的论文。在这篇论文中，他详细解释了自己对数字货币的创新观点，并构建了区块链的理论架构。在 2013 年，布特林（V.Buterin）推出了名为《以太坊白皮书》的文件，在其中他成功地将智能合约技术融入区块链领域，并构建了一个"图灵完备"的通用区块链技术平台。

这些基础科学的理论和实践创新都是由杰出的科学家所带来的。特别是从 20 世纪 30 年代开始，欧美等先进国家的众多基础科学研究者在政府或私人资金的支持下，实现了基础科学研究的显著进展。这些突破性的进展为未来 5～10 年的数字技术革新提供了坚实的理论基础，并为接下来 20～40 年的数字技术扩展和数字产业的壮大打下了坚实的基石，它们在数字经济的壮大中发挥了至关重要的角色。

2. 数字技术革新

基础科学研究的创新成果迅速通过大学、科研机构和大型企业的研发中心传播到产业界，推动了数字技术（也被称为信息通信技术）的研发和产业化，为消费者提供了一系列创新的数字产品。1946 年标志着世界上首台电子数字计算机的诞生；在 1958 年，集成电路得到了发明；1969 年标志着互联网的诞生；在 1974 年，第一款个人电脑成功研发并推向市场；在 1979 年，人们开始使用移动手机；1989 年标志着万维网的诞生；在 2007 年，苹果推出了其智能手机 iPhone；在 2008 年，比特币被创造出来；在 2014 年，谷歌的自动驾驶汽车开始运行；在 2016 年的围棋战中，AlphaGo 队取得了胜利；到了 2020 年，全球智能互联网的初步形态变得越来越明确。图 6.1-2 展示了数字技术创新的演变历程。

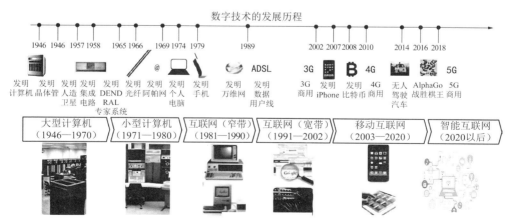

图 6.1-2　数字技术创新的演变历程

计算机技术的创新为计算机行业的进步提供了推动力。1946 年，在冯·诺伊曼的引导和莫奇利（J.W.Mauchly）、埃克特（Eckert J.P.Jr.）等人的共同努力下，世界上第一台电子数字计算机埃尼阿克（Electronic Numerical Integrator and Computer ENIAC）诞生了。1946 年，贝尔实验室的几位科学家，包括巴丁（J.Bardeen）、布拉顿（W.H.Brattain）和肖克莱（W.Shockley），共同发明了晶体管。在 1958 年，德州仪器公司的工程师基尔比（J.S.Kilby）成功地创造了第一个集成电路。在 1971 年，英特尔公司成功打造了全球首款微处理器 4004。伴随着电子技术和计算机科技的不断创新，计算机产品也经历了从大型主机到服务器，再到个人桌面计算机和笔记本电脑等多个发展阶段。

信息通信行业和互联网的进步得益于通信网络技术的创新。在 1837 年，美国艺术家莫尔斯（S.F.B.Morse）提交了电报的专利申请。在 1876 年，贝尔（A.G.Bell）成功地取得了电话的专利权。在 1957 年，苏联成功地发射了名为"斯普特尼克 1 号"的人造卫星，标志着人类在卫星通信技术方面取得了重大突破。在 1964 年，美国军队的全球定位系统（Global Positioning System，GPS）正式开始运行。在 1965 年，美国成功开发了首台程控交换机。在 1970 年，法国正式推出了首台程控数字交换机。在 1969 年，由美国国防部研究计划署（Advanced Research Project Agency ARPA）赞助的阿帕网（ARPANET）项目在 BBN 科技公司的大力支持下取得了显著的成功。该项目成功地实现了加利福尼亚大学洛杉矶分校、斯坦福大学研究学院、加利福尼亚大学以及犹他州大学四台计算机在美国西南部的远程连接和信息传输功能。阿帕网目前还未达到现代互联网的标准。在 1973 年，瑟夫（V.Cerf）和卡恩（R.E.Kahn）致力于解决不同网络间的连接问题，他们启动了互联网项目，制定了 TCP/IP 协议，从此互联网诞生了。现在，所有的数据都可以通过互联网的通道自由传输，并以数据包的方式传送到网络中的其他计算设备。在过去的 50 年里，互联网经历了多个发展阶段，包括窄带互联网、宽带互联网、移动互联网和智能互联网等，逐渐将全球范围内的政府机构、商业实体和个人紧密地联结在一起。由于互联网数据在全球各地自由流通，经济和社会活动得以全天候在线，因此互联网逐渐崭露头角，成为商业社会中不可或缺的基础设施。

传感器、仪器仪表以及现代分析技术的不断创新，极大地推动了传感器和仪器仪表等相关产业的快速发展。随着电磁学理论的广泛应用，传感器技术如力、声、光、磁、射线、气敏、温度、湿度、电压敏感、位置、位移、长度、角度、速度、液位、流量、化学和生物等都经历了持续的创新和进步。这些技术已经逐步成为物联网（Internet of Things，IoT）、自动化和仪器仪表等领域的核心技术，并持续朝着高精度、微型化、网络化和智能化的方向发展。随着科技在多个领域的持续进步，数据采集技术如高端分析设备、导航时间同步技术、遥感技术、天体观察技术、显微镜技术、生命科学仪器和量子精确测量等都在不断地进行创新。这些技术已经将人类的数据采集能力扩展到了从宇宙天体到微观世界的每一个细节。

　　软件技术的进步为软件及信息服务行业的壮大提供了推动力。操作系统构成了软件的关键部分，而计算机操作系统的进化历程涵盖了主机操作系统、服务器操作系统（例如 UNIX 操作系统）、桌面操作系统（例如微软 Windows）以及移动操作系统（例如苹果 iOS、安卓 Android）等多个阶段。应用软件是为满足特定的经济和社会需求而设计的软件，例如办公自动化软件、计算机辅助设计软件以及企业资源管理软件等。随着互联网的广泛传播和进步，软件技术经历了巨大的变革，使得各种软件能够转化为部署在云端的多种前端应用服务，例如各类移动应用 APP。

　　人工智能的技术革新为智能行业的进步提供了推动力。到了 2020 年，人工智能的技术创新已经走过了大约 60 年的历程。在这段时间里，它主要经历了三个主要阶段：首先是实现数据的计算、存储和记忆的"计算智能"阶段，这一阶段主要依赖于计算机技术；其次是识别和处理语音、图像、视频数据的"感知智能"阶段，这一阶段主要依赖于机器学习等技术；最后是将数据转化为知识，实现思考、理解、推理和解释的"认知智能"阶段，这一阶段主要依赖于因果推理和知识图谱等技术。人工智能的最终追求是使机器达到与人类相似的智慧水平。在 20 世纪 60 年代至 80 年代期间，以知识规则为基础的专家系统得到了快速的发展。通过构建"知识库 + 推理机"的组合，一系列在特定领域内取得成功的专家系统得以开发，包括用于识别分子结构的 DENDRAL 专家系统、医疗诊断专家系统 MYCIN 以及计算机故障诊断 XCON 专家系统等。在 2011 年的智能问答节目中，国际商业机器公司（IBM）的 Waston 智能机器成功地向人类发起了挑战，并荣获了问答的最高荣誉。辛顿在 2006 年基于人工神经网络的研究，随着数据的持续增长和计算能力的不断进步，提出了深度学习的新算法。在 ImageNet 数据集这一知名问题上，辛顿所提出的深度学习方法表现出色，成功地将图像识别的错误率从 26% 减少到了 15%。在 2014 年，谷歌的 Google LeNet 推出的 22 层神经网络技术成功地将图像识别的错误率减少到了 6.7%，这一数字已经超越了一般人用肉眼所能识别的准确率。在 2016 年，AlphaGo 凭借其深度学习和增强学习的技术，成功击败了围棋世界冠军和职业九段棋手李世石。

　　区块链的技术革新为加密数字货币的进步提供了动力。虽然比特币区块链被认为是第一代区块链技术，但它尚未成为一个普遍适用的计算平台。在 2013 年，以太坊（Ethereum）推出了区块链技术，此技术为各类去中心化应用（DAPP）的自动化操作提供了强大的支持。区块链代表了一种综合性的创新技术，它融合了对等网络、分布式数据库、密码学、共识算法和智能合约等多种技术，共同构建了一个数字化的信任系统。与此同时，区块链技术与互联网、云计算、大数据、人工智能、物联网等多种数字技术共同组成了新一代的智能互联网，为智能互联网构建了一个可靠的基础设施。

　　数字技术的创新始终遵循摩尔定律等指数级的增长规律，并且它已经从过去的数据采集、通信、计算、存储、分析、安全等数字技术的单点创新，逐渐转变为以互联网、物联网、云计算、大数据、区块链和人工智能为代表的数字技术协同创新的阶段。

在大学、研究机构以及 IBM、施乐、仙童、贝尔等大型企业的资金支持下，数字技术的创新得以实现。这些创新成果逐渐传播到各个产业领域，催生了全球范围内的信息通信产业。这一现象不仅催生了 IBM、微软、思科、英特尔、摩托罗拉、谷歌、亚马逊、腾讯、阿里巴巴等电子信息产业的领军企业，同时也催生了一系列具有创新精神的中小企业。这些企业在美国、英国、日本、中国等多个国家分别建立了硅谷、西雅图、波士顿、伦敦、筑波、中关村等数字技术创新高地。

3. 新的产业变革

技术的创新被视为经济增长的主要驱动力，而持续的经济增长主要是由几种核心技术所驱动的。经济学家们将这些核心技术命名为"通用目的技术"（General Purpose Technology，GPT）。在 2005 年，加拿大的经济学家利普西（R.G.Lipsey）和他的团队提出了 24 种在历史上长期驱动技术进步的通用目的技术，这些技术主要被划分为产品、流程和组织三大部分，如表 6.1-1 所示。在数字技术的创新过程中，像计算机技术和互联网技术这样的技术都可以被视为具有普适性的目标技术。

历史上的 24 种通用目的技术   表 6.1-1

序号	GPT	日期	分类
1	植物驯化	公元前 9000—前 8000 年	流程
2	动物驯养	公元前 8500—前 7500 年	流程
3	矿石冶炼	公元前 8000—前 7000 年	流程
4	轮子	公元前 4000—前 3000 年	产品
5	书写	公元前 3400—前 3200 年	流程
6	青铜	公元前 2800 年	产品
7	铁	公元前 1200 年	产品
8	水车	中世纪早期	产品
9	三桅帆船	15 世纪	产品
10	印刷	16 世纪	流程
11	蒸汽机	18 世纪晚期到 19 世纪早期	产品
12	工厂系统	18 世纪晚期到 19 世纪早期	组织
13	铁路	19 世纪中期	产品
14	铁轮船	19 世纪中期	产品
15	内燃机	19 世纪晚期	产品

续表

序号	GPT	日期	分类
16	电力	19 世纪晚期	产品
17	机动车	20 世纪	产品
18	飞机	20 世纪	产品
19	批量生产/连续生产/工厂	20 世纪	组织
20	计算机	20 世纪	产品
21	精益生产	20 世纪	组织
22	互联网	20 世纪	产品
23	生物技术	20 世纪	流程
24	纳米技术	21 世纪某个时期	流程

技术创新在推动经济增长方面具有长期性，并且表现出周期性的波动性。在 20 世纪 20 年代，苏联的学者康德拉季耶夫（N.D.Kondratiev）曾经指出，每一种技术在其诞生、传播、普及到衰退的整个经济历程中，都会经历 45～60 年的持续波动。在经济学领域，这种长时间的波动被命名为康德拉季耶夫周期，它主要是由通用技术的创新所触发，如图 6.1-3 所示。

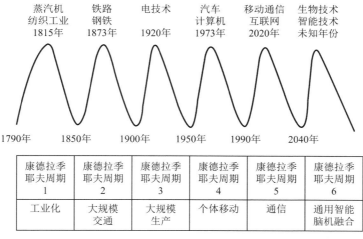

图 6.1-3　技术创新驱动的康德拉季耶夫周期

通用目的技术的创新与普及势必会触发一场产业变革。在第一次工业革命的时代背景下，蒸汽机的诞生和广泛应用极大地促进了机械制造以及铁路运输行业的快速发展。在第二次工业革命的时代背景下，电气化与自动化技术的不断创新和广泛应用极大地促进了装备制造、能源和交通等多个产业的快速发展。第三次工业革命标志着数字技术的革新和广泛应用，它促进了电子制造、软件和信息通信行业的进步，并逐渐渗透到商务、金融、物流和生产制造等多个行业中。数字技术的创新被视为第三次工业革命的关键推动力，其对整个产业革命的深远影响还处于初级阶段。

从 1946 年开始，全球经济经历了持续的高速增长，这在很大程度上得益于包括数字技术在内的多种技术革新。据统计数据，从二十世纪四五十年代开始，科技创新和发明的总量已经超越了几千年前人类所创造和发明的总和。这些科技进步直接催生了社会劳动生产率和全要素生产率的显著提升。随着自动化和数字化设备的广泛应用，资本在替代劳动方面的比例逐渐增加，同时对新兴数字技术的投资也在不断扩大，从而进一步加快了数字技术的创新和产业化步伐。

6.1.2　数字经济的发展历程

数字经济的出现可以追溯到二十世纪四五十年代，当时计算机技术的发明和产业化成为这一时代的显著标志。然而，数字经济这一术语最初是在 20 世纪 90 年代被引入的。1995 年，经济合作与发展组织（Organization for Economic Co-operation and Development，OECD）首次深入探讨了数字经济可能的未来发展方向。加拿大学者泰普斯科特（D.Tapscott）在 1996 年发布了他的著作《数字经济时代》，书中深入探讨了计算机技术和互联网变革对商业活动的深远影响。1998 年，美国商务部发布了一份名为《浮现中的数字经济》的研究报告。该报告详细阐述了在信息技术广泛传播和渗透的推动下，社会从工业经济向数字经济的转变趋势。报告进一步总结了数字经济的主要特点，指出"互联网作为基础设施，信息技术是引领技术，信息产业是主导和支柱产业，而电子商务则是推动经济增长的关键动力"。在 2000 年，互联网经历了一场革命性的变革。随后，随着数字经济的迅猛增长，网络经济、互联网经济、平台经济、共享经济以及智能经济等多种新型经济模式陆续出现。随着数字技术日益成熟和经济社会的数字化水平持续上升，数字经济的定义变得更为丰富，其涵盖的领域也逐渐拓宽，如表 6.1-2 所示。

数字经济形态和内涵的演变　　　　　　　　　　　　　　表 6.1-2

经济形态	要素	先进数字技术	代表企业	代表阶段
信息经济	信息、信息网络、信息技术	计算机	IBM、英特尔、微软	20 世纪 60 年代—21 世纪初
网络经济	网络、流量、连接	互联网	美国电话电报公司（AT&T）、思科、摩托罗拉、网景通信、雅虎、谷歌、亚马逊、华为、阿里巴巴、新浪、百度	20 世纪 70 年代—21 世纪 10 年代
平台经济	平台、大数据、云服务	云计算、大数据	亚马逊、阿里巴巴、腾讯、谷歌、百度	21 世纪初—21 世纪 20 年代
智能经济	数据、算力、算法	互联网、物联网、移动通信、大数据、人工智能、区块链	谷歌、百度、英伟达、华为	21 世纪 20 年代—至今

1. 信息经济的提出

电子数字计算机在 1946 年初被发明时，主要服务于国防和科学研究等多个领域。然而，工程师们迅速地提升了计算机的可靠性、尺寸、成本和实用性，这一进展激发了众多企业开始思考制造适用于商业的计算机。1952 年，贝尔实验室的母公司 AT&T 将晶体管制造技术授权给了 30 多家公司，这推动了该技术的广泛应用，使得晶体管技术从垄断中解脱出来，被行业内的许多公司所掌握。得益于这些公司的持续努力，晶体管技术不断地进行创新和升级，同时成本也逐渐降低。晶体管已经逐渐取代了真空管，成为计算机行业的核心组成部分。这一变革也进一步推动了德州仪器、IBM、飞利浦、通用电器、西门子、英特尔等多家公司在芯片和计算机业务方面的发展和壮大。在 20 世纪 70 年代，尽管美国已经部署了数以万计的计算机系统，但那时的市场主要还是为企业所占据。政府与企业采用计算机的初衷是为了取代传统的手工计算方式，从而减少数据处理的总成本。到了 20 世纪 80 年代的尾声，随着个人计算机技术的广泛应用，超过 75% 的美国家庭已经拥有了各式各样的计算机。IBM、康柏、戴尔、苹果、微软、英特尔等知名公司已经崭露头角，他们主导了以计算机产品制造和服务为中心的电子信息行业，使其迅速崛起。

自 20 世纪 60 年代开始，信息逐渐被认为是经济的一部分，其在经济增长中的角色也得到了广泛的认同。信息经济被视为一种经济模式，它基于信息资源，利用信息技术作为工具，通过制造信息产品和服务来促进经济增长、社会产值和劳动力就业。在 1962 年，美国学者马克卢普（F.Machlup）在其著作《美国的知识生产与分配》中首次引入了"知识产业"这一新概念。这一产业不仅涵盖了教育、科研和开发等多个领域，还包括了我们所定义的信息产业中的通信工具、信息设备以及信息相关活动等领域。该书还计算了知识产业在美国国民经济中的占比：1958 年，美国的国民生产总值中有 29% 来自知识产业，而劳动力的全部投入中，超过 32% 来自信息生产和活动。在 1973 年，美国的社会学家贝尔（D.Bell）在其著作《后工业社会的来临》中首次引入了"信息经济"这一新概念。在 1977 年，美国学者波拉特（M.U.Porat）完成了题为《信息经济：定义与测量》的研究报告。该报告将信息产业与工业、农业和服务业并列为第四产业，并将信息经济部门划分为第一信息部门（负责生产信息产品和服务的部门）和第二信息部门（负责使用信息产品和服务的部门）。报告还提出了一系列既具有经济意义又可以计量的术语，如信息、信息资源、信息劳动和信息活动等，并使用投入产出方法估算出 1967 年美国国民生产总值中有 46% 与信息活动相关，大约一半的劳动力与信息职业有关。他所从事的工作为全球各国在信息经济和信息产业方面的量化研究提供了基础的方法论。到了 20 世纪 80 年代的末尾，信息经济已经变成了美国和其他发达国家的主要经济模式。在 20 世纪 60 年代至 21 世纪初期，数字经济主要呈现为信息经济的一种模式。在 1999 年，美国商务部公布了一份名为《新兴的数字经济》的政府工作报告，该报告明确指出，信息产业是美国经济增长率超过四分之一的主要原因。这篇文献对美国信息经济的进展进行了综述。

在同一时期的微观经济学的理论研究中，如阿罗（K.J.Arrow）和斯蒂格利茨（J.E.Stiglitz）这样的经济学者，都致力于发展信息经济学。他们的主要研究焦点是在信息不稳定和不对称的环境中，如何找到一个合适的契约和制度来规范双方的经济活动。

在 20 世纪 80 年代，我国市场开始迎来了计算机行业的崛起，联想、方正、紫光、浪潮等多家计算机公司相继成立，标志着我国信息产业的初步形成。到了 20 世纪的 90 年代，伴随着我国经济信息化的持续深化，信息产业以及信息经济都经历了飞速的增长。乌家培、陈禹等一系列信息经济学领域的专家已经开始在我国构建信息经济学的理论框架。

2. 网络经济的演变

1969 年标志着互联网的诞生。在接下来的十几年里，通过互联网接入的主机数量持续上升，但这些主机主要还是来源于美国的高等教育机构、研究单位和政府相关部门。截至 1984 年，仅有 1 000 台主机能够在互联网上实现联网。在二十世纪的八九十年代，随着个人计算机在美国逐渐成为主流，个人计算机的网络连接已经建立在坚实的基础之上。1989 年，伯纳斯–李（T.Berners-Lee）是万维网的创始人，紧接着在第二年，他与他的同事康诺利（D.W.Connolly）共同研发了超文本标记语言（HTML）。在 1993 年，美国伊利诺伊大学推出了一款名为 Mosaic 的网络浏览器，该浏览器能够展示图片，从而使得访问互联网网站变得更为简便。从 1989 年的 8 万台电脑，互联网上的主机数量在 1993 年增长到了 130 万台。在 1994—1998 年期间，得益于风险资本的推动，多家互联网公司如网络浏览器网景、亿贝拍卖网站、雅虎互联网导航网站、亚马逊在线书店和谷歌搜索引擎等相继成立，这极大地促进了互联网商业服务的快速发展。在 1995 年，互联网上的网站数量仅约为 9 万个；而截止到 1998 年，互联网上的网站数量已经达到了 3 670 万个，而在这些网站中，有 1/3 是为商业目的设计的。在 1996 年，美国发布了新的《电信法》，该法规定电信市场应采取开放的竞争策略。政府准许电信公司、有线电视公司以及互联网服务提供商在同一个市场内进行竞争，其中也包括了骨干网络的运营。为了紧紧抓住市场的机会，像 AT&T、MCI 这样的大型电信公司开始在洲际和国家层面上对互联网核心网络进行建设和技术升级，这为全球互联网行业的进一步发展提供了坚实的信息网络基础。然而，过度的互联网投资也导致了 2000 年全球互联网市场的泡沫现象。在泡沫破灭之后，众多的互联网公司纷纷宣告破产。在 2000 年以后的十年时间里，一系列经历了重大变革的互联网公司，例如雅虎、谷歌、亚马逊、脸书、推特、腾讯、百度和阿里巴巴等，都在迅速壮大。同时，门户网站、搜索引擎、电子商务和社交网站等互联网业务也在蓬勃发展，共同推动了互联网经济的繁荣。

自 20 世纪 90 年代中期起，信息流、节点连接和网络逐渐被认为是经济的一部分，并迅速演变为网络经济的新模式。网络经济（也常被人们称作互联网经济）是一个以网络连接为核心，网络信息流为主要组成部分，网站作为中介，并以互联网应用的创新为中心的经济行为的统称。2018 年 3 月，隶属于美国商务部的经济分析局（U.S.Bureau of Economic Analysis，BEA）公布了 2006—2016 年间的美国数字经济数据。BEA 对数字经济进行了三个主要方面的定义：一、它涵盖了计算机网络所需的各种数字使能基础设施，这包括但不限于计算机硬件、软件、通信设备与服务、建筑工程、物联网以及各种支持服务；二、在该系统中进行的电子商务交易，涵盖了商家与商家（B2B）的电子商务、商家与客户（B2C）的电子商务、平台与平台（P2P）的电子商务（例如共享经济）等；三、数字经济的用户所创造和浏览的内容（如数字媒体），包括直接销售的数字媒体和免费的数字媒体等。根据 BEA 对数字经济的解释，这个时期的数字经济实际上是网络经济的一种表现。该报告指出，在2006—2016 年期间，数字经济成为美国经济的一大亮点，年均增长率高达 5.6%，而在同一时期，美国 GDP 的增长率仅为 1.5%。在 2016 年，美国的数字经济增值达到了 1.2 万亿美元，这一数字占到了当年美国 GDP（18.6 万亿美元）的 6.5%。与传统产业相对照，数字经济在"专业、科技和技术服务业（即知识服务业）"中的排名较低，而后者在同一年的增加值达到了 1.3 万亿美元，这占了美国 GDP 的 7.0%。在数字经济产业之后，大宗贸易产业的增加值达到了 1.1 亿万美元，这一数字占到了美国当年 GDP 的 5.9%。到了 21 世纪 10 年代的尾声，网络经济已逐渐崭露头角，成为全球经济的核心模式。

随着 20 世纪 90 年代中后段网络技术的飞速发展和互联网行业的崛起，网络经济学应运而生，这是一个专注于研究网络经济各种运作模式的经济学领域。网络效应和复杂网络是经济学家主要关注的研究领域。随着互联网逐渐渗透到经济和社会的多个方面，网络的复杂性日益明显，因此，利用复杂网络来研究互联网已经逐渐成为经济学和社会学的研究焦点。

1994 年，我国正式成为互联网的一部分。在改革开放的大环境中，我国的互联网产业发展与全球互联网产业的进展几乎是同步的。在 1995—2000 年期间，瀛海威、网易、搜狐、京东、腾讯、新浪、阿里巴巴、百度等多家互联网巨头相继创立。得益于资本的推动，这些企业迅速崭露头角，为我国的用户提供了如互联网接入、电子邮件、门户网站、实时通信、电子商务和搜索引擎等多种服务。在 2000 年，当全球的互联网泡沫破灭时，我国新建立的互联网企业也大部分选择了关闭。然而，在经历了大浪淘沙的过程后，新成立的互联网公司和后续的新公司开始探索网络广告、竞价排名、网络游戏等多种盈利方式，这使得我国的互联网产业和互联网经济达到了一个前所未有的新高度。在 2007 年，随着智能手机的推出，手机上网逐渐成为主流，从而推动了移动互联网行业的迅猛增长。在 2015 年，我国全方位地实施了"互联网 + 行动计划"，这一计划促进了互联网与多个行业之间的深度整合，从而使得互联网产业展现出由消费互联网和产业互联网共同推动的健康发展趋势。

3. 平台经济的繁荣

随着 21 世纪的到来，网络经济得到了快速的发展，互联网的商业服务也从 Web 1.0 的门户网站、搜索引擎等单向信息服务转向了 Web 2.0 的即时通信、微博、微信、直播等社交网络服务。同时，电子商务也从商家对消费者、商家对商家逐渐转向了线上对线下、消费者对消费者（C2C）等新的商务模式。随着互联网技术的不断进步，网络的影响力变得越来越突出，大规模的互联网平台用户数量持续上升，截至 2010 年，全球的网民人数已经接近 20 亿。尽管如此，绝大多数的互联网服务依然是由几家大型互联网平台公司所提供，这导致了互联网市场结构呈现出明显的垄断甚至寡头竞争的特征，使得互联网平台企业逐渐成为全球经济增长的领头羊。与此同时，随着互联网为企业、政府和消费者之间建立了联系，"网络即计算"这一观念逐渐被大众所认同和接受。消费者期望网络计算服务能像简单地打开水龙头就能用水或简单地按下开关就能用电那样，在任何时间、任何地点都能方便地运行。在网络计算领域，工程师们给它取了一个悦耳的名字，那就是云计算。伴随着数字技术的不断创新，"云 + 网 + 端"的数字基础架构逐渐走向成熟。越来越多的数字硬件、软件、应用程序和数据被集成到云计算平台中，使得绝大多数的计算资源能够通过云计算平台为消费者提供高效的服务。云计算平台已经从一个纯技术的平台逐渐转变为一个商业应用平台。截至 2015 年，全球云计算市场的规模已经突破了 500 亿美元的大关，包括亚马逊、微软云和阿里云在内的多家大型云计算平台企业为世界各地的政府机构、商业组织和个人提供了云计算服务。

自 21 世纪第 1 个 10 年起，平台逐渐被认为是经济的一部分，并在短时间内塑造了平台经济的新面貌。平台经济代表了基于数字化平台上的各种经济互动和联系。各种不同类型的平台为用户提供多样化的数字商业服务。例如，电子商务平台为买家和卖家提供市场中介服务；数字媒体平台为消费者、广告商和内容生产者提供媒介服务；云计算平台为政府、企业和个人提供基础设施、云软件平台和应用云服务；区块链平台为社群用户提供数字化信任服务。随着数字技术与经济社会之间的深度整合，数字平台的种类变得越来越多样，数字平台与经济社会的融合范围也变得越来越广泛。平台经济正在逐步转变为一种新的市场模式、组织构架和资源分配策略，这也激发了社会经济各个方面对平台经济的高度关注。在 21 世纪第 1 个 10 年的尾声，平台经济逐渐崭露头角，成为全球的主要经济模式。在 2019 年，全球市值最高的 10 家上市公司当中，有 7 家属于平台型企业。从 21 世纪初至 21 世纪第 2 个 10 年，数字经济主要呈现为基于平台的经济模式。

经济学家在研究平台经济时，主要关注了网络效应、双方市场、市场构造、定价策略、竞争策略、信任建设、合同制度、交易的成本以及信息的不对称性等关键领域，这些领域逐步形成了平台经济学的一个重要分支。

我国的平台经济增长在全球范围内占据了显著的位置和产生了重要的影响。截至 2018 年，我国已经有 20 家市值超过 100 亿美元的巨型平台公司，而互联网平台的应用生态为我们带来了超过 6 000 万个的工作机会。不管是从规模、数量还是增长速度来看，我国的平台经济在全球范围内都具有显著的影响力。在 2019 年，我国公布了《关于促进平台经济规范健康发展的指导意见》，而到了 2022 年，我们再次发布了《关于推动平台经济规范健康持续发展的若干意见》。这些意见强调，平台经济是我国在提升全社会资源配置效率、连接国民经济循环的各个环节以及提升国家治理体系和治理能力现代化方面的关键推动力。因此，我们提出了坚持发展与规范并重的原则，并逐步加强平台经济治理体系和制度环境的建设，以促进平台经济的规范、健康和持续发展。

4. 智能经济的曙光

在 21 世纪的第 1 个 10 年，人工智能行业步入了一个崭新的历史阶段。"大数据 + 分布式计算能力 + 深度学习算法"的结合使得人工智能在语音识别、机器视觉、数据挖掘等多个领域达到了商业化的应用水平，这在产业界产生了巨大的价值。在 2011 年，苹果公司推出了名为 Siri 的语音助理，这是一个可以与消费者进行对话的语音机器人。在 2012 年，谷歌大脑在学习了一千万段视频之后，掌握了如何从视频内容中识别出一只猫。在 2014 年，谷歌推出了其最新一代的自动驾驶汽车，开始在道路上行驶。在 2016 年，AlphaGo 在围棋比赛中战胜了九段棋手李世石。在 2017 年，通过学习 13 万张临床皮肤癌的图片，一个卷积神经网络被培训为皮肤癌诊断的"专家"。在 21 世纪 20 年代初期，人工智能已经崭露头角，成为全球科技竞赛的战略焦点。谷歌、微软、百度、脸书、苹果、亚马逊、阿里巴巴、腾讯和英伟达等大型企业纷纷设立了专门的人工智能实验室，以进行人工智能新产品的研发工作。人工智能创业公司成功地吸引了大量的资本关注，使得人工智能产业和人工智能经济逐步形成。

自 21 世纪第 2 个 10 年，智能逐渐被认为是经济的一部分，并在短时间内塑造了智能经济的新面貌。智能经济基于"数据 + 算法 + 算力"的基础设施和创新元素，它通过智能产业化和产业智能化来推动技术的进步、效率的提升和发展方式的变革，深度融合经济社会的各个领域和多元场景，从而支持经济社会的高质量发展，形成了一种新的经济形态。据预测，到了 21 世纪第 3 个 10 年的尾声，智能经济预计将崭露头角，成为全球经济的核心模式，而在这一时期，数字经济主要呈现为智能经济的模式。

经济学家们在研究智能经济时，主要关注了人工智能作为一种通用技术的技术革新、知识生成机制、人工智能在劳动力替代中的角色以及人工智能在隐私保护和侵权问题上的应用。在 2017 年的 9 月，多伦多成为美国国家经济研究局首次举办"人工智能经济学"研讨会的地点。这场会议是人工智能经济学领域的一个关键集会，在会议上，参与者们展示了各自在人工智能经济学方面的研究成就，并对未来的研究方向进行了前瞻性的探讨。

我国在人工智能行业中是领先的国家之一，无论是在人工智能芯片、算法架构还是应用领域，都有众多企业如百度、腾讯、阿里巴巴、商汤和寒武纪等崭露头角。我国不仅是人工智能最大的应用市场之一，还具备多样化的应用场景，拥有全球最庞大的用户群和高度活跃的数据生成主体。这会为我国的智能经济未来的成长打下坚实的基石。

综合来看，从信息经济、网络经济、平台经济到智能经济，数字经济在其各个发展阶段都展现出独特的特点。在数字经济中，数据扮演着关键的生产角色。只有当数据经历了采集、计算、储存、传递、整合和深入分析后，它才能真实地转化为有意义的信息、知识和数字化智能，进而为消费者所用。随着数字经济逐渐走向丰富和成熟，它已经演变为一个融合了信息经济、网络经济、平台经济和智能经济等多种特性的全新经济模式。

6.2   数字经济概念与框架

在最近的几年中，数字技术的创新速度加快，并逐渐渗透到经济和社会发展的各个方面，数字经济的快速发展所带来影响的范围和深度都是空前的。数字化经济正逐渐转变为重塑全球资源、改变全球经济布局和调整全球竞争格局的核心动力。

6.2.1   数字经济的定义

2016 年的 G20 杭州峰会提出了《二十国集团数字经济发展与合作倡议》。该倡议将数字经济定义为一系列经济活动，这些活动以数字化知识和信息作为关键的生产要素，以现代信息网络作为主要的载体，并以信息通信技术的有效应用作为提高效率和优化经济结构的重要推动力。

这一定义在全球各国的政府机构、产业界以及学术界都得到了广泛的应用。2021 年，国家统计局正式发布了《数字经济及其核心产业统计分类》，该书参考了杭州 G20 峰会上的定义，首次明确了数字经济的基本定义，将数字经济明确定义为一系列经济活动：数据资源是关键的生产要素，现代信息网络是重要的载体，信息通信技术的有效使用是提高效率和优化经济结构的重要推动力。

这本书通过深入分析数字经济的各个组成部分和特性来丰富其内在含义。数字化的知识和信息是数据资源在生产过程中的中间产物，因此，将数据要素视为关键的生产要素会更加准确。

6.2.2   数字经济的构成

与传统的农业和工业经济时代相比，数字经济时代在生产力和生产关系上都经历了深刻的变革。数字经济是一种新型的经济模式，它以数据作为新的生产要素，以数字化的劳动者作为新的劳动者，以数字技术作为新的生产工具，以智能化的生产力作为新的生产力，以数字技术与实体经济的深度融合作为新的生产模式，以信息网络作为重要的生产载体，以数字平台作为重要的市场，以数智化企业作为生产组织单元，以数字化信任作为信任机制。表 6.2-1 展示了各个经济时代的经济模式。

不同经济时代经济形态的基本构成　　　　　　　　　　　表 6.2-1

基本构成	农业经济时代	工业经济时代	数字经济时代
代表时间	18 世纪 60 年代前	18 世纪 60 年代到 20 世纪末	20 世纪 50 年代初至今
生产要素	劳动	劳动、资本、技术	劳动、资本、技术、数据
劳动者	农民	工人	数字化赋智的劳动者
生产工具	铁犁、牛车等	机械化、电气化、自动化机器	数字技术（信息化、网络化和智能化的机器）
生产力	手工化	机械化	智能化生产力（数据＋算法＋算力）
生产模式	农业作坊式生产	机械化、自动化和电气化驱动的大规模、标准化生产	数字技术与实体经济深度融合下的信息化、网络化和智能化驱动的规模化定制、柔性化生产
生产载体	土地	工厂	信息网络
典型市场	农贸市场	商品贸易市场	数字平台市场
生产组织形态	家庭合作社	垂直职能式企业	数智化企业
社会信任机制	宗亲	第三方中介	区块链等数字化信任

1. 生产要素：数据

在数字经济中，数据被视为关键的生产资源和生产要素，形成了一种经济模式。数字化数据（简称数据）是对事实的详细记录和描述，它是制造数字化信息和知识的关键原料。在数字化经济的背景下，由于传感器、计算机和手机等数据处理工具的广泛使用和普及，全球的数据量正在经历一个爆炸性的增长。根据国际数据公司（IDC）的估计，全球的数据量每年平均会增加 50%，并且每隔两年会翻倍。快速膨胀的大数据已经变成了社会的核心资源，其中包含了大量的信息，这些信息具有极大的实际应用潜力。处理和分析大量数据需要进一步优化数据的存储、传输和计算技术，以提高数据价值生成的效率。随着时间的推移，数据已逐步转变为驱动经济增长的关键生产资源，而在生产和经营的每一个步骤中，都涉及数据的收集、储存、处理、计算、分析以及实际应用。

在经济活动中，生产要素必须满足三大核心条件：首先，这些要素的制造成本需要迅速降低；其次，要素有能力提供大量且无限的供应；最后，要素的应用潜力是广泛的。这些数据完全满足上述三个标准。首先，数据以其高固定成本和低边际成本为特点；其次，现有数据以其大规模、可复制和无限供应的特性，在一定程度上可以说已有的数据资源是"取之不尽、用之不竭"的;最后,数据还具备通用性、非排他性和非竞争性等公共产品的属性。数字经济活动通过数据生成,可以生成其他生产活动所需的信息和知识,能够智能地优化和重组其他生产要素的配置,从而促进经济增长和参与收入分配。因此,在数字经济的时代背景下,数据要素正在逐渐转变为最关键的生产因素。

2. 劳动者:数字化赋智的劳动者

数字经济体现了以数字赋智的劳动者为核心的经济模式。在数字经济的背景下,劳动者不仅涵盖了从事数字产品的研发、制造、销售和管理的数字行业人员,还包括了在工业、农业和服务业中具有数字化智慧的工作者。

3. 生产工具:数字技术

数字经济是一种主要依赖数字技术进行生产的经济模式。数字技术主要涉及数据的收集、传递、运算、储存和分析等一系列数据处理步骤,以下是详细的解释:

(1)传感器、物联网、测量设备、分析设备等数据收集技术,可以对现实世界中的客观对象及其行为进行数字化记录;

(2)诸如光纤网络、移动通信、通信基站和天线这些数据通信技术,都可以实现数据在不同地点的传输;

(3)各式各样的计算机、操作系统以及应用软件等数据处理技术,都具备对数据执行多种计算的能力;

(4)各类数据存储工具、数据库软件以及其他相关技术,都具备数据存储和管理的能力;

(5)各类数据分析方法,如数据挖掘、机器学习和深度学习等,都可以对数据进行深入分析,从而生成有价值的信息和知识。

自21世纪第2个10年开始,数字技术如互联网、物联网、大数据、云计算、人工智能和区块链等都经历了持续的进步。这些技术共同构建了一个集"数据+算法+算力"于一体的创新体系。劳动者所使用的生产工具已从信息技术演变为智能技术,而他们的生产平台也从信息互联网进化到了智能互联网。智能互联网是一个创新概念,它基于物联网技术构建边缘感知系统,并采用新一代的通信网络技术(例如5G和光纤网络)作为接入和传输平台。此外,它还利用云计算技术作为计算存储系统,大数据技术作为动力和枢纽系统,人工智能技术作为决策分析系统,以及区块链技术作为数字化信任系统,共同构成了一个全新的互联网大系统。因此,智能互联网由六个核心子系统组成,这些子系统共同构建了智能互联网的整体框架,正如图6.2-1展示的那样。

图 6.2-1　智能互联网的体系架构

第一点是关于物联网的技术。物联网技术使得各种事物能够相互连接，它已经成为智能互联网的边缘感知系统，可以被视为智能互联网的神经纤维。每一个物体都可以与智能手机相提并论，通过整合计算、存储、通信、感知、定位、语音和视频等多种数字模块，它们有潜力成为联网的智能实体。物联网技术能够使经济和社会生活中的各种生产和生活资料、工具、设备以及产品都达到信息化、网络化和智能化的标准，并将这些设备与智能互联网进行连接。

第二点是关于通信网络的技术。通信网络技术成功地实现了网络传输的"高带宽、低时延、广连接"特点，它已经成为智能互联网的主要接入和传输手段，可以被视为智能互联网中的神经网络系统。在数字经济的背景下，移动通信网络和光纤网络成为关键的信息网络基础设施，它们展现了如连接性、开放性、平等性和互动性等独特的网络属性。它们成功地将全球的消费者、商业实体、供应链合作伙伴以及销售路径等多个方面紧密地联结在一起，从而构建了一个经济和社会信息化的高速通道。目前，各种物体联网所带来的需求是每平方公里需要超过 100 万个连接，这不仅导致了 1Gbps 的带宽需求，还带来了毫秒级的时延需求，这些问题都可以通过 5G 移动通信网络来解决。未来，我们还将见证第六代移动通信网络（6G）的进一步创新和广泛应用。

第三点是关于云计算的技术。云计算技术成功地为大量数据提供了分布式的计算和存储能力，为智能互联网提供了高效的计算和存储解决方案。云计算数据中心已经转变为互联网的计算资源核心，它为各种基础设施、软件平台和应用程序提供了云计算的服务，并逐渐发展成为数字经济时代的主要商业平台。云计算平台为用户提供了一个将计算、存储、网络和安全等多种资源整合为服务的平台，其形式涵盖了云服务器、云数据库、云存储、云安全和云应用等多个方面。数字平台不仅是推动各个行业进行数字化转型和升级，塑造新的经济模式的数字商务动力，而且也是培养新的业态和模式的平台。数字平台上的业务创新呈现出旺盛的活力，各式各样的 APP 和小程序都将推动不同的业务模式进行创新。

第四点是关于大数据的技术。大数据技术成功地实现了数据的汇集、分析、流通和应用，它已经成为智能互联网的推动力和关键节点，可以被形容为智能互联网的核心。大数据技术为经济和社会活动提供了记录、追踪、恢复和深入洞察的手段，使得数据在数字经济时代成为宝贵的生产资源和生命之源。数据的集结、共享以及开放性为智能互联网注入了持续的活力。

第五点是关于人工智能的技术。人工智能技术为智能互联网带来了深入的学习和自我调整能力，它已经成为智能互联网的核心决策工具，可以形容为智能互联网的思维中心。在最近的几年中，人工智能技术逐渐转变为一种广泛应用于经济和社会各个方面的通用技术。人工智能技术能够通过学习输入数据，赋予经济实体在其所处环境中数字智能的能力，进而为生产和决策过程提供支持。人工智能融合了数字孪生技术和扩展现实技术（如虚拟现实、增强现实和混合现实等），这使得它能够模拟和仿真真实世界，进而激发人类的想象力。人工智能技术也赋予了机器和程序自动化处理的能力，从而创造出新型的智能生产工具。

第六点是关于区块链的技术。区块链技术为我们带来了数字化的信任体验，它已经变成了智能互联网中的关键信任系统。在经济活动中，我们面临着信息不对称、高交易成本和不完善的信任机制等问题。区块链技术，作为分布式账本、非对称加密、智能合约和共识算法等多种技术的综合创新，展现了其去中心化、难以篡改和可追溯的特性。该系统为互联网环境下的信息传播提供了一个可靠的通道，有助于解决在经济增长过程中出现的信任难题。区块链技术为各种经济行为提供了数字化的信任支撑，它可以为数字货币提供信用背书，从而促进数字资产的生成，并有助于维护数字经济的有序运行。

4. 生产力："数据＋算法＋算力"形成的智能化生产力

数字技术与实体经济之间的深度结合塑造了数字化的生产能力和生产方式。自21 世纪第 2 个 10 年开始，"数据＋算法＋算力"的深度整合与生产活动相结合形成的智能化生产力已逐渐成为数字生产力的主导形态。

在数字经济的时代背景下，企业通过数字技术的创新和技术成果的转化，成功地将数字技术与实体经济进行了深度整合。这导致了工业智能机器人、物流智能机器人、工业设计智能软件、智能工控软件、智能制造执行系统、企业资源规划系统、电子商务系统、数字支付系统和智能客服系统等多种数字化生产和交换工具的形成，从而极大地提高了劳动生产力和生产效率。企业对原有的生产流程进行了解构，致力于推动创新链、产业链和供应链的信息化、网络化和智能化转型。通过"数据＋算法＋算力"的综合应用，企业重新连接、配置和优化了各种生产要素，从而形成了在数据驱动下的智能化生产、网络化协同、规模化定制和服务化延伸等新的生产模式。

5. 生产关系：数字化的平台、企业与消费者

数字经济利用信息网络和数字信任来重塑企业与劳动者之间的关系、组织关系和生产关系。这使得经济社会中的生产、交换、分配、消费等活动能够突破物理限制，在数字世界中实现高度的互信、灵活的协同和广泛的集成。因此，构建了网络连接、双边市场、平台型企业、去中心化市场、平台生态、数智化企业等新型的生产关系和组织形态，形成了以信息经济、网络经济、平台经济、智能经济等为代表的新型经济活动，实现了生产资料和生产工具的共享和协同。在数字经济的背景下，生产力与生产关系的关系如图 6.2-2 所示。

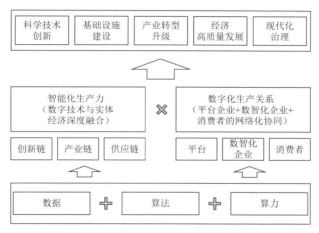

图 6.2-2　数字经济中的生产力和生产关系

6.3　数字经济的特征

相较于农业和工业经济，数字经济最显著的差异在于其"数字"属性，而最大的共性则是"经济"属性。"数字"的属性赋予了它独有的经济属性和固有规律。

6.3.1　高创新性

数字经济是由数字技术创新推动的一种经济模式。数字技术的创新迭代速度极快，并且长期遵循着指数级的演变规律。计算芯片技术的创新是基于摩尔定律（Moore's Law）进行的。这一定律表明，在价格保持不变的情况下，集成电路上可以容纳的元器件数量每 18~24 个月会翻倍，这也意味着其性能和计算效率都会提高一倍。数字存储技术的创新是基于克拉底定律（Kryder's Law），即硬磁盘驱动器的存储记录密度每 13 个月增加一倍，这体现了数据存储效率的显著提升。信息网络技术遵循巴特尔定律（Butter's Law），即从光纤中提取的数据量每 9 个月会翻倍，这意味着在光纤网络中，数据传输成本每 9 个月就会下降一半，也意味着企业必须不断提高数据传输能力，以实现更高的市场份额。

6.3.2 强渗透性

数字经济体现了数字技术与实体经济之间的深度整合。数字技术如计算机、互联网和人工智能等都是具有广泛应用的技术，它们的创新速度快，技术的传播范围广泛，具有很强的渗透力，并且其溢出效果非常显著。在过去的几年中，数字技术已经深入到经济和社会的各个方面。在 2016 年，我国的数字经济三大产业的渗透率分别达到了 6.2%、16.8% 以及 29.6%；到了 2020 年，增长率分别达到了 8.9%、21% 以及 40.7%。数字技术正在以极快的速度进行渗透，并且这种渗透速度正在不断加快。在美国，25% 的技术渗透率所需的时间各不相同：电话使用了 35 年，电视机使用了 26 年，计算机使用了 16 年，手机使用了 13 年，而互联网只使用了 7 年。

6.3.3 广覆盖性

数字经济代表了一种带有网络效应的经济模式。根据梅特卡夫定律（Metcalfe's Law），信息网络的价值是由其节点数量的平方（$V = K \times N^2$，其中 V 代表网络的价值，K 代表价值系数，N 代表网络节点的数量或用户的总数）决定的。因此，网络的价值以指数函数的方式迅速增长。当网络上的计算机用户数量增加时，网络及其连接的用户价值也随之上升。随着信息网络的持续进步，网络用户数量迅速上升，覆盖了城市和乡村的网络用户，这使得数字经济具有广泛的覆盖范围。以中国为例，截至 2021 年 12 月，中国的网民数量已经达到了 10.32 亿，互联网的普及率高达 73.0%。庞大的网民基数确保了数字经济的消费者基础，而庞大的网络节点规模则是数字经济价值增值的关键因素。通过互联网，数字经济不仅覆盖了全球各地，特别是偏远和贫困地区，而且还促进了各地的经济发展，实现了效率和公平的兼顾。例如，农村电子商务的全覆盖提升了农村消费者的福利。

6.3.4 资源供给丰富性

数字经济代表了数据资源能够持续供应的经济模式。数据作为经济和社会发展的附属资源，只要涉及经济和社会活动，数据便会自然生成。新的数据有能力持续地增加，而已经产生的数据则有无尽的供应空间。数据不仅具备公共产品的特性，还拥有非排他性和非竞争性的特点，它不会因为消费者的消费行为而减少或消失，同时也适用于同一时间段或不同时间段的大量人群共同使用。在数字技术系统被广泛应用的过程中，新的数据会不断地被生成，而且使用频率越高，生成的新数据数量也就越多。

6.4 数字经济发展的国内外实践经验

全球各国和各种组织都在努力占据数字经济发展的领先地位，他们通过数字技术的创新、数据资源的投入和数字基础设施的建设，来推进数字产业的产业化和数字化进程，并在此过程中积累了宝贵的数字经济经验。

6.4.1　世界各国及组织数字经济发展的实践经验

1. 美国：聚焦数字技术创新，引领全球数字经济发展

（1）超前规划数字经济战略

美国商务部在美国数字经济的发展中起到了关键的推动作用。他们前瞻性地进行了数字经济的战略规划，并推出了一系列与数字经济相关的政策和措施，例如"数字经济议程 2015"（Digital Economy Agenda 2015）和"在数字经济中实现增长与创新"（Enabling Growth and Innovation in the Digital Economy），还有"数字经济的定义和衡量"（Defining and Measuring the Digital Economy）等政策；在 2018 年，美国国际战略研究中心公布了名为"美国机器智能国家战略"（A National Machine Intelligence Strategy for the United States）的文件，其中列举了六个主要的国家机器智能发展方向，旨在促进机器智能技术的安全进步；在 2019 年，美国发起了"国家人工智能研发战略计划"，并对联邦政府在人工智能研发方面的投资优先级进行了重新评估，目的是促进人工智能的快速发展；在 2020 年，美国国际开发署推出了名为"数字战略 2020—2024"（Digital Strategy 2020—2024）的计划，其中明确了在接下来的 4 年里要完成的 30 个关键任务，旨在构建一个国家级的数字生态环境；在同一时期，美国白宫的科技政策办公室公布了名为《人工智能与量子信息科学研发纲要：2020—2021 财政年度》的文件（Artificial Intelligence&Quantum Information Science R&D Summary: Fiscal Years 2020—2021）；而在 2021 年，美国信息技术和创新基金会推出了名为"美国全球数字经济大战略"（A U.S Grand Strategy for the Global Digital Economy）的计划，旨在确立美国在全球科技和数字成果应用领域的领先地位。

（2）抢占数字技术创新制高点

美国政府高度重视前沿和前瞻性的数字技术研究，并在芯片、人工智能、5G 通信以及下一代通信、先进计算和量子信息等多个领域内积极推动技术研发工作。在数字芯片技术领域，美国已经连续推出了如"电子产业振兴计划"（Electronics Resurgence Initiative, ERI）和"联合大学微电子学计划"（Joint University Microelectronics Program, JUMP）等项目，旨在占据数字芯片科技的领先地位。2021 年，美国颁布了名为《无尽前沿法案》（Endless Frontier Act）的法律，将关键产业科技的发展提升到了国家战略的高度。该法案明确了人工智能、高性能计算和先进通信技术等十个优先发展的产业科技领域，并加强了政府在"大科学"体系中的主导作用。太赫兹通信和传感融合研究中心等相关机构正在积极推进 5G 通信和下一代通信技术的研发工作。与此同时，太空探索技术公司（SpaceX）的卫星互联网"星链"项目也在稳健地进行中。美国能源部还进一步提出了一个全国性的量子互联网战略规划。

（3）大力发展先进智能制造

为了更好地指导实体经济的增长，美国陆续推出了如"先进制造业美国领导力

战略"（Strategy for American Leadership in Advanced Manufacturing）和 "美国制造业计划"（Manufacturing USA）等政策。这些政策主张利用最新的信息技术来加速技术密集型先进制造业的发展，并努力使这些先进制造业成为美国经济的核心动力和国家安全的基石。在 2018 年，美国航空产业互联网公司 Exostar 推出了一份名为《数字化：通往供应链成熟度》（Digitization: The Route to Supply Chain Maturity）的报告，该报告详细解释了如何运用互联网、物联网和人工智能等先进技术来塑造供应链的未来走向。在 2020 年，美国工业互联网联盟公布了名为《工业数字化转型白皮书》（Digital Transformation in Industry White Paper）的文件，其中明确阐述了工业数字化转型的具体方法和步骤。

2. 中国：加快数字经济与实体经济融合，做强做优做大数字经济

（1）数字经济发展上升为国家战略

我国对数字经济的增长给予了极高的关注，并制定了一系列关键的策略和部署。《中华人民共和国国民经济和社会发展第十四个五年规划和 2035 年远景目标纲要》强调了加速数字经济、数字社会和数字政府的建设，通过数字化转型全面推动生产、生活和治理方式的变革，以塑造数字经济的新优势。在 2021 年 10 月举行的第三十四次集体学习活动中，习近平总书记强调了推动我国数字经济健康发展的重要性。他指出："我们需要站在统筹中华民族伟大复兴战略全局和世界百年未有之大变局的高度，全面考虑国内和国际两个大局，以及安全发展这两个重大议题。我们应该充分利用海量数据和丰富的应用场景优势，推动数字技术与实体经济的深度融合，赋予传统产业转型升级的能力，催生新的产业、新的业态和新的模式，从而不断加强、优化和扩大我国的数字经济"。自 2019 年起，为了促进数字经济的创新和高质量发展，国家发改委和中央网信办在河北省（雄安新区）、浙江省、福建省、广东省、重庆市和四川省启动了 6 个国家数字经济创新发展试验区的创建工作。他们鼓励各试验区根据自身的优势和结构转型特点，在数字经济要素流通机制、新型生产关系、要素资源配置和产业集聚发展模式等方面进行大胆的探索，以充分释放数字经济的新动能。

（2）加强数字基础设施建设

自 2019 年起，我国大规模地部署了 5G 移动通信网络、全国统一的大数据中心以及工业互联网等先进的基础设施。我国在 5G 移动通信网络的建设和商业应用方面已经取得了领先的规模。截至 2021 年年底，我国已经成功建立了超过 139 万个 5G 基站。截至 2020 年年底，我国已经建立了超过 7.5 万个数据中心。在 2021 年，我国正式开展了全国一体化的国家大数据中心的建设项目，旨在打造一个 "东数西算" 的计算中心。

（3）全面开展大数据综合试验

我国不仅是全球最大的数据资源生成国，而且拥有大约全球 20% 的数据总量，

因此数据资源具有极高的潜在价值。在 2015 年，我国开始执行大数据战略，并成功建立了包括国家大数据（贵州）综合试验区在内的 8 个试验区。这些试验区涵盖了数据中心、数据交易、数据应用、数据产业和数据立法等多个方面的综合试验，并且已经取得了初步的成功。在 2020 年 4 月，中共中央和国务院发布了一份名为《关于构建更加完善的要素市场化配置体制机制的意见》的文件，其中明确将数据纳入生产要素的范畴，并建议加速数据要素市场的培育和发展。我国已经成功地建立了多个数据中心、大数据交易平台和大数据产业中心。举例来说，北京成立的北京国际大数据交易所确立了数据权益确认的工作流程，为数据产品的所有权、使用权和收益权交易提供了全面的交易服务，并成功构建了国内前沿的数据交易基础设施以及国际关键的数据跨境流通中心。

（4）加强数字技术自主创新研发和投入

我国正在努力突破数字技术的瓶颈，特别是在芯片、基础软件和量子信息等领域，已经取得了一系列的重要创新成果。统一操作系统（统信 UOS）和鸿蒙系统等先进的智能终端操作系统已经陆续推出，其中包括 3D NAND 闪存和动态随机存取存储器（DRAM）等技术，这些技术的发展速度非常快，使得千万门级的 FPGA 产品得以大规模生产；部分 25G 或更高功率的激光器芯片、探测器芯片以及相应的配套电芯片等高端光电产品已经实现了大规模生产。到了 2020 年，我国的 TFT LCD 生产能力已经跃升至全球首位，而国产的柔性 AMOLED 也成功进入了国际顶级品牌的供应链中；"九章"量子计算机通过对"高斯玻色取样"的处理，证实了量子计算的卓越性能。在"十四五"规划期间，我国计划加强数字技术的自主创新和研发投资，特别关注高端芯片、操作系统、人工智能的关键算法和传感器等核心领域，以推动基础理论、基础算法和装备材料等方面的研发突破和迭代应用；强化通用处理器、云计算系统以及软件核心技术的集成研发工作；积极推进量子计算、量子通信、神经芯片和 DNA 存储等尖端技术的发展，并努力促进信息科学、生命科学和材料等基础学科之间的交叉创新。

（5）聚焦打造数字产业链中高端产品

在我国，数字技术的新产品不断涌现，众多数字技术公司也在持续创新和发展，使得产业的生态结构变得更为完整，并正朝着全球产业链的中高端方向快速前进。依据中国通信院提供的资料，截至 2020 年，我国的数字产业规模已经达到 7.5 万亿元，这一数字占据了 GDP 的 7.3%，与前一年相比有 5.3% 的增长。我国正专注于数字产业化的发展，努力推动人工智能、大数据、区块链、云计算和网络安全等新兴数字产业的壮大，以提高通信设备、核心电子元器件和关键软件等产业的技术水平。我国正致力于加强数字产业化的发展布局，积极鼓励先进地区走在前列，特别是在集成电路、人工智能、大数据、电子商务和智能制造等领域，已经推出了一系列的先导区、示范区和试验区，以加速推动数字产业特色集群的发展。

（6）推动产业数字化转型

截至 2020 年年底，我国在服务业、工业和农业方面的数字经济渗透率分别达到了 40.7%、21% 和 8.9%，显示出产业数字化正在快速而持续地发展。然而，在我国不同的行业和地区在数字化的进展上存在明显的不平衡，数字化的整合程度各不相同，产业互联网的应用水平相对较低，各行业之间的网络化合作程度也不尽如人意。因此，产业数字化的发展前景仍然非常广阔。我国正在积极推进"上云用数赋智"的策略，大力发展智能制造和工业互联网平台的建设，进一步深化在研发设计、生产制造、经营管理和市场服务等多个环节的数字化应用，同时也在培育和发展网络化协作、个性化定制和服务型制造等新型制造模式。截至 2020 年年底，我国在网络化协同、个性化定制以及服务型制造企业方面的占比分别达到了 38.1%、28.2% 和 9.8%。农业的数字化进程正在稳定地进行，农村的物流和数字化服务设备也在持续地得到完善。依据中国互联网络信息中心提供的统计数据，截至 2021 年 6 月，我国农村地区的互联网普及率已经达到了 59.2%，同时，全国范围内的乡镇快递服务网点覆盖率也高达 98%。随着服务业的快速创新和"无接触服务"的广泛推广，线上教育、在线医疗、在线办公和数字娱乐的用户数量正在迅速上升，同时体育、旅游和展览等领域也纷纷推出了新的线上服务模式。依据现有的统计数据，截至 2021 年 6 月，我国的在线办公用户数量已经达到了 3.81 亿，而网民的使用率也高达 37.7%；我国的在线医疗用户数量已经达到了 2.39 亿，这一数字占据了全国网民总数的 23.7%。

（7）打造全球最大的数字消费市场

数字化消费已经变成了推动经济发展的关键因素。截至 2020 年 12 月，中国的网民总数已经达到了 9.89 亿，大约是全球网民总数的五分之一。根据 2020 年中央网信办公布的第 47 次《中国互联网发展状况统计报告》，新冠肺炎的疫情导致了更多的未成年人和老年人成为网上用户。互联网用户通过各种网络媒体和社交平台来获取各种信息，并通过在线购物和外卖来满足他们日常生活的需求，从而构建了一个庞大的消费互联网市场。根据国家统计局发布的数据，2020 年我国的在线零售总额达到 117 601 亿元，相较于上一年有 10.9% 的增长。在这之中，实体商品的在线零售总额达到了 97 590 亿元，相较于上一年有 14.8% 的增长，这占到了社会消费品零售总额的 24.9%，与上一年相比增长了 4.2%。数字化服务，如在线教育、在线医疗和远程办公等都呈现出强劲的增长势头。截至 2020 年年底，这些服务的用户数量已经分别达到了 3.42 亿、2.15 亿和 3.46 亿。在数字新技术的推动下，得益于我国庞大的人口规模和制造业的庞大基础，我国的消费互联网市场预计将继续保持一定程度的活跃性。

（8）加快发展数字贸易

在全球和国内双重循环发展的大背景下，我国正在加速数字贸易的增长。依据商务部提供的统计数据，截至 2020 年年末，我国的数字服务贸易进出口总额已经达到了 2 948 亿美元，这一数字占据了服务贸易总额的 44.5%。我国的跨境电子商务市场预计将持续展现出快速增长的势头。根据海关的统计资料，2020 年，通过海关跨境电子商务管理平台，进出口清单的验放数量达到了 24.5 亿票，与前一年相比有了 63.3% 的增长；跨境电子商务的进出口总值达到了 1.69 万亿元，增幅为 31.1%，这一数字明显超过了同期传统商品贸易的增长率（1.9%）；截至 2021 年，我国的跨境电商进出口总值已经触及 1.98 万亿元，呈现出 17% 的增长率。

（9）健全和加强数字经济治理规范

我国正在持续地优化数字经济的管理架构，并完善相关的法律、法规以及政策框架。在数字经济的健康成长过程中，《中华人民共和国网络安全法》《中华人民共和国个人信息保护法》和《中华人民共和国数据安全法》已经相继发布，其主要目的是确保数据安全得到有效管理和保护。我国持续强化对数字经济市场的监管力度，《中华人民共和国反不正当竞争法》新增了互联网相关条款，以规范互联网领域内的竞争行为。同时，《国务院反垄断委员会关于平台经济领域的反垄断指南》也加强了对互联网平台企业的反垄断监管力度，而《关于强化反垄断深入推进公平竞争政策实施的意见》则明确了平台企业主体应当遵循的各项规定。随着国家推出了一系列如制定制度、制定规则和加强监管的措施，我国的数字经济已从一个依赖市场规模和无序竞争的模式转变为一个依赖于硬科技创新的有序竞争模式，从而实现了从数量到质量的全面提升。

3. 欧盟：建立数字化单一市场，打造数字经济发展共同体

（1）建立完备的数字经济和数据要素的制度法规体系

在 2017 年，欧盟委员会推出了名为《打造欧盟数据经济》（Building a European data economy）的文件，该文件为非个人机器生成的数据的所有权、交换和交易设定了明确的规范，从而推动了数据资源的共享。在 2018 年，欧盟正式开始执行《通用数据保护条例》。该条例从个人数据处理的核心原则、数据主体的权益、数据的控制者与处理者的职责，以及个人数据的跨国转移等多个角度出发，构建了一个全面的个人数据保护体系，被誉为全球个人数据保护法律的模范。欧盟委员会推出的"欧洲数据战略"（A European Strategy for Data）建议构建一个统一的数据存储空间。在这个空间里，无论是个人数据还是非个人数据（包括敏感的商业数据），都应被视为安全的。这样，企业就能无障碍地访问高品质的工业数据，并利用这些数据来推动经济增长和创造价值。在 2020 年的时候，欧盟颁布了多项关于数字经济的法律。特别地，《数据治理法案》（Data Governance Act，DGA）的目标是加强欧盟以及各个行业之间的数据交流和管理；《数字服务法案》（Digital Services Act，DSA）对平台的管理问题进行了明确规定，其核心目标是构建一个更为安全的数字环境，确保所有数字服务用户的基本权益得到充分的保护；《数字市场法案》（Digital Market Act，DMA）是为了解决平台之间的竞争问题而制定的，其目标是在欧盟的单一市场以及

全球范围内营造一个公正的竞争氛围，从而推动创新、发展和竞争。

欧盟也推出了名为"欧盟网络安全战略"（The EU's Cybersecurity Strategy）的计划，其核心目标是增强欧盟对网络威胁的抵抗力和集体防护的稳定性，确保每一个公民和企业都能从可靠和可信赖的服务以及数字化工具中获益。在 2021 年，欧盟委员会公布了《2030 数字罗盘：欧盟数字十年战略》（2030 Digital Compass: the European way for the Digital Decade），该计划旨在为欧盟接下来 10 年的数字化进程提供策略性的建议，并确保欧盟的数字主权得到维护。通过构建全面的数据元素和数字经济的法律制度，欧盟有效地规范并确保了其数字经济的健康发展。

（2）深入推进数字技术创新和基础设施建设

在 2020 年，欧盟持续地公布并执行了与数字技术有关的战略计划。其中，"数字欧洲计划"（Digital Europe Programme）主要致力于推动超级计算、人工智能、网络安全、高级数字技术以及确保数字技术得到广泛应用等多项任务，旨在增强欧洲在数字技术领域的竞争力；"地平线欧洲"（Horizon Europe）项目的核心目标是促进基础科学研究和科学研究成果的广泛共享，以重塑欧盟的整体形象。欧盟已经启动了 40 亿～60 亿欧元的投资，这些投资主要集中在数据空间和云计算基础设施上，目的是建立一个欧洲独立的数据基础设施，以减少对美国和其他国家数据的依赖。在 2020 年的 6 月，德国与法国联合声明，他们将全力支持"盖亚-X"云计算系统的建设，以加速"欧洲云"的发展，减少欧洲对美国云计算服务的依赖，并提高欧洲企业数据的安全性。

（3）建立数字化单一市场

2015 年，欧盟推出了"数字化单一市场战略"，其核心目标是消弭成员国间的监管障碍，并通过对欧盟内部分散的在线市场的整合和优化，来瓦解美国网络企业的主导地位。这一战略明确了数字市场的三大核心支柱以及十六个具体的实施措施。其中第一大支柱旨在为个人和企业提供更为优质的数字产品和服务；第二大支柱的目标是为数字网络和服务的繁荣发展创造一个有利的环境；第三大支柱是数字经济增长潜力的最大化；十六个明确的措施包括整合欧盟地区的电信法律、增强网络的安全性以及推动更为高效且经济的物流服务等。在 2020 年，欧盟强调了持续推动一个统一的数字市场的重要性，确保所有的数字产品和服务都符合欧盟设定的规则、标准和价值观，从而促进欧盟数据的共享和流通。

（4）聚焦工业 5.0，引领工业数字化转型

欧盟利用其在微系统、微控制器部件、组件和模块制造、3D 打印等先进制造技术领域的长期经验，重点支持成员国推动工业的数字化转型。在工业 4.0 领域，像德国、法国和意大利这样的工业大国正在不断加深其影响力，其工业数字化的渗透已经领先于全球其他国家。在 2020 年，欧盟委员会推出了名为"欧洲工业战略"

（EU Industrial Strategy）的计划，该计划主张利用物联网、大数据和人工智能这三大先进技术来提升欧洲工业的智能化水平。在 2021 年，欧盟正式公布了名为《工业 5.0：迈向可持续、以人为本和弹性的欧洲产业》的文件（Industry 5.0: Towards a Sustainable Human-centric and Resilient European Industry）。这份文件为欧洲工业的未来展望提供了明确的方向，强调了采用个性化的人机交互、仿生技术、智能材料、数字孪生和模拟等先进技术的重要性，并指出研发和创新（R&D）是推动欧洲工业向可持续、人本和灵活转型的关键因素。

4. 英国：强化战略引领作用，打造一流数字经济

（1）积极规划数字经济战略

英国陆续发布了多项战略计划，包括"数字经济战略（2015—2018）"（Digital Economy Strategy 2015—2018）和"英国数字战略"（UK's Digital Strategy），这些计划为构建全球领先的数字经济并全面推动数字化转型提供了全方位和细致的战略布局。在 2017 年，英国颁布了《数字经济法案》（Digital Economy Bill），该法案专门针对数字经济发展中的法律框架构建和监管机构职能的明确规定，旨在减少数字经济发展的不确定性。2020 年，英国推出了《未来科技贸易战略》，该战略允许英国与亚太地区建立数字贸易网络，协助英国企业进入相关市场，包括 5G、物联网、光子学和混合现实等领域。2020 年，英国发布了"国家数据战略"（National Data Strategy）。

（2）前瞻布局人工智能等先进数字产业

在 2017 年，英国推出了名为《产业战略：建设适应未来的英国》（Industrial Strategy: building a Britain fit for the future）的项目。该项目的核心目标是与产业界联手，进行科技创新和应用研究，以实现人工智能技术的创新应用，并致力于将英国打造成为全球在人工智能和数据驱动方面的创新中心。在 2018 年，英国政府推出了名为《产业战略：人工智能领域行动》（Industrial Strategy: Artificial Intelligence Sector Deal）的文件，强调了支持人工智能创新以增强生产效率的重要性。英国正通过其"产业战略挑战基金"与工业界积极合作，以推动制造业向智能化方向发展。截至 2020 年 12 月，英国政府已经为沉浸式新技术的研发，包括虚拟现实技术，投入了 3300 万英镑，数字安全软件的开发和商业示范投资了 7 000 万英镑，以及为下一代人工智能服务等项目投入了 2 000 万英镑的研发资金。英国的布里斯托大学成功地创建了一个覆盖城市的超安全量子网络，而英国萨里大学则设立了一个致力于 6G 技术研究的创新中心。

5. 德国：积极践行"工业 4.0"和"工业 5.0"，不断升级高技术战略

（1）积极践行"工业 4.0"和"工业 5.0"战略

2013 年，德国政府正式推出了名为"工业 4.0"的策略，这一策略的核心目标

是构建一个以信息物理系统为标志、智能工厂为核心的智能制造时代，从而全方位地增强德国工业的市场竞争能力。为了更深入地实施"工业4.0"战略，德国陆续推出了如"德国ICT战略：数字德国2015""数字议程2014—2017"以及"德国数字化战略（2025）"等一系列相关政策。德国联邦经济部发布的《数字化战略2025》清晰地列出了德国经济数字化转型的十个主要行动步骤。这些步骤包括在德国经济的核心领域推动智能网络连接，加强数据的安全性和保护，利用工业4.0来提升德国制造业的地位，以及运用数字化技术来使研发和创新达到具有竞争力的水平。在2019年，德国公布了一份名为《2030年德国工业4.0愿景》的前瞻性工业4.0战略文件，其中明确指出，在接下来的10年里，构建全球数字生态将是德国数字化转型的新方向。在《工业5.0：迈向可持续、以人为本和弹性的欧洲产业》这本书中，德国也扮演了领导者的角色。

（2）不断升级高技术战略

在2019年，德国政府推出了名为"高技术战略2025"的计划，该计划以"面向人类发展的研究和创新"作为核心主题，明确了德国在研究和创新政策方面的跨部门目标和具体措施，目的是进一步促进德国在科技领域的进步，并为德国未来高科技发展方向提供有力的指导。在2020年，德国对其"联邦政府人工智能战略"进行了修订，将人工智能的核心地位提升至国家层面。他们特别关注了人工智能领域中的人才培养、研究进展、技术的转移与应用、监管结构以及社会的认同度。为此，德国提出了一系列未来的创新措施，并积极推动高性能计算中心的网络建设。德国还计划在2025年前为这一战略的数字技术研发投入50亿欧元。

6. 日本：聚焦战略性创新，发展数字经济

（1）注重数字技术创新

在2016年，日本公布了名为"第五期科学技术基本计划（2016—2020）"的项目，该项目旨在通过应用新一代的信息技术，实现网络空间与物理世界的高度整合，并通过跨多个领域的数据应用来创造新的价值和服务，同时也提出了构建一个超智能社会（社会5.0）的远景；在2018年，日本公布了名为"第2期战略性创新推进计划（SIP）"的计划，该计划着重于推动大数据和人工智能技术在自动驾驶、生物科技、医疗服务和物流等多个领域的广泛应用。其核心目标是通过促进科技从基础科学研究向实际应用的转变，解决民众生活中的关键问题，并进一步提升日本的经济实力和工业综合实力；在2020年，日本公布了名为"科学技术创新综合战略2020"的计划，该计划以"破坏性创新"为核心目标，规划了科技研发方案，并致力于发展人工智能、物联网和大数据等具有革命性的网络空间基础技术。未来的智能交通技术，如自动驾驶技术、机器人技术、3D打印技术等，都是具有革命性的创新技术。

（2）推行"数字新政"

"数字新政"对"后 5G 时代"的信息通信基础设施投资进行了加强，特别是在半导体、5G 和 6G 通信系统的研发方面。2021 年 6 月，日本的经济产业省公布了名为"半导体数字产业战略"的计划，其核心目标是确保半导体产业被视为日本的国家级事业。"数字新政"鼓励 ICT 在各学校中的广泛使用，目的是为全国的中小学提供一个高速且大容量的网络教育信息化平台。为了支持中小企业在信息化应用、数字创新产品和服务的开发方面，日本政府已经拨款 3 090 亿日元以促进中小企业的信息化进程。"数字新政"为诸如高性能计算、新一代通信网络、云计算、信息安全、绿色 ICT、医疗信息化以及智能社区等多个 ICT 领域的研发提供了全方位的支持。比如说，文部科学省已经拨款 144 亿日元用于开发名为"Futake"的超级计算机，并且还投入了 125 亿美元用于建立量子科学计算的基础设施。

（3）推进"互联工业"战略

日本制造业的强劲基础为其数字化转型创造了一个极佳的试验环境。在 2017 年，日本的经济产业省推出了名为"互联工业战略"的政策，该战略致力于将人工智能、物联网和云计算等先进科技应用于生产制造行业，以解决人口老龄化、劳动力不足和产业竞争力低下等一系列发展难题。随后，日本陆续推出了如《日本制造业白皮书》中的"综合创新战略"等文件，这些文件强调了通过人、设备、系统和技术之间的连接来创造新的附加价值，并抓住产业创新的先机，以促进产业的数字化进程。

6.4.2　全球主要数字经济集聚区发展的实践经验

1. 硅谷

硅谷坐落在美国加利福尼亚州的旧金山南部郊区，介于圣克拉拉县和圣胡安县之间，是一个长 48km、宽 16km 的狭窄区域。在 20 世纪 50 年代初期，斯坦福大学在此地创建了斯坦福工业园区，这一区域逐步壮大为全球知名的高科技产业集群，汇聚了大约 2 万家高科技企业，并聚集了大量的创新人才、先进的技术和丰富的资本资源。

（1）发挥科技创新资源优势

硅谷与斯坦福大学、伯克利大学等全球知名学府为邻，设有众多的专业学校和技术学校，还有超过 100 所的私立教育机构，为科技创新提供了丰富的资源。数据显示，在硅谷，大约 60%～70%的公司是由斯坦福大学的教职工和学生共同创办的。硅谷的专利每年约占美国专利授权总量的 10%。

（2）构筑数字经济产业生态体系

硅谷成功地打造了一个集"产学研用"于一体的产业生态系统。以计算机的硬软件为中心，硅谷进一步发展了如移动互联网、社交网络、物联网、云计算、大数据和人工智能等新兴行业，并建立了完整的法律、财务和市场服务体系。硅谷成功地催生了以谷歌、苹果、英特尔、IBM、甲骨文、惠普和通用电器等公司为核心的数字经济产业集群，涵盖了互联网、软件、人工智能、智能硬件和物联网等多个领域。

（3）良好的投融资环境

美国的风险投资规模占据了全球风险投资的一半多，而硅谷地区则吸引了全美大约35%以上的风险资本，这为数字经济企业的创新和创业提供了丰富的资金支持。

（4）健全发展政策保障体系

首先，我们强调市场导向与政府导向之间的紧密融合。硅谷的诞生和壮大是市场化进程的直接结果。创业公司通过市场化的方式来实现技术创新成果的产业化，而政府则致力于完善相关的法律体系，并制定一系列合适且有效的政策措施，以促进硅谷企业的持续成长。

其次，对公共服务体系进行完善。硅谷拥有一系列完备的中介服务支持机构，这些机构主要涵盖了技术转移、人力资源管理、财务会计、税务处理、法律咨询，以及物业管理和安全保障等多个方面。硅谷的行业协会有能力与州政府紧密合作，为园区内的企业提供环境、土地利用和交通等公共服务的配套解决方案，同时也为产业界创造了一个交流与合作的平台，助力行业向规范化方向发展。

最后，构建一个人才的吸引和培训体系。斯坦福和其他一些高等教育机构为硅谷培育了众多的专业人才，而其宽松的就业氛围也成功地吸引了来自全球各地的杰出人才来此创业，这为硅谷的高科技产业提供了坚实的支撑。

2. 北京

北京在我国的数字经济中处于领先地位。中关村科技园区位于北京，是中国最早建立且规模最庞大的高科技园区，因此被普遍誉为"中国的硅谷"。

（1）推动数字科技创新和数字产业集群发展

截至2021年年底，北京已经拥有近百所高等教育机构，其中以北京大学和清华大学为代表。此外，还有200多家国家（市）科研机构，包括中国科学院和中国工程院的附属机构。两院院士的数量占全国的1/3以上，而国家工程中心、重点实验室和国家级企业技术中心在全国范围内位居首位。北京充分利用其科研和人才资源的集中优势，创建了新型的研发机构，增加了科技研发的投资，全力发展成为全国的科技创新中心。在北京，数字科技创新被视为科技创新的先锋。北京正在努力推动数字技术的持续创新和突破，目标是成为全球数字科技创新和产业增长的领军者。

首先，我们强调对前沿基础科学研究的创新性。在脑科学和量子信息等基础科学研究领域，北京已经建立了如北京脑科学与类脑研究中心、北京量子信息科学研究院和北京智源人工智能研究院等多个新兴的研发机构，这些机构专注于原创性的创新，以促进基础科学研究成果的持续突破。

其次，高度重视数字技术的尖端和尖端创新。北京在集成电路、半导体设备、超高清视频、智能设备、人工智能、区块链等多个领域，已经开始研发高性能处理器、存储器、32 位控制器、14nm 工艺制程芯片、关键集成电路设备、4K/8K 超高清视频设备、深度学习平台框架、新型区块链底层技术平台等数字科技产品，这些产品在全国范围内保持着领先的地位。

最后，强调数字应用与融合技术的持续创新。北京已经在自动驾驶和智能制造等多个领域建立了全球首个高级自动驾驶示范区，并启动了"智造 100"项目，以支持智能机器人、智能感知与控制设备、智能仓储与物流设备等关键技术装备和核心工业软件的融合创新技术的研发。

在数字科技的推动下，北京成功地创建了全球领先的软件和信息服务产业集群、互联网产业集群以及国内领先的集成电路设计中心。

（2）推动产业数字化的新场景、新业态、新模式发展

北京充分利用其在金融、文化、教育、医疗和交通等多个服务业领域的资源，积极推进"互联网+"等项目，从而孕育出了众多互联网应用的新场景、新业态和新模式。在推进服务业的数字化进程中，北京高度重视互联网应用平台的成长，已经形成了一个互联网 APP 应用的产业集群。在这个集群中，百度、京东、360、今日头条、抖音、新浪、搜狐等多个互联网平台得到了培育；度小满、京东金融等金融 APP 应用得到了培育；新东方、猿辅导等教育 APP 应用得到了培育；用友网络、金山办公文档等企业服务 APP 应用得到了培育；春雨医生、京东健康等医疗 APP 应用得到了培育；滴滴出行、千方科技等交通出行 APP 应用得到了培育；而抖音、快手等在线直播模式也得到了培育。在工业数字化的进程中，北京积极推进了两化融合、"互联网＋制造"、工业互联网和智能制造等多个工业数字化应用的示范项目。这促进了小米的"黑灯工厂"和福田康明斯的"灯塔工厂"等一系列数字工厂和智能制造应用示范的形成。此外，北京还建立了超过 60 家工业互联网平台，并成功培养了用友网络、航天云网、东方国信等多个工业互联网 APP，从而有效地推动了工业的转型升级和质量提升。在农业的数字化进程中，北京大力推动农产品的电子交易，并成功开发了如中粮我买网、本来生活网这样的农业电商应用程序。

（3）打造数据要素流通枢纽

北京正在积极推动数据中心的大规模部署，以优化数据中心的建设和布局，已经形成了包括酒仙桥、亦庄、吕平和顺义在内的多个数据中心集群，其中机柜的数

量已经超过了 15 万个；推动数据中心企业在河北省的张家口、怀来、廊坊以及天津市的武清、滨海新区等环绕北京的区域进行布局，以构建京津冀地区的数据中心集群。北京市大数据中心已经成立，它致力于促进公共数据的集结、共享、公开和实际应用；我们已经构建了市政务数据资源网络和北京公共数据开放创新基地，持续努力确保普通公共数据的无条件开放，并在特定领域探索公共数据的有条件开放方式。公共数据的开放为"AI＋司法服务"、"科技抗疫"和"数智医保"等开放数据的创新应用竞赛提供了坚实的支持。依托于数据目录链，我们支持了一网通办、社会信用、疫情防控、金融专区等数百个跨部门的业务协同应用场景，并成功构建了中央和地方数据共享的常态化特定领域机制；我们已经创建了一个专门的行业公共数据区域，旨在深入挖掘数据元素在行业中的价值。这个金融公共数据区域已经汇集了超过 200 万的市场参与者，涵盖了 256 种类别，总计超过 3 000 个高价值的数据集。北京金融公共数据专区通过授权调用和共同建模等多种手段来提供金融协同应用服务，目的是降低金融机构获取公共数据的成本，从而解决中小企业在融资方面的困难和高昂成本，同时也助力了 27 家入驻首贷中心的金融机构，为上万家企业提供了融资服务。北京金融公共数据专区与各商业银行联手，创建了金融数据的"操作间"，并运用了如多方安全计算和数据"可用不可见"等先进技术，探索在银行机构数据和公共数据加密的条件下，如何进行联合建模和联合授信的新途径。北京市已经尝试建立了北京国际大数据交易所，并成功上线了北京数据交易系统，同时也在积极推动数据产品、数据服务和数据信托等多个业务领域的发展，以探寻全国数据交易的新模式。

（4）适度超前部署新型数字基础设施

北京市正聚焦于"新网络、新要素、新生态、新平台、新应用、新安全"的发展方向，并正在加速新型基础设施的建设进程。这些基础设施包括高速光纤网络、5G 移动通信网络、城市物联网、卫星互联网、高速互联智能算力云平台、北京超算中心、国家工业互联网大数据中心、国家工业互联网安全监测与态势感知平台以及 L4 高级别自动驾驶示范区等。这些数字基础设施不仅实现了网络基础设施的持续升级，还在全国范围内处于领先地位，并且融合了多种基础设施，提供了多样化的应用场景。

（5）打造数字贸易示范区

北京在服务贸易创新发展试点方面进行了全方位的深化，公布了数字贸易的发展政策，并积极推进数字贸易试验区的建设，以促进数字贸易的高质量发展。北京已经获得了全国跨境电子商务综合试验区、跨境电商进口医药产品试点城市、全国首批跨境电商 B2B 出口监管试点城市等多项荣誉。目前，北京已有 7 个国家级外贸转型升级基地，中关村软件园更是被评为首批 12 家国家数字服务出口基地之一。北京还特别支持海淀区中关村软件园建设数字贸易港和数字经济新兴产业集群，同时也支持朝阳区金盏国际合作服务区发展数字经济和贸易国际交往功能区，以及自贸试验区大兴机场片区建设数字贸易综合服务平台，以促进跨境电商等数字贸易的快速发展。

（6）金融资本全面支持科技创业

北京已经构建了天使投资、创业投资、境内外上市、代办股份转让、并购重组、技术产权交易、担保贷款、信用贷款、企业债券和信托计划等多种投融资途径，并完善了资本与科技、人才、创新、数据要素流动的机制。

（7）搭建数字经济合作交流平台

北京针对数字经济的新发展趋势和数字化转型的各个方面，建立了一系列具有影响力的数字经济交流平台，包括但不限于中国国际服务贸易交流会、中关村论坛和全球数字经济大会。在数字经济的关键领域如 5G、机器人和智能网联汽车，北京连续举办了如世界 5G 大会、世界机器人大会和世界智能网联汽车会等多个行业交流活动。

（8）不断完善产业政策体系

在 2016—2021 年这段时间里，北京持续地对其政策体系进行完善和细化，总共发布了 58 项与数字经济相关的政策，这为数字经济的进一步发展提供了坚实的制度支撑。已经建立了两个国家级的平台，分别是"国家服务业扩大开放综合示范区"和北京中国（北京）自由贸易试验区。在 2021 年，北京成功获得了建设国家人工智能创新应用先导区的批准。北京的平台政策逐渐展现出其叠加的优势，这为北京在数字贸易、人工智能、云计算、大数据和 5G 等数字产业中实现创新应用提供了有利条件。

6.4.3　我国省市数字经济发展的实践经验

我国各个地区的数字经济与国民经济的发展水平之间存在着显著的正相关关系，那些数字经济发展水平较高的省份，其经济发展水平也是相对较高的。依据中国信通院发布的《中国数字经济发展白皮书》，2019 年，广东、江苏等地的数字产业化增加值超越了 1.5 万亿元，而北京、浙江等地的数字产业化增加值高达 5 000 亿元，上海、四川、福建、湖北、山东、河南、重庆、安徽、陕西等地的数字产业化增加值超过了 1 000 亿元。这些地区在数字经济的发展过程中都积累了宝贵的经验。

1. 广东省

（1）建设世界级电子信息制造业产业集群

广东省积极推动新一代电子信息、超高清视频显示、智能机器人、软件与信息服务、数字创意等数字产业的发展，以构建具有国际竞争力的数字产业集群。在 2020年，广东省的规上电子信息制造业实现了增加值 7 714.2 亿元，其中华为、TCL、中兴通讯、比亚迪等 25 家公司被评为 2020 年的中国电子信息百强，占据了全国的四分之一。广东省已经在广州和深圳建立了两个国家级的集成电路设计产业化基地，其中海思半导体和中兴微电子等已经崭露头角，成为中国集成电路设计行业的领军企业。在 2020 年，广东省的集成电路行业的主要业务收益达到了大约 1 700 亿元，设计业的收入接近 1 500 亿元，这占据了全国集成电路设计业营业收入的 40%，在全国范围内排名第一。在 2020 年，广东省积极推进成为全国最大的智能手机制造中心，其移动通信手机的总产量达到了 6.2 亿台，这一数字占据了全国移动通信手机总产量的 44.3%。广东省已经建立了全球规模最大的液晶电视模组制造基地，并吸引了柔宇科技、维信诺、超视堺等新兴显示企业的参与。此外，广东省还承担了国家印刷和柔性显示创新中心的建设任务，并成功构建了包括超高清和柔性显示在内的自主创新产业链。广东省积极推动大疆科技以及其他消费级无人机行业的先锋企业的发展，这些消费级无人机在全国范围内占据了大约 70% 的市场份额。

（2）推进工业数字化转型，打造广东"智造"品牌

广东省利用其制造业的优势，以工业互联网的创新应用为重点，建立了跨行业、跨领域的工业互联网平台，以及具有特色和专业性的工业互联网平台，以推动制造业的数字化转型。在 2020 年，华为、富士康、树根互联和腾讯这四家位于广东省的企业被工信部列为跨行业和跨领域的工业互联网平台，其数量在全国排名首位。广州作为工业互联网标识解析的国家顶级节点正式启用，并成功建立了 30 个二级标识解析节点，为广东的"智造"升级提供了坚实的支撑。在 2020 年，广东省成功地推动了超过 15 万家工业企业进行数字化转型，从而使 50 万家企业实现了降低成本、提高质量和效率的目标。广州花都狮岭的箱包和皮具等 16 个产业集群中，正在进行产业集群的数字化转型试验。其中，美的集团在广州和顺德的工厂连续被评为"灯塔工厂"，这使它成为智能制造的典范企业。

（3）开展数据要素市场化体制机制创新

广东省是全国首个发布并开始执行《广东省数字经济促进条例》的地区，这为数字经济的进一步发展提供了坚实的法律支撑。之后深圳市正式公布了《深圳经济特区数据条例》，其中强调了"数据权益"的重要性，并对数据的权属问题进行了深入探讨。在 2020 年，深圳市成功地建立了《数据生产要素统计核算研究》《深圳市数据生产要素统计报表制度》以及《数据生产要素纳入 GDP 核算方法》，这些措施极大地推进了数据生产要素的统计核算，并加速了深圳数据交易所的建设步伐。

2. 上海市

（1）推进集成电路和人工智能产业发展

上海市在数字产业化的进程中，特别强调"一核一新"的策略，致力于打造集成电路和人工智能的世界级数字产业集群。所谓的"一核"指的是上海市在集成电

路产业中大力推进核心产业的发展，专注于集成电路产业的关键技术研发，并对制造设备、材料、零部件、核心芯片器件以及相关的新技术和新方法进行全面规划。在 2020 年，中芯国际采用了 14nm 的尖端技术，而华为鲲鹏产业生态创新中心也选择在上海市设立。"一新"意味着上海市正在积极推进人工智能的新业态发展。在 2020 年，上海市开始了上海（浦东新区）人工智能创新应用先导区和国家新一代人工智能创新发展试验区的建设工作。在此过程中，上海市发布了超过 30 个人工智能的试点应用场景，并成功吸引了阿里巴巴上海研发中心、微软亚洲研究院（上海）等多个研发平台在上海设立，培养出的人工智能核心企业数量也超过了 1 100 家。

（2）发挥科创板要素集验的政策优势

科创板作为国家对新一代高新技术产业和战略性新兴产业给予重点支持的金融市场平台，成功地吸引了大量高质量的数字经济和高技术企业进入上海市，从而有助于不断优化上海市的科技生态环境，并推动其数字经济向高质量方向发展。截至 2020 年年底，科创板已经吸引了 36 家上海公司上市，其中上海地区新增的科创板公司数量和募资额均位列全国之首。

（3）聚焦优势产业，推进产业数字化转型

上海专注于生产制造、科技研发、金融服务、商贸流通、航运物流、专业服务、农业等关键领域，推动产业的数字化转型。

（4）率先开展数据要素市场化改革

上海正在大力推动数据要素的市场化改革，同时也在推动公共数据的开放，致力于建设上海大数据交易市场，并已经形成了包括企业风控、普惠金融和信用服务在内的多种数据产品。

3. 浙江省

（1）实施数字经济战略引领

在《浙江省国民经济和社会发展第十四个五年规划和二〇三五年远景目标纲要》文档中，数字经济被明确为"一号工程"。浙江省正在积极地推动数字化转型，以努力成为全球数字经济变革的高地。

（2）聚焦商务优势，推进数字经济发展

浙江省在电子商务这一领域拥有显著的竞争优势，因此，它积极地将焦点集中在电子商务、跨国贸易、数字物流以及金融科技等多个领域，以推动数字经济的快速发展。在 2020 年，浙江省的网络零售总额达到了 22 608.1 亿元，这一数字在全国范围内稳定地排名第二。此外，该省还特别关注了第三方电子商务平台上活跃的网络零售商店，其数量超过了 90 万家。浙江省正在积极推动跨境电商综合试验区的建设，其跨境网络零售的出口额高达 1 023 亿元，交易额在全国排名第二；积极促进世界电子贸易平台（eWTP）在全球范围内的布局，推动 eWTP 全球创新中心在义乌设立，促进 eWTP 首个公共服务平台在杭州的上线，并加速数字自贸区的建设进程；在推动金融科技创新方面，世界银行的全球数字金融中心已经在杭州设立并开始运营。33 个国家级的金融科技应用试点项目都已经开始投产并上线。在全国范围内，"移动支付之省"的建设处于领先地位。截至 2020 年，全省的移动支付活跃用户数量达到了 4 386.8 万户，全年的移动支付业务总额高达 67.8 万亿元。

4. 江苏省南京市

（1）聚焦软件产业发展

从 2005 年开始，南京已经发展出了一系列在市场上具有竞争力的特色软件产品。这些产品在通信、网络安全、电力系统管理与自动化、系统应用平台软件、电信与网络管理系统、集成电路设计以及制造业信息化等多个应用软件领域都展现出了独特的优势和特色。截至 2020 年，南京市的软件与信息服务企业数量已经超越了4 100 家，雇佣的员工人数也超过了 70 万，这使其成为中国软件行业中实力最为雄厚的副省级城市。南京市成功吸引了微软、IBM 等 30 家全球 500 强的软件公司入驻，同时也吸引了中兴、华为等 37 家中国软件行业的百强公司入驻，使得软件行业的国际化程度持续上升。

（2）软件产业政策和资金支持

为了促进软件产业的快速发展，南京市依据国家、省、市在软件、大数据、互联网、人工智能和数字经济等方面的战略布局，制定了《南京市建设国际软件名城实施方案》和《南京市"十三五"互联网经济发展规划》。同时，也发布了《南京市促进人工智能产业发展三年行动计划（2018—2020 年）》以不断优化产业发展的环境。南京市充分利用软件专项资金的引导和带动作用，特别是对企业创新、产业化和关键技术突破等方面给予了重点支持。在软件行业中，专项资金涵盖了为软件和互联网大型企业的培养提供的补助资金；专门为规模软件和互联网公司提供的奖励资金；为重点领域软件的首个版本提供的专门的补助资金；针对关键领域的软件、互联网新技术和新业态项目，提供专项资金补助；为大数据平台的建设给予专项资金的补助；为工业互联网的发展提供专项资金的补助；在国家的规划布局中，重点软件公司的培养和项目资金已被纳入；中国软件百强和互联网百强企业的培养和项目资金也已成功入库。在 2008—2010 年期间，南京在软件基础设施建设方面的总投资超过了 30 亿元，并且每年至少拨出 10 亿元的资金以支持软件产业的发展，这些资金将用于产业基础设施的建设和各种优惠政策的资金支持。

（3）加强软件园载体建设

在 2010 年，南京市荣幸地被工业和信息化部授予"中国软件名城"的称号。截至 2020 年，南京市已经建立了一个以中国（南京）软件谷、南京软件园、江苏软件园为核心，并得到徐庄软件园等省级软件园和省级互联网产业园支持的软件产业集中发展模式。

（4）建设软件交流平台

截至 2021 年，中国（南京）国际软件产品和信息服务交易博览会已经成功举办了 17 次，这使其成为了我国在软件和信息服务领域内颇具影响力的展览活动之一。

5. 四川省成都市

（1）加强龙头企业引进

成都市充分利用其电子制造的优势和龙头企业的集聚效应，成功吸引了一系列在集成电路、新型显示技术、智能终端和网络通信等领域的领军企业和高速发展的公司，例如英特尔、格罗方德和京东方等。成都市在电子信息产业的发展经验可以总结为："一个项目落地，一个产业便会崛起"。鉴于大型电子制造企业具有高度的产业链关联性和显著的聚集效应，一旦这些"龙头"企业成功引进并落户，将会吸引一系列上下游企业和项目进驻，以填补行业的空白，创新业态模式，并推动产业升级，从而形成电子制造产业的集群。截至 2017 年，成都电子信息产业的主要业务收入已经突破了 6 300 亿元。这里汇聚了 60 多家世界 500 强和国际知名的公司，以及 60 多万的从业人员，形成了一个从集成电路、新型显示技术、整机制造到软件服务的完整产业链。

（2）聚焦打造"一芯一屏一软件"

成都市积极推进芯片行业的发展，成功地在集成电路行业中引入了英特尔、格罗方德、德州仪器等超过 100 家著名的集成电路公司，并建立了数个集成电路的公共技术平台；积极推进显示屏行业的发展，并在新型显示技术领域吸引了如京东方、中电熊猫、天马微电子等多家新兴显示公司在成都进行布局；大力推进软件行业的发展，致力于建设软件之城。仅在成都高新区，就已经成功吸引了全球软件行业前 10 名的 6 家企业、世界 500 强的 12 家软件及信息技术服务公司，以及全国软件行业百强的 22 家企业入驻。至今，成都已经汇聚了超过 1 300 家软件和信息技术服务公司，雇佣的员工人数已经超越了 12 万。

（3）推动电子信息技术创新

成都市与电子科技大学、中电科技 29 所、中电科技 30 所等科研机构紧密合作，深度挖掘技术潜力，以推动电子信息技术的创新发展。

（4）加强资金政策支持

成都市高新区公布了一份名为《关于支持电子信息产业发展的若干政策》的文

件。该文件明确指出，将由财政部门出资 500 亿元来创建产业发展母基金，并邀请国内外知名的投资机构来设立专门针对重点领域的专业基金。该基金的总规模将不低于 500 亿元，主要用于支持集成电路、新型显示技术、智能终端、软件和信息技术服务等四大特色优势领域，以及人工智能等新兴领域的发展。

6. 贵州省

（1）推进规划引领和理论创新

在 2013 年，南方数据中心，作为三大电信运营商之一，选择在贵州建立，这为贵州省利用数据中心来推动大数据产业的发展创造了巨大的机会。2014 年 3 月，在北京举办的"贵州·北京大数据产业发展推介会"标志着贵州省大数据产业发展的正式开始。在 2014 年，贵阳市成为全国首个公布"贵阳大数据产业行动计划"的城市，并主张将大数据产业塑造为贵阳的关键战略性新兴产业。紧接着在 2015 年 1 月，贵阳市也发布了《关于加快推进大数据产业发展的若干意见》，并推出了一系列旨在支持大数据产业成长的政策措施。2015 年 8 月，国务院发布了《促进大数据发展行动纲要》，其中提议在贵州等地区建立数据中心。为了更有效地执行国家大数据战略，贵州省委和省政府在 2016 年 4 月发布了一份名为《关于实施大数据战略行动建设国家大数据综合试验区的实施意见》的文件。在 2016 年的 7 月，贵阳市公布了一份名为《关于加快建成"中国数谷"的实施意见》的文件，其核心目标是全力推进"中国数谷"的建设。在此期间，贵州省发布了如《块数据》系列书籍和《贵阳区块链发展和应用》白皮书等，这些书籍创新地引入了块数据和主权区块链的新概念，为政府、民用和商业多个领域构建了一个交织的大数据应用框架，从而推动了数字经济的快速发展。

（2）推进产业发展平台创新

贵州省走在前列，积极推进国家级的重点项目，并致力于建立国家级的大数据产业发展平台。在 2015 年 2 月，贵州省荣幸地被工信部授予"贵阳·贵安大数据产业发展集聚区"的牌匾。在 2015 年 7 月，贵州省被科技部授予"大数据产业技术创新试验区"的称号。在 2016 年 2 月，贵州省得到了国家发改委、工信部以及中央网信办的批准，开始建设"国家大数据（贵州）综合试验区"。在 2016 年 5 月，贵州省被工信部授予"中国南方数据中心示范基地"的称号。在同一年内，贵州省荣获了由国家发改委颁发的"提升政府治理能力大数据应用技术国家工程实验室"的荣誉称号。在 2017 年 4 月，贵阳市被公安部授予了"国家大数据及网络安全示范试点城市"的荣誉称号。在 2018 年 1 月，贵州省被国家标准委授予"国家技术标准（贵州大数据）创新基地"的荣誉称号。

（3）推进大数据应用创新

贵州省实施了如"数据铁笼""社会和云"以及大数据治税等一系列政府治理大

数据应用的创新措施，从而推动了社会治理的精准化和政府决策的科学化进程；实施了如筑民生、医疗云和块数据指挥中心等民生服务的大数据应用，这大大提高了公共服务的效率，提高了服务质量，并有效地解决了民众的生活问题，从而大大增强了他们的满意度和满足感；开发了如工业云、食品云和智慧文旅等多种应用，努力促进大数据与实体经济的深度整合。

（4）推进大数据产业创新

贵州省正在全力打造一个以大数据技术为核心的数字经济产业生态环境，并成功吸引和培养了众多大数据相关的企业，同时也在不断地推广大数据的新技术、新产品以及新的运营模式。截至 2021 年，贵州省已有超过 7 000 家大数据公司入驻，其中包括华为、中电科、阿里巴巴、英特尔、富士康等全球 500 强企业；此外，奇虎 360、科大讯飞等国内领先的大数据企业也已入驻；满帮集团、朗玛、易鲸捷等本地的优秀企业也在迅速崛起。在 2020 年，贵州省大数据电子信息产业的总产值达到了 1 364.7 亿元，相较于"十二五"规划的末尾，增长了 1.6 倍。

（5）推进法规政策标准和体制机制创新

贵州省是全国首个发布并执行了《贵州省大数据发展应用促进条例》《贵阳市政府数据共享开放条例》和《贵阳市大数据安全管理条例》的省份，从而构建了一个相对完整的大数据法律框架。贵州省致力于建立大数据的国家技术标准创新中心，并主导了多个大数据的国家和地方标准的发布。贵州省与贵阳市都设立了专门的大数据发展基金，这些基金的主要目的是支持大数据行业的进一步发展。

（6）推进大数据交流平台创新

自 2015 年起，贵州省已经策划并成功举办了多次中国国际大数据产业博览会，这是在大数据产业中具有国际影响的重要活动。

6.5　数字经济的未来

关于数字经济未来的发展方向将是怎样的？解决之道在于赋予智慧。数字经济的将来走向依赖于数字生产能力的提升，以及与之匹配的数字化生产关系的改变。

6.5.1　计算技术之变：量子信息

在计算技术领域，量子信息技术的创新被视为一次革命性的突破。量子世界中的量子叠加和量子纠缠属性为我们提供了一种处理海量数据的并行计算框架，这将为数据的存储和处理带来创新的方法。

科学家们正借助量子的特性，全心全意地开发量子计算机技术。量子计算机最核心的属性就是其计算性能能够实现指数级的加速。在 2016 年，一篇发表在国际著名杂志《科学》上的文章指出，从理论角度看，只需 300 个完全纠缠的量子比特，就可以支持超过宇宙中原子数量的并行计算。中科院的潘建伟教授预测，使用万亿次的经典计算机来分解 300 位的大数大约需要 15 万年的时间，而使用万亿次的量子计算机仅需 1s；要解决一个单一变量的方程组，使用"天河二号"需要 100 年的时间，而使用万亿次的量子计算机仅需 0.01s。

在量子信息时代，量子计算机已经崭露头角，成为了争夺主导地位的有力工具。在 2014 年，谷歌公司公告了他们已经成功研制了一台拥有 9 个量子比特的量子计算机。在 2016 年，IBM 公司成功开发了一台配备 5 个量子比特的量子计算机，并在此基础上提供了量子计算云的服务。在 2017 年，IBM 公司成功地开发出了拥有 20 个量子比特的量子计算机。IBM 公司也透露，其研究团队已经成功地构建了一台拥有 50 个量子比特的原型机。在 2018 年，谷歌量子 AI 实验室推出了一款名为狐尾松（Bristlecone）的全新量子处理器，该处理器配备了 72 个量子比特。到了 2019 年，谷歌成功研发了一款名为悬铃木（Sycamore）的量子计算机，该计算机集成了 53 个量子比特芯片。在 2020 年，谷歌的量子人工智能团队在《自然》杂志上发布了一篇研究论文，指出他们已经在悬铃木量子计算机上完成了 16 个量子比特的化学模拟，这是目前在量子计算机上进行的最大规模的化学模拟。在 2020 年的时候，中国科学技术大学公布了潘建伟及其团队成功打造了包含 76 个光子的量子计算原型机"九章"的消息，这也进一步巩固了我国在量子计算领域的领先地位。在 2021 年，IBM 公司宣布成功开发了一台名为 Eagle 的量子计算机，该计算机能够运行 127 个量子比特。

在接下来的 50 年里，随着量子信息技术的显著进步，目前的数字技术在硬件和软件上的技术框架都将经历深度的刷新和提升，极大地增强了计算能力，并为数字经济带来前所未有的创新。

6.5.2　数据世界之变：元宇宙

海量的数据能够构建出一个物理维度的数字双胞胎空间，或者说是宇宙中的元宇宙。随着时间的推移，世界数据层的数据储备将变得越来越丰富，与此同时，数据世界里的信息、知识、算法以及智能等相关数据产品也会变得越来越丰富。无论是政府、企业还是个人，都在努力构建一个物理世界的数字孪生空间，并在这个数字孪生空间的基础上，进一步发展出一个更具创意、与现实世界相互融合和影响的元宇宙。

元宇宙计划通过深度沉浸在数据世界的体验来满足消费者在物理世界中无法得到的需求，同时激发劳动者的数字想象力。元宇宙如果能够满足消费者的体验性需求，那么就有可能成为这类经济活动的主要场所。消费者可以通过某种成像设备进入虚拟的数字空间，那里有消费者、企业或人工智能生成的数字内容，包括虚拟的数字人、虚拟的数字资产、虚拟的企业，以及虚拟的生产、交换和生活活动。在元宇宙的数字空间中，生产活动可以被模拟，这将是新产品设计选代和制造仿真的新模式。例如，在元宇宙中，发动机的设计师有机会深入体验他们设计的产品的三维全景，并可以通过不断地调整设计参数来真实地感受不同设计之间的区别，这样可以显著降低样品试制的费用；交换行为是可以被模拟的，这代表了市场设计的创新方式，有助于显著减少市场的不稳定性。比如说，证券市场有能力模拟某一信息披露可能导致的市场波动情况；真实的个人生活也可以被模拟，这为我们提供了一种全新的生命体验方式，使得"梦想"的体验变得如同全新的商品。比如，消费者有机会在宇宙中体验坐过山车的奇妙感觉。元宇宙空间仿佛是一个梦幻之地，借助人工智能的先进技术，一旦消费者想到某一物体，便能创造出相应的数字产品，并让其进行沉浸式的体验。

因此，在数据驱动的世界中，我们将见证一种全新的体验经济模式，元宇宙有能力激发劳动者对更多的想象力、创造性和梦想体验的渴望。为了应对现实世界中的各种不确定因素，消费者有机会在数字化的数据环境中进行多次实践。这不仅仅是一个经历与体验的旅程，同时也是一个从经验中借鉴和学习的旅程。在数据驱动的世界中，消费者和劳动者能够培养出数字化的想象，这有助于增强人们的思维和创新能力。然而，在 3D 游戏中，数据世界与物理世界有所不同。在真实战场上，神枪手可能会感到束手无策，因为元宇宙所创造的经济价值仅仅构成了整体经济社会价值的一小部分。

在接下来的 50 年里，随着数据资源的持续累积和人工智能、区块链、虚拟现实、增强现实、混合现实、全真影像等技术的重大突破，我们将对现有的数据世界进行全新的构建。全新的数据环境将为我们提供更广泛的数据应用场景，全方位提高的数据要素的投入，从而推动数字经济的全面创新。

6.5.3　生命算法之变：生物信息

解读生命算法可能会帮助我们更好地理解生命的成长、思维的创新以及认知智能的基本理念。生物信息学、脑机科学、智能计算以及神经经济学等领域正在逐渐崭露头角，成为信息科学研究的尖端领域。这些建立在基础科学研究和技术创新基础上的成果，不仅具有巨大的经济潜力，还能增强劳动者面对疾病、衰老、生理或心理问题的应对能力。同时，这些成果也有助于解决劳动者所面临的食物短缺问题，并进一步促进人类对思维和创造力机制的探索。

生物信息学是一门涵盖了生物信息收集、处理、存储、传递、分析以及解读等多个领域的综合学科。目前，生物信息学的主要研究焦点集中在基因组学与蛋白质组学这两个领域。在基因组学的研究中，人类基因组的测序技术使生物信息学成为焦点并得到了飞速的进展。人类基因组计划旨在检测人类 DNA 中的 30 亿个碱基对序列，揭示人类的所有基因，并确定它们在染色体上的具体位置，从而解读人类的所有遗传信息。借助基因和生物信息学的研究，科学家们有能力操纵人体的生化属性，这将使人类有能力恢复或修复其细胞和器官的功能，甚至有可能改变人类的进化轨迹。在蛋白质组学的研究中，利用生物信息学的理论手段，我们能够分析大量的蛋白质数据，并从这些数据中揭示生命活动和完整的分子调节机制，进而利用计算机辅助技术预测蛋白质的三维构造。

在 2021 年 7 月，两种主要的蛋白质结构 AI 预测算法被连续开发，一种是DeepMind 的 AlphaFold2，另一种是由华盛顿大学等研究机构开发的 RoseTTAFold。这两种算法被美国的《科学》杂志评为 2021 年度的突破性研究成果。AlphaFold2 有能力预测 98.5%的人类蛋白质结构。而华盛顿大学的 RoseTTAFold 不仅具有预测蛋白质结构的能力，还可以预测蛋白质间的结合方式。仅需 10min 的时间，RoseTTAFold就可以通过一台游戏电脑精确地计算蛋白质的结构。这些突破性的研究成果将助力科研人员深入了解某些疾病发生的潜在机制，并为开发药物、提高农作物产量以及可降解塑料的超级酶提供坚实的基础。

尽管人工智能算法的进步得益于神经网络和深度学习算法的重大突破，但与真正的人类通用人工智能相比，仍然存在显著的差距。对生物体和人类的遗传、生物信息处理以及人类的直觉、情感、心智和智慧的深度研究，将推动数字算法的重大变革，进一步解放劳动者的生产力。

在接下来的 50 年里，随着生物信息和脑机科学等领域的技术进步，我们可以预见劳动者的生产效率会有更大的提升。数字算法和数字智能在认知智能方面也将实现重大突破，从而增强数字思维和创造能力，进一步推动数字经济的创新，使经济步入下一个康德拉季耶夫的增长周期，并为自然和人类带来更多的好处。

6.5.4　系统智能之变：智能奇点

在《奇点临近》这本书中，未来学家库兹韦尔（R.Kurzweil）预测：截至 2045年，人工智能将会彻底超过人类的智能，并带来人工智能的新挑战。如果我们真的能够实现通用人工智能，那么这将意味着人类的智力劳动有可能被机器完全取代，同时也代表着生产力将得到进一步的释放。

随着数字生产技术的持续进步，经济的奇点也即将到来。奇点代表了一个至关重要的时间节点，一旦超过这一点，经济将会持续地增长，并且这种增长的速率也会逐渐提升。然而，在理论领域中也存在着截然不同的观点。希尔（S.Hill）在其著作《经济奇点：共享经济、创造性破坏与未来社会》中明确表示：当共享经济与人工智能、机器人等新兴科技产生交集时，社会和经济的波动将更为明显。这种交叠很有可能导致经济奇点的出现，也就是经济增长动力的失效和社会中大部分劳动者被边缘化的关键时刻。技术创新看起来就像一把双刃剑，它对经济增长的影响一直是个争议点，尤其是当涉及人工智能技术创新时。

在 1930 年，凯恩斯进行了一场名为"我们后代在经济上的可能前景"的演讲。

在他的演讲中，他预测了"一个世纪后，进步家庭的生活水平可能会是现在的 4～8 倍"，同时也预见了"技术性失业"；他也大胆地提出了"经济问题（即生产充足商品）可能会得到解决"的观点。他所做的预测相当精确。然而，根据凯恩斯的预测，"在过去的 100 年中，大量的工厂都配备了大量的机械和机器人，其中的员工逐步被替代"的情况只在极少数的无人工厂中出现，而大多数工厂至今还未出现这样的情况。

今日，我们目睹了一个全新的全球智能互联网系统的诞生，这是凯恩斯未曾预见的。劳动者在这一创新的数字技术平台上，进一步塑造了一个创新的数字经济生态系统。在当前的数字经济环境下，"数据＋算法＋算力"的结合催生了新型的智能生产能力。人类与智能设备之间的连接构建了一个高度复杂的智能互联网体系，为我们带来了一个全球化的、人与机器协同工作的集体智能环境。

融合了人与机器的智能互联网系统在未来可能会遭遇技术失业、数据的隐私保护、算法的共谋以及人工智能的伦理问题等多重挑战，但它无疑将成为未来经济持续增长的动力和财富的塑造者。这也暗示着某些人可能会失去在实体经济中工作的机遇。在未来，工业就业将仅仅作为财富分配的一种手段，大量的人将会在数字经济领域找到工作，而更多的消费者，由于投入了时间、数据和数字内容，可能会在消费的同时获得财富的分配。

在接下来的 50 年里，随着通用人工智能技术的显著进步，复杂的智能互联网系统预计会发展成为更为强大的集体智能生产能力，特别是在面对经济和社会的各种不稳定和复杂性时。

6.5.5　生态规则之变：碳达峰、碳中和

碳达峰和碳中和是每一个对地球文明负有责任的经济实体所必须肩负的义务。我国已经设定了 2030 年达到碳峰值和 2060 年实现碳中和的目标。为了在碳达峰和碳中和的双重碳目标限制下实现我国的高品质发展，数字经济将在数字技术创新、数据元素替代和平台碳资源分配等方面起到更大的作用，从而提升绿色全要素的生产效率。

从数字技术的创新角度出发，数字经济领域的智能解决策略能够为传统产业带来有效的碳排放减少。借助数字技术的革新，我们可以显著提高能源电力、城市管理、交通运输和工业生产等多个领域的运行效率，同时也能大幅减少资源的损耗和能源消耗。当前，中国的能源使用强度是全球平均水平的 1.3 倍，而生产单位 GDP 所需的能源消耗比全球平均水平高出 30%～40%。假如我们能够利用高效的绿色云计算数据中心来取代传统的数据中心，并通过数字化改革来提高企业和城市的管理效率，同时用智能电动汽车取代传统的燃油汽车，那么我国的单位 GDP 碳强度将会显著下降。

从数据要素的投入角度来看，数据要素的投入与碳的约束是相互补充的。数据

元素有助于降低对传统物质和能量的依赖，从而明显地减少了碳的排放量。在碳排放限制的背景下，绿色数据成为了新的经济增长驱动力。

从碳资源在平台上的配置角度来看，该平台非常适宜从产业链和商业生态两个维度来促进更广泛的微观实体参与到减碳活动中。首先，平台企业的内部运营和价值链的碳排放减少将对社会整体的"双碳"发展产生积极影响。其次，平台的连接功能能够悄无声息地转变生产公司、物流公司以及消费者的行为习惯，进而形成一个更为环保、低碳的经济循环模式。阿里巴巴在其发布的《阿里巴巴碳中和行动报告》中首次提及了"范围3+"的概念，这意味着他们承诺在自己的运营和供应链之外，利用数字平台来帮助消费者和企业减少碳排放，从而鼓励更多的社会参与，预计截至2035年，商业生态将累计减少15亿t的碳排放。

在接下来的50年里，随着双碳目标的深入实施，绿色数字技术预计会有更大的突破，从而推动绿色数字经济走向创新与发展。

第 7 章

数字基建

7.1 数字经济：构筑中国经济增长新引擎

7.1.1 数智革命：数字产业化与产业数字化

数字经济可以定义为一系列以数字知识和信息为核心的经济活动，其中现代信息网络作为主要的传输工具，而信息通信技术的高效应用则是提高效率和优化经济结构的关键驱动力。

因此，数字经济发展的关键在于推动"数字产业化"和"产业数字化"，加强数字基础设施的建设，使数据资源变得更有价值，提高产业管理的数字化程度，创造一个有利于发展的环境，并构建一个全面的数字经济发展体系。

数字经济主要由两个核心部分组成。首先是数字化产业，这种数字产业为信息产业带来了附加价值，涵盖了基础电信、电子生产、软件服务以及互联网领域；其次是产业的数字化转型，这主要体现在信息技术为其他行业（例如农业、工业和服务业）所做的贡献上。

由于数字经济的核心是信息技术，因此它的定义涵盖了数字信息化和信息的数字化过程。数字信息化意味着，在计算机技术的支持下，数字或数据也有可能转化为一种形式的信息，以信息的形式展示出来的数字或数据便构成了数字信息化；信息数字化利用了先进的数字技术手段，能够将传统的信息以数字或数据形式呈现出来。在当前的数字经济模式中，不论是数字化的信息化进程还是信息的数字化进程，"数字"始终是其核心所在。当我们把"数字"与各种产业相结合时，便会催生出产业的数字化和数字产业化这两种经济模式。在数字经济的背景下，产业的数字化及其产业化被视为经济的核心发展趋势。

（1）产业信息数字化

产业信息数字化，正如其名，是将产业发展过程中产生的信息以数字化的形式展示出来。通过数字化手段展示并利用计算机进行分析，我们可以得到更为精确的产业分析数据，从而使数据具有更强的说服力。在产业的转型和升级阶段，数字化分析不仅可以提高效率，而且在提高效率的过程中可以获得更为精确的分析数据。

这将有助于确定产业转型和升级的策略和方向，避免在转型升级过程中陷入主观偏见，从而提高产业转型的成功概率。

对产业信息数据进行深入的分析和判断，有助于加强产业链的稳固性，并促进其持续创新和发展。众人皆知，在现阶段，我国的工业基础已经达到了全产业链的水平，拥有完备的产业体系和庞大的规模。然而，从宏观角度看，产业链的根基相对较弱，这可能导致产业链的不稳定性、脆弱性，甚至可能导致产业链的断裂，从而使整个产业链无法正常循环。

在经济的转型过程中，对产业链的重构必须依赖于数字化的分析手段。利用数字化技术，我们不仅可以加强产业链，使其更为完善、稳固和全方位，而且还可以激发产业链的创新活力，增强产业链的整体实力，提高其附加价值。此外，这种技术还能促进产业链之间的流畅合作，形成一个完整的循环，从而推动产业向更高层次的转型和升级迈进。

（2）数字信息产业化

数字信息的产业化，在字面解释上，是指在经济活动中收集和整理的数据，经过深入的分析和商业应用后，转化为数字产业。

数字产业的持续成长依赖于数据的坚实基础，而数据的有效收集则需要在多种应用场景中得以实现。目前，我们主要在在线购物平台上进行应用，这主要是因为这些购物平台使用起来相对简单，涉及的专业操作也非常有限。在网络连接的支持下，用户只需简单地操作智能手机，就可以轻松地进行互动，而无需进行专门的操作，就可以轻松地应用于各种场景。这一平等的应用方式让互联网经济平台成功地进行了大规模的数据收集。一些较为知名的平台已经成功地收集了大量的数据，为此这些平台都建立了专门的数据收集和分析服务器，例如阿里巴巴的阿里云、华为的华为云和腾讯集团的腾讯云等。

与线上场景相比，线下场景的案例应用相对较少，这主要是因为线下场景的应用受到了很多限制，远不如线上场景更为便捷。例如，对于老年人群而言，线下场景的应用受到了一定的限制。数字化场景的实施依赖于现代智能手机和网络技术，但对于老年人群，尤其是那些居住在乡村地区的老年人，智能普及的需求尚未完全满足。此外，由于线下应用场景具有更高的专业性，因此需要有专门的专业人员来实现这一目标。比如说，在医院进行的智能远程数字手术和疫情防控的核酸检测数据收集等场合，都需要高度的专业知识来完成。

不论是在线生成和获取无差别的数据，还是在线下进行专业化的数据收集，数据应用已经发展成为一个产业，并且数据已经实现了产业化的运营。基于数据分析的结果，目前的一些互联网经济平台已经成功地为新产品市场提供了精确的产品信息推送，这不仅进一步增强了平台的盈利能力，还带来了由数据产生的额外收益。

在线下的应用环境中，由数据产生的分析成果更多地反映在整个产业链的实际应用中。基于我们的分析，我们可以促进产业链的创新，加强在产业链中的合作关系，稳定产业链的生产活动，提高产业链的生产效益，并促进链条经济的持续循环。

（3）产业信息数字化与数字信息产业化

实现数字经济的高品质和高效率增长，关键在于推动数字产业化与产业数字化的进程，并促进数字经济与实体经济的深度整合，这样才能构建具有全球竞争力的数字产业集群。

在缺乏互联网的环境中，信息传递的速度极为缓慢，这导致其对产业端的影响非常有限，甚至无法及时进行产业的更新和变革，也无法实现产业数字化的预期效果。在这个网络信息高度发达的时代，通过互联网的帮助，由经济活动产生的信息也正在快速地流动。这批高速流动的信息最初是在产业链中循环产生的，然后经过数据的整合、处理和分析，最终演变成了一种新的管理方式——产业数字化管理。对产业而言，产业数字化管理有助于优化产业资源，促进产业链间的合作和共享，进一步推动产业技术的更新和创新，提高产业的竞争力，增加产业价值，并重新分配相关产业链的价值。

在产业数字化的过程中，会生成大量的数字信息。这些庞大的数字信息在经过整理、处理和分析后，将以产业化的形式进行操作。产业化的实施不仅能提高数字信息分析的效率和能力，还能加速数据整理的速度，提高数据处理的准确性，确保数据分析的高质量，并最终将这些信息反馈给产业，从而做出相应的产业决策。数字化产业的形成是由产业化的运作模式所决定的，并在其运行中自然地产生。至此，数字信息的完整闭环处理流程已经达到了数字化产业化的阶段。

产业有可能走向数字化，而数字技术也有可能实现产业化，这两者之间存在着相互补充的关系。为了实现数字产业化，我们需要产业的数字化信息。这些数字信息在经过细致的整理、处理和分析后，可以为产业提供宝贵的反馈，从而助力产业提高其决策和分析的能力，进一步推动产业的进步和创新。

在最近的几年中，新一代的信息技术取得了飞速的进展，并在社会经济生活的多个方面作为新的经济增长引擎得到了广泛的应用，从而推动了人类社会步入数字化经济的新时代。在全球范围内，众多国家正积极把握时机，运用数字科技来塑造全新的竞争优势，并热衷于进行数字化的转型工作。

随着数字技术在多个行业和领域的广泛应用，数字资源逐渐变成了社会经济增长的关键资源。此外，它还能实现跨领域的流动，这加速了数字创新对经济结构的重塑，从而引发了经济和社会管理模式的深刻变革。数字化是指采用数字技术来推动经济的快速发展。数字技术作为推动数字经济增长的核心动力，其进步对于增强产业经济结构在未来的竞争地位具有关键性的影响。

数字技术与传统行业的结合，往往为传统行业带来了"互补融合"和"优化融合"的双重效果。前者指的是将数字技术融入非生产性的增值活动中，从而催生了一系列新的产业，例如信息通信行业和软件服务行业等；后者涉及产业的数字化转型，这意味着将数字技术融入生产性的增值活动中，提高设备的技术水平，并利用先进的设备替代人工来完成大量的重复任务，从而达到降低成本、提高效率，并促进产业模式的创新。从根本上看，数字产业化代表了数字技术向产业化的转变，而产业数字化则是传统产业向数字化转型的过程，这两种方式都是数字技术创造价值的途径和展现方式。

1. 数实融合：数字产业化与产业数字化

随着全球经济的数字化步伐不断加深，我国已经推出了一系列旨在支持和指导国内数字经济增长的政策，促进数字经济与实体经济的深度结合，并把数字与实体经济的融合确定为一个关键的中长期发展策略。在这样的大背景之下，社会的各个层面都应该积极地配合国家的政策，寻找新的价值创新机会，激发经济增长的新动力，并促进经济的高质量发展。数字产业化和产业数字化构成了数字经济的两个核心组成部分，并且是数字经济发展历程中不可避免要经历的两个关键阶段。

（1）数字化的产业化构成了数字经济的核心组成部分

随着数字技术的出现，数字产业化代表了一系列创新的产品和服务，这些都是数字技术在实际应用中创造价值的过程，并为数字经济打下了坚实的基础。数字技术在整个生产和制造过程中的持续应用，为技术团队提供了强大的支持，帮助他们不断地开发新的产品，探索新的产业模式，并将数字技术所带来的益处转化为新的商业和社会价值。同时，他们也在不断地加强信息基础设施的建设，为数字经济的持续发展打下了坚实的基础。

（2）产业的数字化进程实际上是数字经济的一个扩展

产业数字化是一种基于现有产业的创新活动，它通过数字技术对传统产业的各个业务环节进行全面的创新和提升。数字技术不仅赋予了传统产业链强大的能量，还充分利用了数字技术的优点，对传统的生产流程和模式进行了革新，从而推动了传统产业结构的优化和升级，提升了各个环节和流程的效率，降低了生产成本，并增强了传统产业价值的创造性和竞争力。

2. 数字产业化：网络强国战略的核心支柱

数字产业化不仅是构建网络强国战略的关键支柱，同时也代表了国家在数字领域的强大实力。在当前阶段，我国正在积极运用数字技术来构建信息基础设施，以不断提升技术创新的能力，从而为数字中国的建设奠定坚实的基础。在这个新的时代背景下，数字产业如软件服务、电子信息制造和互联网等不断涌现，这不仅推动了经济和社会向数字化和智能化的趋势发展，还显著提高了经济增长和社会运行的效率。从另一个角度看，随着经济和社会的快速进步，数字技术得到了更广泛的应用场景，这也推动了数字技术的持续创新和发展，进一步完善了数字产业的生态环境，形成了经济与社会与数字技术相互融合、共同前进的健康循环。

（1）信息通信行业已经取得了新的进展。我国不仅拥有全球最庞大的光纤和移动通信网络，而且固定宽带的传输速度也取得了显著的突破，达到了千兆的传输速率，这使得我国相关产业的发展和应用方面在全球范围内处于领先地位。基于此，我国成功地完成了光网城市的全面建设，为数字经济的持续增长奠定了稳固的基石。

（2）数字经济的产业链正在快速地发展和构建中。随着新一代信息技术的不断发展和广泛应用，各个行业和领域的数字化、网络化和智能化水平都在持续提升。现有的基础设施正在经历持续的数字化改造，信息基础设施应用体系正在逐步形成，数字经济产业链也在这个基础上加速发展，并持续推动数字技术的产业化进程。

（3）在基础和通用技术的研发方面，我们已经取得了显著的突破。随着数字技术的不断发展，信息通信行业获得了空前的机会，尤其是在基础操作系统、量子计算、高性能计算机、高端芯片和工业物联网等关键领域。这些领域高度依赖信息技术，数字技术的快速进步无疑成为推动这些领域快速发展的强大动力，并催生了一系列基础性和通用性的技术，为经济和社会的数字化变革提供了技术支持。

3. 产业数字化：赋能实体经济智能化转型

在数字化经济的背景下，相较于数字产业化，产业的数字化显得更为关键，其影响也更加深远。这主要是因为以传统产业为核心的实体经济有着悠久的历史，并在社会经济体系中占有较大的份额。得益于数字技术的持续推动，产业的数字化发展呈现出强劲的势头，逐步变成了国内数字经济增长的关键动力。在过去的几年中，数字技术的飞速发展为产业的数字化进程创造了有利环境，这主要体现在以下几个关键领域：

（1）随着信息技术的持续进步，许多传统的信息技术，例如机器人技术和传感器技术，已经变得更为精确和智能化。这些技术不仅可以显著提高产业的发展水平和效率，而且其使用成本也大大降低，为技术的广泛应用打下了坚实的基础。

（2）随着消费互联网的持续进步，如人工智能、物联网、大数据和云计算等技术都在迅速发展并逐渐完善，这确保了产业对高精度的需求得到了充分满足，并有助于数字技术与实体经济的深度结合。

（3）得益于大数据、物联网和移动互联网等先进技术的飞速进展，产业数据和消费数据之间的隔阂已逐步消除。各个领域的数据正在展现出融合的趋势，并持续整合为共享的数据资源，这为产业的数字化打下了坚实的数据基础。近几年，我国的传统产业逐步进行数字化转型，并积极利用数字技术来推动商业模式的变革，从而促进数字经济的稳定和高速增长。

在党的十九届五中全会上，提出了"加速构建以国内大循环为核心、国内外双循环相互推动的新发展格局"的战略。随后，我国的各个行业和领域都做出了积极的响应，主动加强了5G、大数据、云计算、人工智能等新一代信息技术的应用。从供应和需求两方面同时开始，不断推动产业升级，促进信息消费，催生了一系列适应数字化时代发展的新场景、新业态、新模式，加快了数字中国的建设进程。

随着数字化技术的持续进步，移动支付和电子商务变得日益普及。这使得远程办公、移动购物和线上学习等新的应用场景不断出现，满足了人们在工作和生活中的个性化的需求。另外，物联网和工业互联网等先进技术在制造业中的广泛应用，也催生了如数字工厂、智能矿山和智能巡检等多种新的应用场景和模式，为数字经济的快速和健康发展提供了坚实的基础。

7.1.2　智能互联：数字经济的核心基石

伴随着新一代信息技术的飞速进步和广泛运用，数字化经济已逐渐转变为全球经济增长的不可避免的方向。作为一种创新的经济模式，数字经济与传统经济在诸如基础设施、生产要素以及生产和服务模式等多个方面存在明显的不同。数字经济在应用数字技术方面不仅有助于经济发展模式的优化和升级，还能推动技术创新。接下来，我们将从技术的特性出发，深入研究技术创新与应用如何影响生产、生活和经济增长模式。

1. 智能化、互联化：数字新基建的核心基石

新型的基础设施构成了数字经济增长的核心基石和基础框架，它主要涵盖了大数据中心、人工智能、5G基站和工业互联网等先进技术。这些设施能够实现设备、工厂、产品、客户、生产线和供应商之间全面和动态的连接，从而实现信息的大规模连接和整合，为数字经济的持续发展提供了坚实的支撑。

新型基础设施展现出两大显著特点：智能和互联。智能主要表现在产品或服务的智能、装备的智能和过程的智能三个方面，而互联则主要体现在所有社会要素之间的互联和互通，从而构建了一种自适应、生态化和万物互联的网络体系。

在这个基于智能互联的生态网络环境中，生产需求可以实现快速的流动性，从而提高生产效率和扩大市场规模。数字技术的加持进一步拓展了更多的应用场景，并通过数据和技术的综合应用，催生了共享经济、平台经济、零工经济、算法经济和数字服务等多种新型经济模式，从而有力地推动了数字经济的快速发展。在现实应用场景中，电子商务平台不仅是最普遍使用的平台，也构成了消费互联网的核心组成部分。它能在农业、工业和服务业中实现在线交易，从而显著提升交易的效率并减少交易的成本。除此之外，电子商务平台还配备了安全认证、物流配送和支付结算等多项功能，同时，开放共享和智能互联的网络平台也成为电子商务平台能够充分发挥其作用的关键载体。

随着智能互联生态网络逐渐走向成熟，消费互联网（以电子商务为核心）和产

业互联网（以无界制造为核心）共同构建了数字经济时代的产业结构。消费互联网专注于与消费者的连接，而产业互联网则更注重与企业的连接，这两种方式都可以有效地加强联系，并共同推进数字经济的进步。

2. 数据智能：数字经济的关键生产要素

在经济增长的轨迹中，由于经济模式的差异，相应的关键生产需求也会有所不同。在数字经济的背景下，数据成为推动其进步的核心生产因素。在数字化的时代背景下，数据的规模经历了爆炸式的增长，并在新一代信息技术的推动下，展现了其深远的价值，从而促进了数字经济各个环节的数字化进步。

（1）为了推动数字经济的发展，我们需要利用新一代的信息技术和智能设备来实时感知、全面收集、精确传输、高效处理、智能分析和动态应用海量有价值的数据。通过对数据的精准判断、预测和匹配，我们可以充分发挥数据的价值，为企业和经济发展注入强大的动力，从而促进传统产业结构的升级和优化。

（2）数据，作为经济增长的关键生产要素，需要与资本（如人力、物质和公共资本）、土地和技术等传统生产要素紧密结合。同时，利用数字技术来优化这些生产要素的配置，以提高所有生产要素的边际生产效率，从而有效地推动经济的持续增长。例如，在当前阶段，共享经济模式正在迅速崛起。从根本上讲，共享经济旨在挖掘数据的潜在价值，构建新型的信任和合作机制，以实现供需之间的智能匹配，进而高效地分配资源，推动经济的持续增长。

（3）在数字时代的"数据大爆炸"背景下，得益于海量数据的涌现和新一代信息技术的广泛应用，数字经济实现了经济发展的各个要素、流程、场景、渠道和网络的全面无缝连接。基于这一点，数字经济还进一步拓展了人工和机器高效协作的应用场景，从而显著提高了产业发展的效率。例如，在当前阶段，各大购物中心已经开始采用智能机器人与消费者进行即时互动，通过这种方式他们可以更好地了解消费者的购买喜好、需求和可支配的收入水平，进而为消费者绘制出精确的消费画像，并为他们提供更为个性化和精准的服务。

7.1.3　融合创新：打造数字经济新范式

随着数字技术在多个行业和领域的广泛应用，智能传感器、智能控制器、移动通信设备和嵌入式终端系统等先进的智能设备和设施层出不穷。利用物理信息系统，我们构建了一个能够连接所有事物的智能网络，以实现经济的横向、纵向和端到端的高度整合，从而开创数字经济的新模式。数字经济的新模式是通过全面和系统地重塑经济和社会的运作机制，以促进产业之间的跨界合作，并最终促成数字经济与实体经济的有机融合。例如，通过将数字技术与多种制造平台进行整合，并依托于开放共享和智能互联的网络架构，实现了智能制造、数字制造、网络制造和云制造的系统化集成，从而构建了一个跨界融合和智能互联的无界制造系统，以促进相关产业的融合和发展。

1. 融合是新生产或新服务方式产生的前提

在新一代信息技术飞速进步的背景下，各种创新的智能技术都依赖于一个万物相互连接的网络体系进行整合和融合，这为技术创新和生产或服务方式的进一步升级创造了有利条件。

在技术创新的领域中，企业有能力利用技术集成产生的乘数效应，来开发更加先进和高级的技术，并将这些技术作为推动数字经济创新和发展的核心动力。以数字孪生技术为例，这是数据、物理实体和新一代信息技术融合的产物。它可以基于真实世界的物理实体，利用 5G、大数据、人工智能、物联网、仿真、AR、VR 等多种数字技术，在数字世界中构建孪生模型，并通过数据和技术手段实现物理实体与数字模型之间的实时互动和映射。

在创新生产或服务模式的过程中，集成各种技术可以重新塑造生产和制造的流程，为消费者提供更多的改变他们获取信息的途径，从而改变他们的消费习惯。在生产创新的背景下，航空制造、钢铁制造、机械制造和服装等多个行业的企业都依赖于工业互联网平台，整合了从产品设计到服务的全过程数据。通过运用人工智能、物联网和边缘计算等先进技术，对这些数据进行了深入的分析和处理，从而推动了生产模式的创新和高效生产的实现。在服务创新的背景下，淘宝、京东、微信、支付宝等应用的出现和普及，彻底改变了人们的生活方式，使得人们可以在家就能浏览产品，实现线上购物，还可以在线预约挂号、在线预订车票等。

2. 融合创新催生新业态和新模式

基于技术的融合创新和生产或服务方式的升级，一系列新的业态和模式应运而生。通过数据的融合共享，实现了不同产业之间的跨界交流和融合，从而推动了数字经济的创新发展。

在数字经济的背景下，经济发展的各种要素的整合和创新可以创造出一系列便利和智能化的新业态，例如在线教育、互联网医疗、全自动配送、"一站式"出行、远程办公、网络消费、零工经济和新零售等。这些新业态可以为人们提供个性化的服务体验，通过满足人们多样化的需求来推动经济的增长。

需要特别指出的是，数字经济中的业务创新主要是通过数字平台的跨领域整合来达成的。数字平台有能力整合用户、企业、政府部门和其他相关参与者，通过数字生态的虚拟与现实交互来促进数字经济的增长。例如，电子商务作为消费互联网的核心，可以连接仓储、交易、物流、广告等多个相关行业，促进它们的快速发展，同时也带来了直播电商、微商、跨境电商等新的业态。

除此之外，数字技术的综合运用也能有效地推动产业模式、产品、模式、业态以及组织等多个方面的创新。从数字经济的角度看，智能制造和车联网无疑是最具发展潜力的创新领域，这两大领域的进步将对数字经济的未来产生深远的影响。

7.1.4　技术赋能：产业组织的数字化转型

在 2014 年，我国的经济供需关系开始出现不平衡，产业的结构性问题变得越来越明显。因此，促进产业的升级已经变成了一个不可避免的方向。随着数字化时代的兴起，我国的经济面临了空前的增长机会。各个行业都在积极地运用数字技术来推动数字化转型，这样做不仅能促进产业组织的升级，还能有效地解决产业结构的问题，从而推动经济朝着高质量的方向发展。

从根本上讲，产业的升级实际上是提高企业的生产能力和市场竞争力。在当前时期，众多企业正在进行数字化转型，这不仅增长了产业的发展效益，同时也促进了产业经营哲学的更新。通过数字化转型，数据、资本、技术和劳动这几种资源能够实现跨界流动和优化配置，从而推动企业进行技术创新，并实现产业技术的升级。数字化转型不仅能够重塑产业组织的竞争模式，加强竞争机制，还能实现资源的高效利用和产业组织的优化升级，这些都为产业结构的升级创造了有利条件。从细节上分析，数字化转型为产业组织带来的升级主要集中在以下几个关键领域。

1. 实现以用户价值为导向

数字技术的运用有能力转变传统的生产模式，并促进用户与企业之间的持续互动。企业利用先进的数字技术建立了自己的生产平台，鼓励用户和企业共同参与产品的设计和生产过程。这样，用户可以在产品设计中拥有一定的话语权，并根据自己的需求进行产品的优化和改进。这不仅可以推动市场力量的转移，实现需求对生产的支配，还可以加强供需之间的联系，实现供需的精准匹配，最终为用户提供个性化的产品，实践以用户为中心的理念。此外，当用户直接参与到生产过程中，企业可以显著减少试错的成本，从而确保产品的高效和精确供应。

在数字化经济的背景下，企业若想提高用户的忠诚度和增强自身的市场竞争力，就必须加强对市场缺口的精准识别和迅速供应的能力。当用户深入地参与到生产流程中，这将帮助企业更便捷、更精确和更全面地收集用户信息。企业可以通过深度分析这些用户数据，准确地了解用户的个性化需求，并根据这些需求实时调整其生产策略，以增强其在市场上的供应能力，进而促进企业的长期稳健发展。

另外，随着经济的增长和生活品质的提高，用户的需求开始展现出更为个性化的发展方向。在这样的大背景之下，需求侧逐步崭露头角，成为企业生产活动的核心驱动力，促使企业生产模式经历了一系列的变革。传统的、千篇一律的大规模生产方式逐步被淘汰，取而代之的是更加个性化和定制的生产方式。这种生产方式显著地提高了交易的效率，同时也减少了公司的运营开销和库存管理的负担，为公司带来了高效的增长机会。

2. 提高全要素生产率

在数字化经济的背景下，数据成为经济增长的关键生产元素。当用户参与到制造过程中，公司的用户数据得到了大量的扩展，这为内部企业的高效增长提供了坚实的资源基础。企业需要高度重视数据价值的深度挖掘，深入了解老用户的新需求，扩大新用户群体，并准确判断竞争对手的行为模式，这样才能增强对市场发展趋势的预测精度，并提升创新成果的产出。

从一方面看，企业应当积极地运用数字技术来提高传统生产要素的生产效率，以实现对用户价值的高效生成。企业有能力运用新一代的信息技术，对传统生产要素的生产数据进行实时收集和精确分析，并根据企业的生产状况持续优化和调整资源分配，以充分挖掘传统生产要素的潜在价值。此外，企业还可以周期性地进行在职培训和职业教育等活动，旨在提高员工的劳动技能，并将这些技能整合到非正规的业务流程中，从而发掘劳动资源的内在价值，充分利用员工的主观优势，为企业创造更大的价值。

从另一方面看，企业应当充分运用数字技术来挖掘数据资源的潜在价值，并从深层次上提高产业的运行效率。为了提高生产效率，企业需要对所有的生产要素进行深入的分析和处理，并对其生产组织、流程和模式进行改革。

从微观视角看，企业应当重视土地、资本、劳动力等传统的生产要素与数据要素之间的结合，并从一个宏观的视角来提高全要素的生产效率，从而促进企业的高效增长。

3. 提升产品的附加价值

创新被视为驱动企业进行创新升级和增强企业竞争力的核心要素。在数字化经济的背景下，数字化的转型已经变成了一个不可避免的发展方向，这迫使各企业加速创新步伐并增强产品的供应能力。然而，鉴于硬件设施创新所需的时间跨度较长且涉及的工程量庞大，企业在这个快速变化的数字时代中，有必要改变其创新思维，利用软件业务的创新来推动价值创造，精准捕捉机会，并灵活地应对各种挑战。

在数字化转型的大背景之下，企业有能力通过与用户之间的动态互动来实现共同创造的体验。企业可以通过软件业务的升级，让用户参与到产品的生产制造过程中。这不仅可以创新企业的生产流程、环节和生产关系，还可以推动产品创新甚至企业创新，以个性化的方式实现共创体验，同时提高产品的附加价值。

另外，在数字经济时代，"变化"已经成为一种常态，因此用户的需求也在不断地快速变化。企业与用户之间频繁的互动可以帮助企业更准确地了解用户需求的变化。因此，企业需要加强对用户数据的分析，调整产业结构，提高自身的创新能力，推动产品和服务的创新和升级，进一步提高产品的附加值，从而提高企业的竞争力，助力企业实现可持续发展。

7.2　数字经济的底层关键技术

7.2.1　5G：引领数字新基建浪潮

在新的时代背景下，5G 的新型基础设施被视为进入数字社会的关键，它是实现智能连接和快速连接的核心信息设备。5G 技术在推动数字社会建设和相关产业数字化转型方面已经进入了一个全新的阶段，如图 7.2-1 所示。

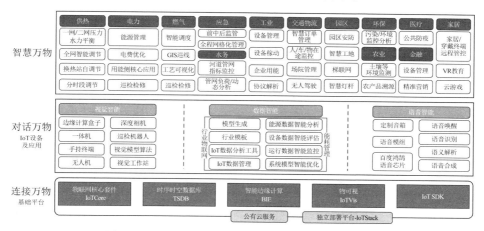

图 7.2-1　5G 新基建与数字社会建设的技术应用框图

1. 5G 技术赋能数字社会建设

数字化社会主要是一种依赖于数据信息来反馈现实状况的社会结构，该结构能够通过无人技术和智能感知来影响和操控现实状况。网络通信、物联网和大数据等先进技术能够实现现实与数字数据之间的相互呼应。其中，5G 技术作为传输映射的关键媒介，能够有效地解决网络延时、服务器响应、节点数量有限、用户数量急剧增加以及数字安全与可靠通信等多方面的技术融合问题。在 5G+技术时代，其独特的低延迟、高度稳定和广泛的网络覆盖能力，为数字化社会的进一步发展和建设提供了坚实的技术基础和实践保障。

2. 5G 基建创新智能互联样式

5G 代表了网络信息从终端到智能互联的技术方向，它可以满足数字社会中各种终端对数据格式、传输方式和监控机制的独特需求。智能互联技术是基于感知来生成初始数据，并通过广域信息网络来完成实时数据的传送和远程终端的控制。宽带业务量的增长，为云数据的传输和存储提供了强大的网络服务能力。肩负着社会转型和行业深度整合的关键任务的 5G 新基础设施，预计将促进跨多个行业、多个领域和新业态的深度整合，最终达到智能互联和智能速联的目标。

3. 5G 布局紧贴国家战略举措

在当前阶段，我国的信息通信技术经历了多代人的发展和持续的创新，已经具备了实现 5G 引领社会变革的技术基础和实践条件。产业链的进一步完善、业态模式的转型以及终端认知的更新，都为新型国家战略的转型和建设创造了有利的环境条件。在目前的阶段，我国在 5G 产业链上占据了全球的领先地位，3GPP 的标准和专利所占的比例超过了 30%，这使得我们在相关的制度研究和制定过程中拥有了最大的话语权。全球范围内的应用网络建设正在加速商业模式的部署，已经完成的 5G 基站数量超过 72 万个，终端连接数超过 1.6 亿，形成了以中国为主导、欧洲为辅助的 5G 基建格局，这展示了国家在全球战略布局中的实力。

4. 5G 思维探索新型业态领域

在 5G 技术的时代背景下，我们需要培育 5G 的思维模式，持续地适应技术的创新和产业的变革，紧密地与各种业态领域的需求相结合，并积极地将这些领域的创新与 5G 的基础设施相融合。5G 思维，作为智能互联的核心，已经成为推动数字社会建设中业态创新与发展的主要动力。一方面，"智慧+"的产业模式、工业信息网络、大数据和云计算等都是依赖于 5G 新基础设施的支持；另一方面，新型技术与商业模式的深度整合能够催生数字社会信息化建设各环节的智能化升级和数字化改造的解决方案，这也体现了 5G 引导下的思维风暴在实际社会中的应用。

5G 的新型基础设施为智能互联提供了坚实的支撑，它也是数字化社会向信息化方向升级的关键前提。随着"5G+"技术与 TI、视觉感知、边缘计算等先进信息技术的深度整合、广泛应用和持续进步，它已经为社会生态的多个领域提供了服务。这使得智慧教育、智慧制造、智慧医疗和智慧城市等智能产业的产业链从上游到下游都得到了全面的发展。如图 7.2-2 所示，这种技术赋能的方式正引领着社会的变革，而产业革命则为基础设施建设提供了新的方向。

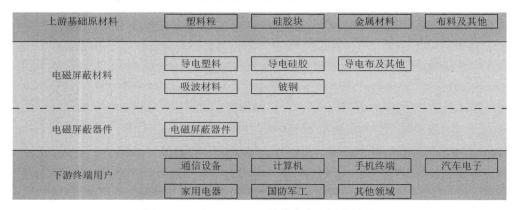

图 7.2-2　基于"5G+"的技术产业链全景图

（1）5G 新基建推动智慧教育方式创新

在 5G 新基建中，创新的教学手段、优化的教学设计以及强调新型教学模式的应用环境被视为教育行业改革的核心策略，这也体现了智能应用与个性化服务在教育领域的交融与进化。通过采用 5G + 云 AR/VR 等先进技术，可以显著增强教学设计和互动环节的参与度和趣味性，从而有助于提高学生对各个知识点的理解和掌握程度；采用 5G + 全息投影/裸眼 3D 技术，我们可以在虚拟课堂中实现教学。这不仅可以实现城市和乡村教育资源的共享，还可以模糊地处理趣味教学和游戏教学，从而增强学生的学习兴趣，提升教学成果，并赋予教学更多的智能和智慧。

（2）5G 新基建加速智慧制造样式建立

随着传统制造业的衰退，基于先进的智能和无人技术进行的产业结构调整已经成为当务之急，并正在逐步推进。特别是 5G 新基建，它在智能生产和加工等领域发挥了"加速器"作用，为远程控制、自动监控、决策辅助、无人值守以及智能物流和业态联动等多个场景提供了技术支持和规模支持。采用 5G 技术进行的流水线操作，有效地降低了故障的出现率，并增强了整体的品质控制；利用 5G 技术进行的设计和制造，实现了从个性化设计到生产加工的无缝对接，从而使得整个产业的结构变得更为扁平和高效；利用 5G 技术的供应链环节，可以通过区块链的高效运作，实现供需平衡、区块分配和资源整合等多方面的无缝对接。在 5G 新基建的推动下，产业正在经历精准控制、全方位的监管、科学的资源配置以及柔性的生产策略，这些都有助于提升生态建设的成熟程度和控制能力。

（3）5G 新基建助推智慧医疗模式应用

5G 技术构建的信息网络确保了医疗工具和医疗资源能够得到全面的覆盖和连接。5G 的新基础设施正在推动新型医疗行业逐渐向数据驱动、智能化和云端化方向发展，而智能互联和速联技术更是确保了这些实践活动的有效实施。通过应用远程诊断、智能查房、资源管理、药物配送、VR 探视、AR 会诊以及电子诊疗和数据病例等先进的 5G 智能技术，我们不仅成功地降低了故障和容错率，同时也提高了医疗服务的质量和效率，以及资源的优化配置和共享机制。社区式、单元式和家庭式的医疗模式正在逐渐成为现实。线下模式正在向线上模式进行推广，而线上模式则在向无人模式发展。通过物联网、TI 和大数据系统的支持，最终实现了个人 5G + 医疗终端的智慧模式，从而实现了随时随地的智慧保障医疗服务。

（4）5G 新基建打造智慧城市规模发展

智慧城市的体系化和规模化建设，以及标准化和个性化的融合，都是基于 5G 新基础设施的高效实施和新型技术与产业结构的结合。这样做旨在大幅提升相关行业在智慧化建设和发展方面的响应机制和服务方式，最终达到城市智能化监管和智慧化运维的目标。5G + 政务是一种将信息数字媒体与虚拟现实技术相结合的方式，旨在增强广大用户在定制服务和远程政务认知方面的互动体验；5G + 防护技术基于智能监控、智能计算和无人值守的大数据云端实时监测，能够显著改善传统行业的滞后性和故障率，实现高效、精确的实战业务对接，并提供多维度、多领域的监测数据支持；5G + 环保技术是基于物联网、云计算和智能感知等先进技术进行的实时互动，它不仅能对敏感区域进行实时监控，还能进行污染原因的分析和治理效果的评估，从而在提高准确性的同时，也实现了方法的共享和生态的复制；在 5G+ 的建设过程中，我们结合了 TI、无人机、BIM 等先进技术，实现了底层认知、城市运维、智慧设计和无人化建设的完美融合。这不仅提高了城市管理和建设的效率，还实现了基础维护与智能系统的统一，使得城市变得更加智能化、建设更具科学性，并为居民提供了更加舒适的生活环境。

目前，数字社会信息化升级建设，以 5G 新基建为标志，已经开始了全方位的设计和开发工作。未来的业态模式创新和产业结构调整是可以预见的，并且将逐渐渗透到生产、工作、生活、娱乐等多个领域。通过 5G 技术应用的创新设计和智慧化升级策略的研究和完善，我们可以使城市变得更加智慧，制造更加高效，教育更加智能，生活更加便捷。我们相信 5G 新基建将为数字社会信息化升级提供新的动力和广阔的前景。

7.2.2　AI：数字经济的"智慧大脑"

伴随着人工智能技术的持续发展，各个行业都在努力加速人工智能应用的实施。如今，人工智能在多个细分行业中的场景化应用越来越深入，为各种行业的应用场景提供了强大的支持，显著地提升了生产的效率，并推动了生产向自动化和智能化的趋势前进。

伴随着人工智能行业的迅猛增长，人工智能的技术日益完善，其应用范围也在持续扩张。特别是在进入数字经济的新时代，人工智能技术将继续为各种行业提供强大的支持，助力它们进行数字化的创新和提升。

通常情况下，数字技术被视为推动数字经济迅速增长的核心动力，而数据则是数字经济增长的关键生产元素。因此，企业应当充分利用数据和技术来强化细节，消除产业链上下游及各环节间的数据障碍，从而加速产业的创新进程。

物联网、云计算、人工智能等尖端技术和庞大的数据资源为整个行业的进步提供了坚实的技术和信息基础，同时也为该行业开辟了更为宽广的成长空间和多样化的发展路径，进一步推动了行业的创新和发展。

1. AI 行业与数字化经济

从一个更广泛的视角来看，人工智能行业的进步有助于推动经济向数字化方向转型，并助力我国的数字经济迅速步入高品质的发展时期。2022 年 1 月，国务院发布了《"十四五"数字经济发展规划》，其中明确指出要"加速数字化进程，打造数字化的中国"，这为数字经济的稳健增长提供了科学的方向。

实体经济构成了经济和社会发展的基础，数字技术与数字经济则是推动产业转型的关键动力。因此，如果企业希望增强其市场竞争力，就必须高度重视数据和应用场景的影响，不断深化数字技术与实体经济的融合，并加速行业的数字化转型进程。显然，人工智能与数字经济之间有着互补和相互推动的联系。对于人工智能而言，数字经济的迅猛增长为其创造了一个有利的成长背景和广大的扩展机会。在数字经济的背景下，人工智能成为推动其进步的关键技术动力。

在最近的几年中，人工智能技术已经深入到企业的各个方面，包括设计、生产、管理和营销，为企业的持续发展创造了有利的环境。更具体地说，制造、电力、能源和互联网等多个行业已经开始研发和应用人工智能技术，并视人工智能为数字化转型过程中的关键支柱。

2. AI 的商业价值与企业赋能

如果人工智能行业想要通过增加生产规模来提升其经济效益，那么就必须积极推动各种项目和服务的创新，以提高服务的效率和智能化程度。为了实现算力的云化，企业需要借助 5G 网络将终端的算力迁移到云端，视算力为创新的核心。此外，还需借助云算力平台和集成的数据治理平台来支持各种应用和解决策略，从而不断提升其在通用建模等领域的实力，进一步促进技术、产品以及服务的创新发展。

随着人工智能技术逐步向产品化和产业化方向发展，以人工智能作为数字化转型的核心驱动力的企业开始遭遇场景应用碎片化和应用开发门槛高的问题。因此，企业迫切需要借助低成本、高效率和规模化的新型人工智能基础设施，以加速人工智能的规模化实施。商汤科技成功研发了名为 SenseCore 的商汤 AI 大型设备，并在汽车和其他制造业中进行了应用，从而实现了营收的增长。2021 年 4 月，工业和信息化部发布了《"十四五"智能制造发展规划》，强调了加速推进智能制造的重要性。在当前的形势下，建设"灯塔工厂"和"智能制造示范工厂"逐渐成为制造业企业发展的新方向，而商汤科技及其研发的 SenseCore 商汤 AI 大装置在推动制造业智能化发展的过程中发挥了不可忽视的赋能作用。

商汤科技成功地将创新平台与众多制造业企业的实际生产经验相融合，实施了 AI 质量检查。这不仅提高了质量检查的效率和工人的技能，而且通过增强制造业企业的智能制造能力，为企业的敏捷创新和应用提供了坚实的支持，从而进一步提升了企业的整体竞争力，并有效地推动了制造业向智能化方向的转型和升级。

近几年，地平线公司投入了大量的时间和努力来研发基于 AI 技术的自动驾驶系统，充分利用其在人工智能领域的优势，持续推动技术创新和生态建设。他们成功地开发了多款由 AI 芯片和算法赋予功能的智能车载设备，并研发了一款集智能驾驶和车载智能交互为一体的智能汽车。这不仅优化了驾驶和乘坐的体验，还为产业合作伙伴提供了赋能，进一步加速了"人机共驾"的实现。

2021 年 7 月，地平线公司的 CEO 余凯在地平线大算力高性能整车计算台暨战略发布会上，提出了"全维利他，拥抱价值共创、繁荣普惠的行业未来"的口号。他在深度融合芯片硬科技和汽车智能化的同时，也积极实施了关于自动驾驶技术的开放合作和融合创新，建立了一个合作共赢的生态环境，以促进 AI 与汽车制造行业的高效协同发展。

智能汽车代表了 AI 技术与汽车制造行业的深度结合，同时也标志着人类步入人工智能新纪元的开始。对智能汽车制造业而言，一个以"芯片＋算法＋工具链"为中心的技术平台构成了推动其技术革新和产品更新的基石；对人工智能行业而言，灵活的商务策略和生态策略成为推动其快速增长的关键因素。

7.2.3　大数据：数字经济的关键生产要素

随着我国数字经济的持续壮大，构建数字经济生态系统的速度也日益加快，其中数据因素逐步崭露头角，成为推动数字经济向前发展的核心生产要素。在数字化经济的大背景下，各个行业都应该充分运用大数据来推动数字化进程，同时构建一个开放的数据生态系统。这不仅能加强数据元素在数字经济中的深度应用，还能加速行业向数字化的转型和升级。即充分利用数字经济对经济增长的推动力，提升传统产业的劳动效率，并寻找新的经济增长点，以实现数字经济的可持续发展。

近期，信息通信技术呈现出旺盛的发展势头，已在多个行业得到了广泛和深入的应用，同时也催生了众多新的模式和业态。尽管数字经济为人们的生产和生活方式带来了新的视角，但它也引发了全球经济结构的转变，并作为推动全球经济增长的新引擎，对国际经济产生了深远的影响。数字经济是一种全新的社会经济模式，它基于海量数据的互联和新一代的信息技术发展而来，能够充分利用数据资源为产业赋能，并通过不断的创新来推动产业结构的升级，从而实现创新驱动的发展。

各种传统产业有能力通过加速大数据的实际应用来推动产业向数字化和智能化方向进行转型和发展，从而构建以数据驱动为核心的新型业态，进一步促进我国经济向数字经济的转型和发展。

随着数字经济时代的兴起，大数据开始逐步渗透到传统产业中，成为推动传统产业向数字化和智能化方向发展的新引擎，同时也是优化数字经济结构和提升市场运营效率的关键工具。在多个行业中，大数据的创新性应用能够助力传统行业提升其自主创新的能力，实现在生产、管理和营销方面的创新，从而提高生产效率并加速数字化转型的进程。

在服务行业中，数据元素与该行业的深度整合可以助力服务企业在客户细分、风险管理和信用评估等方面取得更好的效果，从而推动服务行业在业务创新和产业升级方面取得进展。在工业界，大数据技术允许数据元素在设计、生产、工艺、管理和服务等多个环节中通过网络发挥作用，从而提升预测、描述、诊断、决策和控制等环节的智能化水平，加速工业智能化的进程。农业公司有能力通过深入的数据分析来做出更为精确的农业生产决策，这不仅为农业生产提供了坚实的支撑，还促进了传统农业向以数据元素和大数据技术为核心的智能化农业的转变。

大数据不仅是推动传统产业向数字化和智慧化方向转型的关键技术支撑，同时也是从传统经济向数字经济过渡的核心动力，它有助于增强分工、经济模式和产业布局的科学性，从而加速经济增长。除此之外，大数据的应用也促进了产业的整合和创新，催生了更多的新业态和新模式，并在技术和数据方面为数字经济的创新和发展提供了坚实的支持，为经济增长注入了新的活力。

大数据产业不仅可以通过激活数据元素的内在潜力来支持数据交易、决策外包、分析预测和数据租赁等新兴产业的建设，还能在技术层面助力智能终端产品的更新和迭代，从而推动电子信息产业朝着高质量和高速的方向发展。

大数据技术在多个行业中的整合和创新已经彻底改变了传统产业的运营、盈利和服务模式。通过与各种产业的结合，它催生了许多新的平台、业态和模式，例如在数字金融领域诞生的共享经济模式。

随着大数据时代的到来，利用大数据进行创新和创业的热情日益高涨，众多企业开始大力投资大数据技术、大数据产业以及大数据服务的发展。在当前的背景下，数据的开放性和共享性将变成推动"大众创业、万众创新"活力的新引擎，同时，数字技术的不断创新和发展也将为数字经济的稳定和持续增长提供坚实的支撑。伴随着现代科技和信息通信技术的快速进步，大数据技术将会在多个行业和领域得到了广泛的应用。这不仅催生了大量的新产业、新消费和新的组织模式，还为创业创新、产业升级、就业结构优化和经济提质增效提供了强有力的支持，从而推动了数字经济的创新和发展。

7.2.4　物联网：开启万物智能时代

物联网（Internet of Things，IoT）描述的是一个基于互联网的人、机、物之间相互连接的网络系统。这个网络不仅可以扩展和延伸，还可以连接传感器、工业系统、文字系统、移动终端、红外感应器、家用智能电器、视频监控系统和全球定位系统等终端设备。它能够实现人与物、物与物之间的信息交流和通信，并提供物品的实时监控、远程控制、定位跟踪、自动识别和智能化管理等功能，从而支持各个行业实现对底层终端设备的"管理、控制、运营"一体化。

伴随着信息技术的持续进步，物联网技术在多个行业中被广泛用于数据的传递。从一方面看，物联网具备"根据需求连接所有事物"的能力，能够完成信息的传递、合作互动以及对物体的智能信息感知；从另一方面来看，物联网拥有类似人类的学习、处理、决策和控制功能，这使得它能够达到智能化的生产和服务水平。观察当前社会的发展趋势会发现物联网正在助力人类社会向"智能化"方向发展，并通过信息技术和产业创新来改变我们未来的生活和生产模式，进一步加速智能时代的步伐。

1. 重塑生产组织方式，推动产业革命

随着社会进步和科技的不断发展，物联网经历了飞速的成长，从一个初始的概念迅速发展成为一个成熟的产业，并作为一种实际的生产力，推动了新一轮的科技革命和产业改革。物联网有能力根本性地改变传统的企业结构，并重新塑造其生产组织模式。在最近的几年中，物联网技术在新能源、新型材料和制造业等多个领域得到了广泛应用，实现了跨领域的整合，预示着未来融合与创新的发展方向。

随着物联网在多个行业中的普及和应用，各个领域都经历了创新和发展。但与此同时，对物联网的需求也变得日益复杂，这就需要大量的智能家电、智能医疗、市政建筑、农田水利、智能机器人、智能网联汽车、可穿戴设备等终端设备和应用进行联网。当人们操作这些设备和应用时，所产生的数据就成为宝贵的信息来源。运用数据分析方法对这些数据进行深入研究，可以有效地提升生产、生活和社会管理的智能化、网络化和细致化程度，从而更快地推进经济和社会的智能化转型。

2. 智能生产、智慧生活正在开启

随着社会的持续发展，物联网技术的普遍应用已经彻底改变了我们的生产和生活习惯，逐步引领我们进入一个更加智能化的时代。如今，物联网技术已广泛应用于农业、住宅、交通、制造业、车联网以及医疗健康等多个行业，并在这些行业中起到了不可或缺的角色。

（1）智能生产方面

物联网对人们的生产活动产生的影响主要体现在工业和农业领域的智能化水平逐渐提升。

在工业领域中，物联网将传感器、控制设备、通信设备、射频识别、智能机器人等设备与远程监视系统、远端业务系统等工业系统连接在一起，实现了数据获取、数据分析、自动识别、信息处理、射频识别、智能控制、智能化管理等多项功能，极大地提升了工业生产的效率和质量，同时也提高了工业生产的安全性，降低了能源消耗和污染物排放。

在农业领域，物联网技术能够实时监测农作物种植环境中的温度、湿度、风速、降雨量、病虫害和土壤含量等多方面的数据。基于这些数据的分析结果，可以进行智能化的决策，从而实现更加精细的耕作和提高农业生产的科学性。除此之外，农业生产者还可以利用这些数据来优化他们的耕作方式，从而提高耕作的质量。例如，他们可以根据数据分析的结果来进行精准施肥，这不仅可以节约资源，还可以避免风险，从而提高农业生产管理的质量和效率。

（2）智能生活方面

物联网给人们的日常生活带来变革，尤其是在家居、交通和医疗等领域的智能化方面。

智能家居技术的核心是通过物联网手段，将住宅内的照明、控制、安全防护以及音视频设备紧密连接，从而达到家居生活和安全防护服务的数字化和智能化。更具体地说，智能家居的语音控制功能可以为视力受损或行动不便的用户提供便利，智能家居的警报系统可以与人工耳蜗连接，智能家居的监控系统可以及时发现健康事故并报警。

物联网技术的运用进一步推动了智能交通系统和车辆网络的实际应用。物联网拥有出色的数据收集和传输能力。在交通领域，物联网的应用可以广泛地收集、传递和分析交通数据，从而实现智能停车、车辆内外通信、智能交通管理、电子计费系统和车辆管理控制等多种功能，为乘客提供了更为卓越的服务体验。另外，物联网技术也可以被应用于物流车队的管理中，通过使用无线传感器等工具来实现车辆的实时追踪和运输路线的优化，这不仅提高了运输的效率，还有助于降低成本。

在医疗行业中，物联网技术的运用可以促进患者与医护人员、医疗设施和医疗器械之间的有效互动，从而推动医疗服务向智能化方向发展。借助物联网技术，智慧医疗不仅可以精确地追踪和定位药物和保健品，从而降低监管的成本，还可以将大数据和智能感知技术融入临床的精准医疗中。此外，智能手环、智能指环等智能穿戴设备可以用于监测人体健康数据，并通过射频识别技术收集居民的健康信息，从而构建医疗大数据云平台，实现健康数据的智能化管理。

如今，物联网已经崭露头角，成为促进科技和经济增长的关键动力，为我国在信息科技和数字经济领域的发展提供了新的机会，并加速了数字化中国的建设进程。

7.2.5　云计算：赋能企业"上云"战略

在早期，云计算被视为一种以互联网为核心的简洁分布式计算方式。随着计算机技术的持续进步，目前的云计算技术已经融合了分布式计算、并行处理、网格计算和虚拟化等多种技术，形成了一种网络技术，它能够整合众多的计算资源，为用户提供高效的数据处理服务。

从根本上讲，云计算中的"云"实际上是一个融合了大量计算资源的共享网络。在云计算的环境中，用户的本地计算机不再依赖于 CPU、服务器、存储设备、应用程序和集成开发环境等硬件和软件资源。他们只需通过互联网的"云"发送命令，远程计算机会根据具体需求来整合这些资源，并将这些资源传输到用户的计算机上。在此服务模式中，用户能够随时通过互联网访问云服务供应商所提供的计算资料。

云技术因其灵活性、便捷性、高效性和低成本的特点，能够更为安全和高效地进行数据的计算、存储、处理和共享。然而，企业在从传统平台迁移到云平台时也面临着挑战：这一迁移过程并不是那么简单和容易实现的。鉴于云计算引发的计算机网络的创新，各企业应当主动寻找适合其自身需求的云迁移途径，并制定与其发展策略相匹配的云迁移方案。

在制定企业的云迁移策略时，必须参照众多成功实施的云迁移项目，并从这些项目中吸取有价值的经验。更具体地说，云迁移战略可以被划分为表7.2-1展示的三个具体步骤。

云迁移战略的三个步骤   表 7.2-1

步骤	具体策略
制订云迁移计划并规划云迁移路线	企业要根据自身的实际情况和行业特性选择合适的"云"，并安排好迁移顺序，充分发挥"云"的作用，优先解决对于企业来说最为紧迫的业务
实施云计算转型和云迁移	企业可以选择合适的云迁移工具将服务、应用和数据等迁移至云端。升级原有应用，打造新的云应用，进一步革新企业的组织架构和基础设施，逐步推动运作模式和文化转型
使用云管理平台完善企业管理	企业应推进企业架构与"云"的融合，充分发挥云管理平台的作用，利用平台中的数字化工具实现成本控制，治理和服务计量等功能，集中管理企业开发和运维的各个环节

对于处于云计算时代的企业而言，将所有的业务和应用程序迁移到云端平台并不构成面对业务转型需求的最优选择。在正式启动云业务转型计划之前，各企业需要清晰地了解自己的转型需求、转型背后的原因以及业务目标等多个方面，并对自己的业务特性、行为模式和当前的发展状况进行深入的分析和评估，这样才能确定最适合自己需求和实际状况的云迁移路径，并据此制定出科学且合适的云迁移策略。在执行云迁移的过程中，企业可以利用专门的云迁移团队来增强云迁移的效益和品质。这样可以尽可能地确保云端迁移的成功。

随着商业领域步入数字化的新纪元，企业所面临的外部竞争和内部创新的压力日益增大。因此，企业需要将注意力转向云计算，利用云计算技术进行数字化转型，以增强组织的灵活性和敏捷性，从而更迅速、更灵活地满足市场和客户不断变化的需求。

7.2.6 区块链：重塑智能社会新图景

区块链技术不仅是推动数字化转型和促进数字产业化的关键技术，也是加快数字经济发展的主要动力。利用区块链技术可以显著提升数字经济的管理质量和安全性，从而推动数字经济走向高品质的发展道路。

区块链技术以其去中心化和数据不可篡改的双重特性，结合分布式账本、共识机制和非对称加密等核心技术，为数据安全提供了有力的保障。鉴于数据对于数字经济的发展是不可或缺的关键资源，因此，区块链技术，它能够稳定且可靠地记录、储存、传递和处理数据，成为推动数字经济快速增长的核心技术。

在推动数字经济向前发展的旅程中，区块链技术具有重要的调节功能。由于区块链的核心属性，它有能力高效地处理信任难题，消除数据的障碍，推动数据的共享，并进一步确保数据的最大价值。相较于传统的 IT 技术，区块链技术为数据治理、数据流通、数据共享和数据安全等领域提供了更为全面的解决策略，并在与数据相关的议题上展现了更为显著的效果。

在 2020 年的 4 月份，国家发展改革委组织了一场新闻发布活动，其中明确指出区块链被视为一种创新的信息基础设备，并强调了加强区块链技术与经济社会整合的重要性，以加速区块链技术的应用和相关产业的发展进程。随着区块链技术的持续进步和产业规模的持续扩张，数字经济预计会有更大的发展空间，产业生态也将更加紧密地融合在一起。资产上链预计将成为产业区块链发展的新方向，而链上资产不仅涵盖了数字化的人民币，还包括了数据资产等多种类型的资产。

随着对区块链的政策支持逐渐增强，预计会有更多的资金涌入这一行业。这批资本一旦投入，将会在区块链技术的创新和发展上投注更多的资源。现阶段，我国的区块链行业正在迅猛增长，区块链公司的注册数量也在急剧上升，区块链应用的实施速度也日益加快。与此同时，多个地方政府都在积极执行相关政策，以提升其监管效能。

区块链与"新基建"之间有着互补和相互推动的联系，从一方面看，区块链为"新基建"提供了强大的支持；从另一方面看，"新基建"也有助于加强区块链的基本设备，详细内容可以见表 7.2-2。

区块链与"新基建"的相互作用 表 7.2-2

序号	具体作用
1	区块链与工业互联网的协同发展有助于构建链网协同的"新基建"，为区块链提更多落地场景
2	现阶段的区块链仍旧存在计算和存储能力不足的问题,而建设计算中心和数据中心是提高区块链计算和存储能力的有效方式
3	目前我国需要提高底层技术水平，持续推进区块链技术研发平台建设
4	区块链建设能够为进出口数据的安全提供保障，打通海关、进出口企业、银行等部门间的数据通道，实现信息共享，促进中小企业实现贸易融资

在"新基建"战略的推动下，区块链技术的基础设施逐渐得到完善，预示着未来区块链产业在技术创新方面的空间将持续扩大。

区块链技术以其数据的不可篡改性为特点，确保了个人信息的绝对安全。与此同时，区块链中的智能合约技术也能有效地解决信任问题，突破数据壁垒，实现数据的确权，并将数据交由多个区块链节点的主体共同管理，从而推动数据流通和共享，为数字经济的持续发展提供有力支持。

除此之外，区块链技术还拥有追踪功能，这确保了整个数据链条的真实性和完整性，并可以追踪数据库中每个数据的使用、授权和使用量等详细信息。除了这些，区块链技术还能通过密码学技术创建出不可篡改和不可伪造的分布式账本，以确保个人隐私的安全性。同时，区块链的链式结构和不可更改的特性也为数据安全提供了保障；在区块链技术中，共识机制与密码学方法能够解决不同主体之间的不信任问题，从而达到数据的共享和共同治理。在数字经济的时代背景下，区块链技术有助于增进数据主体间的相互信赖，并有效地解决数据要素的安全问题。

区块链技术为数字经济注入了创新的生产元素、基本设备、操作方式、信赖体系以及合作伙伴关系。从资源角度分析，数据、信息和知识构成了推动数字经济高品质发展的关键资源。其中，数据无疑是最核心的组成部分；从技术角度来看，区块链拥有共识机制、加密算法和智能合约等核心技术，这些技术能够显著增强数字经济中的主体信任和数据安全。其中，共识机制可以有效地防止数据被篡改，而智能合约则可以利用算法自动执行预设的数字经济规则。利用区块链技术可以助力于实现大范围的合作，推动数字资源的共享，并进一步塑造数字经济的新面貌，确保数字经济在社会经济发展中占据核心地位。

7.2.7　数字孪生：面向智能制造的关键技术

数字孪生技术是基于数字化和网络化的原理，能够在数字虚拟空间和实体空间中实现虚拟和实体之间的交互，为推动经济增长和制造业的数字化转型提供了新的技术支撑。数字孪生技术不仅是一种连接手段，同时也是一种基础技术，它能够充分地利用模型和数据资源，从而在管理和业务层面实现数据流的有效导入，为企业带来实时、智能和高效的服务体验。

1. 数字孪生：驱动制造业数字化转型

在人工智能、大数据、云计算等新一代信息技术革命的推动下，数字孪生技术在航空航天、建筑、工业、能源等多个领域得到了广泛应用，同时也在生产制造、设计研发、运营管理、营销服务、维护维修等多个场景中发挥了重要作用，成为推动企业智能化发展的关键技术。数字孪生技术，作为推动智能制造进步的核心技术，利用设计和模拟等方法，将设备的各种特性映射到一个虚拟的空间中，从而生成一个可以复制、修改、删除和拆解的数字图像。在工业生产、制造、设计和维护等各个环节，它都起到了至关重要的控制和预测功能。数字孪生因其在模拟和管理等领域的显著优势，已逐渐成为制造业向智能化和数字化转型升级的核心驱动力。

数字孪生技术，作为一种融合模型与数据的综合技术，在其实际应用中遭遇了众多挑战。尤其在制造业领域，由于各个行业之间存在显著的差异，这使得模型的应用范围相当有限，经常导致软件在多个平台上的集成困难、数据收集与整合的挑战，以及多学科模型整合的难题。

在数字孪生相关核心技术的引领之下，各个行业、企业和产业不仅能够实现资源、技术和信息的互联互通，还可以借助数据和模拟技术来推动工艺体系的新变革。此外，数字孪生技术也能够利用过去的数据来预测生产中可能出现的故障和风险，从而实现更精确的优化并提高工作效率。

不仅数字化转型是推动企业走向高质量发展的关键因素，数字孪生技术更是这一转型过程中的核心技术，其在制造业领域的应用已逐渐成为时代的发展趋势。在制造行业中，数字孪生技术涵盖了从产品研发到生产制造，再到营销服务和供应链管理的每一个环节。它成功地连接了所有的生产要素、产业链和价值链，确保了不同行业之间的无缝连接，为制造业的智能转型和升级提供了坚实的技术支撑。

2. 数字孪生在智能制造中的应用

（1）实施生产流程的可视化展示，以提升生产管理和控制的效率。

在生产制造企业进行数字化转型的过程中，数字孪生技术扮演着至关重要的角色。得益于数字孪生技术的辅助，生产制造企业能够根据生产的实际需求，为客户提供多层次的数字化服务。这不仅可以增强生产流程的透明性，优化生产工艺，还能实现远程监控与故障诊断的高度整合，从而提高生产效率和质量，进一步提升管理水平，并优化产品的生产制造流程。

（2）推动公司业务向数字化方向发展，以达到降低成本和提高效率的目的。

生产和制造企业有能力利用数字孪生的核心数据来对各种业务进行数字化改造，以数据流为核心，从而带动技术、人才、资金和物资的流动，以实现降低成本和提高效率的目标。另外，数字孪生技术在降低公司的运营开销、减少产品制造设备的故障率、提高设备管理的效率以及减少设备维护成本等方面都具有显著的益处。

（3）构建高度协同的生产制造价值链以释放更多的价值。

数字孪生技术致力于构建一个高度协同的生产制造流程，通过优化资源分配和协同研发制造，可以提高生产效率，实现上下游企业之间的数据集成，协调各个生产环节，从而释放企业的价值。

（4）建立数字孪生的运营策略以实现能力的转型和提升。

数字孪生技术与产品之间存在着紧密的协同作用，它在产品的设计、研发、制造和服务管理的整个生命周期中都得到了广泛的应用。这种技术在车间、设备、企业和产业链的各个层面都得到了深入的推广和应用，有助于推动业务的创新和产业的升级。它助力企业打破传统的商业模式，围绕个性化和数字化的需求，构建了一种新的数字孪生运营模式，为传统制造向智能制造的转型提供了强大的支持。

7.3　数智革新：企业数字化转型实践路径

7.3.1　顶层设计：明确数字化转型的目标

从长期角度看，企业数字化转型的核心目标通常是运用数字技术来改变现有的运营模式，提高运营效率，并实现成本降低和效率提升。在这一基础上，企业应避免探索新的业务模式，而是拓展新的运营渠道，开发新的竞争力，创造新的价值，并重视与产业链上下游企业的合作，以实现长期的可持续发展。具体包括以下几个方面。

1. 管理精细化

现阶段，企业所处的发展环境快速变化，为了适应新的战略趋势，企业必须采用数字化技术来推动管理模式的创新。在数字化转型的大背景下，企业应当充分利用数字技术，创新其业务模式和管理方式，以实现更为精细和高效的管理。

从宏观视角来看，企业应该重视管理数据的收集和应用，利用大数据、云计算等技术对管理数据进行全面的收集和分析，结合内部的业务调整和外部环境的变化来调整组织结构，优化资源分配，推动"业财管"的有机整合，制定符合企业数字化转型战略的管理决策。

从微观角度出发，企业利用数字技术构建了一个数字化的统一管理平台，将企业管理的各个环节和流程纳入其中，并设置了功能各异但能够实现协同互联的系统，以推动企业管理的各个环节和流程实现数字化的变革，例如数字化财务报告、数字化绩效管理、数字化业务报告等。

2. 产品差异化

在这个经济飞速增长的时代，单调重复的产品已无法满足消费者的个性化需求，仅仅通过扩大生产规模或拓展销售渠道已经无法增强企业的竞争力。为了在竞争激烈的市场环境中脱颖而出并获得市场份额，企业必须借助数字技术来推动产品的创新和实现产品的差异化。产品的差异化意味着基于消费者的各种需求和偏好来调整或重塑业务，从而为他们提供更加个性化的商品和服务体验。在这个数字化的时代背景下，企业不仅需要利用大数据和物联网等先进技术来广泛地收集消费者的各种信息，还需要对这些信息进行整合、分类和深入分析。同时，企业还需要利用数据可视化技术来创建各种消费者的详细画像,以便更准确地了解消费者的收入状况、预算需求和个人偏好等关键信息;从另一个角度来看,我们需要结合市场的需求、方向和战略目标,利用数字技术来优化和丰富我们的产品线,进一步拓展线上和线下的综合消费渠道,从而提高消费者的整体体验。

3. 服务精细化

企业所提供的服务不仅仅局限于外部客户,还涵盖了企业内部各个部门在运营过程中所需的各种数据、操作流程和决策支持。在数字化转型的大背景下,企业需要利用数字技术,根据各种不同场景的需求,制定相应的解决策略,以实现更为精确的服务体验。

在这个现代社会中,把服务放在首位的商业理念已经深深植根于人们的心中。随着公司向数字化转型的步伐日益加速,服务的精确性变得尤为关键。外部,它能为客户带来更加精确和高品质的服务体验,从而增加客户的忠诚度;而内部,它有助于培养公司的创新能力,提高运营效益,增强市场竞争力,并确保企业的长期可持续发展。毫不夸张地说,企业的服务精准度是其竞争力的一个关键指标。

4. 决策科学化

一个企业的持续成长与其经营策略的导向是分不开的,而做出科学合理的决策则能有效地推动企业朝着健康和稳定的方向发展。在数字化转型的大背景下,科学决策变得尤为关键。这是因为科学决策需要数据作为基础。数字技术能够准确地采集和分析决策所需的各种数据,从而提升决策过程的准确性、科学性和客观性。

在企业进行数字化转型的过程中,数字技术应被广泛应用于业务、财务和管理等多个方面。这包括全面收集、动态整合、精确分析和合理利用各个领域产生的数据。在提高企业数据治理能力的同时,应创建一个融合、统一和动态共享的数据库,并利用物联网和移动互联网等先进技术来实现数据的实时和有序流通。这样可以充分利用数据的价值,将海量和复杂的数据转化为能够推动企业高质量发展的科学决策。

5. 客户体验个性化

客户体验的个性化是产品差异化和服务精准化的融合,在数字化时代,企业逐渐将其视为产品的"终极竞争力",因此实现客户体验的个性化也是企业数字化转型的一个重要目标。通过为客户提供定制化的体验,企业不仅能够提高客户的满意度和忠诚度,还能实现差异化的发展,从而获得独特的竞争优势。

在企业进行数字化转型的过程中,可以利用大数据、物联网、人工智能等先进技术,对所有营销渠道的客户信息进行全方位、实时地收集、分类和整合分析。这样可以精确地了解不同客户的个性化需求,并创建准确、动态的客户画像,从而实现精准营销，提升客户的体验。同时，结合 AR、VR 等技术，邀请客户参与产品设计、生产、营销等环节，实现与客户的持续互动，提高客户的参与度和满意度，进一步提升客户的服务体验，增强客户的黏性，提升企业的竞争力。

7.3.2　战略原则：数字化转型的三大核心

1. 以业务为导向，得到技术的坚实支持

在进行数字化转型的过程中，企业需要根据自身的实际情况和发展需求，深入理解业务的特点，明确未来的发展方向，制定适合自身发展的数字化转型战略目标，根据业务内容对战略目标进行适当的拆分，重视与行业内的上下游企业合作，确保数字化转型战略能够有序地实施。

另外，数字技术的支持也是不可或缺的，尤其是 5G、大数据、物联网、人工智能和边缘计算等技术。这些技术具有极高的适用性，可以在各种业务场景中发挥作用，实现产业形态的创新和重塑。因此，企业需要紧紧抓住数字技术所带来的各种机遇，以技术作为基础，整合企业各个领域的数据资源，推动数据的融合和共享，充分发挥数据的价值，探索数字化时代下新的业务场景和模式，实现业务的数字化转型，为企业创造更多的价值，并通过业务数字化来推动企业的数字化转型。

2. 实行统一的规划，并进行迭代执行

企业必须清楚地认识到，数字化转型是一个将数字技术与企业的各个部门紧密结合，并推动各个领域进行数字化改革的过程，这一过程通常需要相当长的时间。数字技术为企业的成长提供了动力，这需要依赖于统一的规划数字资源。因此，在数字化转型的总体战略目标引导下，企业需要对其业务、数据和技术资源进行全面的整理和规划。这将有助于推动"业财管"的整合，消除现有的"数据孤岛"现象，预防可能出现的新型"数据孤岛"，实现真正的数据共享。通过充分利用数字技术的优势，企业可以实现由数据驱动的数字化转型。

此外，企业在进行数字化转型时，应持有长远的视角，始终以客户的需求为中心，结合公司的运营状态、员工的能力、信息技术水平以及外部市场环境来制定转型策略，确保企业运营的每一个环节都能实现数字化的转型。

3. 以价值为导向，进行集约化的建设

在进行数字化转型的过程中，企业应始终遵循价值导向原则，并积极推动集约化的建设模式。在过去的两年中，新冠肺炎疫情的爆发大大限制了企业的开源能力。随着"双循环"新的发展模式的形成，企业的运营成本持续上升，正面对着前所未有的挑战。在这种背景下，企业在进行数字化转型时，应该从业务转型中遇到的困难和问题入手，利用数字技术和适当的策略来增加收入和减少支出，从而达到降低

成本和提高效率的目的。

此外，企业还需要建立一个共享平台，对人力、财务、IT、财务和采购资源进行全面的整合和配置，以促进资源的共享。同时，企业应沉淀过去优秀和具有高参考价值的业务模型或组件等资源，并结合创新的业务流程来创建标准化和可重复使用的微服务组件。这将有助于企业进行数字化转型，降低探索新业务模式的成本，帮助企业选择最佳的转型路径，降低转型风险，并实现集约化建设（图 7.3-1、图 7.3-2）。

事实上，要实现公司的数字化转型，最关键的三个方面的投资是：首先是对思维模式的投资，其次是对 IT 的投资，最后是对业务模式的投资。

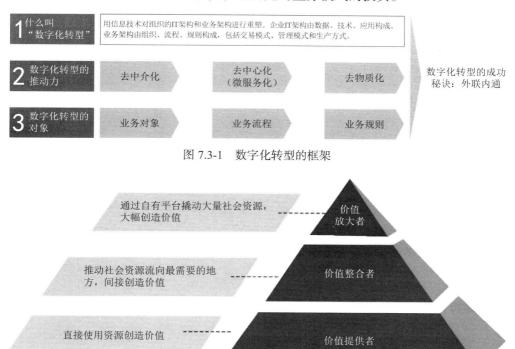

图 7.3-1　数字化转型的框架

图 7.3-2　基于数字化转型的三种企业类型

（1）重塑思维模式

为了对思维模式进行重塑，我们需要打破和拓展传统思维在企业、组织、流程以及 IT 范围上的固定界限。从仅限于企业内部的组织结构，逐渐拓展到未来可能形成的无界限组织。企业的关注范围已经从仅仅关注企业内部结构扩展到关注企业生态系统，组织结构也从 N 级的组织金字塔演变为组织扁平化，流程范围也从 N 级的流程扩展到了流程扁平化，而 IT 的应用范围也从 IT 的竖井式应用扩展到了 IT 平台化和横向扩展（图 7.3-3）。

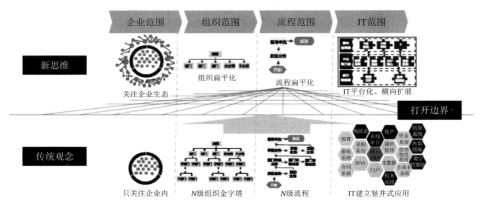

图 7.3-3　重构思维模式

（2）重构 IT 架构

在 IT 架构的重塑过程中，我们可以从数字化模式转向智能化模式。如图 7.3-4 所示，企业的 IT 架构发展经历了三个主要阶段：电子化、信息化和智能化。

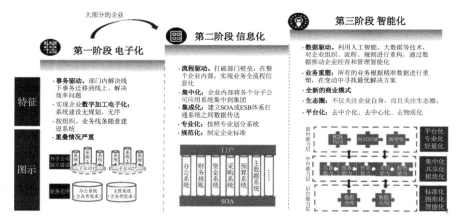

图 7.3-4　企业 IT 架构演进的三个阶段

首个阶段被定义为电子化的时期。它的显著特性是以事务为核心，将部门内原先线下处理的任务转移到线上，这在某种程度上有助于提高工作效率。尽管已经实现了企业的数字加工电子化，但仍然存在许多挑战，例如系统建设缺乏明确的规划和秩序，以及根据组织和业务流程随意搭建系统，还有系统之间的严重重叠等问题。

信息化是第二个发展阶段。它的显著特性是以流程为驱动，消除了部门之间的障碍，并在企业内部完成了业务的全流程数字化。下一步，我们将从集中化、集成化、专业化和规范化这四个维度来深入探讨信息化阶段的 IT 结构。集中化策略：在企业内部，所有子公司的应用系统都会被集中到一个集团中；集成化策略：通过建立 SOA 或 ESB 的系统架构，实现系统间数据的无缝传输；专业化：系统是根据各个专业进行分类的；规范化过程：为企业设立标准。虽然信息技术架构已经进展到了信息化的阶段，但系统之间的障碍依然存在。

智能化构成了第三个发展阶段。它的显著特性是由数据推动的。通过运用人工智能和大数据等先进技术，对企业的组织结构、工作流程和管理规则进行了全面重构，旨在通过数据分析来促进企业经营和管理的智能化进程。企业有能力利用处于智能化阶段的 IT 架构来重塑其业务、创新商业模式、关注生态系统，并实现企业的平台化发展。在智能化发展阶段，企业的 IT 架构由三个主要层次组成：前端应用层（例如 B2B 协同、内部商城、新零售等应用），中间能力层（例如结算、税务、核算、支付等），以及后端数据层（例如数据仓库、数据应用等）。目前，大多数企业的 IT 架构正在经历一个从第一阶段（电子化）向第二阶段（信息化）的转变过程。

（3）重塑业务架构

对业务结构的重新设计将推动企业走向数字化的转型，并向智慧型企业迈进。正如前文提到的，任何组织的行为都可以被简洁地概括为其内部的生产与管理活动，以及与外部进行的各种交易，如购买和出售。

从理论角度看，为了在互联网时代实现企业的数字化转型并转型为智慧企业，企业首先需要将其内部的生产和管理流程向智能化方向发展，也就是所谓的"智能制造"和"智能管理"。"智能制造"指的是运用信息技术和物联网技术，将生产和服务流程进行智能化处理。在《中国制造 2025》这本书中，明确指出了成为制造强国的策略目标：通过实现工业的互联互通，我们可以将原材料、生产设备和信息管理整合在一起，并与 MES、ERP 等系统集成，从而达到定制化生产的目的；利用"智能制造"技术，我们能够对传统产业进行升级，从而提升产品的品质，并满足客户的独特需求（图 7.3-5）。

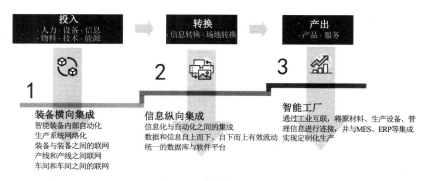

图 7.3-5　智能制造过程

"智能管理"的核心思想是利用先进的信息技术来对企业的资源进行合理分配，并对风险进行规范化管理。在传统的操作模式中，各种指标与资源存在不匹配的情况，导致控制与风险之间的不均衡，从而大大降低了效率和预期；在互联网的背景下，"权利、责任、利益"三者之间的有机结合和动态均衡，可以为企业注入新的活力。依托于互联网模式的"智能管理"为达成目标提供了强大的推动力，实现了资源的市场化配置，并通过 IT 系统来控制潜在的风险。

接下来，我们需要推动外部交易向智能化方向发展，也就是所谓的"智能交易"。企业通过内部应用和设备的互联，以及供应链上下游企业之间的业务连接，实现了跨供应链和跨行业产业集群的生态互联，从而提高了交易效率和降低了交易成本（图 7.3-6）。

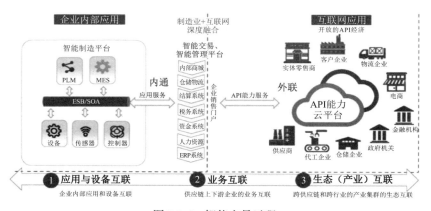

图 7.3-6　智能交易过程

更明确地说，要想成为一家智慧企业，有三个关键因素需要关注。首先是利用"智能制造"技术来达到产品的升级。为了响应中国制造 2025 战略，我们坚定地遵循"以创新为驱动力、质量优先、绿色可持续发展、结构优化和以人才为核心"的基本原则，以市场为导向，紧贴市场需求，全力提升制造业的核心竞争力和品牌塑造能力，从而推动供给侧产品的升级。第二点是利用"互联网 + 平台"来减少交易的成本并提高管理的效率。为了响应"互联网+"的策略，我们利用互联网+这一平台来消除信息的不对称性、减少交易的成本、提高资源的配置效率，并进一步推动专业化的分工与劳动生产率的提高，从而为供给侧的转型和升级提供了关键的支持。第三点是利用"制度 + 规则 + 系统"的组合来达到内部管理的智能化。我们致力于构建一个智能化的管理体系，通过制度化、规则化和系统化的管理方法，打破传统的"断点"管理模式，提高目标设定、资源分配和风险控制等多方面内容的智能化管理水平，从而实现"外联内通"的目标。

7.3.3　转型思路："四位一体"的关键点设计

1. 以数字化规划作为初始步骤

企业在进行数字化转型时，不仅仅是依赖数字技术来处理简单的事务，更是要将文字技术与业务流程、组织结构、企业管理等方面进行深度整合，以促进企业当前商业模式的创新和变革。在当前这个阶段，众多的领先企业正积极地进行数字化转型。然而，数字化转型这一概念的提出时间相对较短，成功的实践经验也相对稀缺和不全面。此外，它涉及的领域非常广泛，数字技术的应用也非常精细。因此，企业在进行数字化转型时，应当遵循价值驱动、战略关联、由点到面等基本原则，以减少转型过程中的成本和风险。

从宏观角度看，企业的数字化转型是一个长期且持续的系统项目。首要任务是进行全面的顶层规划，这意味着企业需要重视数字化的思维方式，结合业务策略和客户体验，同时考虑当前的发展状况和未来的目标，利用数字化技术从整体发展的视角进行全面规划，以构建和完善数字化的顶层设计方案。详细内容见表 7.3-1。

企业数字化转型顶层设计的五大内容　　　　表 7.3-1

序号	具体内容
1	结合企业的发展特征设定科学的数字化转型目标
2	明确自身数字化转型的优势与不足，不断探索弥补措施
3	根据数字化转型目标设计企业转型的蓝图框架
4	制订多个数字化转型方案，通过风险评估和收益预测对这些方案进行优劣排序，完善数字化转型路径
5	针对数字化转型效果制定关键指标、评估组织、评估方案、评估周期等，并根据企业实际情况进行动态调整

2. 以数字能力为主线

企业在进行数字化转型的过程中，有必要加强自身的数字处理能力，确保企业资产得到高效的运用，最大化资产的潜在价值，并助力企业在业务获单和履约方面取得更好的平衡，从而为企业的数字化转型打下坚实的基础。事实上，企业的数字能力建设意味着在其经营的每一个环节和链条中融入新一代的数字技术，从而达到数字化的转型。更具体地说，为了适应经济环境的快速变迁并应对各种新出现的挑战，企业需要依赖大量的数据资源，以增强自己在学习新知识和拓展新业务方面的能力。表 7.3-2 展示了企业如何通过三种主要手段来增强其数字处理能力。

企业提升数字能力的三大措施　　　　表 7.3-2

序号	具体措施
1	借助传感设备和基础软硬件设施对数据进行感知、采集和存储。数据可以存储在本地，也可以借助云技术存储于云端
2	结合 5G、云计算、边缘计算等技术创建企业云平台，并基于云平台进行数据整合、处理、分析，将企业大数据与数字技术、软硬件设施等进行融合，形成可共享调用的技术服务组件，为企业建设数字能力提供必要的基础

序号	具体措施
3	利用大数据、人工智能、系统集成等技术对数据进行合理呈现和应用，打通企业运营各部门以及不同流程和环节的数据通道，实现数据资源的整合共享，发挥数据和数字技术的价值，推动企业的业务、组织、流程、管理实现优化升级，提升企业决策的科学性和高效性，实现企业数字能力建设，最终实现数据驱动的企业发展新模式

3. 以价值转型为核心导向

当企业进行数字化转型时，这不仅可以增强其在市场中的竞争优势，帮助企业在激烈的市场竞争中突出重围，还有助于推动业务的创新和更好地发展。最终，这些成果将为社会带来更大的价值。企业在进行数字化转型时，应以创造商业和社会价值为核心目标，只有这样的转型才真正具有实际意义，并得到企业管理层的广泛认同。因此，各企业应依据其独特的发展模式、过往的经验以及未来的发展趋势，整合内部资源，利用外部市场的力量，并以转型的价值为核心，有效地推动企业的数字化转型。更具体地说，企业在数字化转型过程中的价值创造方式见表7.3-3。

企业数字化转型过程中的三大价值创造形式　　　　表 7.3-3

价值创造形式	具体内容
研发新产品，开创新服务，实现产业价值创造	利用数字技术精准捕捉和分析客户对产品或服务的个性化需求，并据此对产品的设计、研发、生产、营销、服务的整个生命周期进行创新和优化，提升产品全生命周期的价值创造能力，为客户乃至产品供应链创造新价值
推动资产高效运营，为企业创造更多价值	企业要根据数字化转型的战略目标对各类资产进行经济、灵活的调配，提升资产运营效率，以支撑内部业务活动的高效开展
提升业务履约水平，为外部市场和社会创造更多商业价值	企业一方面要创建对外开放的交流平台，实现与客户的实时动态交互，为客户提供良好的服务体验；另一方面要提升自身洞察市场的能力，不断探索新的市场领域，开辟新型商业模式，为社会创造新的价值

4. 以数据要素为驱动

伴随着新一代信息技术的不断进步和广泛应用，以及信息大爆炸时代的降临，数据逐渐转变为企业新的生产要素。在当前的经济环境下，企业应当积极地运用大数据、物联网、云计算和人工智能等先进技术，以实现对企业内外所有可能产生价值的数据的动态感知、智能采集、精确分析和智能决策。在满足特定条件的前提下，企业应自动执行其决策，从而达到智能生产、精准营销和生态协同的目标，以实现真正的数据驱动企业运营。数据被视为新时代企业成长的宝贵资源，它在推动企业高效运作上起到了三大核心作用，详细内容见表7.3-4。

数据驱动企业高效运营的三大作用　　　　　表 7.3-4

作用	具体内容
数字服务	借助数字技术对服务全过程产生的数据进行全面收集和分析，并据其描绘准确的、动态的客户画像，实现精准服务，提升客户转化率和营销利润。同时，企业要根据服务主体适当优化和延长服务链，提高服务营收，还要借助数字技术对多维销售数据进行客观分析与可视化呈现，结合市场需求实时优化销售策略，推动销售业绩增长
数字生产	企业将数字技术引入生产的全过程，对全部生产数据进行实时收集和精准分析，一方面可以对整个生产过程进行实时监督和管控，优化生产流程，保证产品质量，提升产品竞争力；另一方面可以结合内部业务创新与外部市场需求的变化，推动生产资源的广泛协调与高效利用，实现柔性化生产，节约生产成本，提升生产效率，实现可持续发展
数字管理	企业可以创建数字化的统一管理平台，整合内外部数据打造融合共享的数据库，针对不同业务场景对相应的数据进行精准分析，优化管理流程与管理决策，提升管理水平和管理效率，助力企业实现智能化管理

7.3.4　落地路径：企业的数字化重构与再造

1. 明确企业发展战略，提出数字化转型主张

一个企业的持续成长是与其发展战略紧密相连的。一个科学合理的发展策略可以帮助企业明确其未来的方向和目标，从而更好地整合内部资源，优化其运营流程，并实现高品质的发展。从根本上讲，企业战略实际上是企业内部控制和管理的最高追求。因此，如果企业想要进行数字化的转型，那么制定一个合适的发展策略是至关重要的。

在当前时期，我国正积极推进"数字中国"的建设，企业在制定其发展策略时，必须紧密围绕这一核心政策，以确保数字化转型策略能够有效地实施。此外，企业采取的这种策略应具有显著的时代意义，并对其未来的成长能产生深远的影响。

（1）首先，公司需要在其内部构建数字化的网络和硬软件设备，并建立一个完整且统一的数据库，这将为公司的战略规划提供坚固的信息化支撑；其次，企业的决策层需要根据企业的核心业务、技术发展方向和市场环境的发展趋势来制定适当的发展战略，并强调数字化的重要性。在执行企业战略的过程和各个阶段的目标时，需要将其与数字化主张紧密结合，以实现数字化转型战略的形成。

（2）企业的组织结构需要根据其战略方向进行适时的调整，建立并不断完善其内部的管理控制系统，确保数字化转型策略得到有序的执行。与此同时，企业还需高度重视风险的管理和控制，以减少不必要的经济损失并促进其健康成长。

2. 提升企业新型发展能力，支撑数字化转型升级

随着数字化转型的进行，企业在数字化能力方面面临着新的挑战和需求。在企

业进行数字化转型的过程中，必须具备深度应用新一代信息技术的能力，通过技术赋能来加速业务创新和管理升级，从而建立新的竞争优势，并提高新的发展能力。因此，各企业应当主动学习数字技术的相关理论，深入理解其内在逻辑，并借鉴全球经济市场上成功的数字化转型案例和优秀的经验，不断提升自身的数字化能力，为全面推进数字化转型奠定坚实的基础。以下是具体的实施措施。

（1）为了更有效地支持企业的数字化转型，企业需要依据其发展战略来构建数字化转型框架，明确数字化转型过程中的关键任务、各个阶段的目标、具体执行步骤以及所需的能力标准，并据此构建一个全面的数字化能力体系。

（2）为了满足新一代信息技术和社会战略规划的变革需求，企业需要构建基于数字化转型框架和能力体系的创新战略规划能力，以确保数字化发展方向的准确性。

（3）在已有的技术能力基础上，企业应持续学习，推动数字技术与行业发展策略的深度整合，开发适应企业数字化进程的核心技术，并构建新的能力，以支持企业的数字化转型和升级。

3. 打造数据治理体系，提供数字化转型保障

随着数据逐渐成为公司的宝贵资产，数据管理的核心地位变得越来越明显，这也是推动公司顺利进行数字化转型的关键要素。因此，公司需要优先建立一个数据管理体系。一个健全的数据管理体系应该能够全面支持数据集成、数据清洗、数据融合和数据应用等各个环节，并确保数据资产的潜在价值能够得到最大化和有效的利用，从而为企业在数字化转型过程中提供全面的支持。

一个健全的数据治理体系应包括企业的战略、组织结构、企业文化和制度、信息化平台和系统、技术手段等多个方面的内容。当前，企业运营数据呈现出爆炸式的增长，而且数据的来源、格式、标准等各不相同，这表明数据治理体系的建设是一项非常艰巨的任务，也是一项系统性的工程。因此，为了确保数字化转型的顺利进行，企业需要合理地运用数字技术，并构建一个科学合理的数据管理体系。详细分析，数据治理体系的构建主要涵盖了表 7.3-5 中列出的几个关键领域。

数据治理体系建设的四大方面　　　　　　　　表 7.3-5

序号	具体内容
1	借助大数据等技术全面整合企业的数据资源，并对其进行整体规划，制定企业数据资源清单
2	制定统一的数据标准（元数据、业务数据、指标数据等），对多源异构数据进行统一处理、为数据共享提供便利
3	根据标准统一的数据进行数据治理，实现数据驱动业务应用和创新，进而实现数据驱动企业发展
4	根据企业的数字化战略、发展特点及业务情况，创建数据治理规范体系，对数据治理流程进行规范和约束，明确相关组织的职责，从制度层面为企业的数字化转型提供保障

4. 设计全面的系统解决策略，促进全方位的数字化转型

　　企业数字化转型是一场涉及多个方面的系统性变革，包括企业战略、业务流程、组织结构、技术工具、数据资源和服务模式等。这需要企业从一个全局的视角出发，构建系统性的解决方案，以实现企业发展的所有要素的交互和协同，从而推动企业实现数字化转型。在此流程中，公司必须全面地思考表 7.3-6 中列出的几个关键领域。

企业数字化转型需要考虑的七个方面　　　　表 7.3-6

切入层面	具体内容
战略方面	企业要将数字化转型作为现阶段的发展战略，从战略高度深化企业内部组织的数字化转型意识
文化方面	企业要结合现有的企业文化与数字化转型战略建设健康的数字文化，并要将其置于重要位置，还要根据企业的发展情况、外部市场环境变化以及信息技术的变革对数字文化进行实时更新和优化
数据方面	企业要围绕内外部数据开展全面收集、动态整合、智能处理、精准分析、高效治理、协同共享、智能应用等一系列操作，发挥数据驱动作用
技术方面	企业要合理运用人工智能、物联网、大数据、云计算、区块链等新一代数字技术，注重多项技术的组合应用
流程方面	企业要结合发展战略对业务流程进行优化或重塑，并借助数字技术实现业务流程的实时、动态管控
组织方面	企业要基于业务流程创建合适的组织架构，根据战略或业务对组织架构进行动态优化，保证其合理性与高效性
服务方面	企业要打通内部各部门、各系统之间以及企业与外部环境之间的数据通道，消除"数据孤岛"问题，推动数据协同共享，建设数字业务服务能力

数字资产

8.1 数字资产的概念与基本特征

8.1.1 数字资产

数字资产的定义是什么？数字资产指的是任何企业、组织或个体所持有的资产，这些资产全部以电子形式存在，并具有独立的商业价值或交换潜力。简而言之，数字资产以二进制的形式存在，并拥有相应的使用权限。没有该权益的数据不被认为是有价值的资产。数字资产不仅包括数字文档、音频、电影和其他相关的数字信息，而且这些资产不会受到存储介质或其他物理设备所有权的影响。

从外观上看，数字资产可以被划分为两个主要类别：一是同质的数字资产，二是异质的数字资产。由于同质化数字资产具有明确的价格和表现方式，当根据其单位进行分割时，每一份资产的价值都应保持一致。因此，这种数字资产可以进行明确的度量，例如股票、比特币、Q 币等。当对异质数字资产按照其单位进行划分时，每一部分的价值都是不平等的，并且没有一个统一的算法可以准确地估算每一部分的独立价值，例如域名、电子邮箱等数字资产。尽管这些资产在每一部分都是独立存在的，但两种相似的资产在实际价值上可能存在显著的差异。

在过去的十几年里，数字资产主要以多样化的数字资产形态存在。尽管这些资产的总和相对较小，但它们已经变成了人们日常生活中不可缺少的组成部分。每个人都或多或少地拥有这些数字资产，例如域名、QQ 号码、电子邮箱、博客和微博等。此外，我们已经观察到了这些数字资产所引发的继承、赠予等情况。

尽管异质化的数字资产数量庞大，但随着这些资产的持续增长，我们坚信那些同质化的数字资产（因为它们更易于评估和交易）在人们的日常生活和经济活动中所占的份额将会逐渐扩大并变得越来越关键。

数字货币存在一个明显的发展趋势，即在数字货币尚未经历爆炸性增长之前，即便是高度同质化的数字资产，其表现形式依然相当单调，并且通常与法币保持着紧密和固定的兑换联系。然而，随着数字货币在最近几年的迅猛增长，行业中涌现出了众多以数字货币方式呈现的如股票、期货、基金等日益丰富的数字资产产品。

在我们的观点中，标准化的数字资产代表了所有传统资产的数字化进程。换句话说，所有具有（同质性）的实物资产和（异质性）的无形资产都将步入一个不可逆转的数字化发展路径。

8.1.2　数字资产的经济学属性

数字资产既具有资产的特性，也有商品的属性，但它更多地揭示了资产的本质。这类资产具有以下几个显著特性：

价格非常高昂。例如，某些具有特定功能的数字软件是专为特定的工作和资产设计的，这导致它们的成本相对较高，并且其价格并不低于工厂或其他物理资产的价值。

具有很强的依赖性。例如，数字软件要想充分发挥其功能，必须得到计算机硬件和系统软件的全面支持，而不是孤立存在或独立运行，同时还常常受到某些特定系统的限制和约束。

具有高度的互动性。即便是最基础的应用程序，也具备一些交互功能，例如提示操作员错误，这正是数字产品最根本的优势所在。

数量是无上限的。虽然数字资产作为一种资产是非常稀有的，不是每一个企业或个体都有能力创造出真正有价值的数字资产，但其供应的范围可以是无上限的。然而，由于公司的资产和存储容量的制约，有形资产始终是受限的。

随着时间的推移，成本逐渐减少。有形资产的制造成本与其生产量之间存在着正向的增长关系。数字资产的成本主要集中在初步的研究和开发阶段，以及销售过程中产生的销售和其他运营费用。由于数字产品的产量是无限的，因此其开发成本通常会按照传统的财务会计方法分摊到产品上。因此，随着销售量的持续增加，数字产品的边际成本会逐渐降低。

8.1.3　数字资产的会计属性

数字资产具有明确的定义。确认资产通常基于两大准则：一是为未来创造的经济收益，二是其成本和价值可以被准确地衡量。数字资产确实满足了这两个准则。首先，对于一个主要生产和销售数字化产品的公司来说，销售这些产品是其主要的营业收入来源。数字产品不仅可以为公司带来经济收益。而且数字资产作为公司的研发成果，也是公司的知识产权，是可以被拥有和管理的。其次，数字资产的研究和开发成本是可以合理衡量的，其在市场上的价值可以通过评估等方法来确定。

数字资产具有可度量的特性。在对资产进行计量时，存在两个主要的价值基准，分别是投入的价值和产出的价值。由于投入价值是可以进行验证的，因此在传统的财务会计中，它是首选的计量单位，其计量特性包括历史成本、当前成本或重置成本等。资产的价值输出是基于资产在经过交换后与企业分离时所能获得的现金和等同于现金的资产，这些资产的计量特性包括当前市场价格、可变现的净值、清算时的价值以及未来现金流的现值。普通的数字企业所拥有的有形资产是相当有限的，它们缺乏大型的生产工具、生产车间和办公设备，因此仅仅依赖投入的价值来衡量是不可行的。目前市场价格、可变现净值和清算价值对于数字资产的计量方式并不完全可靠，这是因为数字资产的独特性质彻底否定了市场上存在相同或相似资产的参考标准，同时，开发数字资产所需的知识很多时候也是无法用市场价值来衡量的。因此，数字资产未来的现金流量现值被认为是一个相当理想的评估手段，该方法不仅关注未来，还综合考虑了数字资产预期的实际价值，以及这些价值在时间和折现率上的分布。

揭示数字资产的信息具有一定的相关性。在数字化的企业环境中，其账面上的有形资产相对于数字产品所能提供的价值是相当有限的。传统的财务会计方法往往只关注有形资产的展示，而忽视了数字资产的价值，这种做法可能导致投资者对这些企业产生误解，或者过度估计其收益而忽视其潜在风险，或者低估其价值而选择转移投资。

揭示数字资产的信息是非常可信的。通过恰当的评估流程，我们可以根据数字资产预期的实际价值、价值的时间分布和折现率，以及该资产在市场上的占有率、信誉、品牌形象和消费者的依赖度等非财务方面的信息，来合理地揭示数字资产可能带来的未来收益。

8.2　数字资产化和资产数字化

尽管"数字"与"资产"的排列顺序经过了简单的调整，但它们的内涵却存在显著的差异。数字资产化指的是将数字信息转换为有价值的资产，而资产数字化则是将实体资产转换为虚拟世界中的二进制数字的过程。这两者在经济本质、价值的实现过程以及核算方法上存在明显的差异。

1. 经济实质

从经济的本质角度来看，数字资产化代表了一种新的生产要素的出现，这意味着数字已经变得稀有，变成了一种经济资源。大数据技术是数字资产化的一个标志性实例。这里的"数字"和"数据"在意义上有更高的相似性。在我国的背景下，数据已经崭露头角，成为新的生产动力。因此，被归类为这一类别的"数字资产"可以被命名为"数据资产"。

资产数字化是指将物质世界中的资产转换为数字形态，并将其映射到数字空间中的过程。资产数字化的核心目标在于优化实物资产的价值交换机制，从而让交易过程变得更为便捷。从某种角度看，资产的数字化过程并未产生新的资产，这里的"数字资产"实际上是对现有信用关系的一种体现。

2. 价值创造过程

从价值创造的角度来看，数字资产化的价值创造过程是通过所有者的加工、处理和分析，来优化现实世界中的资源和财富分配。资产数字化的价值体现是基于所有者的实际能力，与无形资产有更高的相似性，而这些价值是通过一系列的间接手段来实现的。

尽管资产进行了数字化处理，但这并没有改变资产价值的传统实现途径，而是依赖于实体世界中已存在的资产。当实体资产被映射到数字世界后，信用关系的表现形式发生了变化，但是资产的内在价值和使用价值仍然保持不变。以数字货币为研究对象，这种以数字形式存在的货币在交易媒介、价值评估和存储手段等方面仍然发挥着重要作用，与传统的纸币在本质上并没有显著差异。

3. 核算方式

从财务核算的角度来看，将数字资产转化为会计核算与无形资产更为相似，其价值是基于企业通过这种资产所能实现的经济回报。对于商业银行来说，数字资产化所带来的价值是由基于数字技术构建的模型所产生的。

与传统金融资产相比，资产数字化的会计处理方式更为贴近实际。可以设想，通过众筹等途径发行的 STO，在实质上等同于在数字世界中发行的股票。因此，虽然现在还没有一个完全成熟和统一的会计核算方式，但其核心的核算原则应该与现有的金融资产相吻合。

当我们将数字资产化与资产数字化进行比较时，我们发现数字资产化更加注重数据资产的生成；而在资产数字化的过程中，更多的是强调资产向数字化的转化，这两个概念在含义上有很大的不同，用"数字资产"来总结它们可能会导致混淆。巴塞尔委员会以及各个国家的监管机构也把数字资产纳入了他们的监管体系，通常会将比特币视为非国家信用的货币，而将 STO 视为融资活动。基于这种监管观点，数字资产的定义更接近于资产的数字化过程。因此，我们可以思考将"数字资产"特指资产的数字化，而将"数据资产"视为数字资产化的代表。

8.3　数字资产崛起的底层逻辑

自从新冠肺炎疫情爆发后，受到多种因素的作用，全球的加密数字资产进入了一个快速增长的时期，其中几种主要的加密数字货币价格急剧上升，这导致了加密数字资产行业生态环境的巨大转变。全球数字资产迅速崛起背后存在着复杂的基础逻辑，以下是详细的分析。

1. 虚拟货币价值的涨幅显著

2019 年年末，比特币的交易定价达到了 7 200 美元；截至 2020 年年末，交易的价格已经攀升至 29 000 美元，涨幅达到了惊人的 302.789 6%。截至 2022 年 7 月 29 日，比特币的交易价值已经攀升至 40 467.9 美元，这一涨幅明显超过了全球主要的股指、债券、外汇以及其他各类投资产品。

2. 以太坊的发展

目前，以太坊作为最具活力的公链交易网络，其日均交易量也展现出了显著的增长态势。在 2019 年，以太坊的用户新地址数量达到 8 400 万，而到了 2020 年，这一数字已经上升到 1.31 亿，增长幅度超出了 56%。同时，活跃的地址数量也显示出显著的增长，新推出的智能合约数量为 1 070 万份，与 2019 年相比，增长了 55%。考虑到整体的生态布局，截至 2020 年，以太坊行业中增长最迅速的无疑是金融领域的 DAPP（去心化应用）。

3. DeFi 的进步与发展

DeFi 是一个基于以太坊的公链，并通过智能合约技术构建的非中心化金融协议。它显著减少了对中心化金融机构的依赖，并展示了四个主要特性：无许可性、可组合、全球化和公开透明。在真实的应用场景中，DeFi 有助于简化交易步骤，降低金融准入标准，并增强业务的透明性。然而，它所遭遇的安全挑战和合规性问题是不能被轻视的。DeFi，作为一个技术驱动的创新金融模式，始终坚持开放、可靠、公正的商业哲学，并始终注重用户数据的安全性，这无疑将为传统的金融市场带来翻天覆地的变革。

4. 专业机构的涌入

专业机构的涌入可以从两个角度进行讨论：一方面是特斯拉、美国等传统企业大规模购买加密数字货币作为企业的重要资产，这在很大程度上提高了社会各界对数字资产的认可；从另一个角度看，代表性的金融机构如长度资产和 PayPal、Rahinhood、高盛等，纷纷推出了数字资产及其衍生品的交易服务。这些服务的推出，有效地降低了数字资产的投资难度，为广大投资者提供了更多的投资机会，并进一步加强了传统金融市场与数字资产市场之间的紧密联系。

5. 监管措施的推进

为了更好地监管数字资产市场并确保其健康成长，多个国家和地区，包括中国内地、中国香港、美国、加拿大、韩国和新加坡，都制定了相对完整的监管策略，并构建了一个明确的监管体系。以中国香港为例，它为加密资产交易所颁发了专门的牌照，并为 OSL 交易所提供了相应的牌照，从而建立了一套明确和清晰的监管机制，为加密数字资产的增长提供了一个有利的市场环境。接下来，我们将对某些国家或地区在加密数字资产监管方面的现状进行简要的分析，具体内容可见表 8.3-1。

部分国家/地区对加密数字资产的监管情况　　　　　　表 8.3-1

国家/地区	发行	交易	税收政策
中国内地	非法	禁止	无
中国香港	合法、受监督	申请牌照	无
美国	合法、受监督	申请牌照	有
日本	合法、受监督	申请牌照	有
英国	合法、受监督	沙盒监管	有
新加坡	合法、受监督	申请牌照	有
韩国	合法、受监督	受监管	有
澳大利亚	合法、受监督	受监管	有
瑞士	合法、受监督	分类监管	有
加拿大	合法、受监督	受监管	有
印度	非法	禁止	无
马耳他	合法、受监督	申请牌照	有

在过去的两年里，法定数字货币经历了飞速的增长，并传达了两个核心信息：首先，数字化已经变成了一个不可回避的发展方向；其次，数字货币预计将替代传统的交易方式，这将极大地推动产业和资产的数字化进程。

面对这种情况，各国政府对法定的数字货币表现出了浓厚的兴趣。为了为数字货币的发展营造一个有利的政策氛围，全球各国纷纷增加了在法定货币研发方面的资金投入，从而推动了法定货币研发步入了一个快速增长的阶段。依据国际清算银行发布的《央行数字货币崛起：驱动因素、方法和技术》报告，截至 2020 年 7 月中旬，全球有超过 36 家中央银行在布局零售型或批发型中央银行数字货币（Central Bank Digital Currency，CBDC），其中一半的中央银行已经发布了有关零售型 CBDC 的研究报告。根据国际清算银行的预测，截至 2023 年，全球范围内央行数字货币的用户数量将达到 16 亿人。

当前，在全球范围内，我国的中央银行在数字货币的研究和应用方面都保持着领先的地位。自 2017 年起，我国已经在全国各地启动了数字人民币的试点项目，这促使了深圳、海南、上海、长沙、苏州、西安、青岛、大连、雄安新区、天津、重庆、广州、福州、厦门等多个试点城市和地区的形成。此外，在批发、餐饮文化旅游、政府缴费等多个领域，也发展出了一系列成熟且可供复制和推广的应用模式。

除了中国，其他国家如新加坡、乌克兰、土耳其、瑞典、韩国和法国也正在对中央银行的数字货币进行内部测试；厄瓜多尔、乌拉圭、塞内加尔、委内瑞拉、马绍尔群岛和巴哈马等非主要经济实体，在多种因素的推动下，依靠其灵活的经济结构成功推出了中央银行的数字货币。在那些已经实施了央行数字货币政策的国家里，这些非主要的经济实体占据了相当大的份额。

随着数据的资产化和资产的数字化进程加速，资产的界限逐渐变得无边无际。受到数据要素化的推动，数据的资产化进程正在加速。至今，我国的政府和各大企业均已觉察到数据要素化和数据资产化的趋势，并已建立了众多的数据交易平台，但这些交易所的交易产品相对单调，交易规模偏小，且数据交换机制还不够完善。

在产业逐渐数字化的大背景下，各种类型的资产也开始走向数字化转型。其中，一种特殊类型的资产，即物权、股权、债权、其他形式的产权以及版权等实物或权益资产，都是以数字化方式进行展示的；还有一种类型是数据产化，也就是把在网络环境中生成的交易和行为数据转换成具有实际价值的资产。

8.4   全球数字资产发展的挑战和趋势

8.4.1   全球数字资产发展面临的挑战

1. 合规性

随着加密数字资产的迅猛增长，众多的传统金融机构和投资机构纷纷进入市场，各国的监管部门开始反思如何更有效地对数字资产进行管理，并为数字资产监管制定一套合适的市场和交易规则。然而，在加密数字资产的监管方面，全球各国尚未建立一套被广泛接受的合理制度，有些国家和地区在对加密数字资产的管理上并不完全遵循标准。

2. 安全性

基于区块链技术的加密数字资产因其去中心化、匿名性和跨国性的特性，能够在最大程度上确保资金的安全性。然而，由于这些加密数字资产是通过网络进行存储和交易的，因此经常会出现数据泄漏和数据滥用等问题，导致数据安全性相对较低。随着多个机构数据规模的持续增长，数据安全问题一旦出现，将对企业的经济利益造成重大损害。

3. 专业性

数字资产作为一个新兴领域，其投资、管理和相关基础设施建设的专业水平仍需进一步加强。以数字资产的监管为例，尽管有些国家为数字资产的管理制定了相关制度和方案，但由于缺乏成功的实践经验，因此很难确保有效的监管力度。过于严格的监管可能会妨碍数字货币的进步，而监管不足则可能导致风险增加。

8.4.2 全球数字资产的未来发展趋势

1. 数字货币已经崭露头角，成为全球经济增长的新支柱。

数字资产并不是凭空产生的，它是在大数据、区块链等技术迅速更新和经济飞速发展的背景下出现的一种新事物，满足了经济数字化发展的需求。在各种数字资产产品中，数字货币是最早被大众所关注的。随着全球各国对数字货币研究的不断深化，非中心化的金融机构也在持续努力，这将为全球经济的持续发展奠定坚实的基础。

2. 数据元素与数字资产的交易呈现出迅速的增长趋势，而相关规则也在不断地进化。

现阶段，由于数据交易的规则存在缺陷、定价标准不一致以及数据资产的所有权模糊，数据交易的双方都面临着较高的交易成本。这种情况对数据的流通产生了限制，要解决这些问题，关键在于明确数字资产的管理、应用和运营规则。随着之前提到的问题得到妥善处理，数据要素的交易市场预计将迅速建立。

3. 随着数字技术的持续进步，资产的数字化速度也在不断加快。

资产的数字化代表了数据和算法的综合应用成果。在推进资产数字化的过程中，企业必须运用数字技术来确保原始数据的可靠性，从而促进数字资产的安全和高效流通。伴随着数字技术的持续进步，资产的数字化将迎来飞速的增长，各种资产的流通性和互动性都会显著增强，这将进一步促进数字经济的迅猛发展。

数字经济范式

9.1　生产变革：共享制造模式崛起

新冠肺炎的疫情给我国和全球经济带来了巨大的打击，疫情结束后，全球将迎来一波新的科技和产业革命浪潮。下一步，关于我国经济增长，大家普遍达成的观点和走向是怎样的呢？首先，有必要进一步增强我国经济体系对风险和冲击的抵抗力，并提升其在面对突发状况时的适应能力。再者，在疫情爆发时，各个行业都深切地体验到了数字经济的威力。因此，充分挖掘数字经济的潜力，为整体经济注入稳定、缓冲和加速的元素，也应被视为一个共同的理念。最终，增强国民经济在生产、分配和消费方面的调节能力也被视为一个重要的发展方向。为了达成上述目标，我国必须加速 5G 网络的部署进程，积极推动人工智能和其他新型基础设施的建设，提升新旧动能转换的效率，并加速传统产业向数字化、网络化和智能化方向的转型进程，以积极推动数字经济和产业互联网实现更好更快的发展。

疫情给企业的成长带来了不小的打击，但同时也为企业的稳定性带来了一次独特的检验。在这次的测试活动中，众多公司意识到传统的生产模式在面对产业链和供应链的剧烈波动时，常常难以迅速作出反应。因此，如果企业想要持续发展，就必须加快心态转变的步伐，努力在提升生产方式的韧性方面取得突破，不断增强适应变化的能力，在保持企业生存的同时，提升企业在市场上的竞争力。相关的研究数据表明，在疫情爆发时，企业的数字化水平越高，其受到疫情冲击的可能性就越低。因此，在面对外部市场环境的不稳定因素时，企业应当将数字化转型定位为核心战略。

受到疫情影响，数字技术的应用范围和深度预计会不断扩大。在疫情爆发时，各企业对于大数据、云计算、人工智能等数字化技术有了更为深入的了解。他们对这些技术的用户友好性和实用性有了更为深入的认识，消除了对这些技术的认知障碍，并为这些技术的进一步发展和广泛应用做出了积极贡献。

（1）在商业对抗的背景下，各企业会更快地采纳大数据、云技术、人工智能等前沿技术。得益于强大的计算能力，企业能够依据相关的数据来对行业的变动和市场趋势做出精确的预测，并将这些预测结果作为其生产决策和库存管理的重要参考。

（2）该企业计划加速对传统生产设备的改造，以实现所有设备向数字化、网络化和智能化的方向转型。同时，该企业也将大规模地引进智能生产线，借助先进的技术手段来更加敏锐地识别市场需求，并有效地应对市场需求的灵活变化。

（3）企业计划进一步加速其进入"云端"的步伐，通过云上迁移来灵活地调整成本结构，以持续减少生产成本和固定支出。

在此过程当中，公司很有可能会采纳一种创新的生产模式，如共享制造技术。共享制造是一种创新的生产模式，它聚焦于生产制造的各个环节，将零散和未被利用的生产能力聚集在一起，并在需求方之间实施灵活的匹配和动态的资源共享。从根本上讲，共享制造是一种借助数字技术来增强经济活动灵活性的方法。

为了达到共享制造的目标，我们必须构建一个共享制造的平台。这个平台对于推动共享制造的进步至关重要，它能够逐步消除企业间的障碍，促进生产的组织模式向网络化的趋势转型，从而推动基于平台的经济增长。共享制造不仅彻底改变了企业在技术和资本投入方面的方式，同时也重新塑造了企业在劳动投入方面的模式，预示着共享用工将成为未来企业招聘的主导模式。

未来竞争的焦点将从企业间的角逐转向生态系统间的角逐。面对未来的激烈竞争，产业链的上游和下游企业都将积极推进数字生态共同体的建设。各种企业都可以利用其独特的优势，通过网络技术将自己整合进这种数字生态共同体中，并以网络的方式融入整个产业集群中。在这个共同体里，各企业之间的合作效益将逐渐增强，从而使企业的竞争力持续上升。中小微型企业将促进其在特定细分领域内的竞争格局进一步分化。根据国家统计局第四次全国经济普查的数据，截至 2018 年年底，中小微企业大约占据了我国企业总数的 99.8%，而它们的年度营业收入大约是全部企业总年营业收入的 68.2%。展望未来，中小微企业将更加积极地融入数字生态共同体，这不仅会推动细分领域的解决策略快速增长，同时也会加速市场的竞争格局分化。

9.2　消费模式：数字化零售新生态

由于新冠肺炎疫情的冲击，大众的购买习惯从传统的线下模式转向了线上模式，这不仅催生了消费习惯的深刻转变，同时也催生了数字化消费的新趋势和新模式。疫情如同一个充满不确定性的"外部力量"，它的出现既激发了人们的在线购物欲望，同时也迫使零售行业加快其数字化转型的步伐。以生鲜电商为研究对象，在疫情的推动下，生鲜电商经历了显著的增长。原先，商场、超市、菜市场和餐饮商户都是传统的商业模式，但在疫情的冲击下，这些传统商业模式大部分已经融入了电商平台，并开始转向线上销售。另外，部分房地产公司推出了"云"带看服务，而部分汽车公司则选择了直播带货的方式。

根据统计数据，2020 年垂直电商的活跃度明显高于前一年的同一时间段。以美团买菜、京东生鲜和每日优鲜为例，它们在订单数量、配送数量以及交易总额等多个方面都实现了显著的增长。以北京为例，美团买菜在春节后的订单数量是春节前的 2～3 倍，而京东生鲜在春节后的配送数量比春节前增加了 370%。此外，从除夕到正月初四的每日优鲜交易额达到了 2019 年同期的 321%。

尽管我国的数字消费起源于疫情的刺激，但它仍然与普遍的经济学观点相吻合：

（1）在疫情爆发时，消费者开始探索各种创新的商业模式和应用，并在此过程中体验到了沉浸式的购物乐趣，这也增强了他们对网站和应用的喜好和忠诚度。

图 9.2-1　疫情时期我国零售行业的两大变化

（2）由于疫情的影响，人们被迫采取主动的教育消费行为。消费者可以通过在线长时间的集中学习，掌握各种技能，并将这些技能转化为自己的现有技能。这样的学习方式不仅显著地减少了学习的开销，同时也大幅度地增加了用户的接受度。

尽管数字化的消费方式并不能彻底取代传统的消费模式，但它有能力深入探索消费者的隐藏需求，进一步拓展消费市场，并促进传统消费的增长。

从宏观角度观察，疫情时期我国的零售行业主要经历了两大变革，如图 9.2-1 所示。

1. 传统的零售行业巧妙利用平台优势

众多的实体零售商开始"走到"线上，全方位地涉足网络销售领域。电子商务销售不只是在淘宝、京东等传统电商平台上进行，还可以在外卖、社交、直播等平台上进行，目前，这些新兴平台已经变成了电子商务销售的新阵地。像超市和便利店这样的传统零售场所，一方面致力于开发小程序的外包服务，另一方面也在不断地发掘外卖平台所具有的巨大潜力；传统的零售场所（如商场和购物中心）更倾向于社交消费，他们特别喜欢建立销售群组和发布店铺的折扣信息；家用电器、汽车和房地产等多个行业都在积极学习网红直播的销售模式，从而加速了他们在直播销售方面的尝试和探索；还存在一些企业热衷于自主开发应用程序和小型软件，并积极地在在线资源方面进行布局。

以疫情为例，绿地优选、卜蜂莲花、步步高、永旺等大约 40 家连锁企业纷纷选择在京东到家设立门店，并开始实施线上销售策略；由于疫情的冲击，太平鸟这一服装品牌在国内的一半门店不得不停业。为了维持其市场地位，太平鸟采用了微信、电商和直播等多种线上营销策略，如微信会员专场、微信秒杀、小程序分销和不同地区的轮流直播等。这些营销策略使得太平鸟的日销售额成功突破了 800 万元；此外，传统的线下购物中心银泰百货也遭受了巨大的损失，但得益于其在淘宝直播和网上购物平台喵街的入驻，截至 2020 年 2 月中旬，销售额已经回升了近半。

2. 电商大公司布局线下实体店

在过去的几年里，各大电商平台间的争夺变得越来越剧烈，对实体店布局的重视也日益增强。实体商店对顾客的购物体验产生了直接的作用，因此，这些实体商店又一次变成了电商大公司的新战场。在实体店市场上，各大电商巨头之间的竞争异常激烈。受到疫情影响，这些电商巨头在实体店布局方面的步伐不但没有减缓，反而变得更为迅速。这其实是可以理解的，零售行业的竞争实际上也是服务的竞争，各大电商之所以会积极争夺线下资源，主要是为了提高消费者的购物体验。在新冠肺炎疫情爆发时，为了满足市民的消费需求，各大电商应确保其服务直达社区，只有这样才能在减少疫情风险的同时，为市民带来更优质的购物体验。

例如，在疫情爆发时，京东增强了对京东便利店、7FRESH、京东大药房等实体店的支援，以确保能够满足社区团购和其他居民的消费需求；阿里巴巴集团对盒马 1＋N 战略进行了加强，不仅大规模地投资鲜生大店的建设，还积极地增加了盒马 mini 小店的数量，以便其产品和服务能更有效地渗透到各个社区；苏宁利用其子公司家乐福超市，推出了一项名为"福社圈"的家庭服务升级方案。苏宁在国内设有 209 家家乐福超市的连锁分店，他们的目标是围绕家乐福的所有门店，为半径不超过 10 公里的 35 万个社区提供服务。家乐福为每个社区的用户提供了高效的配送服务，如 3 公里 1 小时送达、10 公里半日达和一日三送等。除了这些高品质的服务和丰富的商品选择，家乐福还为用户提供了如清洗、维护和家政等多种社区服务。

可以明显观察到，在后疫情的背景下，展现零售发展趋势的不是"替代"，而是"融合"。所指的"融合"是指线上与线下零售之间的深度交融和相互支持。我们可以预期，在未来，新旧零售模式将不再区分。为了拓宽销售途径，各大零售公司都会努力融合线上和线下的零售方式，确保线上与线下的零售能够同步增长。

事实上，线上与线下零售的整合构成了一场涉及整个供应链的激烈竞争。在零售领域的竞争中，供应链被视为最关键的工具。随着疫情的快速发展，消费者的消费习惯也发生了变化。因此，企业不只是要利用疫情带来的流量，更要努力打造新的零售环境，这也意味着它们需要在抓住这一机会的同时，进行长期的市场布局。在当前的市场环境中，那些具备更全面的后端供应链和配送服务的公司通常能在剧烈的零售市场竞争中崭露头角。

9.3 物流变革：未来的智能化物流

当"抗疫战争"爆发之际，物流作为强有力的后勤支持工具变得尤其关键。为

了确保医疗物资如口罩和防护服能够迅速送达"前线"，并确保居民的日常物资需求
得到满足，同时保障企业复工所需的各种材料能够得到及时的供应，我们必须依赖
一个快速而高效的物流系统。通过对疫情时期物流行业的深入分析，我们可以预见
其未来的发展方向，如图 9.3-1 所示。

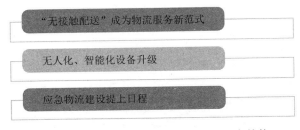

图 9.3-1　我国物流行业未来发展的三大趋势

1. 物流服务的新模式已经转向了"无接触配送"

在疫情防控期间，"无接触配送"逐渐成为物流服务的新模式，这不仅是应对当
前防疫形势的基本需求，也是消费者逐步适应的一种配送方式。在未来，快递公司
应该加强"无接触配送"的实施力度，以确保整个配送过程更为安全。"无接触配送"
被视为物流行业的一个未来趋势，事实上，大众对于"无接触配送"的概念并不感
到陌生，其中智能快递柜的广泛应用是最明显的例证。在最近的几年中，社区内的
智能快递柜得到了迅速的发展，很多居民已经受益于这些相关的服务。在疫情爆发
时，武汉、广州、上海等主要城市的众多医疗机构开始运用如无人机、无人货运车
辆、智能机器人等先进的"黑科技"来进行物流配送服务。尽管将这些创新技术用
于日常的快递配送还存在一定的门槛，但它们的出现为未来的物流配送提供了明确
的方向，也为人们留下了更多关于未来物流的想象空间。

2. 对设备进行无人化和智能化的升级

与众多其他公司相似，大型物流公司在疫情爆发时也遭遇了人手不足的问题，
尤其是对于生产型企业。由于各种外部因素的干扰，其物流服务始终处于不稳定状
态，难以确保生产所需物资的及时供给。受到这些复杂问题的推动，未来的生产物
流系统将整合智能操作、先进的无人化技术和设备，朝着无人园区、无人码头和物
流机器人等多个方向进行发展。

3. 应急物流建设已被提上日程

当疫情爆发时，我国在应急物流的组织和安排上出现了不少问题。但这些问题
并不一定都是负面的，它们可以帮助我们更早地识别并处理这些问题。我们应该更
加深入地理解加速应急物流建设的必要性，整合各种社会资源，并对各种应急物流
公司进行整体管理，以构建一个高效的应急物流体系。在此过程当中，解决信息不

平衡的问题显得尤为关键。

上述三个领域都有一个相似之处，那就是它们都利用物联网、大数据、云计算以及人工智能等先进的信息技术来构建智能物流系统。智慧物流与数字物流相似，它可以像人类大脑那样，对物流系统中的所有信息进行自动化的收集和处理，从而制定出最佳的物流路径和策略，确保物流的最佳布局和操作。在智能物流系统的框架内，各个组件能够进行分工合作和协同作战，以实现物流服务的高质量、高效率和低成本这三个理想目标。

国家发改委对智慧物流的进步给予了高度的关注。在过去的几年中，他们始终专注于对智慧物流进行深入的监测、分析和前瞻性的研究，旨在为智慧物流的持续发展提供更为有力的政策支持，并为其创造一个健康的发展氛围。展望未来，随着我国物流市场的日益集中，智慧物流的未来方向将会充分发挥互联网平台的资源整合能力，致力于增强产业链上下游的业务合作和资源共享，同时在减少物流成本的基础上，将物流资源更深入地服务于社区和基层。

在 2020 年，我国计划加速物流基础设施的建设进程，以吸引更多、更频繁的资金投入和融资活动。2018 年 12 月 24 日，国家发改委、交通运输部和其他相关部门共同发布了《国家物流枢纽布局和建设规划》。该规划提出了一个目标："截至 2020 年，通过优化整合和功能提升，布局建设 30 个左右的辐射带动能力较强、现代化运作水平较高、互联衔接紧密的国家物流枢纽，截至 2025 年，布局建设 150 个左右的国家物流枢纽"。在 2019 年，顺丰速运公布了一份名为《关于湖北国际物流核心枢纽项目的进展公告》的文件，该公告计划在 2020 年完成湖北国际物流核心枢纽的基础建设，并预计在 2021 年正式开始运营。此外，圆通速递也已经启动了嘉兴航空物流枢纽等多个项目。总体来说，我国航空货运枢纽的建设速度已经加快，预计未来物流效率将逐渐提升。

（1）打破物流行业中的"信息孤岛"现象

尽管中国现在已经成为一个物流资源丰富的国家，但这些资源之间的连接并不完善，与社会的合作也不尽如人意，更不用说达到大规模的个性化定制了。因此，物流行业在未来的建设中，需要摆脱过去的分散、分化和隔离，迈向一个共同受益、互利共赢和共享的新发展模式。目前，我国的物流基础设施尚未完善，管理和服务质量的发展存在不均衡，新兴技术的应用还不够充分，信息化建设面临诸多挑战，整体物流水平还有待提高。根据不全面的数据统计，我国仅有 39% 的物流企业已经或部分实施了信息化，而全面实施信息化的企业比例仅为 10%。在整个物流供应链体系中，企业与其上下游的信息流动并未完全畅通，这导致了所谓的"信息孤岛"现象，从而使得信息化的建设水平相对较低。另外，由于缺少包括订单管理、货物追踪、货物分类以及运输管理在内的物流服务体系，信息流通受到了阻碍。物流公司目前的业务焦点主要集中在运输上，缺少全面的规划和管理，导致了高空载率和严重的资源浪费。

物流行业融合了运输、仓储、货物代理和信息技术等多个领域，它是市场经济持续发展的关键，并在基础和战略上发挥着至关重要的作用。在国家物流体系的构建上，有必要创建一个强大、智能化且环保的国家物流体系。国家物流系统的建设涵盖了多个方面：首先是物流基础设施网络，从主线、支线、仓储、终端到物流园区，所有级别的物流节点都需要得到进一步的完善和互联互通。其次，在物流信息网络的层面上，通过构建各种信息枢纽、信息中心和信息采集点，形成了一个全国性的物流信息网络。利用互联网、物联网、大数据和云计算等先进技术，以及地理位置系统和信息调度、监控运营系统等，实现了信息和数据的高效采集、处理和决策制定。最后，物流公司在运营和调度方面，其关键参与者是物流公司及其相关的企业结构。

（2）实施智能化的绿色化物流势在必行

现阶段，我国的物流行业仍然面临着规模小、分散、混乱和质量不佳的问题，而走向集约化的道路仍然充满挑战。我国的物流存在大量浪费，这主要归因于运输的分散性和较低的智能化程度。随着市场竞争的日益加剧，物流行业的利润受到了巨大的压缩，利润率降至5%以下，一些中小规模的物流公司甚至在盈亏平衡点附近徘徊。因此，推动智能化和绿色化物流以降低成本成为了一种不可避免的发展方向。观察物流行业的未来发展方向，可以看到12个核心趋势，包括向下、向西、向外、O2O、移动化、平台化、供应链化、生态圈化、融合、安全、绿色和高科技化，这些都将对中国物流行业的未来发展产生深远的影响。

与此同时，该行业的游戏规则也即将经历变革。在过去，物流行业是由大型企业主导的，但在未来，平台型和创新型企业可能会成为行业的主导力量。有观点认为，第一次工业革命的目的是建立工厂，第二次工业革命的目标是发展企业，而第三次工业革命的核心是建立平台。当前，众多的平台型企业正在通过整合各种碎片化的需求和供应，创造出新的商业模式和业态，这对传统的物流方式构成了巨大的挑战。

"互联网＋物流"的结合不仅会重塑物流行业的构架，还会对其业务模式和规定产生深远的影响。从结构角度看，传统的工业化初期和中期物流在互联网和数字化时代可能会失去其重要性，但与信息化、数字化和智能化融合的物流模式将会更加明显。在物流领域的关键转折点上，众多企业纷纷展示了他们的实力。例如，亚马逊在全球范围内设立了智慧物流中心，并积极推广如无人机、智能手表等先进的智能设备；京东正在集中精力建设无人机配送系统和自动化物流中心；马云宣布要加速菜鸟网络的布局，并致力于建设智能物流的核心节点城市，这表明智慧化物流的浪潮已经变成了该行业的不可逆转的发展方向。

（3）中国物流走向绿色化和智慧化的道路长路漫漫且仍然充满挑战

物流行业在我国的国民经济中扮演着关键的服务角色，它满足了新常态下的发展需求，展现了某些行业的新趋势，并为社会经济的稳定发展提供了强大的支撑。智能化和绿色物流不仅是互联网高效物流体系的核心组成部分，而且代表了物流行业向更高层次发展的趋势。有观点认为，无论是中国的物流还是全球的物流，它们都体现了互联网化、智能化、去人工化和绿色环保的特点。首先要强调的是智能化的重要性，随着智能产业的升级，如快递、仓储、运输和末端等各个领域都在不断地智能化，从而提高工作效率；其次，物流行业的发展将更加倾向于绿色环保，这包括运输工具、物流生产环节、包装材料等，都将朝着绿色环保的方向发展，通过智慧研发新产品、策略等方法来推动绿色物流的普及和发展；最后是货物遍布全球，深入到农村地区。

物流行业的智慧化和绿色发展代表了物流行业的进步方向。这意味着基于互联网，物流领域开始广泛采用物联网、大数据和云计算等先进的信息技术。通过互联网与物流业的深度整合和连接，物流产业将走向智能化，从而提高其运营效率。这主要体现在对高科技的广泛采纳和前沿的物流发展观念上。

针对未来的升级策略，我们计划通过整合数字化基础设施、数字化商业模式以及实体物理基础设施，以达到对整个物流行业进行全面改革和提升的目的。所指的数字化基础设施包括互联网、物联网、大数据、云计算、地理信息系统和 APP 等；商业的运作方式主要基于平台和生态结构。结合数字化的基础设备和商业策略，再与实体物理设施和物流服务相结合，实现线上与线下的无缝融合，从而推进智能服务的全球发展。

智慧物流代表着科技的应用可以增强物流的安全性，其中涵盖了贸易的合规性和货物的完整性。与此同时，未来的智能物流领域肯定会走向"绿色物流"的方向。阿里巴巴的首席执行官张勇指出："物流行业的进展呈现出三个主要的转变方向。首先是向智能化的方向发展。智慧物流的核心目标是利用智慧来推动整个行业的进步，只有这样，我们才能真正实现物流的智能化。其次，物流的未来发展将更加偏向于绿色和环保。最后，我们的目标是实现货物的全球流通。如今，我们已经从城市、县城、乡镇扩展到每一个村庄。从中国的'货通天下'扩展到'货通全球'，使我们真正成为一个面向全球消费者、深入农村和各个角落的网络发展中心。"

菜鸟网络的首席执行官童文红对智慧化物流进行了阐述，指出智慧物流不仅仅是一个简单的智能机器人和无人机，它还涵盖了数据处理和服务标准的整合等方面。别误以为制造了一个无人机就意味着进入了智能物流领域。物流行业的未来必然是智能化，而在推进智能物流的过程中，我们需要在效率与成本之间找到一个平衡点。推进智慧物流的建设是一项充满挑战的任务，它要求我们始终保持脚踏实地的态度。

9.4 管理变革：企业实现远程管理

在新冠肺炎疫情的冲击下，尽管我国的恢复生产之旅遭遇了诸多挑战，但我们仍然保持了有序和稳定的发展，现在，绝大多数的企业已经成功地恢复了生产和工作。在恢复工作和生产的过程中，众多企业开始认识到传统管理方式在面对风险时的局限性，因此纷纷转向线上远程管理模式，这一变化极大地促进了企业管理方式的革新。在数字化经济的背景下，企业的经营管理流程和价值链都开始在不同程度上转向在线平台。随着远程办公、电子合同（云签约）等新型办公和签约方式的快速发展，供应商的远程管理和客户的远程管理将逐渐成为行业的发展方向。

在疫情爆发时，远程管理技术起到了至关重要的角色，与之相关的应用也迅速崭露头角。然而，仍有部分行业专家对远程管理持有疑虑，例如他们担心远程管理不能替代现场管理，或者不能充分利用现场管理的常规功能。在后疫情的时代背景下，随着复工复产的逐步推进，现场管理将重新获得主导地位，而远程管理的优势将逐步被削弱。尽管这种分析具有其合理之处，但如果深入研究，你会发现这种担忧其实并不完全存在。

英国的经济学者罗纳德·科斯（Ronald Harry Coase）所提出的企业与市场观点，构成了现代企业管理的核心理论。这个理论提出，企业之所以出现，是因为人们可以在企业内部通过行政命令来降低资源分配的成本，从而提高资源分配的效率。远程办公不仅有助于减少企业交易的成本和提升办公效能，还能对企业内部管理流程进行优化。因此，公司可以选择在其内部采用远程办公方式，或者通过远程管理来加强不同区域之间的合作；为了增强与外部市场的交互，我们采用了云签约（即电子合同）的方式。

我们无法忽视现场管理在未来相当长一段时期内依然占据主导地位的重要性。然而，我们也必须清楚地认识到一个事实，那就是我国的企业在数字化方面的能力正在逐渐增强，同时，行业内的专家对于远程管理的理解也在持续进步。在当前的发展趋势中，远程管理在企业运营中的占比预计会快速上升，它将与现场管理共同确保企业的稳定运作。在这两方面的合作下，企业的管理效能有望显著增强。在未来，企业有可能通过数字技术来模拟各种冲击事件，提前进行风险预测，并制定远程管理计划，这样可以显著提高企业的稳定性和应对风险的能力。

随着公司管理方式的持续演变，对于远程管理平台和相关软硬件的需求也在逐渐增加，这无疑会加速远程管理应用的快速扩张。受到新需求的推动，企业将加速管理业务向数字化方向的转变，推动管理业务迁移到"云"上，并利用云技术实现经营数据和管理数据的实时采集、融合和处理。

在数字经济中，新兴的业态和模式涵盖了共享制造、数字化零售、智能物流以及远程管理等多个方面。作为数字化时代的新趋势，这些创新的业态和模式可能与当前的监管体系产生不少冲突。由于这些监管体系是在工业化时代构建的，因此它们与工业经济的匹配度更高，而与数字经济的匹配度则相对较低。随着数字化技术逐步渗透到传统行业，这些冲突有可能持续加剧，因此需要多个相关部门共同进行监督和管理。

在多个部门的联合监督之下，更应深入研究数字经济的发展模式，并持续深化对数字经济增长以及外部影响等多个方面的探讨。作为负责监督和执行法律的政府部门，不仅需要遵循包容性和审慎性的监管准则，还需要明确数字经济领域内的监管范围、边界以及标准；我们还需要进一步开放监管流程，增强监管的透明性，并对被监管者的反馈意见进行及时回应；我们还需进一步强化对监管成本与收益的整体规划和平衡，以降低监管的总成本，提升监管的工作效率，并持续推动新的业务模式和模式在不同区域和行业中的发展。

智能产业

10.1　数字化转型

10.1.1　技术赋能：数字化转型的最佳实践

1. 企业数字化转型的框架

无论是组织还是企业，其所有活动都可以总结为三个主要环节：生产、经营和管理。生产的本质是制造产品并产生价值；经营的核心是与客户进行沟通，并以市场为导向进行经营活动；管理的核心是面向公司内部，对员工的行为进行规范，合理地分配资源，并确保生产流程的稳定运作。

从根本上讲，企业管理的目标是在追求效率和风险之间找到平衡，一方面需要优化资源的分配，提高资源的使用效率和员工的工作效率，从而提高企业的整体运营效率，追求更高的效益；另一方面我们也需要合理地管理风险，并通过各种风险与回报的组合（如高风险、高回报、高损失，中风险、中回报、中损失，以及低风险、低回报、低损失）来最大限度地减少损失。在此过程当中，最关键的步骤是解决信息的不平衡，并加强内部与外部的联系。

对大多数传统企业而言，管理上的主要挑战是信息的"断点"现象。一些大型企业由于采纳了科层制的组织结构，导致资源受到纵向的限制，造成了大量的浪费，这些资源并未被充分利用。同时，由于指标之间的横向责任分配，各个部门和子公司之间的信息传递变得困难，这些都是大型企业集团普遍存在的问题。

除了在横向和纵向上，科层制的组织方式也在企业内部和外部产生了明显的"断裂点"。基于传统管理学的相关观点，当以单一组织为核心时，资源与信息的共享变得不可能。因此，现代企业迫切需要实施跨组织的管理模式，以确保资源和信息能够共享，从而实现组织之间的高效协作。

在互联网背景下，由于消费习惯、社交媒体和财务观念等多个因素的作用，公司的经营模式正在经历转变。某些前沿技术能够从三个维度助力传统企业的成功转型，更具体地说，数据智能在洞悉力方面为企业提供了额外的支持；从自主性角度看，网络的协同作用能够为企业提供额外的支持；通过万物互联技术，企业能够有效地消除业务与技术之间的障碍。

　　综合考虑，大多数传统企业普遍面临信息"断点"这一严峻问题，这进一步加剧了企业内部信息不对称的状况。为了有效地解决这一难题，我们必须充分利用企业管理的核心职能，并在新技术、新的管理策略和新的运营模式的驱动下，实现企业的数字化转型。

　　（1）数字化转型的概念

　　数字化转型是指利用信息技术来重新构建企业的 IT 架构和业务架构。企业的IT 结构包括数据、技术和应用；而业务结构则由组织、流程和规则构成，涵盖了交易模式、管理模式和生产方式等方面。

　　（2）数字化转型的推动力

　　在企业进行数字化转型的过程中，有三个主要的驱动因素：首先是去中介化，其核心目标是提升从 B 端到 C 端的工作效率；其次是去中心化。以过去为例，人们在固定的时间和地点（例如学校操场）观看电影，但随着网络技术的进步，每个人都拥有了手机或电脑，这使得他们可以在任何地方、任何时间欣赏自己钟爱的电影，这种方式被称为去中心化；最后是去除物质成分。上述的三个动力因素有助于提高消费的效率，并促进数字化的转型过程。

　　（3）数字化转型的对象

　　数字化转型的目标涵盖了业务对象、业务流程以及业务规则。以会计业务为背景，其主要处理的是发票。当企业将发票的录入、初步审核和复核等步骤数字化，这一流程将变得更为智能化，从而显著提高会计工作的效率，预示着未来可能进入一个完全没有会计参与的新时代。

　　数字化转型被视为数字型企业成长过程中的关键步骤。数字化转型的理念、驱动因素和转型的目标三个方面共同构建了数字化转型的整体框架。根据这一框架，我们可以轻易地断定：内部和外部的联系是数字化转型取得成功的关键。

　　尽管互联网具有多种独特性质，但其最突出的特性依然是网络连接，包括横线与纵向的连接、线上与线下的连接，以及内部与外部的连接。在数字化转型的过程中，企业需要将其管理和经营活动从线下迁移到线上，并将这些相似的管理活动整合在一起，用系统来替代原有的经营和管理模式。因此，企业内部和企业间的管理方式将变得更为简洁、高效和智能化。

　　2. 数字化企业背后的技术支撑

　　由于新冠肺炎疫情的冲击，众多企业不得不暂时停止线下运营，匆忙转向线上业务。因为这些公司没有事先做足充分的准备，所以它们不能像互联网公司那样灵活地利用各种资源，准确地定位并接触到他们的目标客户，这导致了销售过程的跟踪和预测效果并不理想。与此同时，这些企业在大数据支持方面存在不足，关键步骤还没有完成数字化转型，因此企业的安全性无法得到充分保障，一旦面临攻击，只能采取被动的防御措施。在传统的商业环境中，这些公司还能过得舒适和安逸，但这次意外的疫情揭露了他们在数字化领域的不足之处。

然而，从一个不同的视角看，疫情时期新的需求压力为公司的数字化转型注入了更为强大的推动力。在疫情爆发时，企业对于数字化工具的需求急剧上升，这也导致了数字化工作方式的形成。从那时起，公司的数字化转型不仅将变得更为实际，还会进一步加深。参考疫情期间成功进行的数字化转型经验，以增强企业在数字化环境下的免疫力和生存能力，也成为各企业当前必须密切关注的核心议题。

在这个数字化的时代里，供应链成为数字化生态系统的基石。在这套系统设计中，为了确保最大化的效率并满足客户对于灵活性、可视性和透明度的期望，一系列紧密相连并经过精心协调的动态流程需要在各个层面上进行持续追踪。然而，在当前的数字化背景下，各企业也正面对着众多的挑战和问题。比如说，无法即时满足客户的需求，并且订单也不能得到即时的反馈；由于缺少大数据和智能算法的支持，所预测的数据并不具有实际的指导价值；市场上的竞争日益激烈；难以精确地预测客户的行为模式；无论是线上还是线下，都不能顺利连接。

对企业而言，最理想的数字化转型策略是依赖先进的技术支持，在技术的推动下实现供应链的转型，从而使整个供应链形成一个健康的循环，这主要体现在以下七个关键领域。

始终保持在线状态：供应链的信息不仅可以无缝地共享，还能全天候运作，以满足客户对于更快速、更优质、更经济的不断增长的需求。

大数据：在下一代供应链中，信息和洞见正逐渐成为重要的货币，供应链将采用前瞻性的大数据分析来产生具有突破性的成果。

系统的协同工作：人工智能、大数据和自动化机器共同协作，确保消息能够第一时间传达给员工，确保他们在"永远在线"的供应链中能够无缝工作。与此同时，这些信息有助于减少员工的失误，提升工作效率，并更好地体现员工的价值。

传感与传输：为了更精确地控制交货时间并确保相关链接的同步性，供应链中的各个环节都会有来自传感设备的实时信息。

适应性强、反应迅速：供应链有能力以灵活、完美和高速的方式运作，以满足客户不断变化的需求。

协作：在协作供应链中，我们将实施高度的合作和跨多个环节的协同工作模式，以消除存在的竞争壁垒并追求共同的利益。

安全与高效：供应链所提供的工作环境不仅能够解决健康和安全的问题，而且效率高、效果好，不容易被替代。

3. 数字化工具重塑企业管理流程

由于疫情的冲击，各企业在云和云的应用以及数字化的转型上都有了更快的步伐。当前，数字化技术正在对组织结构和工作流程进行重塑和简化，企业在商业、管理和运营方面的工作模式也即将发生转变。与此同时，企业正在加速其在线布局，采用零接触或少接触的工作方式，强调网络化协作和智能制造技术，以推动业务的连续性管理。从过去那种"现场可见的公司办公"模式，转变为"非现场、零接触的在家办公共享员工模式"，从多年使用的 KPI（Key Performance Indicators，关键绩效指标）转向 OKR（Objectives and Key Results，目标与关键成果法），这对人力管理提出了新的要求。为了在线实现数字化营销、电子商务、消费和服务，企业必须加速构建以用户为核心的数字化营销和运营体系，培养具有数字化思维的人才，多方面接触客户，提升客户体验，通过在线服务提高顾客满意度，并做好用户的留存。

不管是哪一类的公司，它们最终都需要回到商业活动的核心，也就是增加收入、减少支出、控制风险和创造价值。在这样的背景下，企业需要加速将机器人流程自动化（Robotic Process Automation，RPA）、机器人等数字化技术与管理会计进行整合。这包括在降低作业成本方面进行创新，实行细致的管理，进行精确和个性化的考核激励，以激发员工的创造力，从而最大限度地实现降低成本、提高效率的目标。建立企业的数字化能力并不仅仅是对企业内部某个方面的微调，而是涉及整个组织结构、经营策略等多个方面的综合调整。为了构建企业的数字化核心实力，我们还需重视基础设施的完善、数字化技术的应用以及大数据的深入分析。与传统的基础设施相比，数字化基础设施集成了如物联网、人工智能等新兴的 IT 技术能力，并通过特定平台实现了这些技术能力的广泛应用。这是一个以智能云 ERP（Enterprise Resource Planning，管理信息系统）为中心的数字化管理工具，它为企业提供了一个流程化的管理方式，确保企业的数字化策略能够有条不紊地实施，从而达到大规模的智能决策和移动协作的目标。

那么，面对疫情后的各种不确定因素和不断变化的外部市场环境，企业应该如何做出应对呢？为了解决这一问题，企业加速向感知型和敏捷型组织的转型，巩固数字化的基础，并提高数字化的核心能力，被认为是最优选择。

在疫情爆发期间，为了更有效地提升员工能力、增强客户体验并减少企业运营成本，多数企业开始逐渐转向"非接触经济"模式。其中，数字化工具，尤其是云端数字化工具，在这一过程中起到了越来越关键的作用，导致需求量迅速增加。在当前阶段，我国的云计算数字化工具可以被划分为三个不同的类别。

第一种类型是为员工设计的云端需求工具，如远程办公辅助、在线考勤查看和招聘工具等，这些工具主要以员工为核心，能够实时并准确地了解员工的健康和工作状况。利用这一以人为中心的数字化工具，我们不仅能够在线重构员工招聘和人事等常规业务流程，还能满足疫情期间下班车出行和员工餐饮预订等短期业务需求，从而使员工能更高效和迅速地完成各项工作。

以"浪潮"为案例，利用"云+"这一协同工作平台，在疫情爆发时，员工不仅能够及时更新自己的个人信息，还能通过其他各种功能来推动日常工作的进展。除此之外，我们还利用 HCM Cloud 智慧招聘云平台，为多所学院提供在线招聘服务，并成功收集了近 5 万份求职简历。

第二种类型是为客户提供的云需求工具，如数字营销、在线服务和电子商务等。以顾客需求为核心，将线上和线下业务紧密结合，改变现有的业务模式，创新业务流程，以提升用户的使用体验，吸引新客户，保留现有客户，并进一步增加收益。以亚光家纺为研究对象，通过对互联网的深入分析，我们发现 2020 年的医疗防护服市场需求呈直线上升趋势。因此，亚光家纺决定将这一领域作为其新的业务方向，为公司创造了一个新的利润增长机会。

第三种类型是为企业运营服务的云需求工具，这些工具以企业的日常运营为核心，利用数字化技术将疫情带来的损害降至最低，如财务共享、电子采购和智能制造等。在如今这个市场环境不太稳定的背景下，能够持续高速增长的公司数量稀少，因此最大限度地控制成本已经变成了企业运营的核心任务。在这样的背景下，成本管理成为了企业持续生存和成长的关键技能。

依据上海国家会计学院提供的研究资料，由于疫情的冲击，绝大多数的企业在接下来的半年里都会遭遇资金流动的难题，而少数企业则会选择通过减少成本来进行自我救助。然而，要实现极限式的成本降低是一项具有挑战性的任务，特别是在制造业企业中。这些企业应该将焦点集中在企业的基础管理上，以价值观念为核心，充分利用管理会计工具，提升数据和模型的处理能力，从而推动生产和管理向智能化方向发展。

4. 企业数字化转型的三种路径

传统的管理方式只能达到线性的增长，而只有完成数字化的转型，才能达到爆发式的增长。从价值创造效率的角度看，企业可以被划分为三个不同的类别。

（1）那些价值被放大的人，利用他们自己的平台动员了众多的社会资源，从而极大地增加了价值。

（2）价值整合者致力于促进社会资源流向最急需的区域，从而间接地产生价值。

（3）作为价值的供应者，他们直接利用资源来产生价值。

实际上，对于企业来说，要想成功地进行数字化转型，关键在于三个方面：重新构建思维方式、重塑 IT 体系以及重新设计业务框架。

（1）重塑思维模式

为了重新塑造思维方式，我们需要调整企业的边界、组织结构、工作流程和 IT 领域，从仅限于企业内部扩展到无界限的组织结构。在企业的范畴上，我们已经从仅仅关注企业的内部结构转向了更多地关心企业的生态环境；在组织的范围上，我们从 N 级的金字塔形结构转向了更为扁平的组织结构；而在流程的范围上，我们也从 N 级流程进化到了扁平化流程；在 IT 的应用领域中，已经从竖井式的应用模式转向了横向的平台化扩展。

（2）重构 IT 架构

对 IT 架构进行重构的优点是，它有助于企业从数字化模式转向更加智能化的方向。从宏观角度看，企业的 IT 架构发展可以被划分为三个主要阶段：电子化、信息化和智能化。

第一个阶段被称为电子化阶段，其显著特征是事务驱动，目的是将部门的事务从线下转移到线上，以提高员工的工作效率。然而，仅仅这样做是不足够的，要实现企业的数字化，还需要面对众多的难题和挑战，如系统建设的无计划和混乱。

智能化是第三个发展阶段，其核心特征是数据驱动。通过运用人工智能、大数据等前沿技术，对企业的组织结构、工作流程和管理规则进行全面重构，利用这些数据来推动企业的运营和管理走向智能化，从而创新商业模式、关注生态环境，并实现企业的平台化运营。

（3）重塑业务架构

重构企业的业务结构将有助于企业进行数字化的转型，进而发展成为一个智能化的企业。在企业中，所有的组织行为都可以被看作是内部的生产与管理以及外部的交易活动。那么具体而言，企业应当实施哪些具体的策略和措施呢？

从理论角度来看，企业在内部生产和管理方面需要达到智能化水平，也就是说，需要实现智能制造和智能管理。智能制造的核心思想是通过信息技术和物联网技术，使生产和服务流程更加智能化。这与《中国制造 2025》中提出的构建"制造强国"的目标是一致的。通过工业互联技术，我们可以将原材料、生产设备和信息管理整合在一起，并与 MES（Manufacturing Execution System，制造执行系统）和 ERP 系统集成，从而实现定制化生产。这不仅推动了传统行业的升级，还提高了产品的质量，满足了用户的个性化需求。

智能管理是一种借助信息技术来实现企业资源的合理分配和风险管理规范化的方法。在传统的运营模式中，企业经常遭遇各种挑战，如资源与指标的不匹配、风险与控制的不均衡，以及效率与预期的大幅下降等问题。然而，在互联网环境中，"权利、责任、利益"三者能够相互配合和平衡，这不仅能有效地解决这些问题，还能激发企业的活力。在此背景下，为了达到既定目标，我们可以采用这种方式使资源配置走向市场化。

此外，进行外部交易时也应追求智能化，也就是说，要达到智能交易的标准。更具体地说，这涉及企业内部的应用和设备连接，供应链的上下游企业之间的业务连接，以及跨供应链和跨行业的产业集群生态连接。通过这三种连接方式，可以实现企业之间的内部和外部联系，从而提高交易的效率并降低交易的成本。

从宏观角度看，智能企业的运营需要两个方面的协同努力。

（1）通过智能制造技术来确保产品的升级，并积极响应《中国制造2025》的策略。我们坚守"以创新为驱动、质量优先、绿色发展、优化结构、以人才为核心"的核心原则，以满足客户的各种需求。我们致力于增强制造业的核心竞争力和品牌影响力，并通过"互联网＋平台"来提高管理的效率。为了响应"互联网＋"的行动策略，我们利用"互联网＋"这一平台来消除信息的不平衡、减少交易的成本、提高资源的配置效率，进一步推动专业分工，提高劳动生产效率，为供应侧的转型和升级提供持续的支持。

（2）通过结合"制度＋规则＋系统"的方式，我们构建了一个智能化的管理体系，这有助于使管理手段变得更加制度化、规范化和系统化。这不仅打破了传统的管理方式，还从多个角度提高了管理效率，实现了内部管理的智能化，并达到了"内外贯通"的效果。

10.1.2　平台策略：数字化时代的组织进化

1. 企业平台化转型的逻辑

在当前时期，中国的经济正在经历深度的转型和结构的持续优化。伴随着大量的相关政策出台，再加上"互联网＋"模式在各个行业中的广泛应用，传统的经营策略已经不再适用。因此，传统企业需要积极地进行转型和升级，以建立强大的市场竞争能力，确保在激烈的市场环境中能够脱颖而出。

在这个时期，企业普遍支持平台化的转型。在过去的几年中，许多行业的领军企业利用其平台式的商业策略迅速整合了大量的高质量资源，最大化地利用了规模的优势，以更高的工作效率和更低的成本为广大用户带来了卓越的服务，为整个行业带来了翻天覆地的改变。

（1）什么是平台战略

所谓的平台战略，是指创建一个扁平且开放的平台生态环境。这意味着企业需要放弃其原有的组织架构，要围绕"供应生态圈"来对员工、合作伙伴等资源进行高效的整合和规划。随着商业平台模式的飞速进展，企业在商业领域的生态环境和在商业竞赛中的位置都在经历变革，各种行业都涌现出了平台商务的创新趋势。如果企业希望成功实施平台战略并完成平台化商业模式的转型，就必须充分利用互联网思维，构建一个共赢的生态环境，将竞争关系转化为协同关系，并将竞争对手发展为合作伙伴。

随着成功实施平台战略，企业有能力构建一个生态系统模型，以便在未来 5 至 10 年内共同创造和共享资源。在当前阶段，某些企业的生态环境并不与其未来的发展蓝图相吻合，因此有必要建立一个创新的收益分配体系，并构建一种全新的利益分配机制。通过基于平台战略构建的业务框架，企业能够清晰地判断其未来的发展方向是走向多元化还是走向专业化，从而形成一种稳健且具有扩张潜力的业务战略。

（2）企业平台化转型的逻辑

平台模式打破了传统商业模式中上游和下游企业之间的相互压迫，通过平台思维，激发了所有参与主体的活力和创造力，丰富和完善了生态系统，实现了多方的合作共赢。

虽然平台化的转型确实能为企业创造一系列的竞争优势，但这个转型过程是漫长和困难的，需要对组织结构、商业模式、管理模式等进行根本性的改革，并且必须制定清晰且明确的转型战略和实施方案。对企业而言，平台化的转型成为了激发组织活力、提高质量和效率，以及构建强大核心竞争力的不二选择。

①构建核心竞争优势所需的条件。传统企业之所以能够成功，很大程度上依赖于杰出的企业家所制定的科学和合理的战略规划，再加上中国经济的快速增长所带来的巨大红利，这导致了市场竞争的不足和信息的严重不对称。然而，在当前阶段，由于产能过多，中国经济正步入转型和结构调整的新阶段，企业所面对的同质化竞争愈发激烈，那些未能及时完成转型和升级的企业将面临长期生存的困难。

通过平台化的转型，企业成功地突破了各种界限，并通过高效整合内外部的高质量资源来建立强大的核心竞争力，这对于塑造商业生态和提升企业的竞争力具有极其重要的意义。构建平台型的企业将是塑造企业核心竞争优势的关键途径。

②受到历史机遇的推动。平台模式在市场竞争中起到了不可忽视的作用，它在互联网领域是首个被广泛采纳的模式。目前，这种模式正在向其他多个行业进行广泛推广。业界专家指出，在过去的十年里，平台模式在互联网领域的广泛应用为该行业注入了持续的活力和发展潜力，许多创业者和企业因此积累了令人震惊的财富。在接下来的十年里，平台模式将在传统产业的改革和升级过程中起到不可替代的角色。

当前，中国的经济正面对着巨大的下行压力，再加上跨国经济的颠覆已经成为一种常态，这给传统企业的生存和发展带来了巨大的挑战。与此同时，随着经济的全球化、消费模式的升级和市场结构的不断完善，为创业者和企业创造了众多的成长机会。传统的企业需要紧紧抓住这一有利时机，主动地向平台型企业进行转型和升级，以便更有效地为广大用户和合作伙伴提供服务，从而实现更高的盈利回报。

③企业成长所需的条件。在当前的经济新常态下，市场的竞争环境充满了不确定性，这使得众多的传统企业面对着生存的巨大挑战。面对市场的剧烈和复杂竞争，企业若想在长时间内维持其竞争优势，就必须不断地优化和完善自己，积极地进行自我创新。只有这样，企业才能有效地解决用户注意力分散、激烈的价格战、人才流失和利润减少等一系列问题。推行平台化的转型策略为企业的成长注入了新的活力，并为企业走向永续经营指明了一条实用的途径。

2. 平台型生态圈的五大关键词

企业平台化指的是企业向外部进行平台化操作，主要关注的是其商业运营模式；员工创客化的核心目标是促进公司内部的平台化进程，特别是在组织管理方面。

在商务策略上，大量的公司开始向平台化方向发展，像京东、百度、淘宝、苹果这样的大公司在多个行业中普遍采纳了这种平台策略。根据现有数据，全球前100名企业中，大约有六成已经成功地实现了平台化运营。

为何众多企业都在寻求实现平台化？对于这个问题，我们并没有一个固定的答案，但最有可能的情况是，在这个平台上，所有的利益相关者都可以公平地创建一个多方参与、资源共享、双赢和开放的生态环境。简而言之，平台战略的核心目标是创建一个多方利益相关者能够共同受益的平台型生态环境。

平台型生态圈突出了五个核心概念，它们是共建、共享、共赢、开放和平等。

（1）共建

共建项目主要涵盖了三个核心内容领域。

①多主体：在平台生态环境中，必须存在多个参与方，仅有一个主体是无法成功构建平台的。对这个平台而言，每一个参与者都代表了一个关键的力量，当这些力量汇集在一起，便会构建出一个全新的系统。当平台上有更多的参与者时，平台的实力也随之增强，这正是其核心的竞争优势。

②自组织：该平台是一种开放性的自组织生态系统，由参与者通过无意识和自私的行为自然形成的一种自然的自组织形式。比如说，当用户利用次级搜索功能时，他们可以为谷歌、百度等知名网站提供一套完整的数据集。

③共建机制：开放性的共建平台被视为最关键的元素之一。以手机行业的崛起为背景，许多人持有这样的观点：曾经的手机巨头诺基亚走向衰退的一个关键因素，

无疑是其平台的不成功。实际上，诺基亚在市场上的失势主要是因为平台开放和共建机制的失败。在当前的手机市场环境下，品牌之间的竞争已经成为历史，而现在更多的是不同系统平台间的角逐。

（2）共享

共享意味着平台上的各种资源和资本对主体是开放的。在平台的生态系统中，存在两个共同的特性。

①互动性：共享是一种双方互动的行为，只有通过双方的互动，才能创造价值。例如，像 Facebook、微信这样的社交应用程序，其最显著的特性是能够实现多方向的互动。这意味着无论是集体还是个人，都可以在任何时间、任何地点进行多维度的互动。在这样的双向交互过程中，双方都为数据创造了价值。如果这个平台没有一个双方都能受益的循环，那么它的正常运作将会受到很大的影响。

②共用平台：在互联网领域，开源代码实际上是一种资源共享的手段。利用这样的共享策略，我们能够实现更为深远的创新。实际上，开源代码的来源是共享的平台。云技术服务提供了一种不同的共享平台，如云存储和云计算等，都是云技术服务的一部分。在未来，这个平台将经历更为广泛的扩展，并有望达到与社会基础设施相似的普及和应用水平。

（3）共赢

平台模式的独特之处不仅体现在多种多样的商业策略上，还在于其多样化的盈利方式。随着各种平台之间的竞争变得越来越激烈，生态型平台在未来的盈利策略将逐步朝向双赢的方向发展。

平台模式最吸引人的特点是，它不只是商业模式多变，其盈利策略也逐渐走向了多样化。然而，在任何情况下，生态型平台企业的盈利策略都会朝着共赢的方向发展。

当我们讨论共赢时，可以这样阐述：对于平台型的企业，要想获得盈利，他们首先需要建立一个固定规模的平台生态系统，这意味着需要吸引更多的参与者，而实现共赢是吸引这些参与者的关键基础。因此，在构建交易框架时，平台应深入思考如何达到各方的共赢局面。

在构建平台模式以实现共赢的过程中，还需要考虑到"多边性"的因素，因为单方面的合作是无法建立平台的。所以在搭建平台之前，首先需要明确双边或多边群体的定义。比如说，像淘宝和招聘网站这样的平台是双方合作的，主要涉及供应和需求两个方面；某搜索平台采用三方合作模式，不仅有供应和需求双方，还涵盖了广告方。

在这一平台模式中，双方或多方合作并不仅仅是简单的交易参与者，它们更像是"付费方"与"补贴方"。例如，在婚庆网站"世纪佳缘"中，他们选择了"电子邮票"作为收费方式，其中男性和女性分别作为"付费方"和"补贴方"。而苹果 ios 系统和软件供应商的收费标准是三七分成，消费者可以根据自己的喜好和需求来选择软件，并决定是否选择付费方式来升级软件。

（4）开放

尽管开放平台并不仅仅局限于互联网，但互联网无疑是最理想的开放方式。互联网不只是拥有庞大的数据资料库，它还具备了一套完整的信息管理体系。该平台有能力最大限度地发挥互联网的优点，从而进一步增加参与者的数量。平台的开放性越高，所能连接的内容也就越丰富。在一个复杂的社会结构中，连接点的宽度和厚度在很大程度上决定了一个企业的价值。连接点的宽度和厚度越大，企业的价值也就越高。因此，在这个新的时代背景下，为了企业的持续生存和发展，它们必须掌握开放性，建立更多的联系，并获取更丰富的信息资源。

（5）平等

开放平台的基础是坚守平等原则。在传统商业环境中，渠道管理是一种广泛适用的思维模式，而互联网的思维方式则是受技术驱动的。互联网构建的网络结构并没有中心节点，也不是一个分层的结构，各个节点之间没有从属关系，因此互联网的技术结构决定了互联网是去中心化的，是平等的。

这里所说的平等，并不是指平台商和平台合作伙伴之间必须完全平等，而是指在合作过程中，双方都必须遵守合作协议，无论是在产品开发、营销还是客户服务方面，都需要通过平等的协商来达成共识，而不是由一方控制另一方。因此，在一个开放的平台上，我们应该摒弃"我的地盘我做主"的思维方式，站在对方的角度思考问题，以促进达成共同的观点。

3. 价值重塑与战略定位

为了实现平台化战略的升级，企业需要对组织内的管理体系进行全面重构，整合业务模式，重新设计业务流程，优化分配和内部交易机制，规范经营主体的管理流程，有效地控制运营风险，并致力于文化建设等多个方面。更明确地说，要重塑企业的价值，以下五个方面是关键。

（1）内部市场和交易的规定。依据企业内部的利润分配和交易机制，企业的平台化战略可以被拆分为多个不同的战略业务单元，并进一步演变为自组织结构和独立的核算单位。这样，经营的焦点会逐渐下沉，淘汰掉不佳的战略业务单元，建立各个业务板块的连接，实现联动，并以此为基础吸引外部创业者加入。

（2）塑造平台的价值观念。平台型组织集团的总部需要具有明确的价值，这些价值将最终通过分公司的费用和回报获取方式、利润分配、费用收取等方面来体现。

因此，在企业实施平台化战略的过程中，有必要进一步明确和加强其核心价值观，将这些价值观转化为维护与各个经营实体关系的桥梁，而不是削弱或降低现有的标准。那么，一个企业的总部平台应该具有什么样的价值呢？具体而言，不同的企业会选择不同的竞争策略，因此它们所追求的核心价值观也会有所区别。

对于这一点，企业至少需要从两个不同的角度进行深入思考。从一个角度看，平台组织是否能够拓展更多的业务并创造更多的价值亮点？平台的价值应该通过其构建的业务结构来体现，平台的组织生态越丰富，就越有可能开展更多的业务，创造更多的价值亮点。因此，在开始实施平台策略之前，平台首先需要解决的核心问题是如何围绕一个统一的客户群体，持续地为他们提供多样化的服务。从另一个角度看，平台化的企业能为其客户带来哪些运营上的价值？通常情况下，平台化的企业能够为客户带来的主要价值包括战略和人力资源的输出价值、基础管理服务的价值、市场引入和品牌价值，以及企业文化的驱动价值等。更具体地说，平台化的企业需要根据其所在的行业、企业的规模、所处的发展阶段以及需要整合的外部资源等因素，明确自己能够为客户提供的运营价值。

（3）商业运营方式和业务构架。企业需要在其现有的经营模式和业务结构基础上，重新整合经营模式和业务结构，以扩大业务范围。

（4）公司的文化理念。平台型的组织需要从一个更高的视角来看待问题，并持有更为深远的眼光。企业文化不仅仅是商业利益的简单叠加，它更注重利用文化的力量来整合创业团队，从使命和价值观等多个角度将平台的所有主体整合在一起，使他们产生商业认同，并建立紧密的联系。

（5）打造一个没有界限的组织结构。人的创新能力是推动企业向前发展的动力，因此组织的界限与人的界限是一致的。对于更高层次的平台型组织而言，其核心使命是打破组织的界限，构建一个无界限的组织环境，以便最大限度地激发组织内的创业和创新活力。

战略定位：搭建平台生态蓝图

在确定平台的战略定位时，我们需要从两个维度来思考：首先是对平台的发展方向进行定性分析，明确其未来的发展路径；其次，我们需要对目标位置进行量化，明确平台的发展水平，并以此为中心构建一个完整的平台生态规划。明确地说，对于平台的战略定位，需要从上到下进行，这对决策者的相关技能提出了更高的标准。

对于平台化战略的改革和升级，我们需要从多个角度对战略、人才、盈利和企业文化等方面进行全面的改革，并对这些方面进行系统性的思考，以分阶段和有计划的方式来实施战略。

（1）我们需要明确企业所面临的竞争环境和形势，了解企业在行业中的各个梯队，明确每个梯队的竞争格局，并对代表性企业的核心竞争策略进行深入分析。

企业需要依据自身的具体状况来搭建一个平台化的组织结构。对于企业来说，平台化的改革与其长远的发展策略和组织运营模式的调整是紧密相连的。这需要与战略思维、组织结构、机制的建立和预测相结合，并需要雇佣专业的团队来确保不出现偏差，从而避免过大的风险。

（2）经过深入的内部和外部研究，我们明确了平台化战略的商务模式和实施步骤，并针对未来资本的需求进行了全面的思考。为了成功地进行平台化转型，企业需要对其管理体系、业务模式和业务流程进行全面的重构，同时也需要改变现有的风险控制方式。这一切都是为了更好地为未来的平台化发展方向做好准备，并明确企业在未来 1~3 个核心战略方面的实施流程。

（3）在企业内部，需要建立一致的价值观，增强其在行业中的影响，推广平台化的思维方式，并寻求更多的外部资源。如果一个企业的价值体系不能建立，那么它将无法吸引任何一个经营实体，也无法有效地控制当前的局势，最终可能导致企业的分崩离析。

（4）在强调总部价值的基础上，我们需要明确组织的结构，并从组织的角度推进战略的实施。

（5）为了明确合伙人所需的各种能力和经营权限，我们设计了一个合伙人机制，并通过组织的划分将其分为多个独立的经营实体。

（6）当企业的经营活力得到释放后，它们可能会遭遇标准化的缺失风险。明确核心业务的执行流程，有助于有效地避免这些潜在的风险。

（7）明确内部市场的运作机制，包括但不限于分利制度、国际合作策略以及内部交易流程等。

（8）构建知识管理和人才晋升的管理体系，以实现知识的沉淀，激发员工的潜能，从而催生更多的人才。

（9）对于平台化的经营模式，我们需要建立内部的控制机制，这包括如何应对法律、运营和人事等方面的风险。

（10）通过 IT 技术手段来构建内部的信息交流平台，确保平台的活跃度得到实质性的增强。

（11）引进和复制关键人才，尤其是合作伙伴。

4. 企业平台战略的实施策略

在制定平台化的转型策略时，公司可以考虑以下三种不同的方法。

（1）利用移动互联网带来的去中介化和泛中心化的思维方式，我们可以简化业务流程，确保供应和需求双方能够无缝对接，从而减少信息和价值在流通过程中的损失。

（2）我们需要构建一个健全的合作框架，以最大限度激发所有参与方的积极性，摒弃传统的大规模批量生产方式，通过提供富有个性和体验感的高质量商品和服务，确保消费者的需求得到全面满足。

（3）执行跨领域的整合策略，始终秉持共同创新、共同建设、资源共享和双赢的原则，深化与上下游产业链的合作伙伴和竞争者的互动与合作，携手扩大市场份额，为客户带来更大的价值。

企业有能力对产业价值链中的价值创造和分配环节进行优化和升级，可以通过引进新的资源方等手段，充分激发所有参与主体的协同作用，从而实现产业价值链的全面重构。更具体地说，产业价值链的重塑途径可以分为以下三个方向。

·巩固。为了巩固企业在市场上的领先地位，我们持续地对主营业务进行优化，增强其价值创造的能力，有效地控制成本，并缩减流通的各个环节。

·延展。基于企业已有的业务，我们可以通过拓展相关业务或提供创新的解决策略来满足客户的潜在需求，从而为企业开辟新的利润增长途径。

·重建。我们需要打破传统的产业价值链，在平台思维的引导下，整合内外部的高质量资源，重塑业务流程，从而构建一个全新的价值体系。

（1）平台化转型的实施策略

企业在设计转型方案时，应遵循历史发展的基本规律，并根据"流程规划、分步实施、注重实效"的原则来设计平台化的转型方案，以确保方案能够发挥其高端的引领作用，并得到有效的实施，如表 10.1-1 所示。

企业平台化转型方案设计原则　　　　　　　　　表 10.1-1

设计原则	具体内容
流程规划	立足于企业平台化转型战略，系统规划企业在"十三五"期间的发展使命、发展目标、发展愿景、发展路径、业务策略、战略支撑体系、价值观等内容，对各项工作的具体开展流程进行指导
分步实施	在平台战略定位和战略目标的指导下，对战略推进流程、实施步骤进行有序规划，使企业业务发展水平与分类运营能力得以切实提升
注重实效	对企业发展历史与发展现状予以充分尊重，对企业"平台战略规规划"的可实施性、可操作性予以重点关注，推动企业稳步转型、发展。利用 PDCA 循环提升工具，在宣传平台战略规划、员工培训、召开研讨会、对项目进度目标与计划进行有效管理、开展技能培训及考核评估等措施的支持下，推动平台战略规划体系有序落地，将平台战略的作用充分发挥出来

（2）调整组织架构

在实施平台化转型的过程中，企业必须根据转型战略规划和实施方案对组织架构进行有效的调整，以充分满足企业的生存和发展需求，确保平台化转型的成功。尽管许多企业在其转型过程中对商业模式进行了创新，但他们并未对其组织结构做出相应的优化和调整。在实际操作中，由于资源整合面临巨大的障碍和高昂的成本，企业很难达到内部的高效合作，也难以与产业链的上下游合作伙伴实现无缝连接。尽管已经投入了大量的资金，但平台化的转型仍然无法实现预期的效果。

从公司的角度看，无论是选择稳固产业价值链还是扩展和重塑价值链，都需要改变传统的以企业为中心的思维方式和经营哲学，转向以用户为中心的思维模式，并以为用户创造价值为核心来组织各种经营活动。因此，企业有必要对其组织结构进行有力的优化和调整。

企业有可能通过优化其组织结构来进一步明确各个岗位的职责，这包括但不限于：谁应负责转型工作，是自主创建平台，还是与第三方进行合作，以及如何发掘用户的潜在价值和与哪些合作伙伴共同构建一个生态系统等。对于平台型企业来说，要想实现高效且稳定的运营，必须建立一个高度协同、能够极大地激发员工活力和创造力的组织结构来提供强有力的支持。

从宏观角度看，企业向平台化转型的价值是巨大的，这已经变成了企业发展的核心方向。然而，平台化转型的实施并不简单，企业需要长时间地投入大量的资源，不能急于求成，否则不仅不能实现预期的成果，还可能导致企业面临更大的生存风险。为了更好地管理风险，企业在进行平台化转型时，可以采纳迭代的发展策略。在维持其原有的价值体系的同时，进行平台化的转型，确保持续的资金流入。通过不断的更新和迭代，将产品、组织结构、商业策略和业务流程等方面的转型成果整合到平台上，旨在推动企业的持续发展，并最终实现平台化的转型和升级。

10.1.3　生态共生：构建全新的商业生态圈

1. 跨界融合：生态战略的特征

在商业环境变得越来越复杂的背景下，如何在市场竞争中稳固自己的地位并妥善应对潜在的市场挑战，以及如何在保持业务专业化的基础上，紧密跟上消费者需求的演变，都是企业在迈向生态友好企业道路上必须思考和解决的关键问题。

作为新兴的商业力量，生态型企业已经变成了商业界热烈讨论的焦点。作为一家注重生态的企业，我们应该拥有哪些独特的属性呢？

（1）互联共生

在生态企业中，各子业务间并没有直接的竞争，每一个业务都有能力为其他业务提供支持，通过业务间的深度整合和合作，可以创造出新的产品价值，并为用户提供更高质量的使用体验。生态型企业有能力精准地掌握产业价值链中的每一个环节，将价值链的开始和结束紧密地连接在一起，确保整个产业价值链的流畅互联，促进价值链各环节之间的和谐合作，并重视各环节带来的综合效益。

（2）动态平衡

生态导向的企业拥有自主发展和增长的潜力。生态型企业具备出色的动态平衡能力，能够进行自我调整和修复，能够迅速适应环境的变化，并应对外部的挑战。上文所指的动态平衡能力具备以下几个显著的特点。

·一个企业构成了一个健康的生态环境，并且具备自我循环的能力。

·生态系统中的每一个组成部分都是相互独立的，但同时也是相互支持和依赖的。每一个组成部分都有潜力成为一个共同的利益体，并且可以通过相互之间的协调来实现更优的效果。

·在这个系统里，每一个部分都有能力持续地发展，而那些已经落后的部分会逐渐被淘汰。所有这些部分的综合发展共同形成了生态系统的整体增长。

·在追求快速发展的过程中，也要妥善处理成长中可能出现的各种矛盾和冲突。

·我们有能力与用户进行深度的互动交流，紧密关注用户的需求，增强对市场变化的敏感性和响应速度，同时也可以通过系统来减少信息在传递过程中的损失，从而避免不必要的信息失衡。

·我们的生态系统随时都是开放的。

拿苹果来说，它的众多产品都是在自然环境中发展而来的，范围从 iMac 延伸到 iPhone，再到 iPad。随着时代的进步，生态友好的企业将不断适应时代的变化，持续地推出新的业务、淘汰过时的业务，并持续地进行进化和创新。

然而，如果生态导向的企业未能妥善掌握动态平衡，它们也可能面临系统性的崩溃风险。观察生态型企业的成长历程，我们可以发现每个企业都经历过部分不平衡的情况。要实现动态平衡，关键是能够及时识别并处理这些局部不平衡，从而使整个生态系统达到均衡状态。

显然，并不是每一个企业都具备这种动态平衡的能力，同时也存在生态系统崩溃的风险。随着互联网技术的快速进步，企业的增长和更新速度都得到了加速，因此，企业的动态平衡能力在其未来的成长轨迹中将起到关键性的影响。

（3）战略协同

生态型企业在各个业务领域的发展策略和产品观念都是高度一致的。苹果公司的 iPod、iPhone、iPad 和 iMac 所采纳的策略与其产品的核心理念是相吻合的。而联想的电脑、手机以及海尔的冰箱、洗衣机、空调和电视等产品，在战略和产品理念上都是完全独立的。联想在电脑业务上表现出色，但在手机业务上相对较弱；海尔在冰箱和洗衣机的业务上展现出了强劲的发展势头，但在电视业务方面却显得相对落后。在采纳多元化策略的背景下，公司的各种业务间的逻辑联系并不明确，它们之间的联系也不是很紧密；在生态战略的指导下，企业的各个业务领域实现了深度融合，战略模式与产品理念高度一致，使得各种产品在不同的历史时期都展现出一致的生命力和竞争力。

在数字化的时代背景下，生态战略具有极为广泛的应用潜力。得益于互联网和物联网技术的强大支持，企业的各种业务能够实现有机融合，从而创造出全新的产品价值和用户体验。上面提到的生态产品的诞生，都离不开互联网技术的强力支撑。

传统的产业领域，如万达广场和迪士尼乐园等，也有可能采用生态策略来生产高品质的生态产品。万达广场成功地将商业、住宅、酒店、电影和百货等多个领域进行了融合，为用户带来了一种创新的地产体验；迪士尼成功地将其娱乐内容与儿童乐园进行了融合，打造了一种创新的儿童乐园模式，为用户带来了前所未有的体验。

显然，生态战略不仅适用于互联网领域，传统行业也可以采纳这种策略。

众多的企业管理者未能深刻理解生态战略的真正含义，从而误入了生态型企业的建设中。构建生态型企业时，我们必须以产品的价值和用户的体验为基础，对于新的业务选择要格外小心，并在选择后逐步进行。在选择行业时，关键在于这些行业是否能与现有的业务结合，从而创造出生态友好的产品，并带来全新的产品价值和用户体验。

生态战略的实施问题极为复杂，需要依赖于生态型组织和人才，以及生态文化和生态管理与激励机制的全面支持。在此背景下，企业的核心业务价值链亟需进行深度的生态重塑，这个价值链涵盖了从研发到供应、品牌建设、市场营销、销售策略、客户服务、财务管理以及投资和融资等多个关键环节。值得强调的是，在生态战略的背景下，生态型产品显得尤为关键。一个企业是否能够生产出这种生态型产品，将直接决定其生态战略的实际效果。

2. 打破边界：产业价值链整合与延伸

被誉为"竞争战略之父"的迈克尔·波特（Michael E. Porter）指出，一个企业的竞争力主要来自其产业价值链中的每一个环节。对这些环节进行有效整合，不仅可以增强企业的竞争力，还能为其在该行业中的稳固地位提供更多的优势。按照迈克尔·波特的观点，一个企业应当拥有整合产业链并进行扩展的实力。

国内知名的男装品牌——雅戈尔，已经将其产业链扩展到上游的棉花种植领域。与此同时，服装网络直销公司 PPG 也加强了对上游资源的管理和控制。在当前阶段，对于上游资源的管理和控制似乎已经得到了许多企业的普遍认同，并被看作是主要的竞争焦点。

诺基亚在其最新的战略规划中，逐渐将其定位为一个专注于手机生产的互联网公司。他们为用户提供各种终端产品，为企业提供全面的解决方案，并针对消费者开展互联网相关业务。同时，他们也在不断地提高其专业服务水平，以增强其在网络业务领域的规模优势。电信服务提供商逐渐将其战略焦点转移到产业链的管理和扩展上。在 3G 技术的时代背景下，产业价值链的争夺日益成为运营商之间的核心竞争。能够紧紧抓住并持续扩展产业价值链的企业，将有机会打造出与众不同的产业价值链，从而占据更大的竞争上风。

由于企业在产业价值链上的不懈追求，它们逐渐扩大了业务范围，并对产业价值链的各个环节进行了严格的控制。企业现在不仅与消费者有了直接的互动，还开始对产业链上游实施直接的管理和控制，这有助于缩短产业链的运营周期和流程，减少信息在传输过程中的损失，并在不断适应环境变化和消费者需求的同时，提升系统的响应速度。

展望未来，随着各大企业对产业价值链的关注度逐渐提升，链条竞争将逐渐成为竞争的核心议题。生态导向的企业已经形成了一个完整的生态系统，因此竞争的中心已经转向了生态环境。随着生态环境的逐步完善，企业所拥有的链条上的优势将难以与生态上的优势进行竞争。公司的业务链条应当持续发展，构建一个以用户需求为中心的生态环境，并在此基础上积极寻找合作伙伴，最大化地利用他们的资源优势来增强公司的综合实力。

对生态友好的企业来说，互联网在两个层面上都能起到关键作用：

从更广泛的角度看，互联网的进步为生态友好的企业提供了优越的技术环境和生存条件。

从更细微的角度看，互联网的广泛应用为生态友好的企业带来了飞速的发展，同时也为它们的快速运营和均衡增长提供了坚实的后盾。

在电话与传真的时代背景下，企业更多地关心的是多样性或与之相关的多样性。杰克·韦尔奇（Jack Welch），被誉为"全球第一 CEO"，他提出了一个"前列"的战略方针，即企业必须在其所处的行业中走在前列。他认为，企业如果不能实现这一目标，那么就应该退出这个领域。杰克·韦尔奇进一步指出，在电器行业成为顶尖的公司，与创建一个顶尖的核反应堆是一样的，都需要具备巨大的商业潜力和实施能力。在一个已经实现数据互联的商业环境中，尽管企业旗下的子公司数量众多，但这并不意味着企业的总体实力也能达到这样的高度。在这个信息传播迅速的时代，企业更加注重各部门之间的合作和资源共享。在维持整体的灵活性的同时，也增强了企业的整体竞争力。随着信息技术的持续进步，企业能够迅速地感知到这些变化，并据此作出整体的响应。一个企业的整体能力常常需要超过其内部的部分能力。

随着互联网的进步，信息的传递和获取变得更为迅速和自由，这极大地简化了人们在任何时间、任何地点的交流和互动。企业有能力借助"比特速度"这一工具，更为便捷和迅速地获取用户的信息，从而推动组织结构的重塑，并塑造一个更有利于企业持续发展的组织框架。借助互联网的力量，企业有能力对其产业价值链做出调整，并对用户的需求变动做出迅速的响应。以 ZARA 为例，一个完备的信息系统在整个产业链中都是不可或缺的。

产业链的持续扩展和进步促进了生态型企业的诞生。随着互联网时代的兴起，企业所处的生存环境也在不断地变化。为了在这种快速变化的商业环境中稳固自己的地位，并更精确地满足消费者的消费需求，企业需要加强其延伸能力，确保产业价值链从起点到终点的无缝连接，从而构建一个能够全面掌控各个环节的生态型企业。

尽管生态型企业构成了一个完整的生态系统，但这并不代表它是封闭的。相反，在建立生态型企业的过程中，我们还需要学习如何主动开放，以吸引更多的外部资源，从而进一步提升生态系统的整体实力。产业链的扩展并不是推动生态型企业发展的唯一动力。以客户为核心，不断提高服务质量，创新产品和服务方式，满足客户日益增长的个性化需求，也是构建生态型企业的有利条件。

随着时间的推移，更多的公司将会与生态紧密结合，参与到生态的竞争中。显然，互联网的进步催生了生态型企业的出现，利用互联网促进了企业和用户之间的互动，企业可以通过这种互动获得巨大的利益。

3. 价值创新：精准洞察用户需求

随着公司逐步向生态化方向发展，市场和组织的界限已不再是他们所关注的焦点。鉴于市场和组织的界限会随着时代进步和需求的演变而发生变化，生态型企业应以用户需求为中心，持续地进行价值创新，这是一个需要特别关注和解决的核心问题。

许多人常常混淆价值创造与价值创新这两个概念，但实际上，这两者之间存在着显著的差异。价值创造是在已有产品或服务的基础上进行的优化，这是在明确了客户需求之后做出的一种被动响应；价值创新是一种前瞻性的思维方式，它基于客户的需求提出了两套解决策略。通常，在客户还未意识到他们的需求之前，公司已经为他们提供了相应的解决方法。在当前阶段，生态型企业能够在商业领域保持不败的地位，主要是因为它们始终坚持"用户至上"的原则，不断进行价值创新，为市场的发展提供了强大的推动力。生态型企业面临的核心挑战是：在生态系统中，"生物群"到底是谁？如何以这些"生物群"为中心进行价值观念的创新？

从宏观角度看，企业之所以能够成功地走向生态化，核心在于它们积极地进行价值创新，也就是提前识别用户的隐藏需求，并给出相应的解决策略。

［案例1］阿里巴巴构建了一个"六位一体"的生态环境，为买家和卖家提供了一个交易平台。在这个平台上，交易双方可以进行交易，同时也有效地解决了交易过程中可能出现的支付和诚信风险，从而为交易行为提供了更多的安全保障。早在2007年的时候，阿里集团已经成功地构建了一个由阿里巴巴公司、淘宝网、支付宝、阿里软件、中国雅虎和阿里妈妈这六大业务模块共同发展、相互支持的生态系统。其中，雅虎搜索、支付宝和阿里旺旺等平台是该生态系统的关键支撑，它们不仅为生态系统的各个部分提供了必要的能源，还将不同的生态系统紧密地连接在一起。阿里的生态系统包括中小企业、独立创业者和消费者这三大核心群体，他们的共同目标是围绕这三大群体，追求共同的繁荣。

［案例2］分众传媒：致力于打造一个以广告受众为核心的生活圈媒体平台

江南春所创立的分众传媒经历了一个构建"生活圈"的旅程，从最初的楼宇视频广告新商业策略，到后续不断扩大用户基数，再到逐步提高对受众数据的分析技巧和受众与用户之间的互动能力。分众传媒向广告用户提供了多种广告策略，涵盖了手机广告、户外广告和互联网广告等多个领域，并结合了精确的数据分析，更准确地了解用户的实际需求，从而在行业中确立其领先地位。因此，生态型企业并没有设定明确的市场界限，而是会根据用户需求的不断变化，在实际操作中进行调整。

随着用户在企业中的角色日益凸显，他们已逐步成为企业运营的中心。因此，企业的组织边界也将变得更为模糊和灵活。为了更好地适应这种快速变化的生存环境，以用户为核心的企业可以进一步探索和创新，围绕用户的需求，为他们提供满意的服务，从而推动企业更快地成长和发展。

当企业过于专注于市场竞争时，它们可能会采取一些消极的策略，这不仅会导致注意力分散，还可能无法更有效地满足客户的需求，进而影响用户的整体体验。因此，对于那些注重生态的企业，将用户放在首位，深入挖掘他们的内在需求应当是首要任务，而不是仅仅集中精力于市场竞争。如果一个企业把全部的资源和精力都集中在提升其核心竞争力上，那么它很难迅速崭露头角成为一个优秀的企业。相反，那些以用户需求为核心，以满足用户需求为出发点的企业，将有机会获得更多的创新资源，探索更多的未开发领域，并为企业创造更高的商业价值。

4. 揭秘小米的品牌生态模式

小米是品牌型生态企业的标志性代表，它运用电子商务和大量的基础设施，通过品牌共享的方式，成功地创建了一家致力于推动中国制造业全面转型和升级的技术公司。从这个视角出发，小米的用户思维主要是以中国制造为参照标准。大家都知道，中国的制造业覆盖了广泛的领域，但小米的商业策略其中确实有其独特之处。在小米的单点生态系统里，小米的电子商务在国内的电子商务领域中名列前茅。从这个角度考虑，小米在未来很可能会是阿里巴巴的主要竞争者。尽管小米目前是一个封闭的体系，但它已经建立了自己的品牌生态。

品牌和平台的共享构成了小米战略的核心要素，而在未来，这一战略有可能进一步演变为数据智能共享模式。当各种设备把用户的数据发送到小米的数据中心时，小米便有能力对这些用户进行深入的识别。小米通过品牌和平台的共享，成功地建立了其独特的生态系统，涵盖了手机、手环、路由器、电视、空气净化器、智能洗衣机、智能摄像机、智能电饭煲和汽车等多个领域。

在小米产业中，服务整合主要集中在硬件、电子商务平台和软件这三个方面，以便能让顺为资本从这些方面积累运营经验。顺为资本依据小米的成长策略，精心挑选了适宜的投资方向，从而为小米产业的壮大提供了有力的支撑，并最终塑造了一个产业与金融相结合的生态环境。

更具体地说，小米首先从其主打产品（如手机、电视和路由器）入手，对其粉丝和内容进行精心管理，从而提高了品牌的认可度。接下来，小米在已有的基础上，对更多的硬件企业进行了投资，鼓励它们融入自家的电商平台，利用其强大的吸引流量和市场营销能力，持续减少宣传的成本。最后，通过低利润和高销量的策略，小米手机在国际市场上的表现尤为出色。在当前阶段，国内的智能手机市场竞争愈发激烈，小米不仅面临魅族、华为、ViVo 等国内手机品牌的强烈竞争压力，而且在高端智能手机市场的发展上也未能达到预期的效果，因此很难动摇苹果和三星在高端手机市场上的领先地位。然而，小米成功地将小米的模式应用于乌克兰、印度尼西亚、缅甸和以色列等新兴市场，这在很大程度上缓和了国内手机市场增长缓慢的不利状况。除此之外，小米在教育、本地化生活和企业服务等多个领域都进行了投资，但现在还在探索中。

由于商业环境的差异，战略思维方式也会有所不同。随着互联网时代的到来，生态战略逐步崭露头角，成为主导的战略思维。企业以其核心竞争力为出发点来构建生态环境，并在与生态圈合作的企业的协助下，成功地完成了企业生态系统的搭建。

小米采纳了"投资＋孵化"的策略来构建其生态链，旨在从服务和资源两个维度为刚进入市场的生态链公司提供必要的支援。资源支持的内容涵盖了为新进入市场的公司提供的品牌建设、销售渠道、供应链管理、工业设计方案、产品定义以及投资和融资等多方面的援助。

（1）品牌支持：对于那些满足自家品牌标准的供应链公司，如智能家居和消费硬件等，小米将为其提供米家品牌的支持；对于科技和极客领域的产品，小米决定为其推出小米品牌。得到小米品牌背书的产品更有可能建立自身的信赖度，并迅速获得市场和用户的支持。

（2）供应链支持：小米手机经过多次更换，已经在供应链领域建立了诚信的形象，具有很强的议价能力，并成功打通了供应链。对于那些专注于产品开发、寻求稳定供应链并寻求合理定价的供应链公司，小米凭借其在供应链领域的高度信誉和强大的产业融合能力，能够为它们提供强有力的供应链支持。

（3）渠道支持：小米为那些利用米家和小米品牌进行生态链合作的企业提供了四个主要渠道，分别是 PC 端的小米网、手机 APP 小米商城、米家商城以及线下的小米之家。现阶段，在电子商务领域，小米商城稳居前十名，凭借其简洁的 SKU 和相对较大的交易额，成功吸引了大量的用户流量。小米之家为生态链的产品提供了一个线下展示的平台，使得产品能够通过多种方式与消费者进行有效的互动。

（4）投融资支持：小米对生态链企业的主导投资使得生态链企业得到了资本的密切关注。考虑到小米目前所处的发展阶段，它将生态链的企业分为多个阶段进行路演，并邀请了投资机构和投资者一同观看，以提供必要的投资和融资支持。得益于全方位平台的强大支持，小米遵循"工程师更懂工程师"的原则，组建了一个工程师投资团队，在规划生态链的同时，也向他们传达了方法论、产品标准和价值观。

（5）工业设计：在小米生态链企业的早期发展阶段，小米生态链的 ID 部门主要负责产品外观的设计工作。尽管每一个生态链公司都拥有其独特的 ID 部门，但小米生态链的 ID 部门有权否决某一创意，以确保生态链产品的风格保持一致。

（6）产品定义：小米与生态链的企业已经建立了深入的合作关系。如果生态链公司的产品希望被小米平台所采纳，那么他们必须召集生态链的团队成员进行集体讨论和决策。

（7）品质要求：如果生态链公司的产品想要进入小米平台，它们必须经过小米的严格内部测试。描述小米的内测过程时，我们常用"严格"这两个字，这主要是因为小米对于进入小米平台的产品，都会从各种不同的视角，持有严格的审查态度。除非产品通过了内部测试，否则绝不允许带有小米或米家这两个品牌的产品进入市场。

10.1.4　数字化政府：推进国家治理现代化

1. 数字化政府落地的七大思维

构建数字中国被视为我国未来发展的核心方向，其中数字政府的建立被视为关键的一环。在电子政务步入新的发展时期，构建数字政府成为核心的使命。加速数字政府的建设带来了多种益处：首先，它可以显著增强各级政府部门的职责履行能力，使其更好地适应数字化社会的进步方向；接下来，这有助于改善商业环境并激发市场的活跃性；最终，我们应当坚持以人民为中心的发展理念，并努力提升政府为民众提供的服务品质。在构建数字政府的过程中，有七种不同的思维方式需要遵循。

（1）系统思维

数字政府建设作为一项系统性的工程，必须遵循系统性的原则。一方面，需要系统地推动政府体制和机制的数字化改革；另一方面，也需要系统地进行数字政府的建设，并完善数字政府建设的保障措施。数字政府的建设需要强有力的组织推动、全面的规划布局和完善的保障措施。具体来说，需要做好以下三个方面的工作：首先是系统地推进数字政府的全面改革，包括工程规划、投资、建设、运营、运维等各个领域的改革。在这一进程当中，负责管理和规划的人员需要建立明确的推动机制，以便各方能够联合起来，共同推动数字政府的建设，以实现其可持续发展。其次，要全面而系统地进行数字政府的高级设计和整体规划，这包括对网络、系统、平台、数据和业务的全面规划和设计，以实现网络的一体化运营。第三点是全面而系统地实施数字政府的各种配套措施，这包括制定标准规范、管理制度和法律法规等，以实现数字政府的标准化、制度化和法治化的建设和运营。

（2）整体思维

在推进数字政府建设的过程中，政府的各个部门都需要加强两方面的能力：首先是提高各部门之间的协同治理能力；其次是增强各个部门提供"一站式"服务的能力。为了提升协同联动治理的效能，政府的各个部门需要完成以下任务：首先，推动一体化的政府监管治理，这不仅需要满足整体政府的需求，还需要满足智能分工和协同监管的标准；其次，我们需要对跨部门的业务流程进行优化，加速流程之间的连接，确保政务资源能够无缝、实时地流通；最后，要消除业务之间的不连贯性，以避免监管上的疏漏。为了增强一站式服务的效能，政府的各个部门有必要推动"一站式"政务服务体系，实现政务服务的"一网通办"，以确保企业和普通民众在办事过程中"仅需一道入口"。

（3）用户思维

不管数字政府的建设正处于哪一个发展阶段，都必须始终遵循以人民需求为核心的发展方针。政府应当把为用户提供满意的公共服务定为其追求的目标，持续优化用户的使用体验，持续改进政务服务的流程、方式、途径和内容，以更好地满足人民的新的需求和期望。"互联网＋政务服务"呈现出新的特性，政府的各个部门需要不断适应这些新的发展趋势，持续优化和改进政务服务流程，提升政府部门的"一站式"服务能力，以满足人民对政务服务变革的新需求。政府的各个部门应当以提升用户体验为核心目标，加速构建全国范围内一体化的在线政务服务平台，以实现政务服务的更高质量、更高效率和更便捷性，从而真正增强公众的体验感和获取感。

（4）创新思维

数字政府的核心理念在于不断的创新。更具体地说，在构建数字政府的过程中，我们需要持续地在理念、建设、服务、应用和运营方面进行创新，以解决传统政府信息化建设面临的各种问题和痛点。首要任务是对数字政府的发展观念进行创新，这意味着在构建数字政府的过程中，我们必须始终遵循开放和共享的原则，确保数字政府的建设理念在整体中起到主导作用。其次，在数字政府的投资、运营和政务服务等多个方面的制度创新，需要进行全面的统筹规划，合理地整合和分配各种资源，以促进业务之间的协同合作，并吸引各方的参与，从而实现可持续发展。再一次强调，为了创新政府的运作方式，我们需要利用政府和企业的在线平台，对政府的传统运营模式进行优化和升级。这包括整合远程监管和在线服务等多种方式，以实现各方的协同监管和治理，从而不断提高政府在社会治理方面的能力和效率。最终，为了技术应用的创新，我们需要促进政府业务与互联网、大数据、人工智能等新兴技术的深度整合，使得社会管理服务平台变得更加网络化、数字化和智能化，充分满足网络化运行、海量化参与、社会化协同的需求，为数字经济社会的建设提供坚实的支持。

（5）数据思维

随着信息技术的持续进步，我们已经进入了大数据的时代。在大数据的时代背景下，政府面临着精准管理和提供服务的历史性机会。因此，政府需要紧紧抓住这些机会，充分运用大数据资源来改变其运营模式，确保对大数据有清晰的认识，并以数据为基础进行有效的管理，以构建适应大数据时代需求的新型政府体制。更具体地说，政府需要做好以下三件事：首先，要实现数据资源的交流和共享（例如，政务数据资源的跨地区、跨层级、跨部门的交流和共享等）；其次，要提高政府部门的社会治理能力；最后，要提升政府部门的民生"一站式"服务能力。我们应该充分利用外部的数据资源，为政府的决策过程提供坚实的支持，鼓励各方的参与和政府与企业的合作。推动政府的监管决策平台与企业的数据平台进行有效对接，整合来自互联网、金融、电信、银行、能源、医疗、教育等多个领域的数据资源，从而构建一个全面的政府决策数据支持系统，使得用于指导政府决策的数据来源更加丰富，具有更强的对比性和时效性。我们需要加强数据的交叉比对、关联挖掘和趋势分析，确保政务、行业和社会等多个领域的数据都能充分展现其价值。同时，我们还需要深入地分析和预测经济、社会、民生服务和社会管理等领域的未来发展趋势，以不断增强我们的分析和预测技能。

（6）整合思维

传统的电子政务建设常常是分散的，而数字政府的建设需要改变这种状况，需要提升政府的集中建设能力，大力整合基础资源和设施，实现统一建设、共享、共建和共用。首先，各级政府机构需要推动基础设施的整合，通过统一的云服务来支持数字政府的建设，以防止在政务基础设施建设方面出现投资浪费和重复建设等问题，从而不断提升基础设施的可扩展性。接下来，各级政府部门需要推动系统平台的整合，以业务主题为核心，积极构建跨部门、跨层次、跨区域的系统平台，推动集约化建设，促进信息数据的交流和共享，实现不同业务的协同，提高各部门在各领域的协同治理和服务能力。最终，各个级别的政府部门也需要推动数据资源的整合，实现政务数据资源与社会数据资源的深度整合，以便为政府的决策过程提供必要的数据支持。

（7）法治思维

不管是哪种类型的建设，都必须遵循法治国家的原则，数字政府的建设也不例外。所有政府机构都应遵循法律进行行政管理，努力构建一个透明且依法运作的数字化政府。为了贯彻法治思维，各个政府部门需要根据法律对行政审批事项进行详细梳理，并持续改进网络审批服务的流程。对于没有法律授权的事项，将不给予审批，而对于在法定职责范围内的事项，将会坚决执行。所有政府部门都应加快电子监察的进程，确保在整个过程中都有明确的记录和依据，对权力的行使进行严格的规范和限制，并增强执法和问责的力度。在数字化政府的运作中，各个政府部门都需要进一步强化执法的监督力度，既要建立合法的政府建设流程，同时也要确保市场的有效参与。

把数字政府的建设视为政府的信息化项目是相当偏颇的。事实上，数字化政府是一个全面和系统的政府改革项目，它要求政府的运作与信息技术深度结合，以便为数字时代的民众提供更高效、更高品质和更便捷的服务体验。在党和国家机构改革的大背景下，各级政府需紧紧抓住时代的机遇，整顿数字政府建设所需的体制和机制，运用创新思维来统筹规划数字政府的建设路线，集中资源来推动数字政府的建设，目标是创建一个集法治、创新、廉洁和服务于一体的新型数字化政府。

2. 全球政府数字化转型的启示

从全球数字政府的发展历程来看，像美国、英国、澳大利亚这样的西方国家在很久以前就已经启动了数字政府的建设工作。这些国家采用了前沿的观念和科学的手段来构建数字政府，并已经取得了显著的成果。在政府进行数字化转型的过程中，他们积累了宝贵的经验，这些经验对我们来说是值得深入研究和学习的宝贵资源。

（1）美国政府数字化转型的启示

美国政府的数字化转型依赖于两大基石：首先是数字化数据的采集，其次是数字化信息的共享。基于这两个核心理念，美国政府将公共服务作为其追求的方向，从过去的管制型政府逐步转型为以服务为核心的政府。美国摒弃了传统的政府治理模式，放弃了单一国家的治理方式，而是采纳了"小政府—大社会"的模式，即国家与社会共同参与治理。

在美国政府迈向数字化的转型旅程中，他们始终坚守以下四大核心原则。

①遵循以信息为核心的原则：把传统的管理文件格式转化为在线管理的业务数据格式。

②基于共享平台的原则，美国政府成功地将各个部门的工作人员聚集在一处，实现了跨部门的办公模式。这不仅有助于降低政府的运营成本，还能简化各个部门的工作流程。值得注意的是，当美国政府的各个部门共同工作时，他们需要按照统一的准则来创建和发布信息。

③遵循以用户需求为核心的原则：美国政府根据客户的具体需求进行数据的创建和管理，同时也允许客户在任何时间、任何地点以他们所期望的方式进行信息的构建、共享和消费。

④关于安全与隐私的原则：美国政府高度重视用户信息和隐私的保护，并确保服务能够安全地分发和使用。

通过对上述四个原则的深入分析，可以认识到"以信息为中心"的理念已经不能满足当前政府数字化转型的需求。因此，有可能进一步将其修订为"以数据为中心"。此外，还可以从美国数字政府建设的经验中获得五个重要的启示：第一，需要重视服务型政府的建设，不仅要满足公众的需求，还需要满足企业的公共需求；第二，通过评估来推动建设，以提升数字政府的整体质量，比如美国设立了一个名为"数字政府研究中心"的机构，专门负责提升数字政府的整体质量；第三，制定和完善政府部门的相关法律和法规，确立数字政府的相关准则，以确保数字政府的高效和标准化运作；第四，加大对政府工作人员的培训和推广力度，以提高他们的数字化能力；第五，强化对政府信息和个人隐私的保护措施，以提升移动互联网的安全水平。

（2）英国政府数字化转型的启示

英国政府在全球范围内是数字政府的佼佼者，这主要得益于其为政府数字化转型所发布的《政府数字化战略》和"数字政府即平台"等多项战略规划。政府进行数字化转型是一项庞大且复杂的任务，这不仅涉及大量的努力，还需要投入大量的时间。在探索数字化政府的过程中，英国政府遭遇了许多挑战。因此，在 2017 年，英国的相关政府部门发布了《政府转型战略（2017—2020）》，旨在加速政府的数字化转型步伐。

《政府转型战略（2017—2020）》中明确了五大核心目标。首要目标是推动跨部门的业务转型，政府部门需要制定在线服务的标准，这包括技术的执行规范和应用标准等。此外，还需要不断优化用户的使用体验，并建立跨部门的合作策略。第二项目标是为政府工作人员提供培训，以增强他们的文化修养和数字技术能力。第三项目标是对商业工具、工作流程以及管理方式进行全面的优化和改良，以解决政府各部门在技术、采购和工作计划管理等方面存在的不同。第四项目标是最大化地利用数据资源，实现政府公共数据的透明度，推动数据的开放和共享，优化数据挖掘工具，指派首席数据官，并构建一个全面的数据安全体系。第五项目标是建立一个共享平台，并通过共享组件来实现可重复使用的共享业务功能。英国政府的数字化转型策略展现了以下几个显著特征：

①英国政府在其数字化转型策略中始终遵循以人民为中心的策略。英国政府高度重视满足民众的需求，始终站在民众需求的角度来提供服务，擅长优化与民众的关系，并愿意将更多的权利赋予民众。

②英国政府的数字化转型策略显示出极高的适应性。在数字经济的背景下，政府有能力通过运用数字工具、数字技术以及数字方法，以低成本和高效率的方式来优化政府的数字服务组合。

③英国政府的数字化转型策略显示出极高的包容性。英国的政府机构正致力于创建一个在线服务网站，旨在为公众提供更高品质的服务，确保其高度的可靠性、安全性和效率。

英国政府在数字化转型过程中的经验可以概括为四个主要方面：第一，需要构建一个健全的政府数字化转型推动机制；第二，我们需要提高政府部门核心员工的数字化能力；第三，我们需要吸引更多的社会资源来参与数字化服务；第四，我们必须坚定地遵循"数字政府即平台"的发展哲学，并致力于将这一理念实际应用到实践中。

（3）澳大利亚政府数字化转型的启示

澳大利亚的政府拥有出色的数字化实力，能够迅速适应数字化环境的转变，并向公众提供高品质的政府服务。澳大利亚政府借助其强大的数字化能力对政府服务模式进行了改革，其在数字化转型方面的经验具有很高的参考价值，可以概括为六个主要方面。

①以群众为中心：澳大利亚政府能够为公众提供线上和线下两种服务，其中线上服务的设计主要是基于用户的实际需求，其服务的品质相当高，并且提供的速度也非常迅速。在推进线上服务的同时，澳大利亚政府也始终致力于为公众提供上乘的线下服务体验。

②数据挖掘：在确保数据和信息的安全性的基础上，澳大利亚政府致力于挖掘数据的潜在价值，以使数据更具价值和更容易被充分利用。

③增强服务质量：澳大利亚政府不仅通过针对性的培训来提高员工在数字化工

作方面的能力，还会专门为数字化工具设计相应的政策和操作指南。

④协同治理：澳大利亚政府积极推动公共部门与私营部门之间的深度合作。

⑤加强创新：澳大利亚的政府一直在努力优化其服务方式。

⑥数据共享：澳大利亚政府的各个部门都在共享线上服务系统，并分享了线上服务的设计方法以及数据的应用技巧。

澳大利亚政府在数字化转型过程中获得了这样的启示：首先，政府需要通过相应的培训来建立专门的数字化团队；接下来，政府的各个部门需要根据政策方向，制定与自己相匹配的数字化战略，研发与之兼容的数字工具，并进一步完善政府的数字化服务标准；最终，我们组织了工作人员进行数字技能的学习，以不断丰富项目的内涵，并致力于推动创新工程的实施。

3. 我国政府的数字化转型路径

在构建数字化政府的过程中，各个国家采取的策略都存在其独特的长处和短处。在拟定数字化转型计划的过程中，我国政府不仅需要学习和借鉴国外的先进理念和经验，还需根据本国的具体国情来进行规划和实施。从宏观角度看，我们需要有效地利用新兴技术进行高层次的规划设计，构建一个数据信息的平台，并强调数据的开放性和共享性；实施政府的移动办公和线上服务，确保网络信息和个人隐私的安全性，从而推动政府在数字化转型过程中的健康、稳定、迅速和安全的发展。更具体地说，我国政府在数字化转型方面的技术发展路径见图 10.1-1。

依循顶层设计流程规范

依托互联网架构及互联网能力

以数据共享为核心引擎

具备移动化能力

具备基于态势感知的数据全生命周期管理能力

图 10.1-1　我国政府数字化转型的技术路径

（1）依循顶层设计流程规范

在政府进行数字化转型的过程中，遵循顶层设计流程规范是至关重要的，它依赖于两大核心要素：一是顶层设计，二是顶层设计流程规范。鉴于政府的数字化转型是一场全面的系统性改革，涉及多个领域的复杂因素，因此顶层设计和流程规范是不可或缺的。通过顶层设计和流程规范，可以确保政府的数字化转型能够持续而稳定地进行，从而使整个变革过程具有明确的目标、方向、路径和节奏。如果政府在数字化转型过程中缺乏高层次的规划来引领变革，那么它将面临各种各样的挑战，如方向不明确、路径模糊、节奏混乱以及持续性的困境等。

顶层设计可以被划分为五个主要阶段：顶层设计咨询、总体方案设计、开发治理、交付验证以及运维运营，每一个阶段都配备了相应的使能技术工具。为了确保数字政府能够持续稳定地运作，我们必须密切关注政府在数字化转型过程中的整个生命周期，确保各个阶段的管理都做得到位，并持续改进管理策略、扩大功能范围以及不断创新服务。

（2）依赖于互联网的结构和其相关能力

数字政府被视为一种高效率的服务导向政府，其核心任务是为大众提供上乘的服务体验。除此之外，它还拥有数字化的属性，如能够处理大量的政务数据、处理大量的政务业务以及满足大量的政务服务需求等。政府在进行数字化转型时，必须依赖于完善的互联网框架和强大的互联网能力。所谓的成熟互联网架构和互联网能力，是指那些经过长时间实践检验而形成的具有一定规模和效益的互联网架构和能力，这包括实名认证、移动支付、信用积分、沟通协同等方面。在政府进行数字化转型的过程中，需要不断地创新政府的业务环境，以适应大量用户的需求。即便在高并发的情况下，也能为大量用户提供高质量、快速、便捷和流畅的在线政务服务。

（3）把数据共享作为中心动力

政府在进行数字化转型时，应以数据为核心，促进数据的共享，并对政府的各项业务进行数字化的改进。为了实现政府的数字化转型，我们有必要构建一个统一的政务服务数字平台。在这个平台上，通过数据共享交换的技术规范和管理方法，可以消除信息孤岛现象，实现数据的流动和跨层级、跨区域、跨部门、跨系统、跨业务的数据共享，从而推动数据资产化、服务化和价值化，加速政府数字化转型的进程。

（4）拥有可移动的功能

数字化政府应当具备透明度和共享性，确保公众能够在任何时间、任何地点访问，并始终站在民众的角度思考、关注他们的需求、解决他们的困境，从而为他们提供便捷、迅速和高品质的服务。数字化的政府需要表现得亲切友好，并知道如何缩短与大众之间的距离。一个出色的政府数字化转型计划肯定是具备流动性的。数字化政府需要拥有两大核心的"移动能力"：首先是移动互联网的架构能力，其次是移动应用的开发能力。换句话说，数字政府有必要开发一款政务服务 APP 和相关的微型应用程序，以便为大众提供一个移动办公的平台。同时，还需要开发一个移动政务协同办公系统，以协助公务员实现移动办公，并协助企事业单位的工作人员实现移动沟通和协同工作。

（5）拥有基于态势感知的数据全生命周期的管理技能

数字政府的运作必须建立在数据共享的基础之上，同时，数据共享的前提也必须是安全和可控的。在政府进行数字化转型的过程中，建立一个全面的安全体系是不可或缺的。这个系统能够利用大数据来感知当前的形势，并为数字政府提供全域的实时观察、协同防御以及大数据 AI 的智能驱动等功能。此外，这个安全系统需要具备建立数据安全模型和方法论的能力，拥有敏感数据资产管理和数据风险审计的技能，不仅要确保数字政府在业务、数据和运营等方面的安全，还要确保整个网络空间的安全。

政府的数字化转型作为一个庞大且复杂的系统性工程，并不是一步到位的过程。第一，我们必须坚决执行数字化转型的策略方向；第二，我们需要深入研究和创新数字技术；第三，政府、企业和每位公民都应共同参与并付出努力；第四，各级政府应依据国家和人民的具体需求，积极吸取外国政府在数字化转型过程中的成功经验，以高质量完成顶层规划，扎实推进政策制定，并转变治理观念；第五，根据可信赖的技术途径，逐步执行转型任务，持续推动转型的步伐，不断提高政务服务的质量，使得整个政务服务流程变得更为便捷、个性化、智能化和安全化；第六，我们积极促进政府在各个领域进行数字化转型，为构建网络强国、数字中国和智慧社会提供坚实的后盾。

4. 科技驱动的智慧政务新模式

在这个时代的召唤之下，政府的电子政务正逐步向智能化政务模式转变。在电子政务的新发展阶段中，智慧政务的"新"主要表现在以下几个关键方面：首先，政府的电子办公平台正在向智慧办公平台转型；其次，政府的决策方式也在向智慧决策模式转变；最后，政府为公众提供的服务也在向智慧服务模式转变。为了完成这些技术变革，我们必须依赖于各种先进的智能和数字技术，如云计算、大数据、物联网和人工智能等。得益于这些先进的技术支持，政府能够通过高效的监控、数据分析和智能化反应，对各个职能部门的资源进行深度整合，从而全方位地提升政府管理和业务执行的效率。这类技术也有助于政府强化其职责的监督，增加透明度，并让政府变得更为清廉、勤勉和实际。因此，各级政府有责任充分运用云计算、大数据、物联网和人工智能等先进的智能技术，以推动其数字化转型，建立一个由科技推动并具有智能政务功能的新型政府体制。这种创新的政府模式以其高效、灵活和便于民众的特质而著称，它能为企业和大众创造一个优质的城市生活和生产环境，确保城市的持续健康发展。

（1）资源的优化配置

物联网主要由三个核心部分构成，它们是感知层、网络层以及应用层。其中，感知层的主要职责是收集信息，这包括智能卡、RFID 电子标签和识别码传感器等组件；网络层主要承担信息传递的职责，涵盖了无线网络、移动网络、固定网络、互联网以及广电网等多个领域；应用层的主要职责是对信息数据进行深入的分析和处理，同时也负责相关的控制和决策工作。它可以利用智能应用来完成特定的服务任务，实现物与物、人与物之间的准确识别和感知，充分发挥传统应用所不能达到的智能功能，如图 10.1-2 所示。电子政务的传统办公模式主要是在 PC 端进行，但随着新一代网络技术的不断进步和广泛应用，电子政务办公模式已经逐渐转向移动端，并预计在未来还将进一步发展为物联网模式。

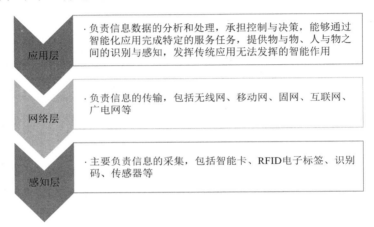

图 10.1-2　物联网的三大组成部分

现在，市民可以使用刷卡的方式来完成公交车的缴费手续。当市民完成刷卡操作后，他们的信息采集系统会自动获取卡片信息，并将这些信息传输给计算机。计算机会根据自己的判断自动将"改写"程序反馈到乘车卡的电子芯片上，从而完成对卡上余额数据的修改，确保用户能够完整地完成刷卡乘车的过程。

随着科技的不断发展，人们有可能将医疗服务、公共交通、社会保障和缴费等多个功能整合到一张集成的芯片卡中，从而构建出城市一卡通系统。城市一卡通不仅极大地简化了市民的日常生活，还实现了机构精简的目标。通过使用城市一卡通系统，政府有能力将各种政务信息整合在一起。这不仅促进了政府各部门之间的信息共享和业务合作，同时也优化了资源的分配，降低了资源的浪费。

（2）政务应用效能的提升

当公众需要到政府部门办理事务时，他们往往需要带着各种文件和资料在政府的各个部门之间穿梭，这导致办事的效率相当低。例如，如果市民想要获得药品经营许可证，他们不仅需要向药品监督管理局和工商管理部门提交申请，还可能需要前往多个不同级别的机构完成相关手续。因此，申请一张药品经营许可证通常需要花费一周甚至更长的时间。假如政府能够采纳政务云技术，那么它可以利用信息技术助力市民达到"一进门就能完成多项任务"的目标。

在政务云的平台上，通过网络办理证件已不再是遥不可及的梦想。除此之外，无论是群众还是企业，都可以利用移动服务终端在任何时间、任何地点进行如业务咨询、预定、投诉、自助申报、进度查看和服务评估等多种操作。政务云服务能够实现"让群众少跑腿，信息多跑路"的目标，这不仅可以提升群众的办事体验，还可以提高政府部门的办事效率，真正做到两全其美。

通过使用智能办公系统，政府的办公人员能够将各种不同的任务集中到一个统一的办公门户上进行处理，包括但不限于文书的打印、流程的审核、信息的管理、工作的安排和任务的委派等。这极大地提升了政府部门的工作效率，并确保政府部门能够有效地调用档案进行备案。

智能办公系统不仅能够根据公务员的职责、偏好和使用频率自动优化用户界面和系统功能，还可以自动发送消息提醒工作人员处理紧急事务。智能办公系统能够提供多种提醒功能，如邮件提醒、代办件提醒和会议通知提醒等，这样公务员就可以在不需要特别安排和查询的情况下，根据事情的轻重缓急来处理相关事务。

此外，通过使用智能办公系统，政府部门能够根据关键词和目标网站实时收集与政务相关的信息，收集国内外主流媒体、社区、论坛网民的真实反馈，并通过科学筛选、量化统计、分析研判来制定科学的决策。

（3）人脸识别发挥大功能

在日常生活中，我们经常碰到需要出示和验证身份证明的场合，如乘坐飞机、高铁、出境通关、办理银行金融业务、工商税务社保等。在这些场合中，传统的做法是人们出示有效的身份证件，然后由检查人员通过眼睛核实，确保证人和证件是一致的。这一流程相对复杂，并在某种程度上减少了通关的效率。然而，随着人脸识别技术的不断进步和广泛应用，证件的核实过程仅需短短几秒钟即可完成。

举例来说，当人们需要跨境通关时，他们只需将身份证对准人像采集器进行简单扫描。尽管操作看似简单，但其背后实际上隐藏着更为复杂的技巧。人脸识别系统能够通过人脸识别软件、高拍仪和二代身份证读卡器等设备的协同工作，实时地收集人脸和身份证的照片信息。然后，将这些收集到的人脸数据与身份证照片数据进行对比分析，一旦发现两者信息高度一致，系统便能立即通关。

在过去，人们在行政服务中心的工作主要依赖于人工来收集、辨认和验证信息。由于办事人员众多，导致室内环境过于拥挤和嘈杂，这经常需要消耗大量的时间。如今，众多的行政服务中心已经成功地实施了人脸识别和编号系统，能够实时地收集人脸数据并与身份证上的照片进行对比分析。当人们在服务厅处理税务事务时，他们可以利用排队机的人脸识别技术和第二代身份证来迅速取号，这大大减少了人流，从而显著提升了工作效率。展望未来，随着科技的持续进步，政府各部门将有能力实现信息的共享和业务的协同合作。现在，人们可以仅通过一个终端设备来完成所有的业务操作，而无需亲自前往政府服务大厅进行排队办理。

10.2　数字化产业

10.2.1　数字化产业转型的概论

1. 内涵与外延

数字经济已经崭露头角，成为全球产业转型和升级的关键动力，同时也是我国在"十四五时期提升产业核心竞争力、实现经济高质量发展的必经之路"。2016年，G20杭州峰会发布的《二十国集团数字经济发展与合作倡议》明确指出，数字经济是一系列以数字化知识和信息为关键生产要素、现代信息网络为主要载体、信息技术的有效应用为效率提升和经济结构优化的重要推动力的经济活动。根据中国信息通信研究院（简称"信通院"）的报告估算，2018年，全球47个国家的数字经济规模超过了30.2万亿美元，占全球GDP的40.3%。中国保持了全球第二大数字经济体的地位，其规模达到了4.73万亿美元。

目前，在全球尺度上，众多国家都已经制定了自己的国家策略或部门方针，并构筑了数字化经济的国家策略框架。数字化的转变已经变成了数字经济发展的核心途径。在未来，数字化转型的支出预计会持续快速上升。根据国际信息技术咨询企业国际数据公司（IDC）先前的估算，截至2020年，全球ICT的总支出将在4万亿~5万亿美元之间，其中有30%~40%是与数字化转型有关的。

数字化转型的定义在不同的国家和行业中存在差异。美国在数字化转型的过程中，主要是通过连接虚拟网络和实体来构建一个更为高效的生产体系。美国在软件和互联网经济发展策略中，更倾向于在"软"服务领域推进新的工业变革，期望通过网络和数据的助力来增强价值创造的能力，确保制造业的持久竞争优势。德国的数字经济策略主要反映在其"工业4.0"的战略布局上，其核心目标是利用智能工厂的标准化技术，将制造业的生产模式推向国际市场，确保德国工业继续保持其世界领先的地位。在2016年，德国推出了《数字化战略2025》，该战略从国家层面明确了向"数字德国"迈进的10个关键行动领域，其中包括了千兆光纤网络的建设；鼓励和支持创业活动；构建投资与创新领域的监管结构；在基础设施的范畴中推进智能互联技术；强化数据的安全性，确保数据的主权不受侵犯；推动中小型企业在商业模式上进行数字化转型，以实现"工业4.0"的目标；加大对数字技术的研发和创新力度；全面推进数字化教育的各个阶段；建立了一个联邦的数字化机构。英国已经制定了《英国数字化战略》，该战略主要涵盖了连接性、技能与包容性、数字化部门、宏观经济、网络空间、数字化治理和数据经济这七个方面的战略任务。在 2019 年，日本推出了名为"社会 5.0"的项目，其核心目标是利用人工智能、物联网和机器人等先进技术，用数据替代传统的资本来连接和驱动各种事物。这个项目旨在将数字化技术深入到经济、社会和日常生活的每一个角落，从而创造新的价值和服务。其最终目标是实现虚拟与现实空间的完美结合，并迈向"超智慧社会"，这被视为数字化转型的最终目标。

这本书阐述了数字化转型的核心思想：通过运用新一代的信息技术，构建一个涵盖数据采集、传输、存储、处理和反馈的完整闭环，我们可以消除不同级别和行业之间的数据障碍，从而提高供给侧的质量和效率，创造新的产业、业态和商业模式，满足需求侧对体验改进的新要求，并构建一个全新的数字经济结构。在数字化转型的背景下，企业需要将信息技术整合到其业务的各个方面，以增强产品研发、流程优化和业务决策制定的能力，从而根本性地改变其经营模式和为客户创造价值的手段。数字化产业转型的主要贡献可以从两个层面来看：首先，它为传统产业带来了更多的存量，这主要得益于信息技术所带来的效率和产值的显著提升；其次，这也为传统行业带来了新的增长机会，特别是在数字化环境下，由新的商业策略带来的业务扩展导致的产值上升。产业数字化转型的深层含义是将大数据、云计算、人工智能、物联网和先进的生产方法等尖端技术与生产业务紧密结合，以消除不同级别和行业之间的数据障碍。这一转型旨在为产业带来更高效的业务流程、更全面的客户体验和更广泛的价值创造空间。同时，它也改变了产业的传统商业、组织、管理、决策、供应链合作和创新模式，推动产业从垂直模式向扁平模式转变，形成了一个新的产业生态系统，促进了产业的协同发展，并实现了产业生产模式的转型和升级。

产业数字化转型的范围更加广泛，包括支持产业数字化转型所需的经济社会体系等外部支持环境的全面转变。从经济的角度看，产业的数字化转型将包括在数字化环境下对经济结构、创新机制、市场竞争策略以及贸易准则的全方位改变；从社会的角度看，产业数字化转型所涉及的各种问题，如社会治理模式、标准法规、就业方式、教育体制以及可持续发展等，都被纳入了产业数字化转型的考虑范围内。

2. 核心特征

（1）数据已经变成了新的生产要素

美国政府视数据为除陆权、海权和空权以外的另一项国家核心资产。在数字经济中，数据已经变成了赋予实体经济力量的关键生产元素。数字化转型不只是简单地将新的技术应用于生产流程，更重要的是在转型的过程中不断地积累和形成数字资产，围绕这些数字资产来构建数字世界的竞争力，从而为企业持续创造价值。大数据与云计算、人工智能和物联网的融合，成功地将数据转化为价值创造。

（2）消费者的需求已经变成了商业策略的新的推动力

随着产业的数字化转型，商业模式也经历了智能化的变革。传统的以产品为核心的商业模式已被彻底改变，生产企业直接与消费端的用户互动。消费者的需求和体验已经成为推动企业生产的新的驱动力，促成了生产商、中间商和消费者之间的信息互联互通，为企业创新提供了新的方向。

（3）在产业运营中，快速、灵活和开放已经变成了新的常态

数字化转型不仅加速了产业和企业的运行效率，而且敏捷和 DevOps（开发运营）方法在 IT 部门得到了广泛应用。这种转型使得整个企业和产业的各个环节都能实现快速的迭代和自组织适应。同时，数字化转型也打破了传统的封闭运营模式，基于大数据、物联网的移动化和云服务，企业与企业、行业与行业之间形成了互联互通的开放产业生态。

（4）"软件定义一切"已经变成了产业价值创新的新方向

基于 VMware 首次提出的"软件定义数据中心"概念，随着数字技术在多个领域得到广泛应用，基于应用需求驱动的软件功能创新已经成为数字化转型的关键环节。通过对软件定义网络、软件定义存储、软件定义计算、软件定义消费和软件定义识的深入研究，我们预计未来将进入一个全新的数字化阶段，涵盖软件定义的所有方面。

（5）XaaS 已经转变为产业数字化转型的新模式

软件的定义并不代表每一个企业都必须独立进行软件的研发。在未来，基于 XaaS 的企业可以更加专注于其核心业务领域。XaaS 已经成为 XaaS 系列中最受欢迎的成员，它增强了通过互联网提供的灵活消费型付费服务。其中，SaaS（软件即服务）、PaaS（平台即服务）和 IaaS（基础架构即服务）都是 XaaS 系列的核心组成部分。随着数字化产业的进一步发展，"即服务"的定义也随之扩展，包括 MaaS（出行即服务）、DBaaS（数据库即服务）、STaaS（存储即服务）、DaaS（桌面即服务）和 CaaS（通信即服务）等新的服务领域。

10.2.2　数字化产业转型的战略

产业的数字化转型策略是基于"新基建"和发展数字经济的新管理体系构建的，它以"数字技术、新经济模式和社会治理"为核心动力，旨在实现产业未来的发展愿景。随着产业的数字化转型，对新型基础设施，如新型数字化基础设施和传统基础设施的数字化，都产生了强烈的需求。与此同时，一个健全的政府管理和制度环境对于产业数字化转型的成功与否起到了决定性的作用。在"新基建"以及数字经济的新管理体系的推动下，技术、经济和社会这三大动力将共同助力传统产业向未来的产业方向进行转型。代表着新一代信息技术的云计算、大数据、物联网、5G、

人工智能和区块链，与各个产业在设计、生产、制造、销售和服务等各个环节都实现了深度融合，从而为产业的数字化转型提供了强大的数字技术支持。在数字技术的推动下，各个产业都超越了传统的经济模式，催生了新的业态、组织和管理方式，这不仅拓展了产业价值创造的新模式，还提高了产业生产的效率和效益，标志着产业数字化转型进入了一个新的经济模式阶段。与此同时，数字化人才的培养、政府的治理方式以及资源和环境的持续发展在某种程度上都限制了产业的数字化转型。因此，我们需要在这种新的产业发展模式下，构建一个新得社会治理框架，也就是所谓的社会治理约束。

1. 技术赋能

在产业的数字化转型过程中，技术赋能涉及多个层面和具体内容。

1）数字层

数字层的主要职责是对数据资源进行收集、储存、分析以及实际应用。数字层是由各种数据汇集形成的，它代表了产业底层物理层通过数字化手段映射到虚拟空间的过程，使得在数字端能够模拟整个产业的生产流程。DaaS（Data as a Service，数据即服务）代表了一种创新的服务模式，其核心目标是实现产业信息的数据化和云化。通过集中管理数据资源、场景化数据清洗和优化数据，该服务旨在开放和共享数据，并为企业以及其他企业提供数据共享的新途径。基于这个前提，我们即将推出大数据的服务。大数据的进步呈现出明显的行业特征，并与该行业的数字化转型有着紧密的联系。

行业的数字化水平可以通过数据的进步来体现。在数据层，通过数据建模等手段，实现了数据的知识化和赋能，从而构建了 DaaS（Software as Service，软件即服务）。SaaS 模式是通过网络来提供软件的，有了 DaaS，所有的服务都被托管在云端，这样就不需要为软件在云端提供一个灵活、统一的企业合作平台。根据企业的实际需求，它们可以选择向 SaaS 招商租赁在线软件服务。SaaS 有助于企业降低成本，并对硬件、网络以及内部 IT 部门进行高效的管理。现在，SaaS 服务正在逐步细化，如通信、邮箱、网盘等工具开始走向 SaaS 化，同时基于手机和其他移动设备的 SaaS 平台也开始涌现。随着移动设备的广泛使用，SaaS 的增长速度持续加快。各相关参与者持续地寻求创新的服务方式。

SaaS 供应商的发展状况可以概括为：（1）传统的软件公司正在通过扩大服务范围来转型为 SaaS 服务提供商；（2）在已有的垂直领域 SaaS 基础之上，创业公司进一步向基层扩展了 PaaS 类别；（3）互联网大公司在 SaaS 服务的基础上，引进了第三方的 SaaS 服务人口平台，从而构建了一个云服务的生态系统。

SaaS 的未来发展方向主要集中在三个核心领域：

（1）通过引入人工智能等先进技术，流程管理的效率得到了显著提升，这不仅大幅度提高了优化效率，还优化了服务质量，从而成为改善 SaaS（服务质量）的关键驱动力。

（2）在行业垂直 SaaS 领域，拥有大量客户的 SaaS 公司，可以探索供应链中的其他潜在机会，如 B2B 和增值服务等。

（3）解决服务碎片化问题。由于大多数服务提供商主要集中在单一的 SaaS 流程上，并面临着服务数据不互通的挑战，因此在提供能整合碎片化数据和流程的 SaaS 服务方面具有一定的机会。

2）平台层

大数据平台和云计算平台共同组成了平台层，它为数据提供了存储和计算的功能。在平台层，我们可以围绕数字闭环和业务闭环等核心，构建舆情监控平台、数字技能培训平台、社会治理平台和网络安全监测平台等，以解决数字化转型过程中行业和企业发展的关键和共性问题。在这个层面上，我们主要提供 PaaS 服务，这意味着将软件开发的平台视为一种服务，并向用户开放。无论是用户还是企业，都可以在 PaaS 平台上迅速开发他们所需的应用程序和产品。与此同时，由 Paas 平台开发的应用程序能更有效地构建基于 SOA 架构的企业级应用程序。PaaS 作为一项全面的开发服务，为开发者提供了从开发工具、中间件到数据库软件所需的各种开发平台功能。

目前，国内的大型云服务提供商如阿里百川等已经向开发者开放了大量的云服务能力。与此同时，垂直 PaaS 平台也在快速发展，特别是针对物流网和语音识别等领域的 PaaS 平台。目前，PaaS 厂商的发展主要集中在三个核心方向：在保持原有技术功能的基础上，根据其优势来拓展服务形式和客户群；服务功能的拓展已从仅提供单一的 PaaS 服务扩展到提供多种不同类型的 PaaS 服务；在现有的 PaaS 服务体系之上，我们进一步扩充了与之相似的 SaaS 服务种类。

为了吸引更多的新客户，我们在 PaaS 通用模块的基础上，为各企业提供了个性化的流程管理服务。

现阶段，PaaS 的进展主要集中在三个核心领域：

由于 PaaS 厂商在提供单一功能的同时也在横向扩展，逐渐成为 PaaS 工具商，这有可能导致 PaaS 厂商在业务方面存在高度的重叠。

开发者的增值服务已逐渐成为增长的驱动力：基于功能模块的提供，构建了一个平台生态，旨在为企业/应用提供完整的技术服务生命周期。

技术模块在国际化推广的过程中，由于其地理位置和使用习惯的限制相对较小，因此海外市场有望成为 PaaS 制造商的新的增长焦点。

3）物理层

物理层主要是由传感器、网络和其他硬件设备组成，负责数据的收集、传输和生产执行。在物理层，所提供的服务被命名为 IaaS 服务，而 IaaS 供应商则为用户构建了云计算的 IT 基础设施，这包括数据处理、数据存储、网络连接以及其他核心计算资源。用户有能力在远程环境下部署和运行各种软件，这包括操作系统和应用程序，而供应商会根据用户对存储服务器带宽、CPU 等资源的需求来收取相应的服务费用。公共云 IaaS 作为一种"重资产"的服务方式，需要大量的基础设施投资和长期的运营技术经验积累，因此该业务具有非常强的规模效应。因此，当大型企业的优势开始浮现时，会触发所谓的马太效应，通过调整价格、提升性能和提供服务来构建一个相对宽广的市场"护城河"。"IT 云"技术能够显著增强 IT 基础设施的适应性和扩展能力，这在数字化转型中起到了至关重要的作用。在数字化系统中，数据处理和存储的能力是非常关键的，但这也带来了不确定性和突发性的问题。采用弹性云计算架构不仅可以满足弹性计算的要求，还可以降低成本。

物理层所涉及的技术主要涵盖了物联网、5G 技术以及超算中心等领域。物联网，作为数字化体系的核心物理层，其迅猛的进展代表了数字化体系的迅速建立和进一步完善。数以亿计的传感器已经成为物理世界数字化的核心，而物联网则是物理世界与数字世界之间的重要连接。超级计算机（超算中心）的计算能力和应用水平直接影响到一个国家或地区在信息技术领域的国际竞争成败，它也是国家创新体系的一个重要组成部分，已经变成了世界各国，特别是大国之间争夺的战略高地。5G 技术将促进六个主要领域的数字化转型，这些领域包括智能交通和运输工业 4.0、智能农业、智能电网、智慧医疗、媒体以及内容创新等。

4）前言技术

（1）尖端的数字化转型技术

数字化转型中的尖端技术主要涵盖了人工智能、区块链技术以及安全保护系统。

①人工智能

人工智能，作为推动新一波科技革命和产业转型的关键技术，已经变成了全球各国在追求新一轮国家科技竞争中的主导地位的核心领域。人工智能的核心思想是通过机器持续地感知和模仿人类的思考模式，从而让机器达到或甚至超过人类的智慧水平。随着我国在人工智能领域的战略布局开始实施，全球的人工智能进展已经进入了一个技术创新不断加速、融合应用不断深化的新时期。这一变革深刻地影响了国家在政治、经济、社会和国防等多个领域的运作方式，为人类的日常生活和生产带来了巨大的转变。

人工智能的应用已经变成了互联网未来发展的核心部分，其中一些人工智能技术已经步入了产业化的阶段，这也催生了新的产业发展。多样化的核心器件创新正在快速推动 AI 行业的进步。GPU、DSP、FPGA、ASIC 以及类似大脑的人工智能芯片不断地进行创新，以满足云侧和端侧的 AI 计算需求。AI 行业正在迅速崛起，特别是对云端深度学习计算平台的需求正在迅速增加。现代人工智能技术以深度学习为中心，在视觉、语音、自然语言等多个应用领域得到了快速的发展，已经开始赋予各个行业像水、电、煤一样的能力。

在人工智能的应用范围内，并没有受到任何专业的约束。通过将人工智能产品与生产和生活的多个方面进行整合，实现了从"互联网+"向"人工智能+"的技术升级。"人工智能+"技术在优化传统产业各个环节的流程、提升工作效率、增强工作效能以及降低运营成本等多个方面都起到了显著的推动作用，从而大幅度地增强了业务体验，并有效地提升了各个行业的智能化程度。

②区块链技术

在新的技术创新和产业转型中，区块链技术的综合应用扮演着至关重要的角色。区块链（Blockchain）是一个由多个参与方共同维护的技术，它利用密码学来确保数据传输和访问的安全性。这种技术能够保证数据的一致性存储，防止数据被篡改和抵赖，因此也被称为分布式账本技术（Distributed Ledger Technology）。一个标准的区块链采用了"块-链"的方式来存储信息。区块链，作为一种新兴的计算和合作模式，旨在在不稳定的竞争环境中以较低的成本建立信任。凭借其独特的信任建立机制，它正在逐渐改变多个行业的应用场景和操作规则。它有潜力成为数字经济信息基础设施的核心组成部分，并被视为未来数字经济发展和构建新型信任体系的关键技术之一。

作为一种新兴的信息基础设施，区块链正在为数字经济的发展注入新的活力。区块链技术与多个行业的传统模式相结合，为实体经济带来了成本降低和产业链协同效率的提升。从交易信息到去中心化应用，区块链所包含的内容将变得更为丰富。它将为各种数字化信息构建一个可以确权和无障碍流通的价值网络，旨在在保护所有权和隐私权的基础上，促进更多价值的流动。

区块链预计将是未来社会信息基础设施的重要组成部分，它将与云计算、大数据和物联网等先进信息技术进行深度融合和创新，目的是构建一个有序的数字经济体系。例如，在政府的治理过程中，区块链技术成为了实现"数据流通更多，民众流通更少"的智能政务的关键手段。在金融服务行业中，区块链技术整合了资金流、信息流和物流，形成了一个"三流合一"的模式，这有助于提高信任的穿透性，并解决中小微企业面临的"融资难、融资贵"的问题。

③关于安全的保护机制

数据被视为推动数字经济增长的核心要素，而数据的安全性风险已经变成了影响数字经济稳健发展的决定性因子。有些国家已经走在前列，对人工智能和其他数字技术在数据安全方面的潜在风险进行了前瞻性的研究和积极的预防措施，同时也在推动数字技术在数据安全方面的广泛应用，以实现数字技术与数据安全之间的健康互动和持续发展。

从数据安全防护体系的技术角度来看，数据安全交换、资产风险管理、容器安全蜜罐（honeypot）技术和态势感知构成了构建数据安全防护体系的五大核心要素。数据安全交换的核心目标是确保线上的生产和办公环境，以及线上各服务器与系统间的大量数据能够方便、迅速且安全高效地进行交互。资产风险管理的核心任务是自动搜集并实时更新公司所有服务器和应用程序的信息。接着，通过调用多个漏洞扫描引擎，自动将扫描结果与资产关联起来，最终进行统一的汇总分析和评估。为了确保容器的安全性，我们不仅需要依赖传统的虚拟机网络安全防护和主机的安全扫描技术，还必须高度重视容器镜像的安全性，这样才能避免黑客以容器镜像文件为中介，上传被感染的镜像，从而对容器网络或主机进行攻击。蜜罐是计算机科学中的一个特定术语，主要用于检测或防御未获授权的操作或黑客的攻击，由于其工作原理与诱捕昆虫的蜜罐相似，因此得名。态势感知平台的风险决策引擎专家系统为策略的整个生命周期提供了集中的管理功能，这包括编辑、部署、操作和监控可重复使用的指标、规则、决策流和自定义的决策输出等关键组件，确保决策管理的高效性。

（2）数字化技术对产业价值链产生了深远的影响

对产业价值链产生深远影响的数字化技术涵盖了数据处理、计算能力、连接方式、智能分割、人与机器的交互以及前沿的生产技术。

①关于数据、计算的能力以及连接方式

在过去的几年中，数据的规模以几何级数的速度快速增长。根据国际信息技术咨询企业国际数公司（IDC）发布的数据，预计截至 2030 年，全球的数据存储总量将达到 2500ZB。以用户需求为中心的企业能够运用大数据技术，将用户的线下行为转化为数据，并进一步进行线上数据的整合。通过这种数据分析方法，企业能够观察到竞争对手的独特性质，并在人群识别、精确市场营销以及运营服务等多个场景中实施数据化的运营策略。云计算，作为一种关键的大数据网络服务方式，通过提供 IaaS、PaaS 和 SaaS 三种服务，彻底改变了企业的数字化架构。这不仅简化了软件、业务流和访问服务，还补充了企业的内部基础设施和应用程序。同时，组织设计被视为云计算迁移的一个重要元素，使得许多"云"设备能够实现业务流程和通信功能的规模化。雾计算（Fog Computing）被视为云计算的进一步发展，是一个分散式的计算模型。作为云数据中心与物联网设备/传感器之间的桥梁，雾计算提供了必要的计算、网络和存储工具，使得基于它的服务更加接近物联网设备和传感器。边缘计算是在用户或数据源的物理位置附近进行的计算，这些节点更接近用户终端设备，可以加速数据的处理和传输速度，减少延迟。实现企业数字化连接的核心要素包括组织结构的协同、信息的有序整合与沉淀、业务流程在线的标准化、硬件设备在线的协同配置、收支系统的互联以及企业生态上下游的全面在线连接。大数据、云计算以及数字化连接手段构成了产业数字化转型的核心技术，它们是产业在面对数字红利时的关键技术组成部分，进一步确保了产业数字化经济的稳健发展。

②对事物的分析与智慧

数据分析主要用于辅助决策过程，它是大数据时代不可避免的结果。在大数据的应用实践中，描述性和预测性分析的应用较为普遍，而对于决策指导性等更深入的分析应用则相对较少。例如，无人驾驶汽车能够通过分析高精度的地图数据和大量的激光雷达、摄像头等传感器的实时感知数据，预测不同驾驶行为可能带来的后果，并据此指导车辆的自动驾驶。在产品生命周期的各个阶段，从市场研究到售后服务，再到最后的处理，都必须恰当地采用数据分析手段，以增强其实用性。企业的决策者们会通过对市场的深入调查和数据分析，来确定市场的走势，并据此制定合适的生产和销售策略，从而更好地挖掘和应用这些数据，为企业的数字化决策提供指导。智能化涵盖了智能操作系统、智能传感与物联网、视觉识别与语音交互以及深度学习计算机等多个方面的特性。这些特性有助于实现社会资源（如人才、物料、设备、仓库、运输车和资金）的最优配置。通过社会大数据驱动的人工智能和深度学习技术，我们可以实现社会资源的自动化和供需匹配的最优化调度，从而促进产业间的联动和产业的数字化转型。

③人与机器之间的互动

随着移动互联网、虚拟现实和普适计算等技术的快速进步，人机交互技术面临着前所未有的挑战和更高的标准。因此，人机交互研究的焦点也从精确转向了非精确、功能转向场景和实践。在未来，人与机器之间的互动将逐渐演变为"交互人"与"智能机"在物理、数字和社交空间中的交互。这种交互将模拟真实的经营和生产过程，增强模拟场景的真实感，并提高工业制造活动的自动化水平。基于大数据和其智能分析的工业制造自动化技术是增强制造敏捷性的关键支持，它将从传统制造模式转向拉动式生产模式，提高数字化生产制造的通用性，从而增强产业的竞争力。

④前沿的制造技术

先进的生产技术构成了推动数字化工厂向现代化转型的关键基础。数字化工厂基于产品全生命周期的相关数据，在计算机模拟环境中，对整个生产流程进行仿真、评价和优化，并进一步扩展到整个产品生命周期，这是一种新型的生产组织方式。在产品设计、生产规划和生产执行这三个关键环节上，我们采用了数字化建模、虚拟仿真和虚拟现实/增强现实（VR/AR）等先进技术，以实现生产方法的创新，并进一步推动生产制造向智能化方向发展。先进的生产技术、智能软件、灵活的自动化设备和柔性的发展策略将成为企业未来的竞争力，并能不断适应个性化的需求和不确定的市场环境。将数字技术应用于制造过程可以显著提高制造过程的灵活性和加工过程的集成性，从而提高产品生产过程的质量和效率，增强工业产品的市场竞争力。

2. 创新经济模式

数字化转型是一种新型的经济模式，它以数字化的知识和信息作为核心的生产要素，以数字技术的创新作为核心动力，并以现代信息网络作为主要的载体，这也将催生新的业态、新的组织结构和新的管理方式。

1）新业态

（1）新产业链重构

从根本上讲，产业的数字化转型是一种战略性的更新，它将企业的战略更新和数字化转型提升到以数字化核心、以企业为主导的战略更新水平。产业的数字化转型是一个通过电子方式将数字内容从源头传递到目的地的过程，这包括采购、智能仓储、智能制造、数字营销、智慧 B2C 物流、供应链风险预测与防控以及数字化客户关系管理等多个方面，形成一个完整的生态集成系统。

产业的数字化转型主要是从数字化供应链的角度出发，通过数据的收集、储存、传输、分析、管理和应用，实现从定制化订单、产品开发、数字化采购、数字化生产、自动化生产、智能物流到客户服务的全产业链的数字化转型。

①数字化供应链：通过数字化转型，企业可以实现运营的数字化、信息的透明化和决策的灵活化，从而实现供应链的端到端可视化管理，进而实现产业供应链的即时设计和管理。

②定制化订单：传统的生产制造模式已经不能满足消费者的个性化需求。但在实现产业的数字化转型后，通过大数据分析，我们可以提前了解客户的消费偏好，设计生产计划，优化生产制造流程，实现拉动式生产模式的转变，从而提高生产制造的敏捷性。

③产品开发：数字化技术依赖于数据分析和预测，能够准确地评估市场需求，并根据消费者需求灵活地进行产品设计和开发，从而实施拉动式的生产模式。

④数字化采购策略：通过数字化采购手段，企业的采购速度、效率和敏捷性都得到了显著提升，这为决策者提供了一个更为全面的视角，进而有助于降低潜在风险、增强合规性，并最终增加采购部门能够管理的支出项目，从而为企业创造更大的价值。

⑤数字化生产：得益于虚拟现实、计算机网络、快速原型、数据库和多媒体等先进的数字技术支持，我们能够根据用户的具体需求，迅速地收集和分析资源信息，包括产品信息、工艺信息和资源信息。通过这样的分析、规划和重组，我们可以实

现产品设计和功能的仿真，以及原型制造，从而迅速生产出满足用户需求的产品。

⑥自动化生产模式：该模式采用独立的控制系统来实现关键工序设备的自动控制，确保各设备间能够持续运行。在生产线内，该系统能够实现生产数据的自动采集、监控和传输，具备自动识别、检测和传感等多种功能，从而实现物料上下料、传输和存储等多个工序的自动化生产，进一步减少了生产过程中的资源浪费。

⑦智能物流：通过集成的智能技术，物流系统可以模仿人类的智能，具备思维感知、学习、推理判断和自我解决物流中某些问题的能力，从而加速物流系统的运行，实现物流系统的智能化运行。

⑧客户服务：数字化的转型推动了客户服务响应方式向体系化、专业化和智能化的多媒体化方向发展。通过运用先进的技术和手段，我们能够满足客户多样化的服务需求，提升应急响应的速度，从而进一步提高客户的满意度。

通过综合应用"大数据""云计算"和"人工智能"等先进的数字技术，我们可以实现全产业链的数字化创新。这将为未来的企业数据分析和预测、企业战略和转型、产品服务信息化等方面提供技术支持，从而在转型变革中掌握和利用数字经济，并在实践中不断创新，推动数字经济的发展。在"互联网+"行动计划的推动下，数字技术与传统经济正在不断地进行创新和融合，基于互联网的新技术、新产品、新模式、新业态正在蓬勃发展。

（2）新商业模式

随着数字化的推进，商业模式变得更加多样化，数字技术与实体经济的深度结合彻底改变了传统实体产业的价值生成方式。

大数据，作为新兴的资产、资源和生产要素，正在推动商业模式向智能化方向发展。随着信息技术的进步和各种经济社会活动产生的数据，它们已经变成了具有巨大价值的新型生产要素。这一新型的生产要素拥有易于共享、低成本流转和可复制等多个优点。一些基于大数据的集中式和开放型共享服务云平台，通过扩大数字化信息的应用范围，达到了效益的累积和增值。通过数据共享，连接了整个生命周期的各个阶段，这不仅加快了资源的流通速度，降低了运营成本，还为价值创造提供了新的模式。随着数据逐渐成为新的生产要素，企业在数据的收集、储存、处理和分析方面的能力也得到了迅速的增强，这种信息整合极大地提升了生产和决策过程的智能化水平。

随着数字化的进步，企业的价值创造模式已经转变为以消费者需求为中心的生产方式。智能化的生产方式不仅增强了市场中流通的产品的品质，推动了市场环境的健康循环，还能更有效地利用各种生产资源来创造价值。规模化的个性化定制和服务化的扩展体现了智能生产的特点。数字化的需求使得企业的供应变得更为精确，这使得企业能够敏感地捕捉市场的变化，并从大规模生产模式转向大规模的个性化定制。以用户需求为导向的创新推动了企业在产品和服务方面的持续升级，最终增强了产业结构的整体创新潜力。在智能生产的大背景之下，各企业开始更加注重满足用户的需求，努力提升用户的使用体验，并致力于打造以服务为中心的轻量级资产。

数字化的转型为创新提供了新的动力方向，并促进了智能创新的快速发展。通过数字技术与信息技术的深度整合和应用，我们成功地降低了创新的成本和风险，并为企业确定了明确的创新路径。互联网为基础的众筹、众包、众创、众智等平台层出不穷，它们共同推动了一种创新的、跨区域的、高效的开放合作创业或创新方式。企业数字化覆盖了从设计阶段到实际使用的整个周期，实时更新的数据在创新的各个环节都起到了关键的推动作用，这使得企业能够充分利用所有的生产资源，并激发其累积效益，从而创造出具有颠覆性的创新产品。

2）新组织

随着数字化技术——即时连接、高度智能和深度透明，逐步渗透到企业的各个产业链环节，外部合作伙伴和内部业务单元开始实现无缝的数字化连接。同时，企业内部的各个层级和业务模块也开始实现知情权的对等和信息的对称。数字化、平台化和生态化的趋势将促使企业走向新的经济发展模式。

（1）平台化

产业互联网平台致力于构建一个人、机、物全方位互联的新型网络基础设施，旨在形成一个智能化发展的新型业态和应用模式。这将促进产业数据的采集、交换、集成处理、建模分析和反馈执行，为大规模个性定制、网络协同制造、服务型制造、智能化生产等新型生产和服务方式的实现提供坚实的基础支持。在数字经济的背景下，平台已经变成了协调和分配资源的核心经济实体，它是价值创新和价值集结的中心。从一方面看，新的互联网平台主体正在迅速崛起。在商贸、生活、交通和工业等多个垂直细分领域，平台企业的发展速度非常快。从另一方面看，传统的企业正在加速其平台的转型过程。随着企业生产和交易模式的转变，企业提供的服务范围变得越来越不明确。平台型组织是一种创新的组织模式，它不仅高度重视专业基础设施的集成，同时也高度重视分散和灵活的小微型客户经营组织。这种高度集成的专业基础设施能够推动平台企业创造新的产业高度。因此，平台型组织不仅可以高度专业化地满足客户的个性化和定制化需求，还能持续地跟随市场和需求的变化完成自身的升级和进化。在数字化进程的推动下，企业正在从仅仅是网络中的一个节点，逐渐转变为构建自己的产业网络体系，从而形成一个能够实现群体突破的创新网络。数字化转型不仅会激化企业之间，甚至是整个行业的竞争，同时也催生了一种全新的产业链模式。传统的线性产业链正逐渐向网集群化方向演变，网络的整体规模也呈现出持续增长的态势。一个能够整合各种资源的平台型组合正是这一领域的经典例子。这是一个整合了众多信息的云服务平台，它将企业间的合作模式从简单的线性链条转变为一个多方都可以参与的网络结构。平台化的企业可以被视为一个汇集了大量信息和知识的开源社区，它能够吸引更多的企业加入合作网络，从而充分利用资源，激活闲置资产，创造更多的价值。

（2）生态化

随着各种专业平台逐渐实现互联互通，生态友好将逐渐成为该平台未来的发展方向，并构建企业间的合作生态系统。在合作网络环境下，产业链的上游和下游实现了信息的共享，并输出了智能化的管理解决方案。在一个以价值网络为核心的合作生态环境中，我们充分考虑了客户、供应商和多个利益相关方的利益。通过构建合作平台，实现了资源的全面共享和互动融合，从而使合作生态环境中的各方利益共同增长。这将有助于在技术快速变革、商业环境高度不稳定和竞争日益激烈的背景下，确立和维持产业的竞争优势，并提升整体运营效率。

通过利用生态系统，我们对产品供应模式进行了创新，从单一产品特性扩展到了多样化、场景化和链条化，从而实现了更加体验式的服务体验。我们的专业平台鼓励各方紧密合作，依赖先进的科技来关注各种场景，并围绕用户需求构建一个全新的生态环境，从而实现从单纯的竞争到真正的合作的转型。随着生态系统的发展，许多企业将不可避免地走向价值的共生和网络的协同合作。随着平台上的参与者和使用者数量持续上升，交易的节点也变得越来越多，这导致生态系统中的各个要素、各个环节和各个流程的运营成本下降，从而逐渐显现出规模效应。平台型组织本质上构建了一个共建共赢的生态系统，通过整合产品和服务的提供者，促进组织间的交易合作，共同创造价值。供应端通过基于数端驱动和智能化运营的方式，能够直接与消费者进行对接，从而实时掌握供需关系的变化和产销边界的透明性。

3）新管理

在企业数字化进程的高阶阶段，它被视为拥有"数字神经系统"的智慧型企业。在企业的移动互联网、信息技术和云计算等技术进步的背景下，已经达到了管理的数字化和能化水平。数字化经济对组织的结构、管理策略和方法都产生了深远的影响。

（1）管理结构的扁平化和数字化转型在某种程度上打破了传统的垂直管理模式，大量的数字信息快速流动促进了管理效率的提高，导致了数据驱动的扁平化管理结构和多层次复杂的管理体系不再适用。随着信息技术的不断进步，企业内部各个环节的数据共享水平也得到了显著提升，这为各部门之间的协作和共同发展提供了有利条件。为了实现数据的即时流通，企业需要采用一种扁平化的协同组织管理模式，该模式应具备实时互动、多方参与和快速响应的能力。在数字化转型的过程中，企业需要对外界环境做出灵活而高效的响应。通过采用扁平化的管理架构，企业可以通过缩减管理层级、提高管理的智能化水平和扩大管理范围来提升其运营效率。

（2）管理方式呈现出自我组织的特点

随着数字化的进程，企业的界限逐渐变得不那么明确，因此，企业开始更加注重赋予员工更多的权力，并倾向于采用自组织的管理方式。在新的时代背景下，SaaS 将被视为一种技术工具，用于辅助人力资本管理的发展管理处，这样可以避免进行协调和资源分配，实现数字化转型的自组织化管理，从而使企业的内部管理边界变得更加模糊。在此过程中，由于生产和价值创造模式的变革，企业的内部沟通、决策审批等业务效率得到了显著提升，管理方式变得更为智能、灵活和服务导向，同时组织的分工也变得更为明确和合适。我们致力于构建一个灵活的自我组织管理方式，创建一个迅速响应和灵活的组织结构，从而提高组织的决策和执行效率。

（3）采用数字化的管理手段

通过数字化的转型，我们可以更好地改进产业的管理策略。

数字化的管理流程是利用数字化框架来连接部门之间的数据隔离，确保管理流程从一端到另一端都能实现流程化和数字化。在办公环境中，管理协同软件和即时通信软件的广泛使用可以增强组织的管理合作效率，减少管理沟通的成本，并提升组织的产出。数字化管理决策：利用大数据、云计算和人工智能技术，对产业的内部和外部市场环境进行深入分析，预估产业可能遭遇的各种问题和挑战，从而为相关组织提供更加科学的决策建议。

3. 创新治理模式

1）数据治理

（1）世界数字经济组织正在重塑全球的合作模式

数字贸易在全球范围内蓬勃发展，其对 GDP 的贡献甚至已经超越了金融和商品的流通。数字贸易涵盖了终端产品（例如下载的电影）和基于或推动数字贸易的产品和服务（例如云数据存储和电子邮件等提高生产效率的工具）。美国的信息和信息技术服务（数字产品除外）的出口总额已经超过了数亿美金。双方和多方的协议开始更加明确地处理数字贸易的规定和障碍。例如，在《美国—墨西哥—加拿大协定》（USMCA）和 WTO 中关于制定电子商务协议的多方对话，在一定程度上有助于解决数字贸易的障碍问题。更进一步地说，全球数字经济的快速发展直接催生了世界数字经济组织（World Digital Economic Organization，WDEO）这一国际机构的成立和成长，该组织在 2018 年被正式授权成立。非政府组织（Non-Governmental Organization，NGO）是在联合国的指导下成立的，旨在消除经济不平等、构建公正和合理的国际经济关系、实施强有力的社会和经济改革，并鼓励在全球数字经济发展中进行必要的结构性改革，以实现一个公正和公平的经济和社会秩序。

（2）确立数据的权利制度

随着大数据带来的经济价值日益凸显，学术界和商业界在数据确权问题上产生了新的争论。如何在保护隐私和尊重价值发现的基础上明确数据的权属，已经成为一个急需解决的问题。数据权利的界定与普通物权、知识权和商业规则有所不同。为了构建一个符合数据基本特性的权属法律体系，我们需要在现有的物权、知识产权和商业规则的基础上，发展"可用不可见"的数据匿名化处理技术。

在数据确权方面，存在几个显著的特性：

保护个人隐私是确定数据所有权的基础条件，必须在遵循法律规定的同时，尊重价值发现，并引导信息技术和数据产业朝着健康、有序的方向发展。

与物权不同，数据的财产权具有非排他性和非损耗性的支配特性。在大多数情况下，物权所规定的各种权利并不能被单一主体完全享有，而是被分配给了不同的数据主体。

关于数据的知识产权，仅适用于通过创新技术收集和处理的数据。虽然数据权利和知识产权在某些方面存在交集，但它们之间并不构成一个包容性的关系。

我们必须重视数据权利与责任的匹配问题，并确保权利持有者负有确保数据真实性和有效性的义务。

（3）数据的安全性和防护措施

为了推动数字经济的健康成长，有必要构建一个明确权责的数据保护法律体系和安全责任机制，特别是在合理和适度的前提下，既要防止法律的漏洞和数据的滥用，也要避免过度防护，以限制"数字经济"的正常发展。因此，我们必须坚守以下两个核心准则。

对于具有商业秘密特性的数据，我们可以利用现行的商业秘密条例，例如《反不正当竞争法》，来处理某些权益问题。

对数据进行匿名化处理被认为是解决商业数据所有权问题的一种合理方式，它能在保护隐私和尊重价值发现之间找到一个平衡点。

（4）数字产权的交易体系

当数字被赋予权利时，数据资产的概念也随之出现，从而使资产得以交易。数字产权交易是一种在获得数字产权所有者授权后，数字物权所有者在国家授权的交易平台上自由交易其所拥有的数字物权的市场行为。与实物交易相比，数字产权交易的成本更为经济，例如电子书的交易相对于纸质书更为简便，而外部交易的费用也更为经济。例如，通过数字货币的交易，我们可以提高货币的流通速度，并使交易更为简便。

随着数字资产在人们日常生活中的日益增长的重要性，众多的数字交易平台，例如新加坡的 Bibei 交易所，都在不断地推出数字资产。这些交易所涵盖了数字交易的制度、技术框架，以及美国的证监级别 IT 安全审查。

（5）跨国界的数据流通机制

数据的跨国流动与经济的全球化和数字化是相辅相成的。基于美国和欧洲的政治、经济和法律传统，它们在各自的历史环境中制定了具有独特特点的数据跨境流动策略，这可以被视为制度设计的一个重要参考。

美国的跨境数据流动策略主要是受到商业利益的推动，因此在全球范围内实施了较为宽松的跨境数据流动政策。因此，在美国的常规法律中，很少明确规定禁止或限制数据的跨国流通。然而，在某些具体的情况下，美国仍然保留了一些政策调整的余地。例如，在对外国投资进行安全评估时，美国可以与外国投资者签署安全协议，这些协议可能会涉及数据本地化的相关要求。CIFUS 通常是用来描述数据本地化需求的具体实施方式。

特定的政府部门被指定来进行监督和执行。欧盟的数据跨境转移政策主要是在个人数据保护体系中得到体现，与此同时，该政策的执行机制也是与个人数据保护执法体系紧密相连的。当数据控制者进行个人数据的跨国流动时，存在三种合法途径：①将数据传送到被认为是"充分"的区域；②外部环境因素（如用户的同意或履行合同的需求等）；③为确保数据跨境转移的日常化和规模化提供坚实的合法性基础，我们需要采取充足的保障措施，特别是考虑到"例外场景"的适用范围有限。

2）人才支撑

在数字化转型的大背景之下，对于数字化专业人才的需求显得尤为旺盛。无论是数字化的研发、生产还是管理，数字化转型的每一个步骤都离不开拥有数字化专业人才的支持。

数字化领域对人才的规模需求急剧上升。当前，高级数字技术专才的需求超过了供应。以人工智能行业为背景，根据《2017 年全球人工智能人才白皮书》的数据，截至 2017 年，全球的人工智能专业人才数量仅为 30 万，而在工业领域的人数大约超过 20 万，高等教育领域的人数则约为 10 万。在全球范围内，大约有 370 所专门从事人工智能研究的高等教育机构。从全球角度看，每年只有大约 2 万名人工智能专业的毕业生毕业，而中国的人工智能产业所面临的人才短缺问题已经高达百万级别。从近期的情况来看，这个庞大的人才短缺有可能严重阻碍产业的数字化转型进程。根据调查数据，超过一半（54%）的公司表示，数字化人才的短缺已经妨碍了他们的数字化转型项目的进展，这也导致了企业在竞争中失去了优势。

其次，是关于数字化人才的结构性转型。随着公司在数字化转型过程中的持续发展，对数字化专业人才的需求也在不断上升，这种人才的结构性不足正在逐渐成为妨碍企业进行数字化转型的主要障碍之一。领英在其《中国经济的数字化转型：人才与就业》的报告中指出，目前中国的数字人才主要分布在产品研发这一领域，占据了高达 87.5% 的比例，紧随其后的是数字化运营，占比大约为 7%。在深度分析如大数据分析和商业智能的职位中，只有大约 3.5% 的比例，而在先进制造和数字营销的职位中，这一比例更是偏低，不足 1%。从数字人才的角度分析，大数据、商业智能、先进制造等领域的人才缺口仍然很大，这将促使人才结构从人才需求端全面转变。

第三，数字化的转型推动了社会就业水平的提升和教育模式的改变。

（1）传统行业的就业机会将因数字化转型而受到冲击。随着数字技术如人工智能和智能制造的普及，传统领域，尤其是劳动密集型的体力工作岗位，将会被大量的机器所取代，这将触发一个机器替代人力的新趋势。麦肯锡预测，在 2030 年自动化技术飞速进步的背景下，全球将有大约 8 亿的人口，而中国将有大约 1.18 亿的人口被机器所取代。

（2）新的就业机会推动了就业结构的提升。随着数字化转型的推进，人工智能和大数据等新兴行业应运而生，这迫使传统的低技能劳动者转向高技能劳动者，从而推动了就业结构的升级。麦肯锡的估算显示，截至 2030 年，中国将有 700 万～1 200 万人面临职业转换的需求。

（3）存在多种不同的就业方式。在数字化的大背景下，就业模式将不再局限于传统的雇佣方式，而是将突破传统的劳动关系和社会保障体系。网络平台上的灵活就业模式得到了广泛的认可和接受。

（4）数字化的转型为数字化人才的培养带来了新的挑战和需求。从职业需求的视角出发，数字化人才的培养应涵盖数字战略管理、深度分析、产品开发、交付、数字化运营和数字营销等多个方面。在数字化转型的大背景下，那些既精通垂直行业的专业技术，又具备数字化转型知识的跨领域人才，已经成为人才培养的新焦点。

3）可持续发展

世界环境与发展委员会（WCED）对"可持续发展"的定义是，在不损害未来几代人的利益的基础上，满足现代社会自身的发展需求。在《走向我们共同的数字未来》的报告中，德国全球变化咨询委员会强调，为了实现可持续发展，我们必须充分利用数字化所带来的机会，同时也要对其潜在的风险进行控制。只有当数字化的巨大变革成功地适应了可持续发展的需求，持续的转型才有可能实现。

（1）数字化的基础建设与持续性的发展紧密相连

与传统基础设施相比，数字化基础设施不仅为人类提供了便利，同时也降低了社会经济的运营成本，从而推动了人类社会的可持续发展。通过实现基础设施设备的网络化，以及基于设备运营数据的收集、储存和分析，我们可以优化设备布局，提升设备运行的效率和降低能源消耗。此外，还可以进行预防性的智能维护，以增强设备的运行稳定性和降低维护成本，进一步提升全社会的运行效率和降低运营成本。以使用边缘计算和物联网平台连接的电梯为例，经过对设备的振动、能量消耗和温度数据进行预防性的智能维护分析后，其业务中断的次数减少了 90%，而运维的总成本也降低了 50%。数字化基础设施和传统设施的数字化不仅能显著提高能源的使用效率和资源的调度能力，还能为数字经济的健康和可持续发展提供支持，同时也为全球的可持续发展开辟了新的可能性。

（2）数字化平台和可持续发展平台的各个组织能更有效地访问、分析和利用数据资源，这有助于企业从单一的上下游扩展到相关领域，产业合作方式变得更加多样化，实现了社会资源的共享和集约化利用，从而推动了可持续发展。依托于云存储、云计算和 APP 的平台服务，平台的所有参与者都可以享受到更为稳定和高质量的数字化服务，而无需再次购买数字化设备。在这个平台的支持下，智能制造技术将显著提升劳动力的生产效率和能源的使用效率，同时还能减少二氧化碳和其他温室气体的排放，实现绿色智能制造和社会资源的集约化利用。供应方可以基于平台直接接触到需求方，从而省去中间环节，这不仅提高了服务的效率，还降低了社会的成本。像 Uber Freight Convoy 和 Transfix 这样的新兴平台跳过了不必要的中间机构，从而提升了供应链的整体效率，进一步减少了运输行业的运营成本和对环境造成的不良影响。

（3）数字化产业的生态环境与其可持续性发展紧密相连

产业生态圈成功地突破了传统供应链的供需界限，极大地整合了生产、科技、人才和金融等多方面的资源，打破了传统的封闭生产和运营模式，形成了更加开放和共赢的合作模式，从而优化了资源的配置，实现了社会的可持续发展。得益于基于生态圈生成的大量用户数据，我们现在能够精确地确定用户的需求，这为产品的设计和研发提供了方向。通过实现用户的个性化定制，我们可以推动制造业向服务化方向发展，从而减少因盲目生产导致的资源和能源的投入，降低企业的生产成本，并减少对环境的污染。产业生态系统中的行业整合将导致产业组织结构朝向平台化和共享化的方向演变，从而进一步促进经济体系的持续健康发展。以物流行业为背景，共享运输能力已被证实是降低温室气体和其他排放物排放，以及减缓运输行业对气候变化影响的核心策略。利用共享的仓库空间可以实现更优的服务与成本比，并能通过增加货物的运输密度来缩短公路的总里程。

（4）数字化技术的应用与其可持续性的发展

在制造业的数字化转型和应用中，智能制造起到了关键的角色。在未来，智能制造预计将成为我国在制造业中实现节能减耗和降低排放的关键路径之一。

在效率方面，数字化技术有助于提高工业设备与工艺流程之间的匹配度和运行可靠性，从而提高环保设备的运行效率。

在清洁领域，通过数字化的研发手段来优化产品与工艺设计，从而从根本上降低材料的使用；通过数字化的生产方式，我们可以对物料进行精确的管理，从而减少对有害和有毒原材料的依赖；通过数字化物流，我们可以对运输路线进行合理的规划，从而降低燃油污染的排放量。

在低碳方面，数字化管理制造业的厂务系统具有巨大的能耗，它可以显著减少恒温恒压环境的维持、环保设备的运行、设备冷却和压缩空气的连续供应，以满足消防和安全监测系统运行所需的能源。根据世界经济论坛的研究数据，从 2016—2025 年，全球的电力、物流和汽车产业将通过数字化转型，分别减少 158 亿 t、99 亿 t 和 5.4 亿 t 的二氧化碳排放量，这与欧洲在同一时间段内的排放量相当。在电力行业中，如果智能设备的规划、管理和能量储存能够广泛集成，预计截至 2025 年，将会减少高达 88 亿 t 的二氧化碳排放量，从而创造出 4 180 亿美元的新经济价值。

（5）数字化的新型商业策略与其可持续的发展路径

数字化的转型为传统商业模式带来了新的定义，它简化了客户的工作流程，更加重视员工的自助服务，使员工能够在任何时间、任何地点工作。这不仅提高了员工间的沟通效率，还增强了运营的透明度，从而提高了生产效率，并为公司带来了持续的收益。例如，在酒店业和交通运输业中，数字化所引发的变革具有颠覆性影响。Airbnb 目前是全球最大的一个没有房地产的连锁酒店，而 Uber 则是目前全球最大的一个没有出租车服务的出租车公司。这两个公司都成功地采纳了云计算和移动技术，进而形成了创新的商业策略。随着数字化技术在全球的广泛应用，它能够为客户提供更优质的服务，增强资源的使用效益，并进一步推动世界的可持续发展。

在数字化转型的背景下，新的商业模式可以为社会带来更多的、更为灵活的工作机会，从而推动社会走向可持续的发展道路。以滴滴出行平台为研究对象，共享出行经济的崛起为下岗失业者、去产能员工、退役军人以及零就业家庭等群体提供了新的工作机会，同时也引领了一种创新的就业方式。在 2018 年，滴滴出行平台在国内创造了 1 826 万个工作岗位，其中约 1 194.3 万个工作岗位是通过网约车、代驾等直接方式获得的，而汽车制造、销售、加油和维保等领域也间接提供了 631.7 万个就业机会。

4）社会发展未来范式

信息技术的未来趋势是从经济领域延伸到全人类社会，并利用云计算技术。物联网、移动通信和人工智能等先进技术共同构建了一个以人为核心的人类社会（人）、数字空间（机）和物理世界（物）的三元融合模型。该模型强调人、机、物之间的信息共享和协同计算，旨在实现资源在可持续发展目标下的最优配置。在这全新的社会结构里，每一个人都会变成一个核心的信息中心。他们会根据自己的独特需求，组织各种生产、生活和创新活动，并在终身教育、社交娱乐、购物、健康、衣食住行等多个领域享受到更精确、更舒适和更高品质的服务。随着时间的推移，人类将与大自然和平共处，机器也会从仅仅是工具逐渐变为合作伙伴，这将对人类社会的结构和存在模式产生深远的影响。谷歌公司在加拿大多伦多 Quayside 创建的"未来之城"项目，是对未来人类社会发展模式的一次深入探讨。覆盖整个社区的传感器系统将负责收集关于能源消耗、建筑使用模式、交通方式以及城市波动等多方面的数据。软件平台将对这些数据进行深入的分析和管理，以优化社区电网的性能检测和城市能源的使用情况，从而实现城市空间和能源的高效利用和可持续发展。

4. 数字经济的新管理制度为"新基建"提供了坚实的支持

为了满足整个产业的数字化转型需求，社会层面的"新基建"和发展数字经济的新管理制度将成为产业数字化转型的关键支柱。新型基础设施的建设不仅可以促进人工智能、工业互联网和物联网等领域的快速发展，还可以推动制造业的技术革新和设备更新，以支持新型服务业和新经济的发展。同时，它也能推动强基工程（新材料、新器件、新工艺和新技术）和新四基（自动控制和感知硬件、工业软件、产业互联网、云平台）的进步。良好的制度环境和高效的市场组织对于产业数字化转型的成功和发展具有不可估量的重要性。该制度在技术创新过程中起到了巨大的作用，它不仅有助于降低交易的成本，还提供了激励机制，服务了经济发展，并为合作创造了有利条件。

1）新型基础设施

新型基础设施指的是利用 5G、光纤、云计算、物联网等尖端的数字技术段，为社会生产和居民的日常生活提供公共服务的物理工程设备，其目的是确保国家或地区的社会经济活动能够正常运行的公共服务系统。数字化的基础设备涵盖了数字交通、数字邮政、数字供水和供电、数字商务服务、数字文化教育以及数字卫生等多种市政公共工程和生活服务设备。

（1）创新的数字化基础设备

代表性的新型基础设施如 5G、人工智能、工业互联网和物联网，在其核心是基于文字的基础建设。在物联网的推动下，万物互联技术得到了飞速的发展，导致全球网络连接终端的数量急剧上升。数字技术与网络技术的结合使得生成的数据量呈现出指数级的增长趋势，而云计算、大数据、人工智能、物联网和区块链等新一代信息技术则为数字经济的快速发展提供了坚实的支撑。数字化基础设施的关键作用在于实施"数字孪生"技术，也就是在虚拟环境中对物理世界进行数字化呈现。数字化基础设施的主要发展方向包括硬件功能的软件化、软件功能的平台化以及平台功能的智能化。以数字化技术为中心的新型数字基础设施的建设将极大推动我国数字经济的快速发展。

（2）将传统的基础设施进行数字化处理

在数字化经济的时代背景下，对传统基础设施进行数字化改造成为了数字化转型过程中的一个关键环节。传统的基础设施改造和数字化基础设施的建设是紧密相连的，我们不仅应该将它们看作是存量和增量的关系，还应该注意到它们之间的融合和改造提升的关系。例如，在 5G 的建设过程中，尽量使用 4G 的铁塔、光缆、电源和其他相关配套设备；已经完工的高速道路网络通过 5G 技术和数字化手段被改造为"超级高速公路"；基于已有的能源核心网络，我们采用了数字技术来推动能源系统的分布式和智能化升级；通过对城市公共基础设施的数字化改造，我们可以在保留其原有功能的同时，实现空间、网络和数字资源的共享，从而完成基于数字化平台的资源和功能的整合。

2）数字经济新管理制度

（1）政府的管理方式

在数字化转型的大背景下，政府需借助数字化思维、数字化理念、数字化战略、数字化资源、数字化工具和数字化规则等手段来治理信息社会空间。政府需要优化服务水平，积极与数字化技术对接，实现政府的数字化政务转型，解决政府各部门之间的"数据壁垒"问题，提高政务服务的效率和质量，打造一个安全、共享、快捷的数字化政务服务模式，以解决产业数字化转型中的政策性问题，协调产业内部的矛盾。通过数字化政务转型，可以提高民众对政府的信任度，加强民众与政府之间的互动交流。

（2）技术的伦理体系

尽管新一代的信息技术为产业的升级创造了新的可能性，但它也给人类社会带来了前所未有的伦理问题，而一个健全的伦理框架则是实现数字化转型的关键要素之一。

①大数据导致的隐私问题：大数据让个人信息变得更加透明。因此，个人隐私的泄漏、个人数据的滥用以及个人行为的预测等问题，都需要通过伦理制度来加以规范。

②算法歧视导致了新的不平等现象：利用大数据、算法和云计算等技术进行的信息挖掘剥夺了人们在就业、教育、信用和信息获取方面的公平机会。"大数据杀熟"正是这种不公平现象的一个典型例子。

③人工智能所带来的安全伦理挑战：如果人工智能的安全性不足，它可能会对传统的伦理观念构成考验。比如说，人工智能汽车在行驶过程中的责任判定，以及在紧急情况下的伤害决策问题。2019 年 6 月，G20 贸易和数字经济部长会议正式批准了《G20 人工智能原则》，该原则明确了 AI 应用的基础准则。

④人工智能所带来的就业公平伦理挑战：在人工智能逐渐取代人类就业机会的背景下，如何平衡追求效率与确保就业公平成为一个新的社会伦理议题。如何在技术、社会和经济之间找到一个平衡点，成为技术伦理的中心议题，这要求我们在一个合理的框架内运用技术，确保技术为人类提供更优质的服务。

10.2.3　我国产业数字化转型的指导政策和典型实例

1. 我国产业数字化转型的指导政策

强化顶层设计，加强组织保障；

完善政策法规，培育良好环境；

注重案例总结，加快示范推广；

建设公共平台，推动协同合作；

开放合作创新，深化全球合作。

为了更快地实现数字化转型，国家持续推出各种支持性政策，以优化产业发展的环境条件。

2021 年，我国正式公布了《中华人民共和国国民经济和社会发展第十四个五年规划和 2035 年远景目标要》，其中强调了数字化转型作为驱动生产、生活和治理方式变革的核心，并在其顶层策略中明确了数字化转型的策略方向。从那时起，数字化的转型在国家级别达到了一个前所未见的高峰。

对数字化转型的明确解释

在数字化转型的背景下，全国信息技术标准化技术委员会大数据标准工作组与中国电子技术标准化研究院发布的《企业数字化转型白皮书（2021 版）》对此给出了相似的定义。该白皮书指出，数字化转型是传统行业与云计算、人工智能、大数据等新兴技术的深度结合。通过对企业的上下游生产要素和组织合作关系进行数字化处理和科学分析，可以实现资源的最优整合，从而鼓励企业主动进行转型，提高其经济效益或创造新的商业模式。

团体标准《数字化转型参考架构》T/AIITRE 10001—2020 详细解释了数字化转型的过程。这种转型是为了适应新一轮的科技革命和产业变革，不断地深化云计算、大数据、物联网、人工智能、区块链等新一代信息技术的应用。它旨在激发数据要素的创新驱动潜能，提升信息时代的生存和发展能力，加速业务的优化升级和创新转型，改变和提升传统动能，培养发展新动能，创造、传递并获取新价值，从而实现转型升级和创新发展。

红杉资本这一投资机构在其发布的《2021 年企业数字化年度指南》中明确指出，

数字化转型实际上是业务变革的一种演进，它能从当前数字化世界的技术进步中受益。企业有能力通过创新和创造价值的全新途径来构建持久的竞争上风。

咨询公司德勤在其研究报告《国企数字化转型全面提质增效》中指出，"数字化转型"是一种利用先进技术重新塑造商业和组织未来发展方向的过程。数字化的转型不仅仅是新技术的执行和操作。与此相对，真正意义上的数字化转型往往会对公司的策略、人力资源、商务模式甚至是组织结构带来长远的变革。

尽管这些建议的起始点各不相同，但它们都强调了数字化转型的普遍特点，那就是"创造价值"和"创新模式"。价值创造是通过应用数字技术和创新的商业策略，为终端消费者带来价值的增长。

对企业的领导者而言，如何创造价值和创新经营模式并不是一个新的议题。他们需要深入了解数字化转型的核心，明确数字技术能为公司带来的变革，从而更好地协助企业完成数字化转型。

2. 我国产业数字化转型的典型实践

1）智慧农业实践

农业被视为国家的基石，如何利用最前沿的技术来助力我国农业达到高品质的收益增长，是全球各国都应当高度关注的关键议题。

美国农业科技投资公司 Finistere 每年都会公布全球农业投资和融资的报告分析。最新的数据显示，与 2010 年的 330 亿美元相比，2019 年的全球农业科技投资总额已经达到了 2 890 亿美元。在过去的 10 年里，农业技术的投资增长正好反映了"科技助农"仍然是这个时代的主流方向。

换种方式表达，技术意味着农民可以用更少的人力和资金，生产出更多的粮食农作物。在科技农业和智慧农业领域，日本、美国以及欧洲的各个国家都已经走在了前沿。

以日本为例，日本政府始终全力以赴地保护其农业。由于人口众多而土地有限的固有劣势，日本更倾向于运用先进技术来提高农业生产效率。面对人口逐渐老龄化的现实，日本遭遇着青壮年劳动力的严重短缺，这进一步导致农业劳动力资源的匮乏。然而，日本农民的单位产量却在稳步上升。这背后的关键因素是他们成功地运用了信息通信和机器人技术，从而大幅度减少了人工成本，并实现了大量工作的自动化。

早在 2004 年，日本政府就已经推出了 U-Japan 计划，该计划旨在未来构建一个人与人、人与物、物与物之间广泛互联的泛在网络社会。这代表了一个宏伟的愿景，也是物联网技术在更高层次上的综合展现。这其中涵盖了建立农业物联网的计划，并普遍使用农业机器人进行操作。美国，作为一个农业大国，拥有丰富的土地资源，与中国和日本相比，没有土地资源的紧张问题。然而，美国也在积极运用物联网、人工智能等先进技术，以不断优化其农业生产状况，并实现农业生产技术的全方位革新。

回溯到 20 世纪 40 年代，美国已经成功地实现了农业生产的机械化。到了 80 年代，美国进一步提出了"精准农业"的理念。目前，美国的智能农业技术已经与物联网和大数据等先进技术紧密结合，例如大豆和玉米等农作物。从播种、灌溉、施肥、病虫害管理到预期的收获，整个生产流程都已经实现了数据共享和智能决策，这使得美国在全球范围内都保持了领先地位。

在欧洲的发达国家，智能农业技术也被广泛地采纳和使用。例如，根据德国农民联合会发布的数据，现在一个德国农民有能力养活 144 名居民，这个数目是 1980 年的三倍之多。德国人借鉴了"工业 4.0"的理念，并相应地提出了"数字农业"的概念，这两个概念的内涵是一致的。数字农业是利用大数据和云计算等技术，将每块田地的各项衡量数据传输到云端进行集中处理和分析，然后将分析结果反馈给配备智能设施的农业机器人，通过自动化的机械手段实现精准和高效的耕作。

智慧农业融合了人工智能、移动互联网、云计算和物联网等多种技术。它依赖于农业生产现场的各种传感器节点（如环境温湿度、土壤水分、二氧化碳含量、图像等）和无线通信网络，实现了农业生产环境的智能感知、智能预警、智能决策、智能分析和专家在线指导，从而为农业生产提供了精确的种植、可视化管理和智能化决策等服务。简单来说，智慧农业代表了现代科技与农业实践的融合，它可以达到农业管理的自动化、无人化和智能化。

（1）智慧农业的应用场景

对发展中的国家来说，智慧农业构成了智慧经济的核心部分，它是这些国家消减贫困、获得后发优势、促进经济增长和实施赶超策略的关键路径。在智慧农业中，人工智能的使用场景涵盖了智能工作、智能化的监控以及实时的监视等多个方面。

（2）智能劳作

通过将人工智能识别技术与智能机器人技术融合，我们可以实现智能播种、智能耕作和智能采摘等多种劳作方式，这不仅显著提高了农业生产的效率，还大大减轻了人们的劳动负担，同时也减少了种子、农药和化肥的消耗。

在播种过程中，智能播种机器人能够利用探测设备收集土壤的详细信息，并通过特定的算法确定最佳的播种密度，进而实现自动播种功能。

在农业耕作的过程中，智能耕作机器人能够捕捉沿途经过的植物的图像，并运用人工智能的图像识别和机器学习技术来判断这些植物是否为杂草，或者是生长状况不佳和间距不合适的农作物。这样，机器人能够精确地喷洒农药以消灭杂草，或者拔除生长状况不佳和间距不合适的农作物。

在整个采摘过程中，采摘机器人能够在不损害果树和果实的情况下迅速完成采摘任务，这不仅显著提高了工作效率，还有效地减少了人工成本。该系统的工作机制主要依赖于摄像设备自动捕获果树的图像，接着运用人工智能的图像识别技术来识别最适合采摘的果实，最终结合机器人的精确操控技术来完成采摘工作。至今为止，已经成功开发出番茄、甜椒和苹果等多种水果的采摘机器人。

（3）智能监测

人工智能技术还具备在农业多个领域进行智能化监控的能力，包括但不限于土壤检测、病虫害的预防措施以及产量的预估等。

①在土壤检测领域，我们使用智能无人机捕捉所需的土壤图像，并借助人工智能技术来分析土壤的当前状态，从而确定土壤的肥力，并准确地评估适合种植的农作物种类。

②在病虫害的预防措施中，智能监测系统利用摄像头捕获农作物的图像，并将这些图像导入到计算机系统中。通过机器学习技术，系统能够独立地学习这些数据，进而智能地判断农作物是否存在疾病，并确定疾病的种类。如今，智能监测系统能够利用图像技术独立地诊断各种农作物的疾病，例如小麦、玉米和苹果的病虫害。

（4）实时监控

在畜牧业领域，我们可以采用人工智能技术来对禽畜的各个方面进行实时的监控，全方位地了解禽畜的健康状况，从而有针对性地进行禽畜的管理，实现养殖的智能化。为了达到实时监控的目的，我们可以采用视频智能监控和禽畜智能穿戴监控等多种方法。

①视频智能监控技术是一种通过在农场内安装摄像设备来捕捉禽畜面部和身体外观特征的方法。该技术利用图像识别和机器学习等人工智能手段，对禽畜的情绪和健康状况进行智能分析，并将分析结果及时通知给饲养员。例如，我们可以从摄像设备捕获的图像中识别出牛的脸部，并进一步对牛的各种信息进行深入分析。

②禽畜智能穿戴监控是一种通过在禽畜身上安装特定的监控设备来实时收集畜禽个体信息的方法。利用人工智能和数据分析等先进技术，智能地分析畜禽的健康状况、喂养情况和发情期预测等多个方面，并根据分析结果及时推荐相应的处理措施。目前市面上的禽畜智能穿戴监控产品包括基于行为模式和体温检测的鸡智能穿戴监控产品，以及用于收集和分析奶牛个体信息的智能穿戴监控产品。

实例分析：

经过长达 120 天的激烈角逐，2020 年 12 月 16 日，首次举办的"多多农研科技大赛"的决赛成果正式对外公布。最后，由中国农业科学院、中国农业大学、国家农业智能装备工程研究中心以及比利时根特大学的年轻科研人员组成的 CyberFarmer·HortiGraph 联队荣获了草莓种植 AI 组的最高荣誉。

在竞赛期间，AI 团队主要采用了数字化工具、聚类技术、图像辨识、碰撞技术、知识图谱等众多人工智能方法来对大棚的环境进行实时监测，并向外发送命令以远程跟踪草莓的成长情况。

在颁奖典礼上，大赛的评审委员会公布了各个队伍的比赛成绩，主要依据草莓的产量、投入与产出的比例以及甜度等因素进行评估。在这之中，AI 组的草莓产出的平均数值和其投入与产出的比率均超过了传统的人工种植组。显然，人工智能技术不只是有助于增加农作物的产出，它还可以减少对资金和人力的依赖，从而进一步推动智慧农业的进步。

2）制造业数字化实践

制造业构成了我国国民经济的核心，它不仅是国家的基石、国家的发展工具和强大国家的基石，同时也是杭州经济和社会持续健康增长的关键"压舱石"。目前，全球正经历一场科技和产业的新革命，代表着新一代信息技术的一系列革命性技术正在孕育出新的产业和业态。这些新技术对制造业的生产管理和发展模式产生了深远的影响，使得一个全新的制造时代变得越来越明确。习近平总书记强调，我们应该以智能制造作为主要的发展方向，推动产业技术的变革和优化升级，促使制造业的产业模式和企业形态发生根本的转变，通过增量来带动存量，从而推动我国产业向全球价值链的中高端迈进。

（1）杭州的制造业在数字化方面的发展历程

多年来，我国始终视两化融合为制造业向智能制造转型的关键途径，杭州也在积极推动信息技术在制造业中的广泛应用，以实现制造业的数字化转型。回溯杭州在这一领域的成长历程，我们可以看到杭州制造业的数字化进程主要分为"2000—2013 年制造业数字化的初始阶段、2014—2017 年制造业数字化的重大突破阶段以及 2018 年至今制造业数字化的加速阶段"三个主要时期。在这三个时期中，杭州都取得了显著的发展成果。

第一阶段：制造业的数字化初始阶段（2000—2013 年）——以"两化融合"作为切入点，为制造业数字化转型奠定基础。

"两化融合"代表了信息化与工业化之间的深度融合，意味着利用信息化来推动工业化，同时用工业化来加速信息化的进程，这是一种新型的工业化路径。"两化融合"的核心理念是以信息化为支撑，追求一个可持续的发展模式。2002 年的党的十六大报告中，首次明确提出要通过信息化来推动工业化进程；而在 2006 年的党的十七大报告中，则进一步强调了走具有中国特色的新型工业化道路，并推动信息化与工业化的深度融合。在 2000 年 7 月，杭州市的市委和市政府提出了构建"天堂硅谷"的"一号工程"计划，这一计划促进了软件和信息服务行业的迅速崛起。在高新（滨江）区，信息软件产业集群的发展势头明显，为杭州市制造业的信息化进程奠定了坚实的基础。在 2012 年的第十一次党代会上，杭州市政府进一步提出了建设"中国软件名城"的构想。同年 3 月，工信部与浙江省政府杭州市政府签署了《部省市协同开展中国软件名城创建工作合作备忘录》，并据此制定了《关于进一步推动杭州市创建中国软件名城实施意见的通知》，以全面加速名城创建的进程。此外，我们还制定并执行了《杭州市云计算数据中心建设总体规划》。通过重点推进云计算服务的创新试点项目，我们旨在加速云计算行业的发展，并促进国产核心在整机制造企业中的广泛应用，以确保软件和信息服务行业在全国范围内保持领先地位。在 2013 年，杭州在全国 19 个副省级及以上城市的"软件和信息技术服务业城市竞争力指数排名"中荣获第五名的位置。在 2014 年，杭州荣获工信部颁发的"中国软件名城"荣誉，这为杭州在"两化融合发展"方面提供了坚实的技术基础。

为了落实工业和信息化部科技部、财政部、商务部、国资委联合发布的《关于加快推进信息化和工业化深度融合的若干意见》，目的是加速杭州市在信息化和工业化方面的深度整合。杭州经信委已经拟定了《2012 年杭州两化融合深度行实施方案》。该方案通过组织座谈会、培训课程、论坛和讲座等多样化的"两化融合深度行"活动，重点推动了装备制造、纺织服装和建材冶金等多个行业的两化融合进程。同时，该方案还利用信息技术对传统产业进行了改造和提升，以进一步增强杭州市在纺织化纤、食品饮料、汽车零部件、精细化工和钢结构等传统产业方面的先发优势和竞争力。在推动数字设计和智能制造等与"数字制造"有关的信息技术应用的同时，我们也致力于提升信息产业在支持制造业融合发展方面的能力，并全方位地提高工业设计、集成制造以及信息化管理的整体质量和水平。通过积极推动信息化应用示范企业和信息化应用试点企业的建设，以及加强和完善企业信息化体系的建设，截至 2012 年年底，杭州市已经认定了 482 家市级信息化应用示范试点企业，其中包括 203 家示范企业和 279 家试点企业。与此同时，我们正在积极地组织各企业向省级提交信息化应用示范试点企业的申请。

为了促进"两化融合"的快速发展，解决人才短缺和资金不足的问题是不可或缺的。杭州市已决定从 2012 年起，每年从工信专项产业资金中拨出 7 000 万元，专门用于支持信息服务业的进一步发展。为了构建一个健全的信息化人才长期发展机制，并培养一个结构合理、具有创业和创新精神的信息人才团队，我们制定并有效执行了《杭州市"万名大学生创业实训工程"信息化人才实训方案》。在坚持订单实训、持证上岗、政府资助和促进创业这四大原则的基础上，我们依赖中介机构、在杭院校和社会培训机构这三大力量，完善了实训监管和部门联动的两大体系。我们加强了对大学生的就业培训，并重点开展了云计算、物联网智慧城市和"两化融合"等热点 IT 人才的培训。例如，2013 年全年的实训人数达到了 7 800 多人次，满足了企业对信息人才的不断增长的需求。

在第二个阶段，即 2014—2017 年的制造业数字化突破期，主要目标是以智能制造技术为核心，加速制造业的数字化进程。

智能制造是一个涵盖产品制造全生命周期的概念，它基于制造过程中的机械化、电气化、自动化和信息化进展，并结合物联感知、网络通信、人工智能、大数据和云计算等前沿技术以及协同制造的理念，构建了一个集信息深度感知、智能优化决策和精确控制执行于一体的先进制造流程、系统和模式。2014 年 7 月，杭州市委组织了第十一届第七次全体（扩大）会议，并提出了加速信息经济发展的"一号工程"。该工程旨在实现信息经济的智慧产业化和产业智慧化，为全市信息经济的快速发展吹响了号角。在同一时期，为了更好地适应和领导经济发展的新常态，并抓住科技革命和产业变革带来的新机遇，国家制定了"中国制造 2025"战略和"互联网+"行动计划。"中国制造 2025"的核心战略是智能制造，这是新一代信息技术与制造技术深度结合的必然产物，它将对生产模式、商业策略和产业结构带来深刻的变革，并为市场带来巨大的机会。因此，在 2015—2017 年期间，杭州陆续发布了多份文件，如《加快推进杭州市智能制造促进产业转型发展的指导意见》《杭州市人民政府关于推进"互联网+"行动的实施意见》《杭州市智能制造产业"十三五"发展规划》《中国制造 2025 杭州行动纲要》以及《杭州市全面改造提升传统制造业实施方案（2017—2020 年）》《杭州市"企业上云"行动计划》。这些文件都将智能制造定位为"两化"深度融合的核心方向。为了加速智能制造的发展，杭州深入推进了如"机器换人""工厂物联网"和"企业上云"等专项行动。例如，《加快推进杭州市智能制造促进产业转型发展的指导意见》中明确指出，截至 2020 年，杭州将累计推进 3 000 个"机器换人"技术改造重点项目，新增 2 000 台工业机器人，并实施 300 个智能制造示范项目和 100 个。

在"机器换人""工厂物联网"和"企业上云"等智能制造的专项行动的推动下，杭州市的企业智能制造能力得到了持续的提升。在 2015—2017 年期间，杭州成功地完成了 3 016 个"机器换人"项目，成为全国首个提出"工厂物联网"模式的城市。在全市的 497 家企业中，杭州进行了"工厂物联网"的改造，并建立了一个"工厂物联网"试点项目的统计和监测体系。此外，杭州还推动了超过 4 000 家企业进入云端，实施了 114 个智能制造试点示范项目。特别值得一提的是，像娃哈哈、老板电器、中控技术和传化集团这样的 12 家企业被选为国家智能制造试点示范，省级试点示范达到了 47 项，从而形成了一系列"数字化车间"和"智能工厂"的典范。杭州市在"两化融合"方面的整体表现在全省范围内保持着领先地位。根据 2017 年发布的《浙江省区域两化融合发展水平评估报告》，杭州市的两化融合指数已经达到了 94.8，这一指数多年来一直是全省最高的。在全省的 6 个两化融合发展的领先区域中，杭州占据了 3 个位置，分别是高新（滨江）区、余杭区和萧山区三区，它们的两化融合指数都超过了 90.3。

第三个阶段：从 2018 年至今的制造业数字化加速阶段——工业互联网已经崭露头角，成为推动智能制造发展的核心动力。

工业互联网，作为新一代信息技术与工业经济深度结合的新型商业模式和应用方式，已经成为制造业数字化转型的核心基石，并已逐渐成为推动智能制造发展的主要动力。"工业互联网"这个术语最初是在 2012 年由通用电气首次提出的。工业互联网是一个开放且全球化的网络，它连接了人、机、物，并通过数据＋模型为工业的转型和升级提供服务，形成了一个完整的网络体系。它代表了全球工业体系与先进的计算、分析、传感技术以及互联网之间的深度整合。工业互联网的核心理念是利用工业互联网平台将设备、生产线、工厂、供应商、产品和客户紧密地结合在一起。这不仅有助于制造业扩展其产业链，实现跨设备、跨系统、跨厂区和跨地区的互联互通，从而提高生产效率和推动制造服务体系的智能化，而且还可以促进制造业的融合发展，实现制造业和服务业之间的跨越式发展，实现工业经济中各种资源的高效共享。随着我国众多与工业互联网相关的政策陆续推出，工业互联网平台在我国制造业的转型和升级中所占据的战略位置变得越来越关键。在 2018 年，浙江省加速了全省工业互联网的建设布局，并成功推动了《浙江省人民政府关于加快发展工业互联网促进制造业高质量发展的实施意见》的发布。该文件提出了建立部省工业互联网合作机制，并以创建国内顶尖、全球领先的跨行业、跨领域的基础工业互联网平台为目标，成为全国首个构建"1+N"工业互联网平台体系的单位。

为了更有效地与中央和省部属进行对接，以及加速全国数字经济第一城的建设进程，杭州市在 2018 年 10 月专门发布并实施了《杭州市全面推进"三化融合"打造全国数字经济第一城行动计划（2018—2022 年）》。该计划明确指出，截至 2022 年，将致力于培养世界级的工业互联网产业集群，并持续深化其应用。其中，重点产业的数字化改造覆盖率将超过 80%，而传统产业和规模以上的工业企业将实现全面覆盖，全体员工的劳动生产率将年均提升 7.5% 以上。接着，在 2018 年 12 月，杭州市又发布了《关于实施创新驱动战略加快新旧动能转换推动制造业高质量发展的若干意见》。该计划进一步强调了推动杭州制造业朝着"高端化、智能化、绿色化、服务化"的高质量方向发展，并建议构建"1+N"的工业互联网平台体系。此外，还提出了针对互联网平台建设的规划。经过 3～5 年的持续努力，我们成功地建立了 1 个国家级的基础工业互联网平台和 3 个在国内处于领先地位的行业工业互联网平台。对于已经获得认证的国家级和省级的基础工业互联网平台，将根据国家或省级的资助额度提供相应比例的资助；对于已经获得认证的省级工业互联网平台，我们将提供 300 万元的资金支持。为了进一步推进产业的数字化转型，2020 年我们提出了以深化工业互联网的建设和应用为核心的策略。我们计划推动以 SupET 为中心的

"1 +*N*"工业互联网平台体系的建立，并努力推进 26 个行业级的区域级和企业级应用平台的建设。这将有助于加速数字化工程服务的能力，并为全省及全国的制造业转型提供强大的支持。

　　在遵循"三化融合"的指导原则下，为了更快地促进数字经济与制造业的深度整合，杭州市数字经济领导小组于 2019 年专门出台并执行了《杭州市加快制造业数字化改造行动计划（2019—2021 年）》。该计划为全市制造业的数字化转型制定了具体的行动计划，旨在加速工业互联网、工业大数据、工业云和人工智能等新一代信息网络技术与制造业的深度整合。目标是在接下来的三年里，实现全市规模以上工业的数字化改造覆盖率达到 100%，同时，用地超过 3 亩的规模企业的数字化改造覆盖率也将提升至 80%，从而加强杭州在"网络化集成制造"和"产业生态自我进化"方面的能力。一方面，为了全面了解全市制造业企业的数字化水平，我们采用了"亩均论英雄"综合评价大数据平台。通过区（县、市）的组织动员、企业的在线填报以及部分企业的入户调查等多种方式，对全市规模以上的工业企业（大约 5 500 家）和占地 3 亩以上的规模以下工业企业（约 10 000 家）进行了数字化水平的全面普查和诊断，从而建立了制造业数字化的"一企一档"体系，初步掌握了企业改造的基本情况。从另一方面看，2019 年启动了"百千万"工程，该工程旨在深化制造业的数字化转型。计划在 2019 年中完成面向龙头骨干企业的目标，并以建立标杆示范为核心，全市将统一组织并实施"百个项目攻关"；针对大型和中型企业，我们的目标是在特定制造领域和环节实现数字化，因此在各个区县组织了"千个推广项目"的实施；针对中小微企业，重点是资源的上云、管理的上云、业务的上云，市级负责实施"云上资源"，县区负责组织动员，共同推进"万企上云"。在装备、家纺、汽摩、制笔和化工等多个行业中，我们是首家尝试工业互联网应用的试点单位。要确保在本年度内，规上工业企业的数字化改造覆盖率从 57% 增加到超过 70%。在 2020 年，我们进一步提议加强机器替代人工、工厂物联网和企业云计算等措施。在这一年中，我们成功地实施了 600 个机器替代人工的项目，推广了 2 400 台工业机器人，400 个工厂物联网项目，以及 13 000 家上云企业。

　　在制造业数字化改造三年行动计划的指导下，杭州市将目标明确分配给了各个区县，并建立了全市制造业数字化工作进度通报制度等推动机制。同时，在市委六大行动"红黄黑三榜问效"工作机制的有力推动下，制造业数字化改造已被提升为区县的"一把手"工程，各地在推进数字化方面的力度、速度和深度都达到了前所未有的水平。例如，作为制造业的最大区域的萧山区，已经设立了 30 亿元的产业发展引导资金，这些资金主要用于支撑产业的增长和进行数字化的改革；例如，余杭区正在努力发展工业互联网创新中心和综合体验中心，并以高标准推动"城东智造走廊"的建设工作。例如，西湖区正以数字经济作为其核心驱动力，全方位地为未来的产业、城市和生活注入新的活力。他们推动了如"机器替代人力"和"工厂物联网"等一系列的专项行动，使得全区的大型工业企业数字化的覆盖率已经超过了 93%，而工业企业也基本达到了"上云"技术的全面覆盖。

（2）展示了杭州制造业在数字化进程中的企业实践案例

从 2014 年开始，杭州启动了数字经济的"一号工程"，数字经济逐渐成为杭州经济增长的焦点和主导产业。数字科技，如互联网、大数据和人工智能，与实体经济的结合日益紧密，数字化制造业的"杭州样本"如雨后春笋般涌现，各种新的业态和模式层出不穷，为杭州带来了高品质的发展新动力。

在春风的推动下，我们走在智能制造的前沿，努力构建现代化的强大企业。春风动力，作为余杭区高端装备制造业的领军企业之一，致力于动力运动装备行业的深度发展。他们以研发和制造高端个性化动力产品为核心，利用先进的技术、高质量的产品、强大的综合实力和顶级的服务，使其产品销往国内外市场。目前，他们在全球已经建立了超过 1 900 个销售点，并在欧洲、北美、大洋洲、南美等多个国家和地区建立了完善的国际市场营销网络。在过去的几年中，春风动力为各个省、市、区提供了如"智能制造新模式应用试点"、"两化深度融合智能制造专项计划"以及"物联网样板企业"等多个智能制造的发展示范。

在 2014 年 9 月至 2016 年 10 月的时间段内，春风动力公司投入了 1 227 万元资金，与浙江力太科技有限公司、温州卓慧科技有限公司、上海腾龙科技有限公司、上海易正科技有限公司、宁波思塔路趣信息技术有限公司和阿里云计算有限公司等多家服务机构建立了合作关系，并分三个阶段推动了智能制造行业的转型。从 2014 年 9 月到 2015 年 7 月，物联硬件设备实现了联网，引入了智能终端设备、指挥系统设备、条码系统等，并与信息系统实现了连接。在 2015 年 7 月至 2015 年 10 月期间，我们致力于信息的整合和应用：创建了一个统一的车辆智能制造系统，旨在实现生产自动化和信息整合的合作与整合。从 2015 年 10 月开始至 2016 年 10 月结束，我们进行了系统间集成技术的规划和 CRM 系统的开发，同时也自主建立了商城配件服务和其他互联网定制服务系统，初步完成了客户定制平台的建设，并实现了互联网定制服务的一体化。通过构建智能服务平台和车联云技术，我们能够为产品提供增值服务。高端运动装备的智能制造优化提升项目分为以下三个主要部分。

第一点是建立执行和控制的系统。在对已有设备实施智能化和自动化技术升级的过程中，公司还独立研发了一套智能生产指挥系统。我们已经建立了一个生产指挥中心，该中心具备智能调度、进度监控、异常快速响应、物料预警、技术文本自动传输、质量监控和数据分析等多项功能。该中心能够实现 160 多个单元的智能排程和最小批次的生产作业，从而支持公司进行大规模个性化定制的全业务链信息驱动敏捷制造和全过程追溯。

第二点是集成了互联网定制服务的系统。我们致力于打造 O2O 的运营模式，通过电商平台来推进线上线下的销售和服务一体化运营。这不仅实现了 PC 端和无线端的客户线上定制，而且还利用了产品众筹、预售等机车生态圈来推动产品升级服务。

第三点是关于车辆的智能化和智能化服务平台。我们致力于研究车辆内部部件的通信标准化，以实现车头、车尾和车身等感应设备的联网功能。通过利用车云网技术，我们能够实时联动车辆的信息、位置和状态，从而提供包括车辆预警、自动检测、道路救援、应急响应、远程通信、远程指挥和行程历史在内的多种增值服务。

经过三年的智能制造项目建设，春风动力取得了显著的成果：首先，它提高了企业的生产效率，使得企业的库存周转率增加了 50%，设备的使用率提高了 25%，产品的生产周期缩短了 30%，运营成本下降了 30%，不良品率也减少了 30%。其次，它成功地建立了 O2O 的经营策略，确保了从产品的订购、下线到销售、使用和维护的整个流程都得到了实时的追踪和服务，从而推动了国内对产品定制的需求增加了超过 75%。第三点是建立了如电商云、车联云和技术云这样的大数据平台，这不仅为公司提供了更加精确的服务决策，同时也为构建用户生态系统打下了坚实的基础。

作为国内领先的高端个性化动力运动装备制造商，该公司紧密跟随智慧城市和时代发展的趋势，以"生产高质量产品"为核心，加速"产品智能化"的进程，并采用工业化的方法来生产个性化的产品。

中策橡胶集团是一家综合性的大型轮胎制造企业，涵盖了轮胎的研发、生产和销售，以及为汽车后市场提供服务。在 2018 年，该集团在中国轮胎企业中排名首位，同时也是世界轮胎企业的前十名，并被工信部选为两化融合的试点企业。

中策橡胶集团实施了一个基于产品生命周期管理系统（PLM）的工厂物联网项目。该项目充分利用了互联网、云计算和大数据技术，整合了资源管理（ERP）生产执行系统（MES）原材料管理系统（WMS）和设备 DCS 系统。通过与阿里云的深度合作，利用"ET 工业大脑"技术建立了"云平台"，深度挖掘产品生产过程中的所有数据，持续优化和改进工艺，实现了智能诊断、自动识别、质量改进，逐步实现了生产过程的智能化。项目执行之后，胚胎的生产时间被压缩了 10 秒，从而使轮胎的生产效率增加了超过 10%；通过实施品质防错和产品追溯措施，该公司成功地将产品的不良品率降低了 0.2%，同时混炼胶工艺的平均合格率也提高了 3～5 个百分点，从而为企业创造了千万级的经济效益。为了给客户提供更为安全的轮胎维护服务，公司特意创办了子公司——中策车空间。中策车空间不仅为客户提供轮胎的维护和保养服务，还推出了其专属的智能轮胎产品——中策云网智慧轮胎。中策云网智慧轮胎配备了一套全面的管理系统，利用互联网技术和大数据分析平台的智能车型配件匹配系统，能够详细记录和追踪轮胎从生产、库存管理、使用、维护、翻新到报废的整个过程中的状态和相关信息。

中策云网智慧轮胎的独特之处在于：当汽车行驶时，轮胎内部的传感器能够感知到轮胎的温度和压力变化，并通过中继器将这些信息传输到接收设备中。在压力和温度出现异常的情况下，接收机会立即发出警告并启动报警系统。此时，司机可以立即采取必要的安全措施，并将警报的信号和位置等详细信息发送到中策云。中策云随后会将这些信息推送给物流公司总部的相关工作人员，他们不仅能确保车主的生命安全，还能在第一时间为车主解决实际遇到的问题。

3）医疗行业数字化实践

（1）智慧医疗概述

智慧医疗指的是在诸如诊断、治疗、康复、支付和卫生管理等多个关键环节中，运用计算机、物联网和人工智能等先进技术，构建一个医疗信息全面、跨多个服务部门且以患者为核心的医疗信息管理和服务体系。该体系旨在实现医疗信息的互联、共享合作、临床创新和辅助诊断等多重功能，从而提升治疗的效率、减少医疗资源的消耗，并优化医疗服务质量。

在医疗领域的早期阶段，我们可以观察到三大核心问题：医疗系统的碎片化（这意味着多种数据之间没有有效的连接，导致了"数据孤岛"的情况）、医疗资源的供应短缺（如医护人员的短缺、基础医疗保健体系的不足、商业保险的覆盖率偏低、对社保的过度依赖等）以及城乡医疗资源的不均衡分配。显然，传统的医疗服务方式已经不能有效地解决医疗领域所面临的问题。因此，在这样的背景驱动之下，智能医疗领域经历了飞速的进步。

与传统的医疗服务方式相比，智慧医疗展现出了众多的优点。

①智能医疗技术能够借助各种传感器和医疗设备，自动或自主地收集关于人体生命的各种特征数据，这不仅大大减轻了医务人员的工作压力，还为他们提供了更为丰富的数据资源。

②通过无线网络技术，智慧医疗能够自动地将收集到的数据传送到医院的数据处理中心。医疗工作人员可以依靠数据来提供远程医疗服务，这不仅显著提高了患者的体验、就医的便利性、医疗诊断的效率和准确性，还有助于减轻患者的排队压力和降低交通费用。

③智能医疗技术能够集中管理和存储数据，确保数据得到广泛的共享和深入的应用，这对于解决关键病例和复杂疾病所带来的问题大有裨益。此外，我们还能以相对较低的费用为亚健康群体、老年人以及慢性病患者提供持续、迅速和稳定的健康监测和治疗服务，这不仅降低了患病的风险，还间接地减少了对有限医疗资源（例如床位和血浆）的需求。

（2）关于智慧医疗的总体框架

智慧医疗系统的总体架构是由 8 个主要部分构成的，它们是：基础层、数据库层、云层、管理服务层、服务层、安全保障体系、标准规范体系以及管理保障体系，具体如图 10.2-1 所示。

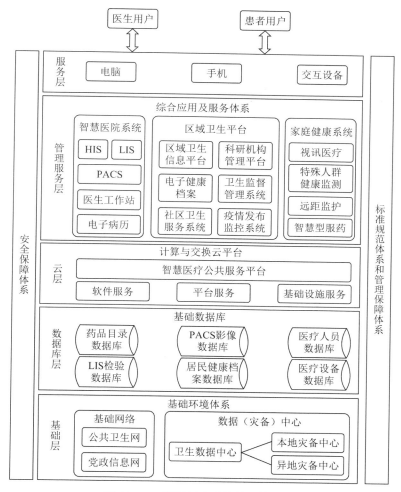

图 10.2-1　智慧医疗系统的总体架构

　　随着智能技术的持续进步和应用系统的日益完善，智慧医疗在提升医疗服务和效率方面发挥了不可或缺的角色。接下来，将展示几个可能的应用场景。

　　（1）医疗机构的管理体系

　　考虑到不同的用户群体，我们可以将医院的管理系统细分为面向大众的部分和面向公司内部员工的部分。在面向大众的模块里，我们提供了包括就医导航、诊疗中心、患者服务、医院新闻和健康科普在内的多项服务。专为内部员工设计的模块需要进行登录才能投入使用，该模块涵盖了病理结构化、分级诊疗、诊断相关的分类智能系统以及支持医院决策的专家系统等多个方面，从而有效地管理医院内部和医院间的各种事务。

（2）关于医学的影像资料

医学影像可以定义为基于图像数据集，利用计算机视觉和人工智能等先进技术来识别和标记病变区域，从而辅助医生更准确地诊断病情，以提高诊断的准确度。

（3）提供辅助性的医疗服务

辅助医疗主要分为两大类别：一是医疗大数据辅助诊疗，二是医疗机器人。在医疗领域，大数据辅助诊疗依赖于大数据技术，通过数据分析来帮助医生更好地诊断和治疗病人；医疗机器人主要是为诊断和治疗阶段设计的机器人，涵盖了手术机器人和康复机器人等多种类型。

实例分析：

2020年意外爆发的新型冠状病毒肺炎疫情，让全球都感到措手不及。在这次疫情爆发中，智慧医疗扮演了至关重要的角色。该系统集成了个人健康记录的创建、数据的共享、智能化的问诊和辅助诊断等多项功能，这不仅有助于疫情的有效控制，同时也降低了医务人员的工作压力。

在那个时期，鉴于疫情的严重性，大量疑似感染的病人涌向医院的发热门诊，这不仅大大增加了门诊医生的工作负担，还消耗了大量的医疗资源。此外，医院内确诊的病人还可能携带新冠病毒，这增加了大规模交叉感染的风险。因此，为了有效地控制疫情，在进入医院之前进行家庭分诊显得尤为关键。

朗通科技推出的冠状病毒性肺炎的新型自诊系统，为智能自诊筛查工具提供了一种在家中进行分诊的高效方式。

该诊断系统是基于医学专家对疫情症状的最新分析，并通过医学推理引擎来指导患者进行问诊，对新冠肺炎的常见症状、流行病学的历史以及可能出现的情况进行了整理；接下来，我们采用人工智能中的机器学习方法来学习整理好的知识；最终，当用户进行自我诊断时，机器大脑会自动输出诊断结果，并将这些信息与新冠肺炎的人工专家在相关医院平台上进行同步咨询。

这一系统拥有智能化的自我诊断功能，不仅增加了公众对新冠肺炎的科学了解，还为他们提供了及时的健康评估反馈和专业建议。此外，这一系统还能把信息同步至相关的医院平台，从而为人们提供有序的就医指导，减轻医院的救治负担，提升医疗服务的效率，并减少交叉感染的风险。

10.3　金融科技

10.3.1　智能金融：金融科技时代来临

在最近的几年中，亚太区域的金融技术展现出了旺盛的增长势头。Frost 和

Sullivan 这两家全球企业增长咨询公司的预测数据指出，截至 2020 年，亚太地区的金融和科技产业规模预计将达到 720 亿美元。显然，金融科技正以一个主导行业的形态逐渐崭露头角，其迅猛的发展势头将为金融行业带来全新的商业体验，并对传统的金融商业模式进行根本性的改革。

在过去的几年里，众多的金融科技企业因其创新行为吸引了公众的注意，从而推动了传统金融结构的转变。通过运用金融科技手段，企业能够创新与合作伙伴的支付机制，从而更有效地促进同业间的合作，简化业务处理流程，并培育更多的高质量人才。

从根本上说，不论是哪种类型的企业，它们的运营和发展都离不开"人"的支持，目前，技术创新逐步成为金融行业从业人员的关注焦点。借助金融科技专业人员，我们可以从繁琐的机械操作中解放出来，创新我们的业务处理策略，从而提升工作效率，并节约更多的时间和精力。

目前，代表性的科技公司如百度和阿里巴巴，正在通过合作和赋能等多种方式，积极地为商业银行和其他传统金融机构提供各种技术产品和解决方案，从而推动金融行业逐渐走向成熟，并真正实现普惠金融的目标。到那个时候，金融服务的主要客户将不仅仅是中高收入人群和大型企业，普通大众和小微企业也将有机会享受到高质量的金融服务。

显然，为了推进智能 + 金融领域的进步，监管机构需要主动参与，学习发达国家的成功模式，并在监管策略和工具上进行创新，从而为创业者和企业创造一个有利的成长氛围。

从多个行业的发展经验来看，未来在资金、技术、人才和应用场景等方面具有优势的科技巨头将会拥有更高的话语权。与此同时，那些在特定领域里精心经营的"小而美"公司也有望获得更广阔的成长机会。

有些从业者可能会混淆智能 + 金融与金融科技这两个术语，但实际上，它们之间有着显著的区别。金融科技旨在通过科技途径对传统的金融产品和服务进行革新，从而达到提高质量和效率的目的。金融稳定理事会（Financial Stability Board，FSB）对金融科技的定义是：金融科技是利用大数据、区块链、云计算、人工智能等新兴技术，对金融市场和金融服务业务供应产生重大影响的新兴业务模式、新技术应用、新产品服务等。智能 + 金融的概念是利用机器学习、知识图谱计算机视觉和自然语言处理等先进的人工智能技术，对金融领域的各个参与者和业务环节进行深度的改革和升级，从而达到产品创新、流程重塑和服务提升的目标。

人工智能和其他新兴科技的迅猛发展将推动金融行业从信息化时代转向智能化时代。从金融行业的演变历程中，我们可以清晰地看到，科技的革命以及模式和观念的创新，都是推动金融行业持续向成熟迈进的关键因素。考虑到金融行业在不同发展时期的关键技术，我们可以把金融行业划分为 IT + 金融、互联网 + 金融和智能＋金融这三个主要阶段。现在，我们正在从互联网＋金融模式向智能＋金融模式的转变中。从宏观角度看，我国的网络环境已经相当完善，这无疑会为智能＋金融领域的进步注入强大的动力。

现阶段，智能＋金融领域的投资热情持续上升，与此相关的企业融资主要集中在天使轮和 A 轮等初级阶段。由于人工智能技术在交通和零售等多个行业中释放出的巨大潜能，投资机构普遍对智能金融行业的未来发展抱有很高的期望。

从融资项目的领域分类来看，智能风控和智能投顾成为最受欢迎的融资领域，其次是智能投研和智能营销。另外，智能支付的市场环境比较稳定，与此相关的融资事件也相对较少。

目前，众多玩家正在广泛地进行布局，使得智能与金融的商业模式变得越来越多样化。众多的创业者、科技公司、传统的金融实体、大型资本公司等，都在积极探索智能＋金融的可能性，这对于加速人工智能在金融领域的普及和释放智能＋金融模式的潜在优势具有巨大的意义。

10.3.2　AI 金融的七大应用场景

在金融领域，人工智能有 7 个主要的应用场景。

应用场景 1：智能风控

对于传统的金融机构而言，金融领域总是伴随着各种风险，因此风险的预防和控制成为中心议题。在过去的几年中，得益于人工智能等新兴技术的助力，智能风控在诸如信贷、异常交易监控和反欺诈等多个领域都获得了广泛的应用。

智能风控与传统的风险管理方法有所不同，它从被动式管理转变为主动式管理，其中被动式管理需要满足合规性和监管要求，而主动式管理则推崇使用先进技术进行风险监测和预警。以信贷业务为背景，我们可以看到传统信贷业务在实施过程中遇到了若干问题，如欺诈行为、信用风险、复杂的流程和较长的审批周期等。随着人工智能等先进技术的引入，金融机构有能力从大量的数据集中挖掘出关键信息，并识别借款人与其他金融实体之间的互动关系。研究表明，通过在贷款前、贷款中和贷款后的各个阶段应用智能催收技术，金融机构能够节约大约 40% 到 50% 的人力资源，从而大幅度减少人工成本。得益于 AI 技术的助力，小额贷款的审批时间可以显著减少。在过去，审批小额贷款可能需要数天的时间，但引入 AI 技术后，仅需 3～5 分钟，这大大提高了客户的使用体验。

应用场景 2：智能支付

随着消费数据的持续增长，消费环境变得越来越多样化。仅仅依赖手机支付、NFC 近场支付或扫码支付这些传统的数字支付方式，很难满足实际的消费需求。在当前的背景下，一种集成了人脸识别、虹膜识别、指纹识别和声纹识别等先进技术的智能支付系统应运而生。科技公司为商家和企业提供了一系列多样化的场景解决方案，从而显著提高了商家的收单效率和减少了顾客的等待时间。

智能支付作为一种连接线上和线下服务的高效工具，与智能终端、数据中心和物联网紧密结合，从多个维度为消费者提供了结算支付、场景服务和会员权益等多项功能。此外，支付数据和消费行为也会实时反馈给后台，从而为用户在核对账目、管理会员营销以及分析经营数据等方面的工作提供了有力的支持。在未来，得益于无感支付和其他先进技术的加持，用户在停车、休闲娱乐、超市购物等多种场合都将享受到无暂停、无操作的支付体验。

应用场景 3：智能理赔

传统的理赔流程不仅消耗了大量的人力资源，而且流程复杂，成本也相对较高。智能理赔采用了人工智能等先进技术来替代传统的手工操作，从而使得整个理赔流程变得更为简洁。例如，在车险的智能理赔过程中，采用了声纹识别、图像识别和机器学习等先进技术，将整个理赔流程简化为六个主要环节：身份快速核实、精确识别、一键定损、自动定价、科学推荐和智能支付。这些步骤极大地加快了车险理赔的处理速度，并在一定程度上解决了传统理赔流程中存在的欺诈、长时间理赔和多起赔付纠纷等问题。数据显示，当引入智能理赔技术后，车险行业的整体运营效率预计会增加 40%，而查勘定损工作人员的任务将减少 50%，同时理赔的时效性也将从原先的 3 天缩减至 30 分钟。

应用场景 4：智能克服

在银行、保险和互联网金融等多个行业中，售前电话销售以及售后客户咨询和反馈服务的频次相当高，这对呼叫中心在产品效率、质量控制和数据安全方面提出了更高的标准。智能客服通过运用大规模的知识管理系统，为金融行业内的各种企业提供了一套企业级的智能解决方案，专门用于解决客户接待、管理和服务等多个方面的问题。

在与客户进行沟通的过程中，智能客户系统能够构建一个"应用—数据—训练"的闭环系统，提供流程指导和问题解决方案，通过运维服务层，利用文本、语音、机器人反馈等方式向客户传递信息。除此之外，智能客服系统还具备收集客户问题、提取相关数据、进行业务分类和情感分析的功能，从而能更好地了解服务趋势，准确把握客户需求，并协助企业进行有效的舆情监控和业务分析。

数据显示，现在仅有 20%～30%的金融公司引进了智能客户服务系统。但智能客服系统能够协助这些企业解决超过 85%的客户问题，特别是那些频繁出现的问题，从而减轻企业的运营压力，控制企业的运营成本。

应用场景 5：智能营销

对金融领域而言，有效的营销策略是其持续发展和不断增强竞争力的关键，因此，金融行业的营销策略显得尤为关键。传统的金融推广策略主要依赖于实体服务点、街头摊位沙龙和电话短信等手段来向可能的客户推介金融产品，这可能导致多种问题的出现。例如，如果不能准确地理解市场的需求，可能会导致客户产生反感；仅仅通过群发信息来向客户推荐标准化产品，并不能满足他们的个性化需求。

智能营销采用先进的技术手段来收集客户的各种数据，如交易、消费和网络浏览等，接着运用深度学习算法对这些数据进行深入分析，并据此构建相应的模型。这样做的目的是帮助金融机构更好地整合渠道、人力资源、产品和客户等多个环节，以便能够覆盖更广泛的用户基础，并为消费者提供更加个性化和精准的营销解决方案。在采用智能营销策略的情况下，金融公司有能力减少运营成本并提高总体盈利。展望未来，金融领域在实施智能营销策略时，必须高度重视推送渠道的管理，降低推送的频次，并努力提升营销的用户体验。

应用场景 6：智能投研

如今，中国的资产管理市场已经达到了惊人的 150 万亿元规模，其发展潜力巨大，同时也对投资研究、资产管理以及其他金融服务的品质和效益提出了更高的标准。智能投研基于特定规模的数据，并在算法逻辑的指导下，借助人工智能技术，使用机器来收集投资信息，并对这些数据进行深入的处理和量化分析。此外，它还负责编写研究报告和风险提示，为金融分析师、基金经理和投资者在进行投资研究时提供必要的支持和帮助。

智能投研技术能够构建一个百万级别的研究报告知识图谱体系，为解决传统投研过程中数据获取不及时、报告展示时间过长、研究稳定性不佳等问题提供了有效的解决方案。这不仅拓展了信息传播的渠道，还提高了知识分析的效率，并在文本报告、信息搜索、资产管理等多个领域得到了广泛的应用。智能投研的最终愿景是对整个投研流程进行全面的整合和管理。这一流程覆盖了从信息收集到报告输出的每一个步骤。基于更高效的算法模型和行业的认知水平，我们旨在构建一个横跨多个金融细分领域的研究框架，并从服务的角度为金融产品的创新设计提供坚实的支撑。

应用场景 7：智能投顾

在 2010 年，伴随着机器人投顾技术的诞生，智能投顾这一概念也随之诞生。在 2014 年，随着技术的进步和服务模式的创新，智能投顾这一概念进入了中国的市场，并逐步被广大市场和公众所认知。在 2016 年年末，招商银行发布了国内首个智能投顾系统，名为摩羯智投，并随后推出了多款智能投顾相关产品。根据 2018 年的数据显示，中国的智能投顾市场规模已经触及 624.9 亿元，并展现出了迅猛的增长势头。

智能投顾利用先进的人工智能技术，从投资期限、风险偏好和预期回报等多个角度出发,设计了一套个性化的资产配置方案。通过提供营销咨询和资讯推送等增值服务,它们成功地将理财管理费率降低了80%,并将理财门槛从百万元减少到1万元。智能投顾在实际应用中不仅依赖于高效的算法平台和技术架构,还需要对大量的行业数据和用户行为数据进行收集和处理。为了促进智能投顾系统的实际应用,我国的互联网科技巨擘和金融机构分别从技术和数据两个方面入手,利用各自的优势,推出了满足中国客户需求的智能投顾产品。

10.3.3 AI 金融的挑战与应对策略

现阶段,我国的智能 + 金融领域仍处于初级阶段,想要吸引新的科技公司加入,必须面对并克服众多的挑战,以下是详细的分析。

(1)高端人才的储备问题:我国在人工智能领域的人才培养起步相对较晚,高端人工智能技术的人才严重短缺。因此,金融企业若想与人工智能更紧密地结合,就必须积极吸引人工智能领域的顶尖人才,并加强人才的培训工作。

(2)金融场景的理解能力,受到金融行业独特性质的制约:一方面,由于国家的严格监管,金融机构对内部风险的控制标准相对较高;另一方面,金融领域内存在众多的细分业务,并且这些业务的流程相当繁琐。为了促进人工智能技术在金融领域的实际应用,人工智能技术需要对金融环境有深入的了解。这就要求对金融行业有深度认识的专业人士,根据金融场景的具体实施需求和监管规定,积极进行 AI 技术的开发工作。

(3)数据积累能力:为了迭代优化与人工智能技术相关的算法,数据是不可或缺的支持。如果科技公司掌握了大量高质量的金融信息,那么它们的整体实力将会得到显著提升。

1. 技术供应者:面临的挑战和相应的解决方案

金融行业与其他传统行业的区别在于,它的进入门槛更高,风险更大,业务的复杂性更高,关联的敏感性更强,这对技术赋能和行业认知的融合理解提出了更高的要求。作为集人工智能和金融于一体的技术输出型企业,除了科技巨头和金融科技公司等行业领军企业外,大多数初创企业只能从技术粒度细化和模型执行效率等方面来完善解决方案。然而,在主动创新、行业赋能认知和新赛道开拓等宏观层面,仍然存在许多问题,如资源不足、对行业的认知度不够、技术的开放性和标准化程度较低、复合型人才储备不足等。

在人工智能与金融领域中,技术供应者扮演着至关重要的角色。为了更好地为金融机构提供服务,那些在这一领域具有强大实力的领军企业应当主动地担负起更多的职责,引领创建一个更为开放和包容的产业环境,并在金融和科技两个主要领域内培养多才多艺的人才,以促进整个行业的健康和有序发展。

2. 传统的金融机构：所面临的挑战及其应对策略

目前，银行业的黄金时期已经走到了尽头。由于国内外经济的持续下滑和监管政策的日益严格，我国的金融机构增长速度正在逐步减缓。为了达到可持续发展的目标，各金融机构开始将焦点集中在技术创新和业务转型上。传统的金融机构通过技术供应商提供的全面解决策略，不仅能够增强用户的使用体验，还有助于减少运营开销并提供独特的服务。另外，由于受到自身的发展观念、组织结构、业务路径和经营策略等多种因素的制约，我国的大多数金融机构目前还没有完全适应新的角色定位。

因此，在确保风险可控的基础上，金融机构的参与者必须尊重金融科技发展的内在需求，结合自身的发展阶段和当地的监管要求，在部门调整、管理模式和人员配置等方面进行变革，以激励行业创新，建立一个互信、包容的产业发展生态。

3. 监管方：面临的挑战及相应的应对策略

在科技飞速进步的背景下，金融业务的风险和技术风险的叠加可能导致扩散效应的出现。因此，金融企业必须高度重视这种扩散效应，并在行业发展和风险控制之间找到一个平衡点。我国目前实施的《中华人民共和国网络安全法》和《信息安全技术个人信息安全规范》都对个人和企业客户的数据使用和隐私保护进行了明确的规定。然而目前仍然存在大量数据泄漏的风险，这表明我国金融行业的信息监管体系尚未完善，对新产品和商业模式的监测覆盖还不够充分。因此，有必要通过更系统的研究和方法创新，构建一个多层次、全方位的信息监管治理体系，以实现金融风险的可监测、可管控、可承受，从而更好地服务于实体经济，使科技在金融风险防控和智慧金融生态环境建设方面发挥更大的作用。

10.3.4　金融科技的未来发展趋势

1. 科技巨擘与特定领域的标杆共同构建生态环境

在不远的将来，随着人工智能技术的持续进步和市场的日益成熟，传统的人工智能与金融结合的市场模式将面临瓦解，一个全新的市场结构即将浮现。在此过程中，那些只有口号但缺乏实际研发实力的公司将会被淘汰，而那些在人才、技术数据和场景流量上都有突出表现的公司将走向可持续的发展道路。

在不远的将来，人工智能与金融领域预计将展现出三大支柱的格局，这三大支柱分别是互联网技术巨擘、金融科技巨头和人工智能技术供应商。在此背景下，互联网科技巨头计划充分利用其内在优势，增加在科技研发方面的资金投入，以拓宽更广泛的市场份额。同时，金融科技集团也将利用其对金融业务的深刻洞见，以促进该行业的快速转型和升级。未来提供人工智能技术的企业将主要集中在某些细分行业的领军企业，而处于中游的企业很可能会被大型科技公司所收购。

2. 金融行业正受到新技术的推动，朝着普惠化方向发展

将人工智能和其他新兴技术与传统的金融体系相融合，将为金融行业的进一步发展注入活力，并为未来的金融服务提供更广泛的包容性。金融领域历来都面临着信息的不平衡、风险的不确定性和高昂的客户获取成本等挑战。高品质的金融服务主要是为大型和中型企业以及富有的个人所提供，但大多数的小微企业和长尾客户对这些服务的需求尚未得到充分的满足。

随着人工智能和其他相关技术的持续进步，金融领域的服务方式注定会经历深刻的变革。随着新技术的广泛应用，金融机构将为更多的人提供服务，其运营成本也会逐渐降低。这不仅满足了客户对高质量且价格合理的金融服务和产品的需求，还进一步提高了客户的满意度，并为整个社会带来了更大的福利。

3. 加强对科技的监管已经变成了金融行业发展的必然选择

在不远的将来，科技预计会成为推动金融行业向前发展的主要动力。在人工智能和其他新兴技术的推动下，金融机构有望实现显著的经济回报；从另一个角度看，金融领域中存在的如黑箱之类的问题，对监管部门构成了巨大的考验。通过分析欧美等国的金融机构监管实践，我们可以观察到，美国和英国在监管机构的构建上都进行了某种程度的改革。以英国的金融行为监管局和中央银行为例，这两个机构是完全独立的，它们主要关注具有前瞻性的风险，并为企业的创新活动提供必要的支持，同时也在寻找对行业发展有益的解决策略。

我国在金融监管方面可以参考其他国家的成功经验，并结合我国的实际状况进行创新。例如，可以设立一个隶属于国务院金融稳定发展委员会的金融科技监管局，并建立一个动态的长期科技监管机制。通过使用监管沙盒等工具来管理金融创新产品，并采纳先进的策略和方法来应对各种金融风险。

10.4 智慧教育

10.4.1 AI + 教育：互联网的颠覆

Technavio 公布的关于人工智能与教育产业的研究报告预测，截至 2020 年，全球 AI + 教育领域的市场规模有望达到 10 500 万美元。当前，AI + 的教育领域可以形容为"风雨交加，风起云涌"。众多行业内的公司和机构都意识到 AI + 教育具有巨大的发展潜力，并计划在政府政策的支持下激发新一波的投资热情。然而，目前的教育实践还不够完善，需要 3～5 年的时间才能达到预期的效果。

面对 AI + 的教育投资趋势，许多行业内的专家都呼吁教育机构和企业不应盲目追随潮流，而应更加重视教育的核心价值。2017 年，国务院发布了《新一代人工智能发展规划》（简称《规划》），其中明确指出要"创建一个以学习者为核心的教育

环境，为他们提供精确的教育服务推送，确保日常教育和终身教育的个性化"。在《规划》的引导之下，各教育机构开始采纳 AI 技术，目标是增强学习成果，持续改进数据以完善产品推荐功能，从而真正达到个性化的教学效果。

1. 互联网的颠覆

互联网的卓越之处在于其颠覆性的力量，正如互联网电商对传统商业的颠覆，互联网教育也会对传统教育产生深远的影响。除了内容和人力资源，互联网教育还涉及模式产品等多个方面的竞赛。仅当教育进入新的竞争环境时，它才可能突破既有的行业障碍。

尽管互联网教育在内容和教学模式上进行了众多尝试，但真正脱颖而出的却寥寥无几。许多在线教育机构仅仅是将传统的线下教育模式迁移到了线上，并通过"直播＋录播"的方式，构建了一个相对成熟的在线教育体系。尽管某些在线教育模式在某种程度上更加成熟，并融入了社交、分享和互动的元素，但它们并没有真正达到令人震惊的效果。目前的互联网教育大多只是简单地增加内容和复制线下模式。互联网不仅有助于解决各种连接问题，还能针对习惯、效率和技术等多个方面提供解决方案。正是因为谷歌意识到了这个事实，它才发明了 PR 算法，从而避免了人为的干预，释放了互联网的潜能。

在网络教育领域，人工智能仅能应对当前的挑战。在未来，当我们面对大量的数据分析和处理时，人类的能力可能会受到限制，这将导致人类与智能之间的分工变得更为复杂。人类主要负责处理个性化的纵向问题，而智能则专注于处理大量的数据，并根据特定的算法来执行大量的操作，从而为人类提供更为高效的教学方法。

2. 变革的根本在于技术

在互联网教育的早期发展阶段，由于所有事物都处于不断的探索中，尚未建立起明确的教学模式，因此最稳妥的方法无疑是集中精力于课程内容。目前，以课程内容为核心的 MOOC（Massive Open Online Courses，大型开放式网络课程）模式正在快速发展，取得了显著的成果，并在国内引发了一场 MOOC 的热潮。与此同时，知识图谱的运用显著提高了学习的效率。知识图谱为结构化知识提供了一种优化手段，可以将其细化到每一个单元和知识点中，利用层次结构和映射关系来协助学生确定最佳的学习路径。

尽管人们有能力处理结构化的知识，但对于如职业教育这样的非结构化知识，我们只能依赖人工智能来深入探索其内部联系，并对其内容进行精确的匹配。鉴于非结构化知识所包含的不同维度，我们需要借助数据挖掘和机器学习来构建相应的知识库。据我们所知，目前国内的一些教育机构已经开始努力构建专家知识系统，建立学习系统的底层，将学生的学习过程数据化，利用算法进行机器挖掘，试图创建一个集社交、教学、学习、反馈、知识库、排序推荐等功能于一体的自动化智能系统。

在互联网教育的演进中，技术起到了关键的推动作用。在互联网教育领域，尽管人工智能还处于初级阶段，但其在互联网教育中的应用，对于推进互联网教育的进步来说，仍然是绰绰有余的。

关于人工智能技术在教育行业的运用，存在一种观点，即随着产业发展水平的持续提升，行业的顶级能力将逐渐转化为广泛适用于整个行业的能力，这为人工智能在全面素质教育方面提供了潜在的机会；有些人持有与此相反的看法，他们认为教育信息化是推动教育进步的关键动力，而人工智能教育产品的核心目的是解决教育资源的不平等分配，实施个性化的教育，增强学生的学习效果和核心能力，并全面地培育和塑造人才；另外，有些人持有中立的看法，他们认为 AI+的教育模式会与教育行业的发展趋势保持一致。如果中国的教育体系以素质教育为核心，那么 AI 的应用将更多地关注素质教育；假如中国的教育体系依然是以考试为导向的，那么 AI 的应用将仅仅局限于提供应试相关的服务。

10.4.2　AI 时代的学习空间变革

经历了多次的高潮和低谷后，人工智能领域再次迎来了新的研究浪潮，这个人工智能的时代正逐渐接近我们。为了满足人工智能时代的进步需求，众多行业正在经历变革，其中教育领域也不是例外。在人工智能的时代背景下，教育的焦点更多地放在了培养学生的高级思维、信息处理能力和社交互动技巧上。这预示着教学方式将经历深刻的变革，例如，教育的核心理念将更偏向于全纳教育（Inclusive Education），教学方法将更加精确，师生之间的关系将更为平等，课程内容将更加个性化，而教学的组织方式也将更为灵活。

为了达到前述的教育愿景，我们必须对学习的环境进行改革和重塑。在人工智能的时代背景下，学习空间不仅需要展现出灵活性、智能性、开放性和人性化的特质，还应强调包容性、协同性、多样性和层次性的重要性。为了打造这样的学习环境，我们需要从空间的布局、布置、物理环境及其服务以及智能技术的融合这四个方面来进行细致的设计。

更明确地说，在人工智能的时代背景下，教育和学习的空间将会遭遇几个主要的变革方向。

1. 包容性

在人工智能的时代背景下，教育的核心理念正在向全纳教育转型，这意味着在学习的旅程中，来自不同种族、学习背景和身体状况的学生都可以获得定制化的学习援助，从而达到全面发展的目标。为了满足特定的教学理念，学习空间必须是开放和包容的。这意味着，在学习空间中，环境、家具、设备和技术都需要充分考虑到各种学习者的特定需求，并通过有针对性的设计和人工智能技术的利用来满足这些需求。

当我们将传统的教室、当前的学习环境以及人工智能时代的学习环境进行对比时，会意识到过去那些统一的教室正在经历变革，学习空间现在更加注重人性化和个性化，同时也更加重视学生的学习体验。在人工智能时代背景下，学习空间的相关观念已经开始对实际操作产生一定的影响。

然而，在当前阶段，由于技术能力的局限性，学习空间仅限于调整座椅的高度、调整空气的温度和湿度以及改变室内装饰的颜色等功能，这既不能满足学习者多样化的需求，也不能为他们的个性化学习提供足够的支持。随着人工智能技术的持续进步和广泛应用，全纳教育的理念预计将得到真正的实施。这将使各种学习者能够智能地感知学习环境、学习设备和家具布置等方面的需求，并为他们提供个性化的学习服务。

2. 层次性

在人工智能的时代背景下，教育的组织方式将变得更为多样化，这可能导致混龄教育的出现，并对学习环境的重塑带来某种程度的影响。更具体地说，在人工智能时代，学习空间的分层主要表现在三个关键领域（表 10.4-1）。

人工智能时代学习空间层次性的三大表现　　　　表 10.4-1

层次性的表现	具体要求
空间规划与布局具有层次性	因为人工智能技术可以满足不同学习者的学习需求，所以在人工智能时代，一个学习空间有可能同时开展不同类型的教学活动，为了满足这一要求，就必须对学习空间进行分区，将一个空间划分成不同的层次
设施与陈设具有层次性	虽然在人工智能技术的支持下，桌椅高度、内部色彩、设备大小等可以调节，但还有很多基础设施无法调节。所以，为了满足同一个空间不同学习者的需求，内部设施与陈设也要体现出层次性
学习资源与学习内容具有层次性	如果出现混龄教育，一个学习空间中的学习者所需的学习内容与资源就会出现明显区别。为了满足学习者多元化的学习需求，学习空间必须为其提供不同层次的指导与帮助，这就需要对学习内容与学习资源进行分层

3. 多样性

学习空间的多元性意味着在环境设计、桌椅配置、空间布局和技术支持等多个方面展示出多样化的特质。教育和学习活动主要在学习空间中进行。在构建学习空间的过程中，设计师不仅需要思考学习空间是否能够支撑完整的学习流程，还需密切关注学习者对于学习空间的具体需求。人工智能具备满足各种学习者对学习空间个性化需求的能力，能够为学习者提供量身定制的学习环境和支持。在这样的背景下，人们对学习空间的传统看法将会被彻底改变。

在人工智能的时代背景下，传统的"千人一面"的教室模式正逐渐演变为"千人千面"的模式。在这个高度智能化的学习环境中，学习资源和内容将被智能地推送出去。教育机器人将对学习者的学习过程进行智能监控，而温度、湿度和照明也会根据学习者的具体需求进行相应调整。得益于人工智能技术的支持，学习空间将变得更加个性化和温馨，所有这些感官体验都将体现在空间多样性上。

4. 协同性

协同性是指教师、学生和学习空间中的各个元素之间的协调和合作，以共同实现教学目标。更具体地说，在人工智能的时代背景下，学习空间的合作性主要在三个关键领域得到体现，如表 10.4-2 所示。

学习空间协同性的三大表现　　　　　　　　　　　表 10.4-2

协同性的表现	具体要求
学习空间内部要素与外部要素协同	在新一代信息技术的支持下，人工智能发展进入一个新的高峰期，人工智能技术将与其他新兴技术协同，构建一个新的学习空间。在这个学习空间中，物联网、智能感知系统、学习支持系统收集的信息经过大数据处理与分析后，将交给人工智能认知、决策、执行，之后将由云计算以服务的形式交给用户。在这个过程中，教育机器人与智能学习环境保持密切联系，实时获知学习者需求，为学习者提供帮助
教师与人工智能协同	在这个过程中，人工智能将成为教师的助手。虽然，在短期内，人工智能无法代替教师，但在某些领域，智能学习系统、教育机器人的决策能力、执行能力已经可以和人类教师媲美。这些人工智能应用融入教学过程，可以在更大程度上提高教学效率与质量
学生与人工智能协同	在协同的过程中，学生可以培养核心素养。在此模式下，人工智能可以充当学习者的学习伙伴

10.4.3　智能化学习环境的设计路径

智能学习环境的设计涉及三大核心任务，它们是：对空间的规划、物理环境及其服务以及学习空间的布置。

1. 空间规划

空间规划是指在建筑规划的约束下，对学习空间的平面形态和空间布局进行精心规划和设计。为了确保学习空间的高效利用和良好的采光效果，大多数的学习空间都采用了矩形设计。当我们步入人工智能的时代，我们可以预见学习空间的布局将朝着两个不同的方向演变。

首先，学习的空间布局会变得更加灵活和有弹性。随着教育目标焦点的变化，学习空间将会采用更多的教学组织方式和方法，如试验教学、自主探究学习、传递式或接受式教学、基于项目的教学和人机协同的合作学习等。这些教学方式可以灵活切换，对学习空间的布局提出了极高的要求。在这样的背景下，创造一个更加灵活和有弹性的学习环境变得尤为重要。

其次，结合了开放式的布局和区隔式的布局。无论是混龄教育还是个性化的学习方式，都强调学习空间的层次化布局。为了实现这一目标，我们可以利用软性的隔断和自然形成的空间形状来创建一个相对独立的学习空间，这样可以支持不同类型的学习活动在同一学习空间中同时进行，从而减少异步学习过程中学习者之间的相互干扰。

2. 物理环境与服务

传统的教室环境强调统一性和有序性，而学习空间则更倾向于构建一个人本主义的学习氛围，以便为教师和学生提供更高质量的学习体验。通过将人工智能技术与物联网技术相结合，我们不仅能够创建一个舒适、健康、环保和美观的物理空间，还可以为空间环境提供定制功能，以满足空间内人员的个性化需求。

例如，麻省理工学院的科研团队研发了一种名为"局部变暖"的系统，该系统能够为个体创造一个独特的气候环境。当人们走进房间，该系统会利用一种创新的基于 Wi-Fi 的位置追踪技术来确定他们的具体位置，并将这些位置信息传输到一个动态的加热元件阵列中，从而通过这些加热元件达到局部加热的目的。一个加热组件是由几个主要部分组成的，包括可以改变方向的伺服电机、能够发出红外辐射的灯泡、冷光镜以及其他光学设备等。随着这项技术的不断进步，未来每个人都有能力通过手机来调节周围环境的温度。事实上，人工智能有潜力通过识别人类，自动调整其所在地区的温度，使人们始终保持在一个舒适的环境中。

Goldee 公司开发了一个名为 Light Controller 的个性化照明系统，该系统预设了多个照明主题供用户自由选择。此外，该系统还支持手势识别功能，允许用户通过手势来选择适合的照明主题。令人感兴趣的是，Light Controller 能够利用传感器收集用户的使用习惯信息，并将这些数据提交给 Goldee 云服务器进行分析。基于这些处理结果，系统能够预测用户的照明行为，并及时为他们提供所需的照明主题，从而达到个性化和智能化的照明效果。

Smart Mat 是一种先进的智能门垫设计，其内部配备了压力传感器。这个传感器能够根据压力来判断门垫上的"物体"的重量，并有能力将这些"物体"的移动路径与云端的数据进行比对，从而实现对其的精确识别，并为其提供如个性化照明等智能服务。

在色彩个性化方面，Kinestral 开发了一种名为 HalioGlass 的智能着色玻璃。这种玻璃能够通过触发化学反应产生的电荷来控制光的传输量和颜色，从而使人们能够通过多种途径，如开关、桌面应用、移动应用程序和语音等，自由地调整光的颜色。Halio Glass 为用户提供了 50 种不同深度的灰色选项，为他们构建了多功能的学习环境，并根据他们的学习需求为他们设计了各种学习场景，同时确保了不同级别的隐私安全。

显然，诸如个性化气候、个性化照明和个性化色彩等应用的最终目标都是为了满足学习者多样化的学习需求。得益于人工智能技术的助力，个性化的物理环境和服务将与学习空间实现真正的融合。

3. 学习空间陈设

教室内的装饰主要包括课桌椅、流动的讲桌以及其他家居物品。在高度智能化的学习环境里，课桌椅的颜色和高度可以根据不同学习者的具体需求进行灵活调整。此外，将人工智能技术与家具技术相结合，可以更好地感知学习者的学习状况，并为他们提供更为智能的服务体验。

Robotbase 推出了名为 Autonomous Desk 的智能办公桌，用户可以利用这个 APP 来调整办公桌的高度、桌面和框架的颜色。令人感兴趣的是，这款办公桌能够根据用户的使用习惯和行为，自动调整桌子的各项属性，从而为用户提供一个更为舒适的工作环境。例如，AutonomousDesk 能够利用机器学习技术来预测用户在何时会重新站立工作，并将其桌面的颜色调整为蓝色。当达到这一时刻，Autonomous Desk 将会自动上升，并将其颜色转变为蓝色。

将人工智能技术与传统家具相结合，不仅可以增强学习者的学习体验，还可以通过感知学习者的生命体征来判断其学习状态，并为学习者提供有针对性的建议。如今，在教育行业中使用的此类产品相对较少，但在健康领域，我们确实看到了如 LUMOback、UpRight、长颈鹿朋友等相对成熟的产品出现。

综合考虑，人工智能与陈设技术的结合将为教育领域带来新的活力。在未来，我们将看到更多能够满足学习者个性化需求的智能调节桌椅和能够感知学习者生命体征并提供合理建议的产品不断涌现。同时，学习空间的智能化展示也将逐渐成为现实。

10.4.4　个性化的“教”与“学”

当我们步入人工智能的时代，学习空间将会融合更多的智能成分。鉴于这些智能设备、装置和环境控制工具来自各种不同的制造商，如何通过一个统一的接口将它们紧密连接，以构建一个真正智能化的学习环境，成为了一个亟待解决的关键问题。要解决这个问题，关键是要将智能技术进行有效整合。

在技术生态体系中，云计算主要负责数据的存储、整合和计算，而大数据则专注于数据的收集、处理和分析。人工智能的核心职责是感知和认知，为用户提供智能化的学习体验。

观察当前的发展趋势，我们可以看到大数据、机器学习和高计算能力是人工智能领域的核心技术，而这些技术都不可能由单一的学校独立提供。因此，要构建人工智能教育的生态环境，区域合作是不可或缺的。在这一过程当中，掌握了先进人工智能技术并具备强大数据处理能力的大型企业将起到极其关键的作用。"百度大脑"和"教育大脑"即将取代学习支持系统，而像百度、阿里巴巴这样的大型企业也将转变为教育智能服务的供应者和整合者。

为了让大家更好地理解，我们选择了一个人工智能课堂作为研究对象，从课前、课中和课后三个阶段深入探讨了人工智能技术在学习环境中的综合应用。

1. 课前环节

在课程开始之前，教师会把这一节课的教学内容通知给人工智能。当人工智能掌握了学习内容后，它会与知识图谱结合起来，根据每位学生的具体需求为他们量身打造学习路径。它会自动产生个性化的课前学案，并采用自然语言处理、语音识别和图像识别技术来评估学生的预习效果，识别学生的弱点，并为他们提供个性化的反馈，从而为他们在课堂上的正式学习打下坚实的基础。

举例来说，在英语的听说课程中，人工智能利用语音识别技术来识别和判断学生的口语发音，从而纠正不准确的发音。此外，在这个教学环节中，人工智能能够预测学生在课堂学习过程中可能遭遇的各种问题，从而为教师提供即时的教学策略建议，协助他们更合理地规划课程内容，以提升教学的整体质量和成效。

2. 课中环节

人工智能技术在整合课程中的各个环节时，主要体现在四个关键领域。

（1）为每个人打造独特的环境。通过对学生在课前表现的分析，人工智能技术能够识别学生的不同层次，并据此对学生进行分类，进而实施分层次的教学方法。"教育大脑"系统能够记录教师和学生的行为模式，并运用人脸或语音识别技术来区分教师和学生。它还能向周围的智能设备发送指令，自动调整周围环境的湿度、温度、光照、色彩和课桌椅的高度，使其达到教师或学生所喜欢的状态，从而实现对学习空间的个性化定制。

（2）对学习的过程进行监控。在教学活动中，教师有能力运用情感技术来跟踪学生的学习进度，并将这些数据上传至"教育大脑"。通过"教育大脑"，教师可以评估学生的学习和注意力状况，从而为评价学生在课堂上的表现和优化教学方法提供科学依据。为了确保监测的准确性，我们必须采用多种技术手段，包括但不限于声音检测、面部表情的监测、眼动的监测、脑电图的监测、心率的监测以及皮肤电导的监测等。

麻省理工学院的桑迪·彭特兰（Sandy Pentland）研究团队设计了一个名为"智能徽章"的工具，它不仅能够实时追踪佩戴者的位置，还能通过分析佩戴者的声音来了解他们的情感状态。当这种技术被引入到课堂教学中时，所有学生都会统一佩戴"智能徽章"，如果他们不专心听讲，徽章会发出警告信号，吸引教师的目光。

LCA Learning 公司研发的 Nestor 注意力监测软件能够通过网络摄像头分析学生的面部表情和眼球动作，从而准确判断学生是否正全神贯注地听课。该软件还能自动为那些没有专心听讲的学生生成测试题，为他们提供了一个有效的注意力评估工具。

除此之外，哈佛大学的中国留学生团队 BrainCo 还开发了一款名为 Focus1 的脑机交互应用。这款应用能够通过监测学生前额和耳后的传感器来捕获他们的脑电波，并通过对这些脑电波的分析来评估学生的注意力水平。

（3）智慧型的指导老师。智能导师系统能够根据不同的教学环境为学生提供有针对性的服务。因此，在未来的课堂教学实践中，由智能代理和教育机器人组成的智能导师系统有望成为一种常态化的应用方式。举例来说，在团队合作中，智能导师系统能够充当监督者和协调者的角色，一旦察觉到学生的注意力有所偏移，系统会立刻进行相应的引导和管理。此外，智能导师系统还能在教师授课间隙，根据实时监测数据为教师提供一些建设性的建议，以确保整个课堂教学的高效率。

（4）智慧型的学习合作伙伴。在独立学习和团队合作学习的过程中，智能学习伙伴能够起到非常积极的作用。例如，在团队合作学习的阶段，智能学习的合作伙伴可以作为模拟的成员加入，基于自适应的团队结果进行智能的合作和评价，确保团队合作学习的成果。

3. 课后环节

在课程完结后，"教育大脑"将对传感器和在线学习平台上的数据进行收集、整合、分析和计算，对学生的疑惑进行合理的推断，制定个性化的辅导计划，然后通过云服务将学习资源、学习建议等推送给学生，对学生的作业进行智能评估，对学生的学习效果进行智能检验。"教育大脑"在综合评估学生在课堂上的表现和教师的教学方法后，会智能地向教师提供教学内容和方法的反馈，从而为未来的教学活动提供科学的建议和指导。

10.5 智慧医疗

10.5.1 AI 医疗：巨头与资本的盛宴

在最近的几年中，随着人工智能技术的飞速进步，这个行业对职位的需求显著增加，但与此同时，相关领域的专业人才却面临着巨大的短缺，导致专业人才的需求远远超过供应。面对这样的背景，众多有实力的科技公司开始了对人才资源的剧烈争夺。

相较于美国和其他西方发达国家，我国在人工智能领域的人才短缺问题更为突出，导致人才供应不足的状况更加严峻。为了吸引人工智能领域的专家，像腾讯和百度这样的国内公司在美国的硅谷设立了研究机构，以参与全球人才市场的激烈竞争。在过去的两年中，全球的互联网科技公司都在努力研发人工智能的技术和产品，其中有不少企业取得了令人瞩目的成果，这些公司在人工智能领域的布局也为整个行业的进步提供了推动力。

从宏观角度看，AI 医疗行业目前仍在探索中，但随着众多资金的流入，许多初创公司已经成功地筹集到了资金。如今，智能医疗得到了越来越多企业的高度关注和重视。一些人持有这样的观点：与智能投顾和安防行业相比，人工智能在医疗领域的实际应用可能会更早地开始。得出这一结论的主要原因可以归结为两个方面：首先，核心技术，如深度学习和图像识别的进步，极大地推动了人工智能技术的进步。受到技术的推动，人工智能在医疗行业中逐步获得了广泛的应用。其次，在当今社会人口老龄化的问题变得越来越严重，人们对健康管理的重视程度也在增加，这使得健康管理、医疗技术的进步和寿命延长等方面的市场需求持续上升。然而，在医疗领域的发展中，我们面临着众多的问题和挑战，如药物的研发和人才的培训需要大量的资金，新药的研发周期过长，以及资源分配的不合理性等。现代社会对医疗行业提出了更为严格的标准，这推动了医疗行业积极地寻找创新和变革的途径。

1. 国外巨头的 AI ＋医疗布局

IBMC（International Business Machines Corporation，国际商用机器公司）在 2006 年开始对 Watson 项目进行布局，并在 2014 年成立了 Watson 事业集团。Watson 技术平台结合了机器学习和自然语言处理的方法，可以对非结构化的数据进行深度分析，探索数据间的相互关系，并将这些零散的知识融合在一起。通过对比、分析和论证，我们可以从数据中提炼出有价值的信息，为企业的决策过程提供准确的指导。沃森健康（Watson Health）是由苹果和 IBM 在 2015 年联合推出的一项云健康医疗服务项目，该项目是基于认知计算系统来为医疗和健康企业提供服务的。Watson 通过与癌症中心建立合作伙伴关系，获得了大量的数据支持，这使他能够获取足够的病理信息、医学文献和临床知识等，基于这些数据分析，他推出了临床辅助决策支持系统。

这一系统在糖尿病、肿瘤等多种疾病的诊断和治疗方面具有显著的应用价值，并在 2016 年被我国引入，多家医疗机构也已开始采用。Watson 在人工智能医疗领域的布局上取得了多项突破，这证明了该行业已经进入了基于认知的医疗发展阶段。在医疗领域中，人工智能的运用不仅可以降低诊断上的错误，还能为癌症病人提供更加有针对性的治疗建议。

与此同时，像谷歌和微软这样的科技巨擘也开始涉足智能医疗行业。值得注意的是，谷歌在 2014 年决定将人工智能公司 DeepMind 纳入旗下，并成功开发了名为 AlphaGo 的人工智能应用程序。在 2015 年，谷歌推出的人工智能平台 TensorFlow

被认定为开源项目，为众多企业在深度学习领域提供了强大的后盾。在收购 DeepMind 之后，谷歌建立了 DeepMind Health 部门，并与 NHS（National Health Service，英国国家医疗服务体系）建立了合作关系。通过获取 NHS 提供的患者数据，并基于这些数据进行分析和处理，谷歌在脑部癌症识别方面进行了深入的研究。

微软发布了名为 Hanover 的人工智能医疗项目，该项目主要关注预测不同药物对癌症治疗的效果。除了 Hanover，微软在 AI 医疗领域也进行了广泛的战略布局。例如，微软的 BiomedicalNatural Language Processing 系统能够利用人工智能技术来整合电子病历和医学文献的资源，从而在疾病诊断和医疗方案制定方面发挥辅助作用。

2. 国内巨头的 AI + 医疗布局

国内具有强大实力的科技公司也在努力推进 AI + 医疗的发展，并在这一领域投入了大量的优质资源。在特定的发展阶段，各个企业所选择的开发策略都有其独特之处。

2017 年，阿里巴巴推出了基于阿里健康云平台的机器学习平台 PAI2.0，这一平台提供了大量的医疗数据，为其带来了独特的技术和资源上的优势。在推进人工智能医疗领域的布局时，阿里巴巴与多家医疗机构合作，并与医学影像专业中心携手，共同致力于开发智能诊断系统，以实现医学影像的准确识别、重建和诊断。

2016 年，腾讯的人工智能实验室 AIlab 正式对外展示，这代表了腾讯在人工智能技术研发和应用上的核心策略。除此之外，腾讯在产品和投资等多个方面也进行了深入的研究和探索。

阿里云 ET 与科大讯飞共同参与了 LUNA 这一肺结节检测领域的国际权威评测，并连续打破了世界纪录，这展现了我国在人工智能医疗领域的领先地位。值得一提的是，科大讯飞所开发的医学影像辅助诊断系统因其 92.3% 的召回率而荣登全球首位。在所有肺结节的样本数据里，只有当参与方能够准确识别结节的比例时，召回率这一指标才能代表系统评估诊断的准确性。召回率的高水平意味着该系统能够有效地收集大量的核心数据。为了增加召回率，科大讯飞采用了人工智能中的深度学习技术来全面获取信息，并通过结节分隔配合使用特征图来减少医生重复检测的情况。为了更高效地进行诊断，科大讯飞利用 3D CNN 模型对特征图进行了深入分析，并在进行预训练的基础上实施了检测，从而加速了薄层 CT 数据的分析过程。

10.5.2　AI 虚拟助理

人工智能技术在医疗领域有着广泛的应用潜力。从医疗流程的角度来看，人工智能技术可以广泛应用于诊断前、诊断过程中以及诊断后这三个关键环节；考虑到应用的目标群体，人工智能有能力为医疗机构、实验室、医生、病患以及药品公司等提供各种服务。应用人工智能不仅有助于医疗领域更有效地控制成本，还能显著提升诊断的整体效率。在医疗行业中，虚拟助理被视为一个高度智能的信息处理系统。它可以通过自然语言处理和语音识别技术与患者进行交互，从中获取患者的病情数据，并利用其专业医学知识来满足患者的信息咨询需求，同时在导诊过程中起到辅助的角色。考虑到应用的目标，人工智能不仅能为医生提供必要的支持，还能为用户带来各种服务。对医生而言，人工智能在诊断过程中起到了不可或缺的角色。我国的分级诊疗在其发展历程中遭遇了多种挑战，如医疗器械的不完备和全科医生的资源匮乏等问题。人工智能技术在基层医疗领域的运用，不仅可以对常见疾病进行精确的诊断，还能有效地监控重大疾病，从而提升基层医疗转诊的效率，并协助基层医生更为出色地完成疾病的诊断任务。

对用户而言，人工智能技术在导诊和医疗咨询领域都能为他们带来上乘的服务体验。当用户感觉到身体不适但并不构成重大问题时，他们可以直接与人工智能的虚拟助手互动，而无需特地去医院寻求专业医生的建议。在他们的指导下，用户可以选择服用非处方药物。

在过去的两年中，许多国内外的 AI 医疗公司研发的智能预问诊系统已经开始在实际中得到应用。预问诊系统不仅拥有基础的问诊功能，还能借助自然语言生成技术、自然语言理解技术和机器学习技术，与用户实现双向互动和交流。预问诊系统能够引导患者分享他们的病情信息，并根据一致的准则将这些信息转化为门诊的电子病历，为医生进行正式的问诊提供有力的参考资料。

在执行问诊程序时，智能预问诊系统的操作是按照分层转移的策略进行的。该系统的架构设计允许它按照特定的逻辑流程来收集患者的详细病情信息，这包括他们过去的病史、疾病种类、当前的治疗状况以及症状的表现等。预问诊系统在完成问诊任务后，还可以采用自然语言生成技术来制定一个全面而清晰的问诊报告。该报告将根据基本信息、患者的主诉、既往病史、过敏史和现病史等几个方面，对病人的相关情况进行分类、汇总和整理。

除此之外，医生还有能力运用语音识别技术来自动创建电子病历，以便为病人提供专业的导诊服务。在众多场合中，外科和口腔科的医生往往需要通过双手来完成诊断和治疗，这导致他们不能同时提供医疗服务和撰写病历。在当前的医疗环境下，医生有能力通过智能语音输入系统，以语音输入的形式进行信息检索，将患者的各种相关信息，如过去的病史、检查结果、检查项目和结果等，以口头形式详细描述，并根据预设模板创建电子病历，从而降低这一步骤所需的时间成本。

在这一领域，科大讯飞的讯飞医疗语音转录系统成功地将误差率限制在 3% 之内。此外，该系统提供了超过 20 种不同的方言版本，并已在国内多个医疗机构，如瑞金医院和北大口腔医院，得到了实际应用。另外，"晓医"是由科大讯飞研发的一款智能导诊机器人。这款产品结合了人工智能和语音识别技术，能够与患者进行语言交流，并在这种交互中识别出患者的需求，为他们提供专业的导诊服务。例如，它可以指导患者找到特定的科室，并为他们在就诊过程中可能遇到的问题提供必要的信息，从而提高分诊的效率。至今，科大讯飞开发的"晓医"导诊机器人已经在多个医疗机构中得到应用，包括但不限于北京 301 医院和安徽省立医院。

10.5.3　病例与文献分析

电子病历实际上是对传统医疗记录的一种改进，它采用电子方式来记录和保存患者的病情变化以及医生与患者之间的交互信息，这其中包括了各种检测项目、结果、住院记录、手术详情以及医生的医嘱等多个方面的信息。

从医学资料和电子病历中筛选出有意义的信息，可以为医学研究提供准确的参考资料，并进一步推动新药的研发和医疗设备的制造过程。在人工智能领域，自然语言和机器学习技术有能力对各种医学文献和病历数据进行深入的分析和处理，从而以有组织的方式实现数据的储存和集中管理。在我国，一些医疗科技公司根据其健全的知识体系，研发了一套智能系统来辅助临床决策，该系统在医疗诊断过程中为患者提供疾病分析、治疗建议和药物使用指导等多种服务。

在构建医疗知识体系的过程中，医学研究人员需要对复杂的医学知识进行分类、提炼和整合。在医学知识的分类和提取上，传统的、基于医学词典和逻辑的实体提取方法已经不能满足现代医学的进步和需求。造成这种情况的原因有两个：首先，目前的医学词典不能涵盖所有的生物命名实体；其次，随着语境的变化，词汇所代表的实体可能会发生改变。因此，传统的文本匹配技术不能准确地识别医学实体。

在现代医学的实体识别领域，深度学习算法的使用正在逐步增加。检测结果表明，BiLSTM-CRF 模型在这一特定领域具有较高的适用性。通常，由于数据来源的差异，医学信息的特性也会有显著的不同。在整合数据的过程中，我们可以利用 SVM 分类技术、分类回归树方法等手段，将相似的实体融合为一个整体。

与其他行业的数据资源相比，医疗类业务系统所涉及的数据不仅缺乏集中性，而且种类繁多、复杂度高，包括临床试验和诊疗数据、区域人口数据、医疗管理数据等。

自 2017 年起，众多的国内公司开始在医疗数据分析中融入大数据技术，这极大地促进了精准医疗领域的进步。更具体地说，这些公司通过大数据平台来提取宝贵的医疗信息资源，为国内的临床研究和精确医疗服务提供了有力的支持和助力。

基于自然语言处理技术，大数据平台可以对电子病历的文本信息进行结构化处理，完成句法分析、实体识别等操作，然后利用机器学习技术，结合相关的算法模型，在临床决策环节发挥辅助作用，从而提高医生的决策准确性。

此外，医学研究人员还可以利用大数据来总结电子病历的处理结果和疾病模式，分析不同疾病之间的关系，查找疾病的根源等，从而找到具有研究和开发价值的项目。

10.5.4　医学影像辅助诊断

在所有的医疗资料中，医学影像所提供的信息占据了高达 90% 的比例，这意味着医学影像成为了医疗信息的核心来源。由 X 光、PETD 和核磁共振设备生成的所有数据都被归类为医学影像资料。尽管医学影像数据的规模正在迅速扩大，但放射科医生的数量增加速度相对较慢，这导致许多医疗机构面临着放射科医生资源的紧张状况。在这一领域，人工智能技术在某种程度上可以弥补医生资源的不足。医生可以借助人工智能中的计算机视觉技术来识别医学影像，并据此给出诊断结果。更具体地说，人工智能在此领域的运用主要集中在以下几个方面。

从一方面看，数据采集是通过应用人工智能中的图像识别技术来解读影像，并完成数据的收集工作；从另一方面看，深度学习意味着对图像数据和临床诊断数据进行深入的价值分析，以不断增强人工智能系统在诊断方面的能力。现阶段，人工智能在医学影像学领域的应用主要是针对食管癌、肺癌等疾病的诊断和检查。此外，人工智能技术在诊断肺部肿瘤疾病的经验也被广泛应用于某些疾病的病理和核医学检查。应用人工智能的步骤可以概括为：首先，在获取医疗设备提供的影像图像后，经过适当的预处理，排除所有可能的干扰，接着使用分隔算法来创建肺部区域的图像，从而准确地识别图像中的肺结节部分。基于数据的收集，我们采用了卷积神经网络来分析数据，确定结节的确切位置，并判断肿瘤是良性还是恶性。

在医学领域，对病理的关注程度相当高，通常会基于病理相关的因素来提供疾病的诊断结果。然而，在实际操作中，为了确认癌细胞是否真实存在，医生在病理切片的观察上需要投入大量的时间。由于病理诊断的流程极为繁琐，并且容易受到其他外部因素的影响，这一步骤经常导致误诊的情况。应用人工智能技术可以增强病理诊断的精确度，并降低误诊的可能性。基于病理学的疾病诊断不仅需要从宏观角度考虑，还需关注细节。因此，与其他的人工智能辅助诊断方法相比，病理领域的人工智能应用对技术专业的标准更为严格。人工智能不仅需要掌握细胞的特性，还需深入分析生物的行为模式。

当前，国内众多公司正积极研究人工智能技术在病理学诊断上的潜在应用，并已经推出了针对宫颈癌、乳腺癌等疾病的智能诊断产品。

10.5.5　5G 远程医疗机器人

在 2018 年 10 月的 "2018 数字经济峰会暨 5G 重大技术展示交流会" 活动中，河南移动以 "豫见 5G 触手可及" 作为主题，向参会人员展示了 5G 技术环境下的远程医疗成就。

河南移动与郑州大学第一附属医院签订了合作协议，共同推进 5G 网络的建设工作。按照预定的方案，双方计划在郑州大学第一附属医院的东、西院区及其附近的道路上建设 26 个 5G 基站。截至 2018 年 10 月，东院区的 2 个 5G 基站和西院区的互联网医疗系统以及应用国家工程实验室基站的建设都已经完成，同时，国家工程实验室也已经完成了端到端的业务测试工作。

1. 远程会诊

在 5G 网络的支持下，医疗机构能够远程访问患者的健康状况和现场的环境数据，并从数据库中提取患者的医疗记录。当病人被紧急送往医院时，可以立即进行有针对性的检查，确保他们得到迅速且准确的医疗治疗。

以远程输液治疗为例，在临床医学实践中，静脉输液被视为一种主要的治疗手段。在输液过程中，患者的家属需要密切关注输液瓶和扎针位置，如果出现漏针或输液即将结束的情况，应及时联系护士进行处理。采用 5G 技术能够帮助患者的家属从这项工作中摆脱出来。在使用无线输液的场景下，无线传感器能够实时监测病人输液的进度，并在出现如跑针等紧急情况时，无线警报器会自动向医护人员发出警报。此外，医疗工作人员能够利用先进的智能设备，对输液速度和患者身体反应等方面进行实时的监控，从而为患者提供更上乘的输液服务体验。

2. 远程机器人超声服务

远程机器人超声服务是通过通信、传感器和机器人技术，由专家远程操作机器人，为患者提供超声检查的医疗服务。在这一操作流程中，专家将依据患者端接收到的视频和力量反馈信息，对操作流程进行实时的优化和调整，以确保超声检查结果的准确性。在使用远程机器人进行超声波检查时，医院并不需要专门的医生，只需确保护士为检查设备和仪器做好准备。网络可以通过远程机器人的超声波进行通信且通信的标准相当高。远程机器人的超声波技术内容相当复杂，它不仅涵盖了两种视频信号（操作摇杆的控制信号和力量反馈的触觉信号），还包含了患者端的视频、医生端的视频以及 B 超探头的影像等。

在 4G 的网络环境中，视频分辨率仅为 1080P，这使得另一端的专家无法进行精确的诊断。只有在视频分辨率达到 4K 的情况下，超声影像才能清楚地展示检查部位的状态，从而让专家能够更加清晰地看到检查部位的情况，并做出更准确的判断。只有在 5G 网络的环境中，4K 的分辨率才有可能达到。只有在 5G 网络的强大支持下，机器臂的响应灵敏度才能得到增强，同时操作指令和超高清视频语音才能实现实时传输，而 B 超影像也能实现动态传输。

以远程 B 超设备为例，B 超机不仅是一个能够快速进行急救检查和初步筛选的工具，而且还是一种高度精确的可视化医疗工具（表 10.5-1）。利用 5G 技术赋予其能力，能够显著提升医疗人员的工作效能，并进一步优化医疗服务的品质。借助 5G 技术，医疗领域的专家能够远程操控机械臂，执行如上下、左右、旋转等操作，为边远地区的患者提供全面的身体检查服务。

远程机器人超声对网络通信的要求　　　　　　　表 10.5-1

应用类型	传输速率/Mbps	传输时延/ms	现有网络
医生视频（4K）	20	≤40	传输时延满足，传输速率不满足
患者视频（4K）			
超声探头影像（4K）			
超声资料传输	13		上传下载时间过长

3. 远程机器人手术

远程机器人进行手术的基本原理与远程机器人的超声波技术有许多相似之处，它们都是通过通信传感器和先进的机器人技术，由专家远程操控机器人来实施手术治疗的。在整个手术流程中，专家将依据手术端接收到的视频和反馈信息，实时地调整手术步骤，以确保手术能够安全和有序地进行。

现在，已有若干医疗机构开始采用手术机器人技术，如达芬奇手术机器人之类的。然而，远程机器人进行手术时需要处理大量的数据，这对数据的传输速度和延迟都提出了非常高的标准。目前的通信设备很难达到这些标准，这给远程机器人手术的实施带来了巨大的挑战。

当医生进行远程机器人手术时，他们需要配备 3D 眼镜等工具，以便对手术现场的实时图像进行细致的观察。为了确保医生能够清晰且完整地看到手术过程中的图像，数据的传输速度必须达到 25Mbps。在执行远程机器人手术时，医生需要操作机器人的手臂来完成各种任务。为了确保手术的准确性，数据的传输速度必须达到 20Mbps，同时传输的延迟也需要减少到 10ms。此外，远程机器人手术所需传输的数据种类繁多，如生命体征、心电图、除颤监护仪和血液供应等，而这些数据的传输速度必须不低于 20Mbps，具体数据见表 10.5-2。

远程机器人手术场景下的网络通信需求　　　　　　表 10.5-2

应用类型	传输速率/Mbps	传输时延/ms	现有网络
3D 佩戴设备	25	≤40	传输时延满足，传输速率不满足
机械臂影像	20	≤10	无法满足
体征、心电等监控仪器画面	20	≤40	传输时延满足，传输速率不满足

具有高带宽的 5G 不仅能够满足多样化的数据传输需求，还能确保视频的分辨率能够达到超高清的水平。另外，5G 的低时延特性也确保了医生操作与机械手臂操作能够高度同步，从而避免了由于操作延迟而导致医生做出误判，进而影响手术的效果。

10.5.6　药物研发与临床试验

应用人工智能技术可以对传统的药物开发方式进行革新，从而缩减新药的研发时间。在过去，药品的研发过程中需要投入大量的资金、时间和精力。根据数据统计，药物的研发过程平均需要 10 年的时间，而资金的消耗则高达 10 亿美元。这一过程涵盖了从靶点筛选到药物的深度挖掘，再到临床试验和后续的调整等多个环节。当前，国内众多公司正积极研究人工智能在药品研发方面的潜在应用，并致力于推动智能技术在新药开发和临床试验环节得到实际应用。更具体地说，人工智能在药品开发和临床试验方面具有几个主要的应用场景，如表 10.5-3 所示。

AI 在药物研发与临床试验中的应用

表 10.5-3

应用阶段	药物研发	AI 应用
药物发现阶段	靶点筛选	文本分析
	药物挖掘	高通量筛选、计算机视觉
临床试验阶段	病人招募	病例分析
	药物晶型预测	虚拟筛选

1. 靶点筛选

药物在人体内的结合位置被称作靶点，而这些靶点与酶、基因、转运体和受体等都有着密切的联系。在开展药物研发的过程中，首先要做的是筛选出合适的靶点。在过去，研究人员通常使用交叉匹配的方法来分析药物对人体各靶点的影响，并通过大量的筛查来确定分子药靶。

人工智能技术的运用有潜力颠覆传统的目标定位方法。通过人工智能技术，我们可以深入挖掘医学论文和临床试验中的信息，探索与靶点筛选相关的知识，并基于数据分析来确定靶点的具体位置。这种方法不仅可以缩短药物的研发时间，还能有效地控制这一过程的成本。

2. 药物挖掘

药物挖掘，也被称为药物研发者的"先导化合物筛选"，是基于特定的生物活性和化学结构来进行的。在这个过程中，研究者需要配置各种小分子化合物。一旦确定了符合这些标准的化合物组合，他们就可以根据实际的需求来调整这些化合物的结构。人工智能在这一特定领域的应用价值主要体现在将高通量筛选转化为虚拟筛选，或者通过应用人工智能技术来优化高通量筛选过程。在人工智能领域，图像识别技术有能力分析药物对患病细胞产生的影响，并基于这些分析来寻找对疾病有治疗效果的药物。

3. 病人招募

大部分的临床试验在招募病人的过程中会遇到一些难题，这使得试验难以顺利进行。利用人工智能技术对患者的医疗记录进行深入分析，有助于筛选出最适合作为试验目标的患者，从而推动临床医学试验的进步。

4. 药物晶型预测

制药公司高度重视药物晶型的重要性，因为药物的疗效与其晶型的溶解性和熔点有着直接的联系。应用人工智能技术可以简化药物晶型的配置过程，加快晶型的研发速度，减少成本开销，并减少科研人员对关键晶型的忽视。

除此之外，AI 技术在基因序列测定领域也得到了广泛的运用。基因测序技术主要应用于基因的检测过程中，它可以深度分析基因的结构，并在产前筛查、预测肿瘤、诊断遗传性疾病等多个领域起到关键作用。鉴于人体基因组内含有大量的碱基对，并且基因数量庞大，携带着海量的数据信息，要想从这些庞大的数据中筛选出有价值的信息，就必须进行深入的基因检测工作。

主要依赖解码和记录的高通量测序技术，在基因解析上的效果相当有限，因此很难从中提取出基因序列的有价值的信息。应用人工智能技术有助于解决这一难题。在成功构建了数学模型之后，基于对基因信息的深入分析，我们增强了模型的学习效率，使其能够更好地理解人类脱氧核糖核酸的剪切行为。目前，IBM 沃森和华大基因这两家代表性的有实力的企业都在该领域进行了深入的研究，他们选择了高效的生物学手段来优化这一模型，并利用病例数据来客观地评估模型的实际价值。

10.6　智慧交通

根据联合国的统计数据，2013 年全球因交通事故死亡的人数达到 125 万，这相当于每天有 10 架波音 777 飞机坠毁。这类事故中，大多数是由人类的内部因素引起的，导致马路上的危险事件日益增多。人类的驾驶行为已经变成了一个极为危险的元素。

此外，假如超级大都市代表着文明进步的方向，那么拥挤、无聊和疲劳的驾驶体验将深深地影响每个人的心灵。随着时间的推移，人们的驾驶技巧将逐渐从大众视野中消失，如同男性耕田、女性织布、缝纫机操作和木工技艺等，转变为专业技术和个人的兴趣爱好。

按照同际汽车工程师协会（SAE）所设定的准则，汽车的自动化程度被划分为六个等级：

Level 0：这是一个无方向的动态过程。

Level 1：这是一个驾驶员辅助的单一辅助驾驶系统，它可以根据驾驶环境的信息，进行特定的模式或转向，或者执行加速、减速等操作，而其他所有操作都是由人类驾驶员完成的。

Level 2：这是一个或多个辅助驾驶系统，可以根据驾驶环境的信息，以特定的模式同时进行转向、加速或减速操作，而其他所有操作都是由人类驾驶员完成的。

Level 3：存在一个自动化驾驶系统的可能性，该系统可以在动态驾驶环境中全方位地执行驾驶职责，但当系统请求接手时，必须有人驾驶来做出响应。

Level 4：即便在系统发出接管请求的情况下，人类驾驶员无法作出响应，这种高度自动化的系统依然能够在动态驾驶场景中全方位地执行驾驶职责。

Level 5：这是一个完全自动化的自动驾驶系统，无论在哪种道路或环境条件下，都不需要人为驾驶员的干预。

一旦全面自动化成为现实，未来的驾驶技术将会逐渐淡出公众视野，成为少数人的个人喜好，事实上，这一趋势正在以惊人的速度发展。

2016 年 10 月 20 日，特斯拉公司的首席执行官马斯克通过电话进行了公告，该公告指出，特斯拉的所有新款车型都将配备一个"全自动驾驶"的硬件解决方案——Autopilot2.0。这个系统由 8 台摄像机、12 台超声波感应器和一个前向探测雷达组成。这台摄像机能够为用户提供一个 360°的观察角度，其最远的识别范围为 250m！

汽车中的"视觉器官"和"思维器官"正经历着迅速的进化过程，它们具有全方位的观察和倾听能力，其计算性能甚至达到了 1 Terra op（等同于 80 个处理器核心）的水平，这一能力远超一般电脑。

随着自动驾驶技术的进步，市场上出现了大量的高市值新兴汽车公司。最近，根据《福布斯》的报道，摩根士丹利的最新报告指出，如果谷歌母公司 Alphabet 决定将其子公司 Waymo 进行拆分，那么 Waymo 的市值可能高达 700 亿美元（大约 4 800 亿元），甚至可能更高。这一估值不仅超过了通用汽车（504 亿美元）和福特（449 亿美元）等传统汽车公司的市值，还超越了特斯拉（498 亿美元）和优步（500 亿美元）的市值。

我们有理由预测，随着数字经济的不断壮大，无人驾驶技术将逐渐渗透到社会交通的各个层面，这将有助于减少交通事故和降低死亡率。2016 年 1 月 16 日，在阿里研究院举行的"2016 新经济智库大会"上，阿里巴巴的副总裁金建杭提出了一个观点："随着时间的推移，未来将会出台一项新的法规，明确规定人类是不能驾驶汽车的，因为驾驶汽车是违法的，而这一天很可能也即将到来。"

第 11 章

智慧城市与智能建造

智慧城市与智能建造是一个充满活力的领域，它们之间存在着深刻的关联。智慧城市的构建涉及城市基础设施、交通系统、能源管理、环境监测等多个方面，而智能建造则是一种结合数字技术和先进制造技术的建筑方法。

（1）数字化城市规划和设计

智慧城市的建设通常涉及大规模的城市规划和设计。智能建造技术通过数字化建模、虚拟现实和建筑信息模型（BIM）等工具，可以帮助城市规划者更准确地模拟和预测城市发展的影响，提高规划的可持续性和效率。

（2）智能建筑和节能环保

智慧城市追求可持续发展和资源的高效利用。智能建造技术可以通过智能能源管理系统、智能照明系统、智能空调系统等，为建筑提供高效的能源利用方案，有助于城市实现能源节约和环保目标。

（3）智能交通和基础设施建设

智慧城市中的交通系统需要高度的智能化来优化交通流、提高交通效率。智能建造技术可以应用在交通基础设施的建设中，包括智能交通信号灯、智能停车系统等，以提高城市交通的整体效能。

（4）物联网在城市管理中的应用

智慧城市倚赖大量的感知设备和传感器来收集城市数据。在智能建造中，建筑中的传感器和物联网设备也可以为城市提供实时数据，如建筑能耗、空气质量等，从而支持城市更智能、实时地管理和决策。

（5）数字孪生技术的应用

智慧城市的建设可以借助数字孪生技术，即数字和实际物理系统的实时、动态模型。这种技术可以在智能建造中得到应用，通过数字孪生模型，城市规划者和建筑师可以更好地理解城市系统的相互关系，提前识别潜在问题并优化解决方案。

通过智慧城市与智能建造的紧密结合，城市可以实现更高水平的效率、可持续性和生活质量。这两者的结合体现了数字技术在城市规划和建设中的创新应用，为未来城市的发展提供了丰富的可能性。

11.1　数字化政府

11.1.1　演变路径：数字政府 1.0 到 3.0 时代

1. 数字经济时代的国家治理现代化

在当前时期，随着社会向数据化、信息化、全球化、网络化和电子化的方向发展，基于这些信息和数据的数字化管理正日益成为推进政府治理现代化的关键途径。我国正积极努力促进政府的转型，并大力支持数字政府的进一步发展。

2021 年 3 月，中国信息通信研究院公布了一份名为《数字时代治理现代化研究报告——数字政府的实践与创新（2021 年）》的报告。该报告指出，全球数字政府的建设总体上还处于初级阶段。我国在数字政府建设方面起步较晚，达到了全球的中上水平，同时在线服务也处于全球领先地位。

当前，我国正在经历数字政府建设的关键阶段，各个地区的数字政府都在积极地进行尝试和创新，逐渐塑造出数字政府建设的新模式。数字政府的建设已经取得了显著的进展，积累了宝贵的经验，这也是全方位推动数字政府建设的最好时机。

构建数字政府是一个涉及众多领域、涵盖众多子项目的综合性项目。我国在数字政府建设的早期阶段就已经取得了显著的成就，并通过大量投资为整体建设奠定了坚实的基础。在深入探讨数字政府的未来发展之前，首先需要明确我国数字政府的历史发展路径和数字政府建设的核心理念，这也构成了本书在项目数字政府建设研究中的一个关键部分。

明确电子政务与电子政府的定义，并深入探讨它们之间的联系，可以帮助我们更好地理解数字政府的定义、结构和发展方向。电子政务这一词汇是近些年在互联网上出现的，其定义随着实际应用的进步而持续更新，它可以被总结为政府职能管理部门利用先进的信息技术进行组织和管理的方法。政府的职能管理部门运用信息技术向大众公开政府可以公开的信息，同时也利用网络虚拟技术来处理和扩展一些职能和服务。然而，电子政务的建设仍然是在起步阶段，其功能和支持措施还存在不足。

电子政府这一术语是官方尚未采纳的学术研究领域。西方学者对电子政府的解释是：它是为了适应全球、虚拟和知识驱动的数字经济，对那些分层、集中管理并在实体经济中运作的大型工业化政府进行改革而形成的一种创新的管理模式。从这一点可以推断，电子政府与实际存在的政府之间存在从属关系。

其中，电子政府作为一个行政性的政府实体，对其附属的电子政府承担着全面的行政责任。从根本上说，电子政务是通过信息通信技术将行政、服务、管理等功能整合到电子政府中的。电子政务与电子政府之间有着显著的区别，电子政务是基于电子政府构建的，同时也是电子政府建设的一个过程性项目，它是电子政务的根本和目标。换句话说，电子政务是走向电子政府的关键路径，只有经过一段时间的稳定发展，电子政府才能达到其既定目标。

在大数据的背景下，电子技术如云计算和云存储的进步速度日益加快，与此同时，互联网与各种传统行业的整合也日益加深。特别是在信息技术、全球化趋势、数据化和电子化持续发展的背景下，电子政务逐步崭露头角，成为国家行政管理的新趋势。

在党的十六大的报告中，明确强调了需要进一步改革政府的职责，优化管理策略，并推广电子化政务。特别突出了电子政务建设的核心地位。在党的八届三中全会上，首次明确提出了"推动国家治理体系及其治理能力走向现代化"的目标。从党的十八大开始，我国政府在数字政府的建设上多次制定了重要的策略，全方位地加强了政府治理的现代化能力。

现阶段，我国的各个政府部门不断地推出各种相关的政策措施，以加强对数字政府建设的全面指导，并促使各地能够迅速地将数字政府建设真正落实到实际操作中。数字政府代表了政府在信息通信和计算机等尖端技术的支持下所进行的数字化转型，这不仅有助于构建数字社会和培育数字经济，还能推动数字社会和数字经济的持续稳定发展。推动数字化政府的建设在多个方面都具有深远的社会意义。

（1）数字政府作为适应时代变迁的结果，有助于推动数字科技与社会经济发展之间实现更深层次的整合。

（2）数字化政府通过数字化手段处理服务、职责和管理等方面，从而提高了行政效率、服务质量和公众的满意度。

（3）数字政府的建立为国家迈向"数字蝶变"奠定了坚实的基石，它是推动网络强国、数字化中国以及智慧社会发展的主要动力。

从电子政务向电子政府的转变，再到数字政府的建设，我们需要充分利用数字技术的使能技术特性和集合基本结构元素。这不仅有助于推动国家治理体系的现代化进程，还可以为数字政府与法学领域的法律关系研究奠定坚实的基础。

2. 1.0 时代：政务办公自动化

数字政府建设在不同的历史时期都有其独特的载体和相似的发展动力，这主要是因为每个历史时期的生产能力和发展水平都有所不同。通过回顾我国数字政府的发展历程，我们可以将其大致分为三个主要的历史时期，分别是从 1.0 时代到 3.0 时代。

在数字政府 1.0 的时代背景下，我国的政务逐渐向办公自动化方向发展，信息技术开始被广泛应用于机构建设、政务专网的创建以及专项业务应用系统的建设。在这一阶段，电子政府的建设呈现出单机使用和分散开发的特点。

原先由国家计划委员会设立的国家信息中心已经逐步建立了多个政府信息系统和数据库，实现了各种电子设备和高级网络的互联互通。在当前这个发展阶段，我国已经开始以电子政务作为基础平台，逐步构建数字政府的初步框架。

在 1992 年，美国参议院的阿尔·戈尔提出了美国信息高速公路法案。紧接着，在次年的 9 月，美国政府正式宣布启动"国家信息基础建设"（National Information Infrastructure，NI）计划，这一行动在全球范围内引发了建设信息高速公路的热情。到了 1993 年年底，我国启动了一系列的"金字工程"以促进国民经济的信息化，其中"金桥工程"作为我国信息高速公路的核心部分，不仅覆盖了全国各地，还与全球的信息高速公路建立了连接；"金关工程"成功地推动了电子数据交换平台在海关中的广泛应用，为外贸领域带来了无纸化交易的可能性；"金卡工程"成功地为我国打造了一个相对完整的电子货币体系。

1986 年 2 月 20 日，国务院正式发布了《关于建立国家经济信息自动化管理系统若干问题的批复》，这为电子政务的初步建设设定了明确的目标。在 1996 年，国务院的各个职能部门以及全国各地的政府办公厅都接入了政府系统的第一代数据通信网。而到了 1999 年 1 月 22 日，北京成功举办了"政府上网工程启动大会"。在此次大会上，"政府上网"工程成功地实现了资料、档案、数据库、政府职能的企业化市场上网以及国家机关的"办公自动化"，标志着我国政府进入了一个更加信赖度高、网络化的新时代。在 2001 年的 8 月，中共中央与国务院联合成立了国家信息化部导小组，以进一步确保我国电子政务的快速进展和信息的安全性。

从 20 世纪 80 年代到 90 年代中期，我国的办公自动化经历了其首次的发展阶段。在这段时间里，办公自动化的理念逐渐确立，办公模式也从传统的手工方式转变为使用个人电脑、大型计算机和办公套件等方式，实现了数据的电子化处理、数据分析、文件撰写和信息共享。然而，由于缺少应用系统和网络技术的支撑，信息的管理和来源受到了限制。

从 20 世纪 90 年代中期到 21 世纪初，我国的办公自动化进入了第二个发展时期，在这段时间里，工作流程已经实现了自动化。随着局域网、因特网和广域网技术的不断进步，以及网络互联和协同办公技术的发展，办公自动化系统得到了持续的完善，应用范围也变得更加广泛。这使得文件的收发和处理等任务能够以工作流自动化的方式高效完成，从而显著提升了政府部门的办公效率。

在政府的上网项目中，我们必须高度重视互联网的领导地位，确立并完善政务信息资源的开发、应用和共享流程，持续加强信息的收集和处理，以实现信息资源的集中效益。

3. 2.0 时代：电子政务系统建设

从 2002—2014 年，我国经历了网络化政府的高质量、快速发展时期。在数字政府 2.0 的时代背景下，我国正在积极推动"政府上网"项目和网络化政府的建设，这标志着我们进入了数字政府建设的中期阶段。2002 年，国务院发布了《关于我国电子政务建设的指导意见》（17 号文件），这一文件为电子政务建设确立了"两网一站四库十二金"的核心框架，并于 2003 年正式开始执行。这为我国的电子政务建设在信息开发、建设、应用和安全等领域奠定了坚实的基础。

数据资源的安全性不仅受到信息技术创新的关注，也受到了广泛的重视。2008年，国务院正式发布了《中华人民共和国政府信息公开条例》；在 2007 年，国家发展和改革委员会正式公布了《国家电子政务工程建设项目管理暂行办法》。国家持续推动相关的政策措施，这是首次从法律的角度为信息技术的稳健进展提供了坚实的支撑。

2003 年 7 月 22 日，在国家信息化领导小组的第三次集会上，温家宝总理特别强调了"构建服务型政府"的重要性，并主张"将信息技术与政府管理改进相结合，以实现政府职能的转型"，旨在提升公共服务质量和优化政府功能。因此，在 21 世纪的首个十年中，"政府上网"项目的建设成为网络政府发展的核心议题。

自 21 世纪初以来，我国的政府信息化水平和基础设施都得到了显著的提升。网络政府建设进入了一个以"应用为主导"的新阶段，并在公共管理和公共服务等多个政务活动中获得了越来越广泛的应用。所有的国家机构都可以利用网络政府和其他网络通信系统来全方位地参与政务活动，借助先进的网络信息技术和办公自动化技术来高效地完成管理和服务任务，从而在工作中创新政务运作模式。

在 2015 年 10 月，党的十八届五中全会对"十三五"规划进行了审议并予以通过。此次会议特别强调了网络强国战略和"互联网+"行动计划的核心地位，这为政府的管理和服务模式带来了深刻的变革。

4. 3.0 时代：开启数字治理新模式

随着物联网和计算机等现代技术的持续进步，我们的社会已经步入了大数据的新纪元。数字政府 3.0 的建设被视为我国政府为适应信息技术的快速变革和向数字化时代迈进的关键策略，它也代表了数字中国的核心形态。

自 2018 年起，我国数字政府 3.0 的建设进入了一个至关重要的阶段。2018 年 6月 10 日，国务院办公厅发布了《进一步深化"互联网 + 政务服务"推进政务服务"一网、一门、一次"改革实施方案》，这一方案旨在迅速推进政府服务的"一网通办"以及全国政务服务平台的一体化建设。各个地区和部门都积极地响应并严格执行了数字政府建设的相关计划，全方位地深化了"一网通办"的创新。2019 年 10 月 31日，党的十九届四中全会通过了《中共中央关于坚持和完善中国特色社会主义制度推进国家治理体系和治理能力现代化若干重大问题的决定》，其中明确提到了"建立和完善利用现代信息技术手段进行行政管理的制度规范，并推动数字政府的建设"。

在 2020 年 10 月 26 日，党的九届五中全会明确提出了"强化数字社会和数字政府的建设，以提高公共服务和社会治理在数字化和智能化方面的水平"。

强化数字政府的建设对于提升政府在运营、决策制定、服务提供和监管方面的能力具有明显的积极影响，并有助于推动我国数字政府建设朝着更高质量的方向前进。在 2019 年 10 月的党的十九届四中全会上，国家多次通过会议和政策强调了数字政府建设的重要性，并明确提出要"推动数字政府的建设"。同时，也通过加强数据共享、平台建设和新技术的应用，以创新行政管理和服务模式。在这一阶段，数字化政府仍然是一个独立进行的任务。

2020 年 10 月，在中央政治局的主持下，党的十九届五中全会结束后，我国开始了数字政府、数字社会、数字经济的同步发展。2021 年 3 月，国务院在十三届全国人大四次会议上公布了《2021 年政府工作报告》。这份报告强调了加速数字化进程、创建数字经济的新优势、推动数字产业化和产业的数字化转型、加速数字社会的建设、提高数字政府的建设水平、创建健康的数字生态环境和构建数字中国的重要性，这也是政府工作报告中首次提到数字政府的建设。从那时起，数字政府的构建逐渐成为数字时代社会和政府进步的新动力。

随着我国发展步伐的不断加速，数字政府的建设对于发展的质量也提出了更为严格的标准。自从我国启动数字政府的建设，各个阶段的数字政府建设都伴随着众多的争议元素，这些元素对数字政府的发展方向和模式产生了深远的影响，并对政府的治理模式产生了某种程度的扰动。面对这种状况，我国的行政法律需要迅速适应数字化政府的建设和社会的演变，确保在法律层面为社会治理模式的创新提供坚实的支撑。

行政法构成了法治国家建设的一个关键环节，需要与国家的整体建设保持同步。换句话说，在社会改革的过程中，对行政法的深入研究是不可或缺的。行政法的核心研究内容是在实际操作中对理论和理论体系进行更新和重塑。因此，改革中的各种实践活动无疑会对行政法学的研究内容产生影响，并对行政法学的进一步创新起到推动作用。数字政府建设基于信息技术和网络通信技术，是一种新型的管理模式，旨在管理数字化和信息化的公共事务或提供公共服务，同时也代表了行政领域的一次创新；从理论角度出发，行政法可以被视为一种用于调整行政法律关系的综合性法律规范。因此，构建数字政府可以被视为一种在研究对象和研究内容方面推动行政法改革的有效途径。

11.1.2　数字治理：我国数字政府建设思路

1. 顶层设计：驱动政府数字化改革

在 2015 年的党的十八届五中全会上，大数据被正式纳入党的全会决议，并被确定为国家的战略方向，与此同时，国务院也发布了《促进大数据发展行动纲要》。自

2016 年开始，国务院发布了《关于加快推进"互联网＋政务服务"工作的指导意见》和《关于印发"互联网＋政务服务"技术体系建设指南的通知》等多项政策，以指导"互联网＋政务服务"的建设工作。各地政府也在积极推动全国一体化网上政务服务平台的建设，助力政务服务实现跨地域、跨业务、跨部门、跨层级、跨系统的"一网通办"。同时，也在努力推动政务服务的"指尖办、掌上办、刷脸办"和办事现场的"最多跑一次"，以便让公众在家就能办理更多的事务。在 2017 年，"数字政府"这个术语开始在政府管理的领域中被提及。在 2018 年 8 月，广西公布了名为《广西推进数字政府建设三年行动计划（2018—2020 年）》的方案，该方案旨在实施数字政府的多个具体建设任务。广东、江苏等多个省份也相继发布了相应的数字政府建设规划，并已开始实施。从理论到实践，我国在数字政府建设方面都取得了显著的进展。2019 年 10 月，随着党的十九届四中全会的召开，各级政府纷纷把"推进数字政府建设"定位为数字化的"一号工程"，而不只是这样。口号如"数据多跑路、百姓少跑腿""政务服务只跑一次"和"一次都不用跑"也逐步得到了实际应用。在新冠感染疫情爆发之际，数字化的治理策略显得尤为关键，它有助于高效地进行疫情防控。在这个时期，我国的数字政府建设步入了一个快速增长的时期。从中央政府的视角来看，2012 年 11 月，在党的十八大召开之后，党中央把网络安全和信息化工作视为最重要的任务，并多次发布了指导信息化和数字化建设的相关文件。以 2016 年 7 月为例，国务院发布了《国家信息化发展战略纲要》，并在同年 12 月再次发布了《"十三五"国家信息化规划》。这两份文件都强调了信息化在推动国家治理和构建数字中国中的关键作用，并为实施网络强国战略以及深化"互联网＋政务服务"等相关工作进行了详细规划。

2018 年 4 月，北京成功举办了全国网络安全和信息化工作会议。此次会议特别强调了利用信息技术来推动政务和党务的公开透明，同时加速电子政务的全流程一体化在线服务平台的建设，以更有效地解决企业和公众普遍反映出的办事困难、缓慢和烦琐的问题。

在 2019 年 10 月的党的十九届四中全会上，首次明确指出要"推动数字政府的建设"，并把信息化和数字化纳入国家的建设规划中，强调利用信息化技术来增强政府部门的执行职责的能力。在 2020 年 10 月的党的十九届五中全体会议上，数字政府再一次被强调为国家治理的核心议题。会议特别强调，数字政府构成了数字化进程的三大基石：数字经济、数字政府和数字社会，而数字化的转型对于数字政府的建设具有深远的意义。

2021 年 3 月 11 日，《中华人民共和国国民经济和社会发展第十四个五年规划和 2035 年远景目标纲要》（简称"十四五"规划）被正式批准。该规划强调了"加速数字化进程，打造数字中国"的理念，并提出了"迎接数字化的新时代，充分挖掘数据资源的潜力，推动网络强国的建设，以及快速推进数字经济、数字社会和数字政府的建设"。这一切都是为了通过数字化转型来驱动生产、生活和治理方式的全面变革。

2021 年 8 月，中共中央与国务院共同发布了《法治政府建设实施纲要（2021—2025）》的第九条，其中明确指出"完善法治政府建设的科技支撑体系，全方位打造数字法治政府"，这为我国数字政府的法治建设提供了新的方向，并有助于提升我国法治政府建设的数字化程度。

从地方政府的视角出发，随着中央文件越来越多地提到数字政府，各级地方政府都积极地响应了这一号召，迅速地制定了数字政府建设的行动计划，并认为数字政府建设是推动行政体制和城市建设向数字化转型的关键因素。

在 2018 年 8 月，广西成为首个公布《广西推进数字政府建设三年行动计划（2018—2020 年）》的地区，该计划明确了一系列任务，包括推动一体化基础支撑体系的建设、促进数据资源的共享和开放、加强宏观决策中大数据的应用、加强数字化市场的监管以及推动数字化生态环境的治理。在同一年内，广东、浙江和江苏也陆续公布了各自的数字政府建设计划。

根据 2021 年 3 月由中国信息通信院发布的《数字时代治理现代化研究报告（2021 年）》，截至 2020 年年底，超过 40%的省级行政区已经发布了专门针对数字政府建设的文件。这些文件专门成立了一个负责协调当地数字政府建设的领导小组，并由当地最高级别的负责人担任组长。除此之外，还有多个省份也发布了与数字政府建设相关的规划方案。

为了规范网络政府，国家已经发布了如《国务院关于在线政务服务的若干规定》和《"十三五"国家信息化规划》等多份官方文件；共有 25 个省级行政单位逐步推出了与数字政府建设有关的各种政策和计划，其中一些省份还在不断地更新和修订相关的文档。关于体制和机制，中国行政管理学会的会长江小涓在 2021 年中国行政管理学会的会议上指出，截至 2021 年 5 月，全国已有 28 个地方建立了省级的政务服务或数据管理机构。此外，国务院也成功地构建了全国一体化的在线政务服务平台，并成立了相应的管理协调团队。

2. 机制创新：数据要素市场化配置

在数字经济的背景下，数据被视为核心的生产元素。随着数字经济的持续增长，数据要素的市场化配置将变得至关重要，这也是经济数字化和数据经济化发展的必然趋势。

在 2014 年的 3 月，"大数据"首次被纳入政府的工作报告中，这一事件激起了国内众多领域的热议。2015 年 8 月，国务院发布了《促进大数据发展行动纲要》（国发〔2015〕50 号），该文档明确表示"数据已经变成了国家的基本战略资源"。在 2016 年 3 月，我国正式公布了"十三五"规划纲要，并将国家大数据战略的实施纳入了正式议程。在 2017 年 10 月党的十九大报告里，有明确的指示要"促进大数据与实体经济之间的深度整合与共同发展"。

2020 年 4 月 9 日，中共中央和国务院发布了《关于构建更加完善的要素市场化配置体制机制的意见》，其中强调了对数据、土地、资本、技术和劳动力这五大要素进行市场化配置的完善，以确保各要素能够自主且有序地流动。在同一年的 5 月 11 日，中共中央和国务院共同发布了《关于新时代加快完善社会主义市场经济体制的意见》。在该意见的第四条中，明确指出了"通过构建更为完善的要素市场化配置体制机制，可以进一步激发全社会的创造力和市场活力"。

2021 年 3 月，"十四五"规划正式对外公布。根据中国通信院的数据统计，在这次的"十四五"规划稿中，"数据"与"大数据"这两个术语被频繁提及，其中"大数据"出现了 14 次，而"数据"则出现了超过 60 次。为了支持数据要素市场的成长，政府不断地发布与大数据相关的政策文档，这不仅促进了我国大数据行业的快速增长，还推动了技术、基础建设和综合应用的持续发展。

推动数据要素市场的发展有助于缩小信息和信任的差距，建立数据资源的"要素化"管理框架，增强数据资源的整体开发和使用效率，确保数据能够充分发挥其潜在价值。在处理数据要素时，我们需要激发新的活力、探索新的方向、识别新的特点，并迅速建立一个数据生态系统。

随着互联网和计算机技术的快速进步，数据信息在人们的日常生活和工作中的应用越来越广泛，这推动了人类社会向一个以知识和信息为核心驱动力的数字化信息社会的转变。在"十三五"规划期间的回顾中，我们发现我国的大数据行业在这段时间里取得了飞速的发展。2021 年 4 月，国家工业信息安全发展研究中心公布了一份名为《中国数据要素市场发展报告（2020—2021）》的文档，该报告明确指出，截至 2020 年，我国的数据要素市场规模已经达到 545 亿元。随着我国大数据行业与实体经济的深度结合和产业规模的持续扩大，数据的各种属性也变得日益明确。

在"十四五"规划期间，我国需要对数据要素的市场配置、其内在价值以及与实体经济的整合等议题进行更深入的探讨。构建数字政府并不是短时间内可以完成的任务，它需要经历一个长期且充满挑战的阶段。在这个过程中，体制和机制的改革通常被视为首要任务。大多数省份通常会直接成立专门负责大数据管理的部门，目的是通过数据整合和管理来促进不同地区和部门间政务数据的开放、共享和有效利用，从而加速政府向数字化方向的转变。

2021 年 12 月，中国软件评测中心组织了 2021 年的数字政府服务能力评估以及第二十届政府网站的绩效评估结果发布活动。基于评估的数据，到 2021 年 11 月的末尾，我国的 23 个省级行政单位已经建立了大数据的管理部门。

大数据管理机构通常是事业单位、部门管理机构或政府直属机构的一部分，可以通过挂牌子、重组相关部门职能或增加原有职能部门职责三种方式来组建。这些机构的职责重心通常集中在宏观战略规划和推动数字产业发展上，而忽视了对整合政府数据资源的关注。

某些省份还计划成立一个由政府管理层领导的数字政府建设领导团队，以全面推动数字政府的建设，并与其他部门协同合作。2021 年的数字政府服务能力评估数据揭示，到 2021 年 11 月的最后一天，我国的 21 个省级行政单位已经成立了若干政府建设的领导团队。以广东省的情况为背景，由省政务服务数据管理局主导成立了数字政府改革建设的领导团队，并确立了一个由全省统一领导的"一盘棋"策略来推动数字政府的发展。除此之外，数字政府的省级专家委员会也深度参与了数字政府的建设过程，为政府提供了在技术、高层设计和整体规划等领域的全面支持，旨在提升政府决策的科学性。

3. 智慧政务："互联网政务"模式

在最近的几年中，我国对互联网与其他领域的深度整合给予了极高的关注，"互联网+"作为这个时代的主要发展方向，预示着与电子政务的深度结合即将到来。"互联网 + 政务"不仅标志着政府治理观念和服务机制的新变革，同时也代表了电子政务未来的发展趋势。

1）电子政务的未来发展趋势将是"互联网 + 政务"的结合

（1）电子政务的高级设计将更多地依赖于互联网技术。

随着互联网技术的持续进步，社会大众对信息的需求也日益增长。在这种背景下，电子政务必须与互联网紧密结合，以满足公众日益多样化和个性化的需求。电子政务，作为"互联网+"技术的首选领域，在其高级设计阶段将更加依赖于互联网技术，并在现代智能技术的推动下，构建一个全新的电子政务系统，以便为广大社会公众提供更加精确和智能化的电子政务服务。在电子政务的未来发展中，技术创新与政府管理创新的结合将逐渐成为主导趋势。

（2）随着时间的推移，电子政务的发展方向将更加接近于互联网的需求。

在国家战略方针的引领之下，"互联网+"将为电子政务用户带来个性化的需求和服务供应等新的发展观念。其中，"以用户为中心"的核心理念意味着根据用户多样化和个性化的需求，有针对性地提供相应的服务。

在"互联网+"的背景下，电子政务要想实现个性化的发展并提升政务服务的效率与品质，就必须巧妙地采纳互联网的思维方式，将用户的需求放在首位，并为他们提供量身定制的在线政务服务。展望未来，电子政务的发展方向将更紧密地与互联网相结合，促进"互联网 + 政务"的模式迅速发展，从而大幅提升社会的信息化水平，进一步确保网络的安全性，并为公众创造一个更为积极的舆论氛围。

（3）电子政务的发展更多地依赖于互联网技术

在大数据时代的大背景下，国家战略的成功实施是离不开"互联网+"这一大环境的有力支持的，同时，电子政务作为国家的核心战略，其建设和发展也是离不开互联网支持的。我国的电子政务尽管已经取得了显著的进步，但仍然面临着信息资源短缺、信息服务功能不完备和信息安全问题等挑战，这些都给电子政务的进一步发展带来了巨大的障碍。

在"互联网 + 政务"这一发展模式的推动下，电子政务所面临的多种挑战将会得到有效的解决。政务系统的建设和应用开发也将按照计划有序进行。社会大众将有机会体验到个性化、全天候的电子信息服务，这将进一步加强政府与社会大众之间的互动和联系。

2）关于"互联网 + 政务"的发展焦点

（1）建立了一个标准化的在线政务服务体系

政府的信息化建设是一个长期且复杂的系统性工程，我国的电子政务建设经历了办公自动化、"三金工程"实施、政府上网和电子政务四个阶段。自从政府开始实施上网政策以来，我国在政务信息化建设方面已经实现了显著的突破。

当前，我国正在经历电子政务的整合和发展时期。尽管电子政务的在线办理已经变得可行，但其政务服务的标准尚未统一，在线服务的功能并不完备，办理流程也不够标准化，导致部分用户需求难以得到满足。因此，我国需要最大限度地利用"互联网 + 政务"的优势，建立一个科学、系统的在线政务服务标准化体系，优化政务办理流程，完善政务信息服务功能，最大限度地整合和共享信息资源，为社会公众提供定制化、个性化的在线政务服务。

（2）构建了一个结合线上和线下的 O2O 政务服务架构

O2O 政务服务体系，作为线上与线下融合的创新服务方式，被视为"互联网 + 政务"发展的核心策略。在 O2O 政务服务模式的推动下，公共服务的渠道得到了更为广泛的拓展，公共服务资源得到了更为优化的配置，同时社会公众的业务处理流程也得到了持续的简化。这一系列的变革，包括从被动接受信息到主动接受信息，以及从单一接收信息到统一接收信息的转变，都为电子政务的应用和服务带来了新的突破。

为了更有效地推进 O2O 政务服务体系的建设，政府各部门应从在线政务提供者与需求者之间的差异出发，针对社会的各个群体收集各种信息，并对公众的具体服务模式进行深入的管理和分析。为了满足社会大众对个性化和定制化的全天候在线政务服务的需求，我们需要将线上预约与线上服务办理紧密结合起来。

（3）推动公共数据的开放，以构建一个智能化的政府

智慧政府的构建必须建立在智慧电子政务的基础之上，同时，智慧电子政务的进一步发展也依赖于公共政务数据的完善。在"互联网＋政务"的发展策略中，大数据技术起到了关键的推动作用。为了提高政务服务的效率并促进各部门间的信息交流与共享，政府需要深入挖掘和整合大量的公共政务数据，并以构建动态的大数据标准体系为核心，推动政府职能的创新。

在构建智慧政府的过程中，应以满足社会大众的需求为核心，依托数据开放共享平台，在社会大众和数据资源之间构建一个公共数据共享的机制，以促进政府的数据信息资源向大众公开，从而实现公共数据的共享。另外，为了进一步加强"互联网＋政务"的建设，政府在医疗、教育、交通等关键领域中需要建立公共信息资源整合共享的试点项目，这样可以实时地追踪、监控和预警重大项目的执行和进展，从而真正提高公共数据的共享和应用效率。

4. 国外数字政府建设的经验与启示

现在，全球各个国家都在努力推动数字化政府的建立。2021 年，德勤研究中心公布了一份以政府数字化发展趋势为核心的研究报告。这份报告揭示了目前全球各国政府在数字化转型方面的进展存在明显的不均衡性，大部分国家正处于初级阶段，而少数国家已经进入了成熟阶段。从地域分布的角度来观察，欧洲各国在数字化转型方面始终处于领先地位。

在 2020 年的 7 月，联合国公布了一份名为《2020 联合国电子政务调查报告》的文档。这份报告揭示了在 2018—2020 年间，全球电子政务发展指数（E-Government Development Index，EGDI）从 0.55 增长到了 0.606 5。五大洲的国家在电子政务方面都取得了显著的进步。其中，欧洲的 EGDI 继续保持领先地位，稳居全球首位，其后是亚洲、美洲、大洋洲和非洲。

2021 年 12 月，日本早稻田大学公布了《第 16 届（2021 年）早稻阳学国际数字政府评估排名报告》。在此次评估中，排名前十的国家和地区分别是丹麦、新加坡、英国、美国、加拿大、爱沙尼亚、新西兰国、日本和中国台湾地区。从这一点可以明显观察到，目前西方发达国家在电子政务方面的技术水平是相对较高的。随着电子政务技术的不断进步，中国在此次调查中的排名逐渐上升到第四十九位。

一些西方国家在认识到数字化技术将在治理层面产生巨大影响之后，相应地发布了相关政策文件，以促进数字政府的建设，并持续进行升级和迭代。在 2018 年，澳大利亚公布了《政府数字化转型战略（2018—2025）》。该战略强调，澳大利亚政府应利用量子区块链和人工智能等先进技术作为推动力量，以实现全方位的数字化转型。目标是在 2025 年到来之前，成为"全球三大数字政府"之一，并作为各国在数字化转型过程中的参考模板。

在 2017 年，美国众议院正式批准了《政府技术现代化法案》。这项法案明确表示，基于过去的数字化转型经验，美国需要进一步加强联邦政府信息网络的安全防护，并设立 IT 资本的专项基金，以确保数据云化和其他 IT 现代化的升级计划得以实施。2017 年，英国政府发布了《政府转型战略（2017—2020 年）》，该战略从业务、技术、管理、数据和平台五个维度明确了英国政府在 2020 年应达成的目标，并对未来的发展方向进行了规划。

在 2014 年，新加坡宣布了《智慧国家 2025 计划（2015—2025 年）》。新加坡政府积极地运用大数据技术来支持"智慧国家"的建设，并大力推进数字技术在交通、健康、政府服务和城市生活等多个领域的广泛应用。他们还推动了相关的政策和措施，以促进数字经济的发展，构建数字化社会，并为公众提供更为及时和高质量的公共服务。

在 2019 年，韩国公布了《数字政府革新推进计划》。该计划建议政府在 2022 年前投入超过 7 200 亿韩元的资金，以促进数字政府的转型，推动身份证和各种证明文件的电子化，通过这种方式提高政府服务的效率，并通过定制化服务来优化国民的体验。

综合来看，在国际数字政府的建设过程中，新兴的数字技术和数据驱动方式受到了广泛的关注。这些技术的建设主要集中在信息化和线上化上，而现在的趋势是向"开放型政府建设、以用户为中心、业务流程重塑"的方向发展。大部分的西方国家在制定数字政府的建设规划时，都会考虑到政府的理念、文化、业务流程、组织结构、人员能力和制度标准等深层次的要求，以实现"利用技术赋能、以用户为中心、数据驱动整体治理"的转型。

随着信息技术的飞速进步和新技术的持续更新，全球正经历着数字化转型的浪潮。为了更好地满足公众的期望并提高政府的服务质量，全球主要的发达国家正在努力制定数字化政府的转型策略和计划，目标是将传统的政府体制转变为一个共享、开放且高效的现代数字政府。从全球视角出发，构建数字政府已成为全球科技进步与发展整合的关键步骤。如今，一个国家的信息化进展程度已经变成了评估其现代化程度的关键指标。从各国的视角出发，数字化转型的策略中，数字政府往往是首选。因此，我国也应当紧密跟随国际数字化的步伐，努力推进电子政务的快速进步。

11.1.3　数智赋能：政务大数据的应用场景

1. 政务大数据的分类与特性

从一个更广泛的角度来看，政务大数据是指在政府执行任务过程中生成的数据，或者是政府为了完成特定任务而收集的外部数据。从狭隘的角度来看，政府所拥有和管理的各类数据通常被统一称为政务大数据，这包括但不限于公安、交通、医疗、卫生、就业、社保、地理、文化、教育、科技、环境、金融、统计和气象等多个领域的数据。接下来，我们将对政务大数据的种类和特点进行详细的探讨。

1）政务大数据的分类

从数据种类的角度分析，政务大数据具备五种不同的数据类别。

（1）仅政府有权限收集的各类数据包括但不限于资源相关数据、税务相关数据以及财政相关数据。

（2）仅政府有权访问的各类数据包括但不限于建设相关数据、工业相关数据以及农业相关数据。

（3）由于政府的各种活动所产生的各种数据，这些数据涵盖了城市基础设施、交通基础设施、医疗机构以及教育等多个方面的数据。

（4）政府在执行其监管职责时收集的信息包括但不限于人口普查的数据和食品药品的管理数据。

（5）政府所提供的各种服务的消费和档案信息涵盖了水电、社保、医疗、交通、公共安全以及教育服务等多个领域的数据。

从数据特性的角度分析，政务大数据可被分类为四个不同的类别：自然生活作息相关数据、城市建筑相关数据、城市健康管理与监察统计数据，以及服务和民生消费相关数据。

（1）关于自然信息的数据主要涵盖了地理、资源、气象、环境以及水利等多个方面的信息。

（2）关于城市建筑的数据主要涵盖了交通基础设施、观光景点以及住宅建设的相关信息。

（3）城市健康管理的统计和监察数据主要涵盖了工商管理、税务、人口统计、各类机构、企业运营以及商品信息等多个方面的信息。

（4）关于服务和民生消费的数据主要涵盖了水、电、燃气、通信、医疗和出行等方面的信息。

2）政务大数据的特性

通常而言，大数据具备四个主要特点：数据量庞大、数据生成速度迅猛、数据种类繁多以及数据本身具有价值。政务大数据不仅具备这四大核心属性，还拥有一些独特的属性，如真实性、原始性、完整性、公正性、可持续性、可处理性和可开放性。

真实性方面，政务大数据是在获得行政许可的基础上，由各个机关和部门依法收集的，并要求被收集对象进行真实的报告。因此，政务大数据不仅是真实存在的，还具备法律约束力。

原始性方面，政务大数据是直接针对企业、家庭和个人进行收集的，这些数据都是未经修改的、值得信赖的。

完整性方面，政府各部门在数据采集方面的目标通常是非常清晰的，即为了完成特定的任务。因此，由政府部门收集的数据必须是全面的，以确保至少不会因为某种类型的数据丢失而导致工作无法进行。

公开性方面，在政府部门进行数据采集时，涉及的社会组织和个人应当主动遵守相关的义务，并如实地完成信息的填写。此外，为确保数据的安全性，未经授权的机构和个人是不被允许使用政务信息的，而获得授权的机构和个人也不应超出权限使用政务数据。

关于可持续性方面，根据实际需求，政务数据，如社保信息和医疗数据等，都可以进行定期的收集，这是一个持续不断的数据收集过程。

在可处理性方面，政府部门收集政务数据的目的是更好地执行其行政职责。这些政务数据之间存在着明确和清晰的内在联系，数据结构设计合理，便于自动化处理。

在可开放性方面，所有的政务数据都应当从民众中获取和使用，禁止任何机构或个人将其据为己有或利用以谋取个人利益。在确保国家的安全以及组织和个人利益不被侵犯的基础上，政府各部门有权公开某些政务相关的数据。若有机构或个人希望利用政务数据，他们必须向相关部门提交相应的申请。

2. 政务大数据的十大应用场景

伴随着政务大数据的迅猛增长，国内外涌现出众多的经典应用实例。然而，在我国，由于政务大数据采集技术尚未完全成熟，数据的开放性相对较低，因此难以实现跨多个领域的应用，这使得政务大数据的实际应用仍然处于初级阶段。展望未来，随着数据标准的日益规范化和开放性的不断增强，政务大数据预计将在城市规划、环境保护、交通管理以及公共安全等多个领域得到广泛应用。

1）城市规划

在城市规划这一领域，政务大数据展现出了巨大的应用潜力。城市规划是一个极其复杂的议题，涉及交通、医疗、教育、居住、公共服务等多个方面。政务大数据能够借助大量的信息资源，为城市规划提供有力的支撑，从而提升城市管理的科学性和前瞻性。

在进行新城市的规划时，政府相关部门可以通过分析地理位置和人口数据，为城市未来的人口规模和增长方向提供科学且合理的预测。我们可以依据长期的发展规划，合理地规划和设置各种不同的功能区域，这些区域包括但不限于居住区、工业区、办公区、物流园、医院、公安局、大学城、图书馆、博物馆和体育馆等。

在老城区的规划设计中，政府可以结合经济增长的速度、人口规模和人口结构的演变，有策略地对老住宅区和工业区进行拆除或升级，同时对城中村进行翻新，以进一步增强城市的功能性，优化城市环境，使城市规划更为科学和合理。

2）交通管理

将政务大数据运用于交通管理领域，有助于解决交通行业当前面临的多种问题。举例来说，交通管理部门有能力通过分析道路交通、公共交通和对外交通等多方面的数据，并结合环境、人口、土地和气象等多方面的数据，来构建一个能够对道路交通状况进行精确预测的交通大数据平台。同时，该部门还可以积极地创新其交通大数据服务模式，以便为居民提供更加智能的交通服务和对私家车实施智能管理。另外，交通管理部门有能力通过实时分析道路交通状况，对突发交通事故作出迅速的反应，提前发出交通拥堵警告，迅速制定疏散计划，从而提升应急调度的效率和速度，为交通决策提供科学的依据。

3）公众安全

将政务大数据技术应用于公共安全领域，能够显著提升自然灾害、人为事故和恐怖事件的检测效率，同时也能增强安全预防和应急处理的能力。为了更有效地运用政务大数据资源，公共安全管理部门有能力整合相关领域的大数据资源，从而构建一个以大数据为基础的公共安全管理和应用平台，这将为治安预防、反恐稳定、情报分析和案件侦查等多个方面提供坚实的支持。

除此之外，公共安全管理机构也有能力搜集其管辖区内的各种设施，如宾馆、网吧、火车、民航、道路交通监控视频以及犯罪人员的基础信息等。通过创建一个大数据资源库，该机构能加强对关键区域和重点单位的实时监控和预警，从而有效地提升对突发公共安全事件的反应速度和案件侦查效率。

4）环境保护

环境保护部门有能力通过搜集特定地区的土壤、气候、植被和水质等多方面的信息，并运用大数据技术对这些数据进行分析和处理，从而实现对该地区生态环境的实时监控，为环境规划和治理提供科学的支持和依据。例如，环境保护机构可以采用传感器技术来收集关于水质的各种数据，如水温、水中溶解氧和氨氮的含量、水的 pH 值和电导率等。将这些数据与之前的水质数据进行比对，可以预测水质可能的变动，并为未来可能出现的水质变化提供预测依据，从而为应急管理决策提供有力的支持。这个方法也可以用于监测土壤、植被和空气的变化情况。

5）农业

在追求绿色和可持续发展的大背景下，我国的农业需要顺应智能化的发展方向，持续地调整其产业布局，并积极地引进人工智能、大数据等先进技术，以促进我国农业从传统的粗放式农业生产模式向智慧化和精细化生产模式的转变。

农业管理机构有能力搜集与农业有关的各种信息，并运用大数据分析技术来处理这些信息。预测农业在未来可能的发展方向，并提前制定相应的应对策略。举例来说，农业管理机构有能力通过搜集各个地区的降雨数据、气温波动、土壤状况以及各种农作物的种植状况等信息，来对各种农产品的产量做出预测，从而为农作物的储存和农业服务政策的制定提供科学的支持和依据。

6）制造业

伴随着人工智能和大数据等先进技术的飞速进展，制造业的转型问题已逐渐成为公众关注的焦点。在制造业中，大数据的运用能够协助制造企业在关乎其生存或消亡的关键问题上做出明智的决策。举例来说，制造业企业能够通过搜集和分析生产、销售、能耗和财务等多方面的数据，运用大数据技术对这些数据进行深度处理和分析，从而实时掌握产品的生产状况、设备的运行状态和能耗情况。基于这些信息，企业可以调整其生产策略，降低生产成本，加强产品质量的监控和管理，从而提升企业的市场竞争力。

7）医疗卫生

医疗领域有能力通过整合医疗、药物、医疗设备等多种信息来构建医疗大数据平台，从而更高效地分配医疗资源，为患者带来创新的就医方式，并为他们提供便捷的就医导航服务，进一步简化整个就医过程；为患者提供健康自我检查的指导，使他们能够在家中轻松完成疾病的诊断过程；对流行病进行持续的追踪和分析，实施疫情的监控和应对措施，以提升流行病处理的效率和速度；引入人工智能到临床诊断中，为临床的诊断和治疗决策提供了有力的支撑和帮助。

另外，医疗机构有能力运用大数据技术来及时识别各地可能出现的疫情和多发性疾病，从而提前制定相应的干预措施，以提升处理效率；药物研究与开发机构有能力通过大数据技术来增强其药物研发实力，并进一步缩减药物开发的时间周期；病人能够借助大数据来挑选合适的医生，从而增强疾病诊断的准确性；卫生服务机构有能力运用大数据技术来分析患者的个体医疗记录，从而为他们提供持久的健康管理服务。

8）食品安全

食品的安全性直接影响到居民的安全和社会的稳定性，这是一个我们不能轻视的议题。在我国，食品安全监管最普遍采用的手段是抽样检测，这种方法容易导致漏检和检测结果的不准确性等问题。得益于大数据的强大支持，食品安全监管机构能够整合食品安全监管数据、食品检验监测数据、食品生产经营企业的索证索票数据以及食品安全投诉举报数据等，从而创建一个食品安全大数据平台。该平台能够及时识别食品安全问题，为食品溯源提供有力的支持，最大限度地消除食品安全管理的漏洞，为我国的食品安全提供坚实的保障。

9）终生教育

教育部门有能力整合各类教育资源来创建教育大数据服务平台，以适应全民学习和终身学习的发展方向。通过收集和分析学习者的行为数据，平台可以找到他们感兴趣的学习内容，并为他们提供有针对性的学习服务。另外，教育大数据服务平台能够推动各种教育资源的共享，从而有效地提升教育资源的使用效率，为高质量教育资源的开发和应用提供有力支持，以满足学习者在个性化学习和终身学习方面的需求。

10）电力

随着新型基础设施的迅速发展，各个地区的智能电网建设逐步成为重点，而智能电网的建设、保养和管理都离不开大数据技术的强力支撑。电力公司需要收集电厂的实时运行数据，并利用数字孪生技术来构建电厂的数字仿真模型。为了电力生产的决策制定，我们需要考虑增加电力产量、提升发电的效率、减少每单位电力的消耗以及优化电力使用标准等因素。除此之外，电力公司还能通过搜集和分析电力资产的实时数据，为电力资产的在线状态监测、电网的实时运行监控以及电网的安全调度、维护和保护等方面提供必要的支持，确保电网的稳定运行。同时，通过收集和分析家庭和行业的用电数据，可以更好地进行电力调度和负荷预测，从而提高电力需求的响应速度和效率，为投资决策提供坚实的支撑。

随着数字化城市的快速发展，政务大数据的使用领域也在持续扩大，预计在多个行业中都会展现出它的巨大潜力。

3. 基于政务大数据的精准治理模式

1）政务大数据用于科学决策

政府作为国家的行政管理实体，按照法律执行行政决策职责。在一定层面上，一个国家的兴衰和人民的福祉都直接受到政府决策正确性的影响。

为了确保政府决策的准确性，他们必须对各种事物有深入的了解，并掌握其内部的发展模式。在处理政务大数据时，辅助决策被视为最主要的功能。尽管政府部门已经养成了依赖数据来做出决策的传统，但由于受到多种客观因素的制约，这些数据主要是通过统计分析或者随机样本调查来获取的，这其中潜藏着大量的风险。

比如说，在进行抽样调查时，如果选择的样本不恰当或者样本量不够，可能会导致抽样调查结果出现偏差。如果政府根据这样的结果来做决策，很可能会导致错误的决策。此外，传统的数据分析手段主要集中在单一数据上，未能有效地整合来自不同领域的数据，因此无法从多个角度全面地揭示事物的真实面貌。

通过运用大数据进行决策，政府部门能够更深入地理解事物发展的内在逻辑，从而最大限度地减少抽样调查可能带来的隐患和风险。从一定角度看，政府各部门依赖政务大数据来做出决策，是确保决策过程既科学又准确的关键步骤。

2）政务大数据用于精细化管理

作为负责行政管理的机构，政务部门有责任执行社会管理的职责。随着社会的持续进步，政府各部门在社会管理方面需要摈弃过去的粗放式的管理方式和模糊、笼统的管理标准，转而采用更为具体和明确的量化准则，明确各项工作目标，细化各项任务的考核准则，并实施更为精细化的管理策略。

政务大数据被视为政府进行细致管理的关键手段。现阶段，政府各部门已经掌握了大量的管理数据，并开始探索如何运用大数据技术来分析这些数据，并根据这些分析结果来进行社会管理。其中，北京市东城区创建的"万米网格化管理平台"便是一个典型的应用案例。

3）政务大数据用于精准化社会服务

我国的政府管理始终坚持"从群众中来，到群众中去"和"从群众最关心、最迫切的问题着手解决关系到群众切身利益的问题，解决群众身边的不正之风问题，将改进作风的成效落实到基层，真正让群众受益，努力取得人民群众满意的实效"的管理理念。

因此，在政府的管理过程中，首要任务是明确民众最为关注和急需解决的核心问题是什么。通过利用政务大数据，政府有能力准确且高效地掌握社会、家庭和个人对公共服务的具体需求，并能根据这些需求提供有针对性的服务，从而达到精准管理的目的。

与此同时，通过利用政务大数据，政府部门能够更迅速和更精确地掌握社会动态和情况，对特定事件的未来走向进行准确的预测，并提前制定相应的应对策略。这不仅能为公众提供更精确、更全面和更个性化的服务，还能推动国家和社会的全面发展，从而显著提升人民的幸福感。在为人民提供更高品质的政务大数据服务的同时，政府部门也应鼓励社会各领域积极采纳公共大数据，提供更加专业、多样和个性化的服务，与政府的服务形成互补、竞争和共同进步的关系。

4. 政务大数据的生态构建与落地策略

1）我国大数据产业的发展现状

在过去的几年中，我国累积了大量不同类型的数据，并在大数据的应用上积累了宝贵的经验，这为政务大数据生态系统的建设提供了坚实的基础，具体体现在以下几个关键领域。

（1）信息化积累了丰富的数据资源

随着我国信息化策略的不断深化，我们的信息化程度持续上升，对于数据资源的收集、研究和应用的能力也日益增强。从一方面看，我国的政府网站建设已经取得了显著的进展。根据中国互联网络信息中心（CNNIC）发布的第 48 次《中国互联网络发展状况统计报告》，截至 2021 年 7 月，我国政府网站的运行数量达到 14 537 个。与此同时，我国的智慧城市建设也在稳步前行。截至 2020 年 4 月初，住建部已经公布了 290 个智慧城市试点。如果将科技部、工业和信息化部、国家测绘地理信息局、国家发展改革委确定的智慧城市相关试点数量进行统一计算，我国的智慧城市试点总数将达到 749 个。随着我国政府部门和各种企业积累的数据逐渐增多，我国有望成为数据种类丰富、数据规模庞大的国家之一。

（2）大数据技术创新取得了明显突破

在过去的几年中，我国的部分科技公司持续增强在大数据领域的研究与开发，推出了众多的大数据平台和数据分析工具。同时，部分信息服务公司也开始为特定的行业提供数据支持。在大数据平台的建设过程中，像阿里巴巴、腾讯、百度这样的互联网领军企业都在大力推进，他们的服务器集群规模已经超过了上万台，这确保了他们拥有强大的技术能力来维护这些超大规模的大数据平台。在智能分析这一领域，互联网科技公司已经在人工智能、语音识别、图像识别和文本挖掘等多个领域进行了全方位的布局，并在核心技术方面实现了显著的突破。除此之外，我国的互联网科技公司在开源技术方面也持续努力，并已经获得了相当不错的业绩。

（3）大数据应用推进势头良好

大数据在电子商务、广告和网络社交等多个领域的广泛应用，显著地提高了这些行业的智能化程度，并催生了一系列创新的商业模式；大数据技术在传统行业中的广泛应用，彻底改变了企业的传统生产和管理方式，为制造业向数字化和智能化方向的转型带来了正面的推动力；在电信、金融和交通等多个行业中，大数据的运用为这些领域带来了业务模式和服务方式的创新；大数据技术在市场推广领域的运用，可以精确地为用户绘制肖像，并对其进行细致的分类；在金融和保险行业中，大数据的运用具有提前识别风险、增强风险管理能力以及提升信用评价准确度等多重功能。

（4）大数据产业体系初具雏形

大规模的数据中心已经达到了集中化的发展水平，各个地区的互联网数据中心数量也在不断增加。云计算服务日益完善，云计算平台处理的数据量也在不断扩大，这为大数据提供了强大的计算和存储能力。此外，随着技术的持续进步，企业在实践中的探索也日益增多。大数据资源的建设、大数据技术的发展以及大数据应用领域都出现了许多创新的业态，逐步构建了一个以龙头企业为核心，上下游业紧密合作的产业结构。

（5）大数据产业支撑能力日益增强

得益于相关机构和企业的共同努力，大数据标准化的工作机制和标准体系已逐步建立。围绕大数据技术、工业大数据和大数据开放的国家标准制定工作也逐步被纳入日程。一系列大数据技术研发实验室、大数据产业联盟、大数据投资基金和大数据工程中心等组织和机构相继成立，与此同时，与大数据相关的法律和法规也在不断地完善和更新。

2）政务大数据生态构建与落地

现在，对政府而言，数据已经变成了最有价值、最关键的资产。为了促进政务大数据朝着健康、稳定和可持续的方向发展，政府各部门有必要积极地推动政务大数据生态系统的建设，具体的实施措施如下：

（1）要构建政务大数据的生态环境，我们需要遵循三个关键步骤：首先，结合云平台和云基础设施来建立一个完整的基础环境；其次，我们需要从一个宏观的视角来规划政务大数据的生态建设，不断地推动各种应用系统的发展，为数据的整合和实际应用打下坚实的基础，并为政务大数据的生态建设提供坚实的支撑；最后，我们需要开放政务大数据的使用，进一步扩大其应用领域，并吸引更多的企业和机构参与政务大数据生态的建设。

（2）为了构建政务大数据的生态环境，我们需要一个能够持续使用的平台运营体系作为支撑。这个体系由两大核心支柱组成，硬件是其中之一，它主要涵盖了云计算、开放服务能力平台和数据流通服务平台；服务是另一个核心支柱，它涵盖了智慧服务的体系资源、设计和运营，以及服务的整合和适配，还包括生态圈伙伴的增值推广。

（3）在构建政务大数据生态时，我们需要确定一个恰当的基点，并始终坚信数据的主导权在谁手中，谁就能在政务大数据生态的建设中占据核心地位。从市区级大数据中心的建设出发，我们可以采纳众包的策略来吸引更多的社会资源参与，从而形成具有代表性的示范应用和案例，并将这些成功的实践经验运用到省级或区域级的大数据中心的建设中。针对外界的数据，政府相关部门有可能运用网络爬虫等先进技术，以及众采众包等多种模式来进行数据的收集和整合。

（4）政务大数据的最终目标是为政府、企业和广大公众提供全面的服务。从政府视角出发，利用大数据进行的态势分析、预测和预警等功能及其应用，能够有效地增强政府的整体管理和决策制定能力；从企业视角出发，利用大数据提供的信息、情报和资讯服务能够丰富企业的信息获取渠道，同时也能减少企业在获取信息时所需的时间和路径；从大众视角出发，利用政务大数据能够为他们提供更为方便的政府和数据服务。

11.1.4　政务上云：智慧政务云平台的构建路径

1. 打破"信息孤岛"与"数据烟囱"

云计算，作为多种计算机技术结合的结果，在信息化时代取得了显著的进展，这无疑将对我们的日常生活方式和信息产业的未来发展产生深远的影响。在过去的几年中，全球各国都高度关注云计算技术的进步和产业的创新。对某些发达国家来说，云计算技术已经转变为他们提升核心国家竞争力和促进经济高品质增长的关键工具，同时也是他们特别关注和支持的战略产业。

近些年来，云计算作为促进我国新一代信息技术取得飞跃式进展的关键技术，得到了国家的高度关注和产业政策的强有力支持。早在 2010 年 10 月，国务院已经公布了《国务院关于加快培育和发展战略性新兴产业的决定》，其中明确指出云计算是战略性新兴产业的一部分。

在 2012 年 5 月，工业和信息化部再次公布了《通信业"十二五"发展规划》，其中强调了积极推进云计算服务的发展，全面规划云计算基础设施的布局，并鼓励各企业进行资源整合，以实现云计算基础设施的共享和共建。随后，为了激励云计算产业的成长和创新，国家陆续推出了多个相关政策。在政府事务管理方面，我国的云计算技术已经得到了有效的运用。

1）云计算在政务领域的应用

云计算电子政务平台是政务信息资源共享的主要平台，它代表了云计算在政务领域的核心应用，其主要功能是集中处理和共享各种信息资源。

（1）云计算电子政务平台作为政府的管理工具，依赖于云计算技术，利用信息技术对政府的管理和服务功能进行了优化、整合和重塑，旨在为广大公众提供更为简洁、高品质和透明的业务流程和服务。

（2）云计算电子政务平台主要采用政务信息资源共享平台作为其核心应用方式。利用这一共享平台，系统中存在的"信息孤岛"和重复建设等问题都可以得到有效的解决。这主要归功于云计算电子政务平台对电子政务信息资源的共同建设和共享。考虑到这一点，政府成功地实现了数据资源最大程度的共享，从而也提升了管理质量和工作效能。

2）政务应用信息资源的目标

针对政府管理的具体需求，政务应用信息资源的主要目标集中在两个关键领域：其一是构建一个高效和便捷的业务平台。依托于云计算平台，网络资源以及各类软件和硬件能够实现高效整合，从而降低建设和运营的成本，提升业务平台的处理能力和政府的运营效率。其二是构建一个简洁且统一的信息平台。

　　云计算技术能够整合各种分散的信息资源，并进行集中和系统的组织管理，从而尽可能地实现数据资源的共建和共享，为解决系统中数据不统一和资源浪费的问题提供了有效的解决方案。得益于信息技术的进步，云计算在互联网、金融、交通等多个行业都取得了显著的发展，并且在电子政务领域的应用也展现出了良好的势头。

　　在云计算电子政务平台的建设中，政府组织的建立和第三方机构的建立是两种主要的建设模式。这两种模式各自具有独特的优势，并在一定程度上取得了进展。在政府组织的支持下，云计算电子政务平台因其高度的针对性，能够构建出更为完善的系统架构；由第三方机构创建的云计算电子政务平台由于其高度的专业特性，有助于加速该平台的建设进程。

　　3）政务云建设的具体策略

　　推动政务上云的五个主要策略由政府机构负责实施：

　　（1）借助云计算的先进技术，实现了与电子医疗、远程教育以及电子政务等多个应用领域的无缝对接。

　　（2）为确保信息资源的最大化共享、为用户带来开放的服务体验并维护信息的真实性，我们必须同时考虑云计算平台的安全与开放特性。

　　（3）为了帮助政府提升其政务质量和公共服务水平，我们应该加强信息资源的整合，充分利用商业智能软件来挖掘和分析数据，从而充分挖掘数据信息的隐藏价值。

　　（4）在进行软件和硬件设备的采购时，应遵循最小化采购成本的准则，并运用灵活的采购策略，特别是优先选择那些功能简洁、云端性能出色的移动智能终端或客户端设备。

　　（5）面对资源整合和共享过程中存在的体制不完善和条块分割等问题，有必要充分发挥云计算的功能和特性，以弥补体制机制中存在的各种不足。

　　2. 云计算：驱动政务信息化建设

　　在数字化经济的背景下，我国的智能政务系统经历了新的进展，政府的管理和控制方法也经历了变革，电子政务的融合对于政务信息化的标准提出了更高的要求。

　　1）传统 PC 在政务系统建设中的弊端

　　在政务系统中应用计算机信息技术时，传统的 PC 客户端设备暴露出了许多问题。

（1）硬件购置成本高。传统的 PC 客户端设备是政府部门在处理业务时必须依赖的设备，因此，在政府的信息化建设过程中，大量的资金被投入到硬件设备的购买上。但是，当政府使用传统的 PC 客户端设备进行业务处理时，这些设备往往面临着高电量消耗、较差的安全性能和有限的使用寿命等问题，这导致了硬件的购买成本居高不下，并且政府需要投入大量的时间和资金来进行设备的维护工作。

（2）升级更新维护难。在优化和维护传统 PC 客户端设备的过程中，需要注意的是，这种优化并不是针对单一的设备，而是针对政府各个部门的所有设备进行，这无疑会消耗大量的时间和人力资源。此外，由于政府各部门的员工在计算机技术方面存在差异，许多员工在使用传统的 PC 客户端设备办公时，常常忽略了计算机系统的更新和设置问题。这些更新和设置与政务信息化建设是同步进行的，这无疑增加了设备升级和维护的复杂性。

（3）高功耗、不环保。传统的 PC 客户端设备具有较高的能耗，单一设备的平均能耗可以高达 150W/h。传统的 PC 客户端设备因其庞大的体积需要连接众多线缆，随着时间的推移容易积累灰尘，环境保护性能不佳，同时还存在噪声过高和高辐射等缺点，因此其管理过程也变得异常复杂。

（4）易引起机密数据的外泄。传统的 PC 客户端设备主要依赖网络来传输和处理信息，这使得政府的关键数据在网络中的流动面临被外部拦截的风险。此外，这些设备传输的屏幕信息缺乏加密功能，导致在信息泄漏时难以追溯其来源。再加上这些设备的高度机动性，它们容易受到外部侵入，对政府的各个部门的信息安全带来了巨大的挑战。

2）云计算：驱动政务信息化建设

近几年，政府在推动政务信息化建设的过程中，普遍面临着硬件设备重复建设、设备资源大量浪费、能源消耗巨大、硬件采购成本高昂以及系统升级和维护困难等一系列问题。考虑到政务信息化建设的紧迫需求，政府部门必须采取多种措施，集中解决这些问题，以提升政务工作的效率和管理水平。

在智慧政务建设面临的各种风险因素当中，信息安全无疑是最关键的一环。因此，对于政府部门来说，当前最紧迫的任务是运用云计算技术来大幅度增强智慧政务建设的安全保障，目标明确地整合智慧政务的各种资源，尽可能地实现智慧政务资源的共享，并搭建云计算平台以及多样化的应用场景。

智慧政务云是一个基于云计算技术，专为政府打造的，旨在增强其功能和服务的网络平台技术架构，它预计将成为电子政务向集约化方向发展的关键支柱。

智慧政务云能够在大数据技术的支持下，利用已有的基础资源，实现政府 IT 资源的高效整合和共享，从而为企业、社会和居民提供全面的信息资源管理服务。

与传统的 PC 客户端设备相比，政务云平台所使用的插座式电脑在低能耗、无 CPU、无内存、环保以及使用寿命等方面的优势，更加契合政务信息化的建设标准。政务云平台上的桌面云系统覆盖了智能政务的在线审批、电子监控和信息公开等多个应用领域，允许用户轻松地进行网页浏览和办公文件的执行等操作。该系统的构建过程非常简洁，仅需通过网络连接云服务就能顺利完成。与此同时，云端服务器负责在平台上执行所有的计算任务，构建了一种创新的智能政务管理方式。

3. 智慧政务云平台的架构设计

智慧政务云平台被视为推进政务信息化建设的关键入口，它将帮助政府构建一个创新的"云 + 端"交互式管理方式，从而促进政府治理模式的转型。智慧政务云平台包含五大核心功能模块，分别是虚拟资源池管理平台、数据与运营中心、第三方应用软件的部署与运行平台、桌面云（也称为云主机）管理平台以及备份和容灾中心，以下是详细的分析。

1）虚拟资源池管控平台

作为公共云虚拟资源池的管理和控制平台，虚拟资源池管控平台不仅可以作为智慧政务云的技术维护和管理后台，还可以作为一种解决方案和策略管理的平台。此外，虚拟资源池的管理平台拥有众多功能，它不仅负责实时追踪网络服务器集群的状况，还负责数据的存储和计算，同时也管理用户的角色和权限，对资源池的大小进行管理，并确保虚拟负载的平衡。

2）数据与运营中心

智慧政务数据与运营中心由数据调度中心、云数据中心和运营中心等多个部分组成，其各项功能在表 11.1-1 中有详细展示。

智慧政务数据与运营中心的三大组成　　　　　　　表 11.1-1

组成部分	具体功能
数据调度中心	为有效整合智慧政务云平台中的数据，实现各子云数据中心的联通，数据调度中心负责对各子云数据中心的数据接口、传输、共享规则以及接口标准进行制定和统一。此外，其工作的可视化处理主要借助智慧政务运营中心来完成
云数据中心	云数据中心是指各子云数据中心利用机器学习，致力于为政务运作中有价值信息的获取提供各种模式识别和数据挖掘技术，并且这些有价值的信息可以用于政务评估。同时，云数据中心还具有识别数据来源和扩充数据库的功能，一方面支持中心管理人员对地方整体的运行状况进行实时追踪和管理，另一方面满足各政府部门、第三方应用软件和相关机构的业务管理软件自动化挖掘、统计、存储和分析数据的体验
运营中心	作为一种可视化运营平台，智慧政务运营中心集数据挖掘与应用、政务总体和领域运营联动于一体，将云平台管理者和运营者作为服务对象，并配有 PC 客户端、移动 APP、Web 等设备

3）第三方应用软件部署和运行平台

智慧政务云平台作为一个第三方应用软件的部署和运行平台，汇集了来自政府和各个部门的所有系统软件和应用软件。它不仅作为一个支持各种软件部署和运行的载体，同时也作为一个资源环境，为各种软件提供了必要的资源支持。

4）桌面云（云主机）管理平台

桌面云（云主机）的管理平台主要聚焦于虚拟机的各种任务，包括常规的虚拟机维护、虚拟机固件的优化、对虚拟机运行状态的监控以及对虚拟机的性能进行配置和授权等。此外，在桌面云（云主机）管理平台的统一指导下，业务管理软件和第三方应用软件也得到了安装和更新。

5）备份容灾中心

备份容灾中心的运作机制主要集中在两个核心领域：首先，它对数据进行了全面的备份和容灾处理，覆盖了组织结构、规章制度、数据中心和业务流程等多个层面；其次，它根据数据中心的实际需求，对各种资源进行了高效整合，并提前进行了风险和业务影响的分析，从而制定了一套科学而全面的解决策略和项目管理措施，确保项目在整个实施过程中都能得到充分的保障。

4. 智慧政务云的系统功能

智慧政务云应用作为一个数字化和智能化的工具，促进了政府各部门、政府与企业以及居民之间的业务合作和互联互通。通过建立统一的数据规范标准，政务数据得以有效地整合和共享，从而充分释放了政务数据的潜在价值。

1）行政并联审批系统

在国内，传统的逐家逐户的行政审批方法已经不再适用，政府的审批方式已经得到了进一步的提升。在涉及两个或更多部门的行政审批过程中，已经实施了窗口受理、并行审批、统一的费用收取以及限时完成的制度，这意味着一个核心部门会引导其他相关部门共同完成审批工作。

2）行政对外服务门户网站

行政对外服务门户网站是一个由政府主导创建的，主要面向企业和居民的外部服务平台。这个平台涵盖了各种服务信息、资源信息、政府的日常工作、相关政策法规以及在线申报等多个业务领域，并在政府各部门以及政府、社会、企业和居民之间建立了一个有效的"沟通桥梁"。

3）电子监察系统

电子监察系统作为行政审批服务的监控和监督工具，通过信息服务、实时监控和绩效评估等多种方式，能够对政府各行政部门的行政审批情况进行有效的监督。这种实时的监督方式可以显著提高行政监察的效率，并增强整体工作的真实性。

4）舆情监测分析系统

舆情监测分析系统为政府部门提供了一个舆情监测和分析的核心平台。该系统主要是通过搜索关键词和目标网站来为政府部门提供真实和可靠的信息与数据。利用先进的信息技术，它能够识别和收集网络上的各种舆情数据，并进行深入的分析，从而生成完整的分析报告，为政府的科学决策提供有力支持。

5）智能办公平台

智能办公平台代表了"一站式"的智能办公解决方案，整合了工作分配、流程审核、信息处理、文件打印等多种功能。智能办公平台拥有自动提醒和自动优化的特性，它能够针对待办事项、会议通知和邮件通知等多种情况，向办公人员发送实时的提醒信息，使得事务处理更为明确和高效。后者能够根据公务员的职责和需求，自动优化系统的功能和用户界面。

5. 智慧政务云的应用场景

1）与政务应用结合

智慧政务云平台为我们带来了一种创新的管理方式，它能够基于统一的标准来整合各种政务应用系统，如智能办公、电子监察、舆情监测分析和行政并行审批等。这种创新的管理模式不仅优化了政府的职能，还增强了其服务能力，实现了业务数据的集中和共享。

2）跨部门协作

在智慧政务云的应用背景下，政府在政务信息化建设中遇到的"信息孤岛"和业务不互通的问题得到了有效的解决，跨部门的业务协调也得到了有效的实施。这主要归功于智慧政务云平台中的系统共享机制，使得各部门的信息资源能够得到充分的流通和共享。智慧政务云平台整合了桌面云系统的全部数据信息，这些数据可以在智慧政务云数据中心进行集中存储、计算和传输，从而支持政府办公人员对这些数据和信息资源进行高效的应用。

3）移动办公

通过智慧政务云平台的帮助，政府的工作人员得以实现移动办公的目标。利用基于智慧政务云平台的个人桌面云系统，政府工作人员能够创建个人账户，并通过工号和个人密码登录，实时保存所有办公操作。此外，他们还可以在不同的地点和使用不同的终端设备登录个人账户，这极大地提高了工作效率。

4）办公环境

插座式电脑因其环保的制造材料和低功耗的特点，已经替代了传统的 PC 电脑，成为政府部门的首选设备。这种变革有效地加强了政府各部门间的业务合作和互联互通，进一步优化了资源的分配，并为服务型政府带来了创新。

5）终端配置与升级

在智慧政务云平台上，云终端已经完成了配置和升级工作。在云端管理平台上，各种应用和业务都得到了同步发展。这主要体现在：在智慧政务云平台下，IT 管理变得更加科学和系统化。在配置方面，部署到各个部门的云终端对所有部门的桌面系统进行了统一的配置；在系统升级的过程中，IT 管理人员有能力利用云端管理平台来统一管理和维护桌面系统的各种应用程序，并进行远程操控，从而有效地提高了备份和维护的效率。

云计算产业，作为信息产业中的一个新兴业态，对于产业结构的调整、经济增长的稳定以及新型国家的建设都起到了至关重要的作用。政府对云计算行业的领导和推动，将会有效地整合各个主导产业、专业人才和项目，从而推动经济朝着更规模化、更集群化和更区域化的方向前进。此外，云计算技术在整合和共享各类数据资源方面，将为政府在大数据开发和应用方面提供有力支持，同时也将扩大政务应用的范围和领域，促进不同系统间的业务合作和信息共享。另外，得益于云计算产业在环境、资源和产业整合方面的优势，云计算产品有潜力成为推动经济增长的新引擎。

11.2　数字化城市

11.2.1　数字化城市的特征与内涵

在当前全球经济一体化和信息网络浪潮的影响下，城市的信息化程度已经变成了评估一个城市、一个地区乃至一个国家的竞争力和发展前景的关键指标。推动数字化城市的建设不仅是我国城市信息化进程中的一个不可避免的方向，而且也构成了我国各级政府，特别是那些担任城市管理角色的城市政府部门所面对的一项迫切和重要的任务。

数字化城市不仅涵盖了数字经济、数字社会、数字生活、数字政府、数字企业、数字社区和数字家庭等多个方面，还进一步包括了数字地籍、数字规划、数字水利、数字交通、数字电力、数字通信、数字旅游、数字生态、数字抗灾、数字商务以及数字金融等多个领域的数字化进程。数字化城市代表了信息技术和现代化的城市，它是人们梦寐以求的理想居住环境。

众多的国家和地区都视"信息化建设"为增强其市场竞争力的关键策略。随着"数字地球"和"数字城市"等创新概念的涌现，这标志着国家与城市在信息化建设上的竞赛即将步入一个更加激烈的时期。目前，大中型城市在"数字城市"建设方面的进展明显加速，许多城市已经在"数字化城市"建设上取得了显著的成果。然而，由于不同的理解视角，社会对数字化城市的看法仍然存在很大的分歧。因此，对"数字化城市"的核心议题进行深入探讨变得尤为重要。

1. 数字化城市的定义

数字化城市是一个正在发展的概念，目前还没有一个统一且权威的定义。广义上的数字化城市概念包括：通过构建宽带多媒体信息网络、地理信息系统等基础设施平台，整合城市的信息资源，实现城市经济的信息化，建立城市电子政府、电子商务企业、电子社区，并通过发展信息家电、远程教育、网上医疗，建立信息化社区。狭义上的数字化城市定义为：基于 3S（地理信息系统 GIS、全球定位系统 GPS 和遥感系统 RS）等核心技术，深度挖掘和利用空间信息资源，为城市的规划、建设和管理提供服务；致力于为政府、企业和大众提供服务；信息基础设施和信息系统致力于为人口、资源环境以及经济社会的持续发展提供服务。

2. 数字化城市产生的背景

数字化城市不仅有助于提升城市管理效能，同时也能大幅推动生产力的增长，扩大生产规模，增加市民的经济收益，提升服务水平，并有助于社会经济的持续发展。随着城市交通的数字化和网络化，我们不仅可以节省宝贵的土地资源，还能缓解因建筑密集、住房紧缺、交通堵塞、环境混乱、资源匮乏和噪声过高等因素导致的现代城市所面临的各种"城市问题"。

居住在数字化都市中的居民将利用互联网在家中进行工作，并在远程教育平台上获得持续的教育和培训机会；公司采用电子商务手段来进行其生产活动和组织的管理；数字化社区为人们创造了一个网络化和数字化的生活环境，最终实现了"数字生活"的目标。

正是基于这个原因，在 1998 年美国前副总统戈尔首次提出"数字地球"这一概念后，众多国家和地区都视数字化城市的研究和建设为"数字地球"技术体系的核心组成部分，并将其视为争夺科技和经济高地的关键策略之一。通过对 Internet 网站的持续追踪和主要专业杂志的介绍，我们可以了解到，尽管全球专门以"数字化城市"为研究主题的研究机构只有一家，即美国宇航局（NASA）的虚拟环境实验室，但数字化城市的相关技术已经开始在多个领域得到应用。在美国，大概有 50 座城市正在进行数字化城市的建设工作。其他先进的国家也纷纷启动了数字社区与数字化城市的全面建设试验。芬兰的计算机工程师林都致力于利用信息技术来展示城市和生活的新前景，并在互联网上重现赫尔辛基市的真实面貌，使其成为全球首个虚拟都市；日本已经完成了多个示范项目，包括"智能化生活小区"和"数字社区"；新加坡提出了一个数字化城市的构想，旨在为国民提供一个综合的业务数字网络和异步数字用户专线，从而将新加坡的 90% 家庭连接在一起，实现"网上生存"的梦想。在我国，过去的十多年里，深圳、北京、海口、济南和广州等多个城市以及国内知名的科研机构陆续建立了多个专业数据库和应用开发系统，为数字化城市研究提供了宝贵的经验和数据支持。

11.2.2 数字化城市的架构与功能

1. 数字化城市涵盖了技术构成、组织架构以及应用等多个方面的内容。数字化城市组织结构，也就是数字化城市工程，将通过构建宽带多媒体网络、地理信息系统等基础设施平台，整合城市的信息资源，建立电子政务、电子商务、社会保障等空间信息管理服务系统。数字化城市代表了城市信息技术的综合运用，也是目前信息技术应用最为广泛的一个领域。总结下来，它主要包括十二个方面：电子政务、电子商务、城市智能交通、市政基础设施管理、公共信息服务、远程教育、社会医疗保障、社区管理、突发事件处理、城市环境检测、智能化小区、水网调配。

2. 数字化城市的组织架构涵盖了数据的采集和更新机制。该系统涵盖了自动获取城市地表、上空和地下的自然地理数据，实时获取和更新城市基础设施数据的系统，以及监控城市人文、经济、政论等社会数据变化的系统。（1）用于数据处理和存储的系统架构。这包括了高密度和高速率的大数据存储设备，多分辨率的大数据的实时存储、压缩和处理技术，以及元数据管理技术和空间数据仓库等。（2）关于信息的抽取和分机的系统。这包括了数据的互操作性、多数据集成的智能信息提取分机、海量空间数据的智能提取和分析以及决策支持等技术。（3）涵盖了高带宽网络和智能网络的网络架构，同时也支持基于网络的分析型计算操作系统。以及基于对象的分布式网络服务，还包括分布式处理和互操作协议等多个方面。（4）一个涵盖了城市的规划设计、土地登记管理以及城市防灾交通策略等多个方面的应用框架。此外，它还涵盖了城市的网络生活模式等内容。（5）管理的整体架构。涵盖了如专业人员的管理、教育与培训、安全的维护、系统的保养、各种标准和互操作性规范以及相关的法律法规等方面。

3. 构建数字化城市的核心框架应涵盖五大领域：（1）通过促进信息技术的发展，确保政府的宏观管理策略与培育竞争策略能够和谐统一，从而形成一个公正且有序的市场环境。（2）我们需要强化政策和法规的制定，展现出强烈的管理意识，以确保持续的发展。（3）为了促进基础信息资源的高效共享，我们需要建立一个完善的地理信息系统基础数据平台。（4）构建了应急联动指挥与智能交通管理两大综合应用系统，从而促进了一系列行业信息系统的建设。（5）致力于推动教育的信息化进程，培育具备信息化能力的专业人才，以便更好地为建设学习型城市提供服务。

11.2.3 数字化城市的应用场景

1. 数字化城市建设采取的主要措施

为了更好地管理数字化城市的运营，政府应当实施以下四种策略：

（1）加大宣传力度，提高社会各界对信息化的认识，增强人们在提供和使用信息方面的能力，从而让大家更深入地了解、支持和参与数字化城市的建设。

（2）城市政府必须高度重视开展适应本城市数字化运营需求的安全体系、安全策略、安全技术和安全设备的深入研究，并积极推动各类安全产品的开发。同时，在国家信息安全测评认证中心的统一指导下，也应积极筹划建立本城市的信息安全测评中心。

（3）高度重视数字技术的教育，并努力加速数字城市的建设与管理专业人才的培养。

（4）积极地研究和制定关于数字化城市的建设和管理的相关政策和法规。

2. 数字化城市建设需完成的关键任务

构建数字化城市并不是短时间内可以达成的目标，也不是仅仅通过大规模的基础设施建设和技术成果的累积就能达成的。在中国的数字化城市建设过程中，有八个关键领域需要特别关注：（1）政府在这一建设过程中应确立明确的角色，包括强化领导力、进行全面的城市规划、强化相关立法以及增加资金投入。（2）规划数字化城市的策略方向。在制定数字化城市的策略和政策时，我们应当基于整体的国民经济信息化以及"十五"计划，尤其是在社会经济信息化的大背景下进行。（3）在构建数字化城市的过程中，政府职能的信息化是首要的要求。（4）在构建数字化城市的过程中，应当将其与企业的信息化进程紧密结合。（5）构建"数字城市"应当与城市的经济增长紧密结合。（6）在创建数字化城市的过程中，我们需要鼓励广大市民的参与，并依赖民间的支持和帮助。（7）数字化城市的建设应该建立一个新的人才吸引机制。（8）数字化城市更应被视为社区和市民的项目，而非政府的"绩效项目"。

11.2.4   数字化城市落地的关键路径

1. 数字化城市发展策略

为了推动中国数字化城市的进步，我们需要实施以下三种策略：（1）跨越式的发展策略。在知识经济有选择性地实现跨越式增长的当下，中国完全有能力摆脱依赖于顺序发展的外国模式。考虑到中国通信基础设施的相对落后，政府和企业的信息系统在互联互通方面存在明显的短板，我们应该同步努力，实现跨越式的发展，迅速缩小与发达国家之间的差距，并显著加快发展步伐。仅当我们这样做时，我们才有机会迎头赶上甚至超越发达国家。（2）采取集中发展的战略方针。中国的城市有能力集中建设如城市基础地理信息系统、城市规划管理信息系统、城市房管信息系统、城市地下管线信息系统和城建政府网站群等与城市地理信息紧密相关且迫切需要发展的领域，而不是仅仅追求全面的发展目标。在数字化城市的空间地理信息基础上，确立了局部的竞争优势，这为在全球数字化城市的竞赛中逐步获得全面的领先地位提供了关键的技术和应用支撑。（3）具有独特特色的发展战略。中国数字化城市的独特之处在于：创建一个拥有 4D 数据的城市基础地理信息共享平台，并构建一个以三维和 VR 技术为核心的城市规划、建设和管理的专业应用系统。集中力量占据数字化城市 "43VR" 技术应用的制高点，发展出具有中国特色的数字化城市 "43VR" 技术，从而开拓中国数字化城市的独特市场空间。

2. 数字化城市建设主要工作

我国的政府相关部门已经为我国的数字化城市设定了 9 个核心任务，这些任务对于数字化城市的建设起到了关键的指导作用：

（1）规划城市的信息技术发展方向。精心制定城市信息化的整体规划，进行高层次的设计，并确定资源的关键合理分配。

（2）促进信息资源的开发与应用。加大对信息资源的开发、应用和管理力度，以推动信息资源的共享。

（3）对信息网络的基础设施进行完善。我们提供了一个规模适中、结构设计合理且高速宽带的数字化和网络化的环境。

（4）促进电子商务的发展。特别强调 B2B 电子商务的发展，尤其是在行业内部进行的电子商务活动。

（5）推进公共区域的数字化进程。涵盖了人口的管理、环境的维护、科技的教育以及医疗健康的社会保障。

（6）推动政府的信息化进程。城市管理需要适应全球化和网络化的趋势，以增强政府的快速响应能力。

（7）加速公司的信息化进程。通过信息化手段，我们可以增强企业在生产、管理、经营以及决策方面的效率，从而提升企业的市场竞争力。

（8）强化对信息技术意识的人才培养工作。积极推广信息科学知识，以提升全体公民对信息化的认识和实践能力，并鼓励他们参与到信息化的实施过程中。

（9）加强对信息以及网络安全的保障。这涉及认证制度、相关的法律和法规、标准的制定以及安全体系的安全策略等多个方面的构建。

11.3　数字化社区

11.3.1　数字化社区：开启社区治理新模式

随着社会的数字化步伐持续加深，新一代的信息技术如大数据和物联网不断地为社区的进步提供动力，从而形成了与时代发展趋势相适应的智能社区。利用大数据技术，我们可以迅速地整合和处理社区数据，进而优化社区的管理和服务决策。这有助于构建一个高效的社区管理和服务体系，并推动社区向智能化方向发展。在传统的社区发展策略中，社区的各个部门很难实现有效的协同和联动，导致服务问题变得尤为突出。但从最近几年的社会发展趋势来看，随着社会经济的快速增长和人民生活水平的持续提高，国家对基层治理的关注和支持也在不断加强，传统的社区发展模式已经不能满足现代社会的发展需求。在当前的背景下，社区管理必须紧紧抓住每一个机会，积极地运用新一代的信息技术，创新社区治理的方法，并构建一个高效的社区治理新模式，这样才能与智慧社会的发展保持同步。

通常情况下，智慧社区的结构涵盖了以下几个核心部分。

（1）基础设施

智能传感器和物联互联网络构成了智慧社区发展的核心基础设施。借助物联网等先进技术，智能感知设备有能力收集社区内各种物质和环境要素的信息，并将这些分散和孤立的信息整合为一个可供分析的基础设施系统，从而为智慧社区的未来发展奠定了坚实的基础。

（2）支撑平台

所谓的支撑平台，主要指的是由上级相关部门统筹建设的综合性信息服务平台，这也是智慧社区的关键组成部分。这个平台为各个部门的数据信息处理提供了一个平台，同时也为各部门与上级部门之间的数据实时共享提供了通道。其运行所依赖的数据主要来自三个模块：政务服务平台、公共服务平台和商务服务平台。

（3）智慧应用

智慧应用不仅是智慧社区的核心组成部分，也是为社区居民提供智能服务的关键手段。它是智慧社区建设中与居民日常生活和工作紧密相连的部分，覆盖了社区管理和服务的各个方面，例如物业服务、社区医疗、社区教育和社区互动等典型应用。

（4）保障体系

保障体系旨在为智慧社区中的基础设施模块、支撑平台模块以及智慧应用模块提供必要的支持和保障。在实际操作中，我们不仅要确保智慧社区的平稳进展，还需确保其与当地的发展准则和总体标准相一致。

智慧社区的持续发展依赖于综合服务云平台的强大支持。这个平台能够利用大数据技术实时更新和整合社区运行产生的各种数据，极大地提高了基层行政部门在数据交换和共享方面的效率，为社区居民提供了更为便捷和高效的服务体验。除此之外，社区的政务服务、医疗健康服务、附近的商业区以及物业管理都是社区管理的重要组成部分。只有围绕综合服务云平台对社区管理的每一部分进行智能化的建设，我们才能有效地推动智慧社区的持续发展。

此外，利用大数据和物联网等先进技术构建的物联网平台，在智慧社区的发展中扮演了不可或缺的角色。该平台由终端层、网络层和物联网管理平台三大部分组成，形成了一个综合数据采集、传输和处理功能的闭环系统。在这个系统中，终端层负责收集社区的动态数据，并通过网络层将这些数据传输到物联网管理平台进行综合分析和处理。基于这些数据处理的结果，管理者可以对社区的智能传感器、监控系统和智能家居等进行集中管理，从而提高社区居民的安全感和舒适度。

智能移动终端设备作为推动智慧社区应用真正实现落地的关键接口，有能力承载更多、更智能的社区 APP。这些 APP 覆盖了物业服务、生活服务、社区互动等多个社区应用场景，能够实现社区发展各个领域的动态互联和实时交流，从而提升社区生活的智能化水平。

作为一种标志性的信息技术，大数据技术有潜力为智慧社区的建设带来巨大的经济利益。通过将大数据技术与其他先进技术融合，我们能够更深入地挖掘社区中各种数据的潜在价值，从而提高社区内外的智能化程度。这不仅为社区居民提供了方便、高效和智能的服务体验，还能持续推动社区管理模式的创新和升级，进一步提高智慧社区的智能化水平，为智慧社会的建设作出贡献。

11.3.2　大数据赋能数字化社区建设

随着社会的持续进步，人们对于社区服务的需求变得日益丰富，导致社区的管理和提供的服务变得越来越复杂。近年来，随着国家对基层治理的日益重视，为了更好地响应国家的号召，各个社区都应该努力改进传统的社区治理方式，打破社区信息的孤立状态，确保各部门之间的信息交流和共享，同时鼓励新一代的信息技术更好地利用信息资源。

大数据因其海量、高速、多元、有价值和真实性的特点，能够完美满足智慧社区发展的技术要求。它可以实时收集、动态整合和智能分析社区运行的大量数据，从而在社区管理和服务中充分发挥数据的巨大价值，提高社区管理和服务的效率，全面弥补传统社区管理模式的不足。

1. 基于大数据的智慧社区平台建设

大数据技术作为智慧社区平台建设的关键技术，能够通过实时收集居民的需求数据，并对这些数据进行智能分析，从而制定出最优的服务方案，为管理层提供有力的决策支持。在实践中，利用大数据技术和智慧社区平台，物业管理人员可以实时了解小区状况，并在居民遇到问题时迅速提供解决方案，从而提高物业服务的质量和效率。

2. 基于大数据的社区公共安全

社区的公共安全始终是社区管理的核心议题。为此，在社区的各个区域都安装了智能传感设备。利用大数据技术，我们不仅可以智能地感知和收集社区建筑、标准地址、常住人口和基础设施等静态数据，还可以实时捕获和采集社区事件、人员流动和车辆通行等动态数据。通过利用大量的公共安全数据，我们可以完善社区安全数据库，为社区的公共安全提供坚实的保障。

与此同时，相关的企业和机构可以利用新一代的信息技术来开发公共安全APP，并将其投入使用。人们有能力将APP下载到SC智能移动设备上，并通过APP平台上的快速通道，在任何时间和地点上报周围可能出现的安全风险或事故，从而实现对各种安全隐患的即时预警和综合处理。社区利用民众的力量进行安全保护，这不仅可以增强公众的安全意识和对社会的责任感，还能显著降低由安全事故带来的损害，实现双赢的效果。

3. 基于大数据的社区公共管理

在社区公共管理中，所涉及的数据种类繁多，包括但不限于社区资源、管理内容、网络巡查和第三方服务等。这些数据之间有着错综复杂的内部关系。利用大数据技术，我们可以高效地收集、整合这些数据，并对异常数据进行及时的检查和监控，从而优化公共管理流程。此外，将大数据与人工智能相结合，不仅可以有效地维护社区的秩序，还可以预防和减少如损坏公共物品、盗窃和高空抛物等违法犯罪行为的发生。大数据技术为社区的公共管理提供了强大的技术后盾，助推了社区管理向智能化的趋势前进，为社区居民创造了一个智能化且便利的居住环境。

随着大数据时代的兴起，社会发展的模式也获得了更多的发展机会。将大数据技术融入智慧社区的建设中，不仅可以推动社区的发展模式得到更好的优化和升级，还能为社区居民构建一个更加智能和高效的生活环境，从而提高他们的幸福感。从另一个角度看，它还可以与社会的其他发展领域实现合作与整合，实现互联互通，共同推动新时代智慧区域的进步。

11.3.3　社区管理的数智化升级

社区，作为一个基层的社会组织，始终遵循建设与管理目标相一致的原则，始终将居民的需求放在首位，努力为他们创造一个安全、舒适、高效便捷的生活环境。社区为居民提供了包括家庭健康、教育、文化娱乐和现代政务在内的多种服务，旨在提高居民的生活水平，并全方位地推动社区的进步。

利用大数据技术构建的智慧社区正好能够满足现代社区的发展需求。大数据技术为社区的管理和服务提供了强大的支持，全方位地塑造了新时代的智慧社区，并推动社区管理走向数字化、智能化和互联化的趋势。智慧社区管理通常包括社区文化管理、政府职能的智慧化管理、社区医疗和社会保障管理、社区安全管理等几个方面。

1. 社区文化管理

文化不仅是社区、城市和国家发展中不可或缺的财富，也是国家软实力的标志。

它通过影响人类的社会活动，进一步塑造国家的发展方向和进程。社区文化可以被视为社区发展的核心指导思想，其卓越的表现能显著增强城市的竞争力。因此，在智慧社区的建设过程中，社区文化建设应被优先考虑。

智慧社区的文化发展应聚焦于学习、娱乐、科技以及生态文化的各个方面。更具体地说，智慧社区的建设应以智慧社区平台为基础，进行文化传承和学习活动，使居民能够实时掌握与自然、宇宙状况、科技进步和国家政策等从人文地理到社会形态的各种文化知识。这不仅能激发居民的好奇心和探索精神，还能提高他们的文化修养。同时，还需要充分运用信息技术手段，以构建一个结合老少、大小、教育与娱乐、远近、雅俗、虚实以及内外因素的智慧社区文化。

2. 政府职能的智慧化管理

智慧社区建设的核心目标是向社区居民提供高质量的服务，以促进社区的持续发展，并进一步推动智慧城市的建设与壮大。在智慧社区的建设过程中，如街道社区这样的基层政府机构可以利用智慧社区平台来执行政府的职责，并进行一系列的区域政务活动。同时，通过这个平台，他们还可以充分发挥群众的作用，激励社区居民更加积极地参与智慧社区的建设，这不仅可以增强社区居民的社会责任感，还可以促进社区的灵活建设和多样化发展。

政府的职责涵盖了政治、经济、文化、公共服务以及生态这五个主要方面。在构建智慧社区的过程中，社区需要充分利用大数据和物联网等先进技术，以实现政府职能的智能化转型和赋能。这不仅能推动社区政务工作的高效实施，还能促进社区的全面和均衡发展，并为居民提供更加个性化的社区服务体验。

3. 社区医疗和社会保障管理

通过利用大数据技术来构建智慧社区的医疗保障平台，我们探索了线上与线下相融合的医疗服务方式，旨在为社区居民提供全方位的"一站式"医疗服务体验。智慧社区的医疗管理建设需要与社区医院的信息门户平台紧密结合。利用医院信息系统（Hospital Information System，HIS）、实验室信息管理系统（Laboratory Information Management System，LIMS）等工具，我们可以进一步完善智慧社区的医疗保障体系，并充分利用大数据技术，确保医务工作者与社区居民之间的信息能够无缝连接。

更具体地说，社区医疗和社会保障机构需要借助物联网等先进技术，来构建和优化档案信息管理系统、日常健康检查系统以及远程医疗服务系统。通过与智慧社区的医疗保障系统相结合，可以不断提高医疗服务的智能化水平，从而为居民提供更加及时和便捷的医疗服务。社会保障不仅是社会进步的关键部分，还需要利用大数据、物联网、云计算等先进技术来不断优化智慧社区的社会保障机制，确保为社区居民提供全面的生活保障，从而全方位地提高他们的生活品质和生活水平。

4. 社区安全管理

在智慧社区的建设中，社区安全被视为核心议题，这要求我们充分利用大数据资源，利用网络和人工智能等先进技术，致力于构建和优化智慧社区的安全平台，以增强社区的安全管理能力。在此过程中，社区的管理团队需要在社区的各个区域部署智能传感设备，利用先进的信息技术来实时监控社区的环境、人员流动和车辆流动，提前预警潜在的安全隐患。通过智能应急系统，他们可以迅速并高效地处理可能发生的安全事故。此外，他们还需要将智慧社区的安全管理平台与各种移动设备连接起来，为社区居民提供安全事故的应急处理建议。结合线下的安全演练，他们可以提高居民的安全意识，确保居民的安全得到真正的保障。

11.3.4　大数据时代的数字化社区管理

智慧社区的建设与民众的日常生活息息相关，而民众的福祉是国家高度关注的议题，因此，在大数据技术的助力下，智慧社区的发展面临着前所未有的机会。大数据、物联网和云计算等先进技术在智慧社区的建设中的应用，可以显著提高社区管理的科学性，并为社区居民提供更为智能、细致、个性化和多样化的服务，满足他们的实际需求。在过去的几年里，尽管智慧社区的建设仍在探索中，但得益于大数据和其他新一代信息技术的飞速进步，智慧社区的建设已经取得了显著的成果。社区的管理哲学和治理方法也在不断地创新，我们坚信，在不远的未来，智慧社区的建设将会实现巨大的飞跃。

智慧社区不仅是社区发展的新方向，也是推动智慧城市向前发展的关键因素。在大数据的推动下，智慧社区管理需要创新地实现线上和线下的同步管理，充分发挥大数据的潜在优势，以提高智慧社区管理的有效性，并通过智慧社区管理来加速智慧城市的快速发展。

在当前阶段，智慧城市的建设已逐渐成为城市进步的新趋势。智慧社区不仅是智慧城市发展的组成部分，更是其发展的微观反映。它能够展示智慧城市中的基层管理方式、能力和策略，并持续地引导基层管理模式的创新，助力基层社区朝向智慧化的方向前进。这对于构建智慧城市和进一步发展智慧社会具有深远的影响。

智慧社区管理的核心理念是推动大数据技术与社区管理服务的深度整合，从而形成一个更为智能、互联和物联化的社区服务模式，例如智慧物业、智慧家居、智慧养老、智慧医疗和智慧教育等。在"5G + 大数据"的推动下，智慧社区建设作为一种创新的社会管理方式正在持续深化，并为居民的日常生活带来持续的滋养。展望未来，智慧社区的管理模式将在全国各地广泛推广，并持续地进行优化和创新，朝着更高效率和更智能化的方向稳步前进。

智慧社区建设的核心宗旨是为社区居民提供更上乘的服务，并始终遵循"人本主义"的理念。智慧社区的建设是 5G 时代的产物，而 5G 时代刚刚到来，因此，我国的智慧社区建设仍然处于探索阶段，要真正建立智慧社区和智慧城市，还需要社会各界的共同努力。

1. 重视和加强信息安全管理

在大数据的背景下，个人的数据信息成为关键的生产组成部分，信息的分享和传递变得日益频密，因此，在大数据的背景下，信息的安全管理变得尤为关键。智慧社区所包含的各种信息涵盖了居民的基础档案、实用数据、计算机的硬软件存储、在线平台以及各种服务等多个方面。在当前阶段，由于网络技术的快速发展和黑客攻击手段的日益多样化，居民的信息安全面临着多重威胁。因此，建立一个有效的信息安全管理系统变得迫在眉睫。因此，智慧社区需要最大限度地利用新一代信息技术的优势，建立信息安全管理体系，开发移动端信息保障 APP，并利用 5G 技术实现两者之间的连接，同时在信息传输和共享过程中进行加密处理，全面保障居民的信息安全。

2. 变革智慧社区管理理念

在传统的社区管理模式中，人们更倾向于关注日常的社区活动，而这些活动大部分是由社区管理部门来负责的。然而，在这个新的时代背景下，居民的需求变得更加多样和个性化，传统的社区管理方式已不再适用。因此，运用新一代的信息技术来推动社区管理观念和模式的智能化改革已经成为一种不可避免的趋势。因此，社区需要借助大数据等先进技术来构建一个智能化的社区管理平台。在这个平台上，社区可以引入各种智能和有趣的管理方式，鼓励居民积极参与社区的管理活动，汇聚各方的智慧和力量，以推动社会管理朝着多样化、个性化和智能化的方向前进。此外，当公众参与到社区管理中，他们可以实时地了解居民日益变化的需求，这使得社区管理更加符合居民的日常生活，从而提高了社区管理和服务的效率。

3. 多元参与社区管理

一般而言，政府的运营平台通常只吸引了较少的受众，并且其中大多数是政府的工作人员，这导致它们不能充分地展现其功能，也不能为公众提供真正有价值的服务。在大数据的背景下，利用先进的技术手段建立智能社区平台，并引入多种商业策略，不仅可以吸引真正有需求的公众，还能增强政府平台的活跃度，确保真正为民众提供服务。除此之外，智慧社区平台还能创造更多的机会，吸引企业和其他社会各界的主体参与智慧社区的建设，鼓励各种社区商圈升级改造，打造成集智慧物业、智慧家居、智慧养老、智慧社区教育、智慧社区医疗功能于一体的多元主体参与的新型智慧社区，从而使社区服务体验实现跨越式的升级。

4. 运用智慧化管理方法推动社区自治

社区管理需要充分利用智能技术所带来的优势，持续开发新的社区管理应用和渠道，建立社区居民的互动交流平台，广泛收集居民的需求，允许居民表达自己的观点和建议，从而推进社区自治。现阶段，社区中的各种网站、社区助理、微信群等都已成为社区自治的核心途径。居民可以利用这些平台来实时了解自己的需求，并及时给出建议，这不仅有助于增强社区的相互支持和邻里关系，还能提高社区治理的效率。除此之外，社区管理还利用智慧社区治理平台来塑造社区的云端文化，并在特定的节日里通过有奖的互动方式广泛收集居民的创意作品，以增强居民的参与感和自豪感。

在这个信息化的时代背景下，由大数据推动的智慧社区管理方式已逐渐成为社区管理的发展方向，并与智慧城市的建设趋势保持一致。现阶段，我国正积极推进智慧社区的建设与管理工作，并已获得了显著的成果。然而，由于我国在社区管理方面的传统观念仍然根深蒂固，这导致在智慧社区的建设过程中出现了一系列问题，包括城乡便民信息服务的不平衡、智能设备在软硬件服务功能上的不足，以及社区公共管理服务信息化手段的操作困难和信息安全系统的不完善等。常言道，万事开头难。我国的智慧社区建设目前正处于初级阶段，虽然出现的问题是不可避免的，但这些问题也为智慧社区的建设提供了宝贵的经验，有助于形成一套具有独特特色的智慧社区管理模式。

智能制造与智能建造

智能制造与智能建造是两个密切相关的概念，它们在现代工业和建筑领域都发挥着关键作用。

（1）数字化设计和制造

智能制造和智能建造都依赖于数字化设计和制造流程。数字化设计使用建筑信息模型（BIM）或者制造过程中的数字孪生技术，有助于提高设计和生产的精度，减少错误和浪费。

（2）自动化生产流程

智能制造和智能建造都倚赖自动化技术，以提高生产效率和降低成本。在智能制造中，自动化生产线、机器人和物联网设备可以实现智能化的制造过程；同样，在智能建造中，自动化技术可应用于建筑构件的制造、建筑材料的运输等方面，从而提高建造速度和质量。

（3）先进材料和制造技术

智能制造和智能建造都涉及采用先进材料和制造技术。例如，3D打印技术、先进的建筑材料和结构设计在智能建造中得到广泛应用，而智能制造中的新材料和生产工艺也可能用于建筑行业。

（4）数据驱动的决策

智能制造和智能建造都依赖于大数据和实时数据分析，以做出更加智能的决策。在智能制造中，数据分析可用于优化生产计划、预测设备故障等。而在智能建造中，通过分析建筑施工过程的数据，可以实现施工进度的优化、资源的合理利用等。

（5）物联网在制造和建造中的应用

物联网技术在智能制造和智能建造中都扮演着关键角色。在制造中，物联网设备可以连接整个生产线，实现设备之间的协同工作；在建造中，物联网设备可以监测建筑工地的实时状态，提高施工过程的可视化和智能化。

（6）定制化和灵活性

智能制造和智能建造都倡导定制化和灵活性。在制造中，通过数字化技术，生产可以更容易地根据客户需求进行定制；在建造中，数字化设计和制造技术使得建筑可以更好地满足特定项目的要求，提高建筑的适应性和灵活性。

综合而言，智能制造和智能建造相互渗透，相辅相成。它们共同推动着工业和建筑行业的数字化转型，为高效、可持续和创新性的生产和建设提供了新的可能性。

12.1   智能制造：工业物联网平台实践

12.1.1   抢占未来制造业竞争制高

工业互联网平台代表了互联网科技进步的必然产物，它是推动现代产业结构的建设、促进经济的高品质增长、并在新的产业革命中抢占先机的关键策略。

1. 工业互联网平台构成了构建现代产业结构的关键支柱

工业互联网平台融合了众多创新技术，如物联网、智能传感、工业技术、云计算和大数据等，这些技术为构建现代化的产业体系提供了新的业态、基础和要素，进一步推动了产业向高端化、绿色化、生态化和智能化的方向发展。更具体地说，新业态的核心目标是减少传统产业结构的不一致性，以实现网络化协作、个性化定制和服务导向的新业态的具体实现。新的基石在于建立现代化的产业体系基础设备，其中主要的设备和内容涵盖了智能感知网络和云计算平台等。新的要素是基于数据构建的，它将数据转化为新的生产要素，用于工业知识的沉淀、传递和工业软件的应用，从而重塑其价值，并构建一个全新的体系。

企业在打造新的业态、基础和要素时，应积极推动现代产业体系朝着服务增值、软件定义、数据驱动、智能主导和万物互联的方向发展。

2. 构建制造业和网络强国的核心在于工业互联网平台

工业互联网平台位于制造和互联网之间的核心位置，它不仅是连接制造大国和网络强国的重要纽带，还是两者共同发展的关键驱动力。站在制造业强国的角度，工业互联网平台有能力打破设备、系统、工厂区域和地理位置的束缚，迅速地重塑生产结构，推动并引导组织的变革，优化资源的分配，从而构建一个创新的制造体系。

站在网络强国的角度，工业互联网平台为信息通信行业的进步和发展开辟了新的途径。它推动了 5G、时间敏感网络（Time Sensitive Networking，TSN）和窄带物联网（Narrow Band Internet of Things，NB-IoT）等关键网络技术的进一步升级和发展，使我国的信息网络基础设施技术产业及其应用达到了前所未有的高度。

3. 为了实现我国经济的高品质增长，工业互联网平台成为关键的策略

现阶段，我国的经济目标已从追求高速增长转向追求高品质的增长，这种显著的转变为我国的经济构架、发展策略和增长驱动力带来了新的挑战。互联网平台的建设初衷是为了创建一个精确、实时和高效的数据采集和互联系统，以便为企业提供准确的判断和科学的决策支持。这将降低传统产业制造体系中生产环节与要素之间的耦合度，并实现生产全过程、全要素和全生命周期资部的整合、重构和优化升级。

通过对制造资源进行整合和升级，我们可以将各种资源从单一机器转变为系统，从封闭模式转向开放模式，从流程的优化转向组织的变革，并从单一点扩展到线上，从线到面，确保系统的持续发展。为了真正提升全要素的生产效率，我们需要促进经济发展在质量、效率和驱动力上的变革。

4. 在全球新一轮的产业竞赛中，工业互联网平台被视为关键的竞争高地

在过去 40 多年的时间里，以产业生态为核心的信息与通信技术（Information and Communication Technology，ICT）领域的竞争日益激烈。从 20 世纪 80 年代 Wintel 联盟开始，一直到 Android、iOS，再到电子商务、搜索引擎和社交平台，全球 ICT 产业的发展始终受到一系列领先企业的影响和操控。现阶段，随着新一代信息通信技术在制造业中的广泛应用，产业生态竞争的焦点已从 ICT 领域逐步转移到制造业领域。

代表性的企业，如通用和西门子，基于"智能机器 + 云平台 + 工业 APP"的功能框架，整合了"平台提供商 + 应用开发者 + 用户"的生态资源。他们在工业大数据入口方面取得了主导地位，培养了大量的开发者，提高了用户的黏性。以工业互联网平台为基础，他们构建了制造业生态，不断巩固制造业的垄断地位，从而在全球新一轮的产业竞争中占据了制高点。

12.1.2　加快推动工业设备

信息通信技术的普及和推广是依赖于相关的杀手级应用程序的引导、领导和带动作用，这些应用程序有效地推动了新兴技术、应用、产业和商业模式的发展，从而使信息通信技术在商业领域得到了广泛的应用。从宏观角度观察，工业互联网平台的进展仍然是初级的，持续进化的新应用和新模式都与实际应用场景的相关需求紧密相连。在当前的背景下，各相关企业需要根据实际情况和需求来确定工业发展的"需求"。他们需要培养和开发具有竞争优势的应用程序，以抢占工业互联网平台在技术、功能和商业模式方面的发展高地，并实时识别工业互联网平台所面临的实际问题和真实需求场景。

在 2017 年 11 月，国务院发布的一份名为《关于深化"互联网 + 先进制造业"发展工业互联网的指导意见》的文件强烈建议中小企业将其业务系统迁移到云端，以实现百万家企业的上云服务。在这一进程中，出现了一系列引领工业互联网平台发展的前沿应用，这些应用主要是高价值、高能耗、高通用性和高风险的工业设备，

为工业互联网平台的建设提供了新的突破点。

1. 选择工业设备的上云平台作为建设的关键突破点

工业设备的上云为工业互联网平台提供了坚实的基础，它是基于相关工业设备构建的数据信息收集系统。这一体系依赖于云计算技术，构建了一个集数据汇总、分析和服务于一身的综合平台，用于实时监控、预测、预警以及优化相关工业设备的运行状态。

在工业设备上进行云计算是非常必要的。从目前的情况分析，我国的工业体系中有许多设备面临着资源过度消耗、较低的安全风险和低效利用等挑战。随着工业互联网平台的诞生和深度整合，这些问题将得到实质性的改进，促进产业的转型和升级，并为工业制造中遇到的难题提供创新的解决策略和方法。

在工业设备中，使用云技术是完全可行的。从技术的角度分析，传感器因其低成本和微型化的特点，在建立工业设备的实时、系统化和全面的数据信息收集系统中起到了关键的基础作用；通过云计算、大数据和人工智能等多种技术的相互整合和合作，可以为工业知识、经验和方法的积累、传播和复用提供强有力的支持。从实际应用的角度来看，基于工业互联网平台的相关解决方案，通用公司利用 Predix 平台来优化风机机组的运行状况，从而使风力发电量增加了 3%～5%；同时，西门子公司也依赖 MindSphere 平台，成功地将燃气轮机非计划内的故障率降低了 70%；东方国信利用 Cloudiip 平台作为基础，成功地将锅炉的使用率提升了 30%；国家电网也在工业互联网平台的支持下，将某些地区的新能源发电量增加了 1%～4%。

在工业设备中，云计算显示出强大的驱动能力。观察当前的实际情况，我们可以看到工业设备上云市场的需求巨大，技术含量也相当高，而且有众多的参与者。这不仅有助于降低企业的生产和运营成本，还能为设备管理、平台运营和第三方服务等多个参与方带来显著的商业利益。详细分析，将云技术应用于工业设备具有三个主要优势。

（1）我们致力于完善相关设备的数据信息收集、汇集和分析服务体系，以更有效地沉淀和积累工业知识和方法，进一步推动大型专业 APP 的开发和应用，从而提高其技术的成熟程度。

（2）通过在线发布和交易来提升制造能力，并在工业互联网平台的基础上发展新的商业模式和业态，以提高商业模式的成熟程度。

（3）为了促进数据的收集、整合和汇集，我们对相关平台的功能进行了优化和完善，并专门针对两种模型进行了深入的研究和开发。此外，我们还致力于培养具有高度竞争力的工业 APP，并努力构建一个集开源社区于一体的全方位、多领域的生态环境，以提高产业生态的成熟程度。

2. 研究和开发工业设备上的云计算思路和路径

对于工业设备的上云，这是一个长远的追求和责任。在深入实施的过程中，我们必须对具体的问题进行详细的分析，并以实际的需求作为相关工作的起点和终点。我们应该优先考虑那些满足条件并有上云需求的有潜力的设备，并加强对大型通用工业设备的研究。通过利用公有云、私有云和混合云等多种技术，我们可以实现多个设备之间的广泛连接，集中和共享大量的数据和信息，优化资源配置，推动生产、经营和商业模式的创新，从而构建一个经济、节能和高效的新型制造业生态系统。

从实际应用的角度来看，目前符合条件并具有上云需求的潜在型设备可以被分类为四个不同的类型。

（1）高能耗设备：在炼铁产业和其他工业领域，高炉和锅炉等设备是不可或缺的。

（2）通用的动力设备：大型发电机、汽油发动机、柴油发电机等。

（3）新能源相关设备：风能发电、光伏发电等。

（4）具有高价值的设备：数控机床和工程机械等。

我们应当优先考虑将上述设备引入云计算，这样可以在工业互联网平台的支持下，提高相关设备的能源使用效率，增强其对风险的预防能力，降低设备意外故障以及相关的维护和服务成本，从而显著提高发电和并网的效率。在这批设备成功上云后，企业需要重新定位工业设备上云的焦点，并深入探讨如何以这些关键设备的上云为起点，持续地推动和影响百万工业企业的上云进程。

3. 工业设备上云必须突破四大"瓶颈"

尽管我国的工业设备上云拥有明确而实用的规划、路径和完善、高质量的商业模式，带来了显著的经济回报和巨大的未来发展空间，但我们必须面对一个事实：要完全实现工业设备上云仍需付出巨大努力。许多企业在推进这一进程时，都面临着种种挑战，如过于谨慎、缺乏明确的方向、缺乏足够的勇气和实力等。为了加速这一进程，企业必须迅速突破设备上云的四大难题。

（1）数据难以采集汇聚

自 21 世纪初，我国的工业取得了飞速的进展，工业设备的种类和数量都有了显著的增长。由于各种复杂的协议，给工业设备进入云端带来了巨大的挑战，这使得工业设备的数字化改造变得困难且成本上升，协议的兼容性也相对较差，同时云端的数据汇聚效率也未能满足预期的标准。

（2）机理模型的沉淀不足

我国工业互联网平台与国际工业互联网平台之间的发展差距主要是由于相关的工业软件、APP 和微服务组件在数量和质量上的不足。但更深层次的原因是，工业技术和知识经验的积累不足，相关的工业原理、工艺流程和建模方法的积累也不够，导致算法库、模型库和知识库等行业机理模型的严重缺失。

（3）高端服务水平低

由于数据采集和汇聚的困难、机理模型的不足沉淀、开源社区和大量工业 APP 开发团队的短缺，以及以平台开发为基础的工业 APP 功能种类有限、可用数量有限等问题，这些都对百万企业实现上云目标造成了一定的阻碍，无法满足上云的需求，也缺乏成熟的商业模式。

（4）数据安全风险大

工业设备的上云技术在客观上促成了工业设备运营体系从封闭模式向开放模式的转变，这一转变对工业设备数据的存储方式、管理模式和运营机制都带来了显著的改变。然而，这种开放和变革背后也潜藏着相当大的安全风险和隐患。

12.1.3　完善工业 APP 生态格局

构建和推广工业互联网平台绝非易事，它更像是一个复杂的、系统化的工程项目。因此，在工业互联网平台的建设过程中，必须坚守平台项目的长期发展和使用的双重驱动策略。我们需要积极推动"生态建设"和"弥补短板"的策略，持续推进工业互联网平台的建设，创建更高质量的工业 APP 资源库，为平台试验和测试创造更好的环境，真正完善公共服务的保障体系，并共同努力打造一个资源丰富、开放共享、创新活跃且高效协作的工业互联网新生态。

1. 构建两种类型的工业互联网平台

工业互联网平台在本质上起到了连接上下的作用。一方面，它依赖于工业技术的软件化支持，并以工业 APP 的方式为用户提供相关服务；另一方面，通过接入、管理和控制各种软件和硬件资源，利用自己积累的知识为工业模型的建设提供了强大的支持。在工业互联网平台的建设过程中，"企业主导、市场选择、分类施策动态优化"应始终是一个核心的规范和原则。我们需要深入分析不同行业和地区之间的差异，并对相关的机制和政策体系进行优化和完善，以构建一个多层次、系统化的平台发展体系。

2. 构建三种不同类型的工业 APP

在构建工业互联网平台的过程中，工业 APP 起到了至关重要的作用。因此，企业应当高度重视基础共性工业 APP、行业通用工业 APP 以及企业专用工业 APP 这三种不同类型的工业 APP 的建设。在这之中，基础共性工业 APP 被视为工业通用技术和知识的新型平台，特别强调其公共利益的重要性；行业通用工业 APP 为垂直细分领域提供了数字化的解决策略，特别强调了系统的重要性；专门为企业设计的工业 APP 充分展示了相关企业的强项和核心竞争优势，特别强调了个性化定制的优势。

（1）基础共性工业 APP

围绕基础领域（如产业技术、元器件、原理、工艺和材料），我们致力于推动基础共性工业 APP 和微服务组件的研发、交易和应用，旨在不断提升它们的工作效率和品质。为了提升和优化整个行业的基础共性算法、模型和服务供应能力，企业需要制定基础共性工业 APP 的需求目录。

（2）行业通用工业 APP

考虑到流程行业（例如医药、石化、电力等）和离散行业（如机械制造、电子电器、航空制造等）的共同需求，我们以工业互联网平台为基础，创建了设计制造协同、生产管理优化、设备健康管理、制造能力交易等行业通用的工业 APP 和微服务资源池，以不断提升行业技术、工艺、经验等共性知识的供应能力。

（3）企业专用工业 APP

我们致力于满足特定行业、环境和特定应用的需求，推动工业互联网平台与第三方开发者及用户企业的紧密合作，并根据实际需求开发一系列专门为企业解决特定问题的工业应用程序。

3. 进行四种类型的试验性测试

工业互联网平台的试验测试可以系统性地优化平台的性能，这不仅提高了其兼容性和适配度，还扩大了其应用范围。这个试验测试不仅是技术行业中成熟的催化剂，同时也是构建协同创新生态系统的关键路径。为了实现这一目标，各个行业都在积极推进和实施工业互联网的创新项目，遵循"以测促建、以测促用"的原则，持续地进行优化和确认，从而构建了一系列可以广泛应用的解决方案和平台，进一步推动了平台的规模化使用。更具体地说，工业互联网平台的试验性测试分为四个不同的类别。

（1）跨行业、跨领域的平台试验测试

在试验测试中，主要关注了平台的性能完整性、匹配度、兼容性、安全性、可靠性、动态重构能力，以及平台之间的数据迁移和可调用服务等关键领域，以进一步推动平台的大规模应用和推广。

（2）面向特定行业的平台试验测试

针对电力、汽车、钢铁和石化等多个行业，我们对相关平台的行业解决方案、核心能力和供应链协同服务进行了试验性的测试，以持续推动工业知识的积累和复用。

（3）面向特定区域的平台试验测试

本研究以产业集聚区相关企业的业务系统整体云计算、关键设备的大规模接入、区域间的协同共享以及区域通用应用开发等共性问题为出发点，进行了以平台为基础的多种不同类型设备的集成接入、软件工具的共享，以及业务在线协同等的试验测试，以加快工业互联网平台在特定区域的应用实施。

（4）面向特定工业场景的平台试验测试

针对特定的工业环境，我们对相关设备进行了预测性维护、能源优化、智能排产和检测等操作，支持 AI、区块链、TSN 等前沿技术的实施和应用，进行了单一工业场景的试验测试，以促进基于平台的小程序、模块化工业 APP 和高质量解决方案的形成。

4. 完善三大支撑服务体系

工业互联网平台所依赖的三大核心服务体系涵盖了：

（1）建立健全标准体系

为了实现工业互联网平台的标准化，我们进行了相关国家标准、行业标准以及团体标准的研究和制定，并发布了平台标准体系建设的指导方针，以促进标准体系的构建和完善。

（2）建立检测分析体系

我们对工业互联网平台的信息进行了深入的监控和分析，并建立了完善的报送指南和检测指标体系。以协会联盟为领导，我们定期进行平台各个细分领域的功能绩效评估，推动工业 APP、平台用户画像和行业应用数字地图的进一步发展。

（3）建立新型服务体系

对于制造业的整个产业链，从研发、采购到生产、物流和运营服务，都需要进行持续的优化和升级。同时，也要不断地推进工业互联网平台线上企业的资质、产品质量和服务能力的建设，以全面促进新型服务体系的建设和实施。

12.1.4　5G 工业互联网的挑战与对策

1. 工业互联网面临的 5G 商用带来的诸多挑战

（1）商业的盈利策略并不明确

5G 网络技术应根据各种不同场景提供特定的网络带宽和维护服务，以满足各种应用需求和个性化的服务流程。此外，5G 网络的运营成本相对较高，这导致 5G 在工业互联网中的计费和商业模式发生了变化，短时间内没有一个清晰的 5G 商业模式。

（2）存在用户隐私被泄漏的风险

首先，5G 网络技术的进步促进了虚拟化技术的发展和应用。尽管用户现在可以享受到前所未有的资源共享服务，但由于虚拟化技术在网络边界上的模糊性，与传统的硬件设施相比，它存在明显的不足，这使得用户的隐私无法得到充分的保护，为那些试图窃取信息的人提供了机会。再者，相较于 3G 和 4G，5G 已经超越了单一接入技术的局限，它更像是一种万物相互连接的无线接入方式，结合了现有的技术进行整合。正是基于这个原因，用户一旦在这个平台的某点上传了信息，整个系统就能轻松地获取到这些信息。最终，通过 5G 垂直行业的应用，发现网络的每一个环节都存在泄漏用户的身份、健康和购物信息的风险，从而导致了个人资料的外泄。

2. 优化 5G 的商业应用推动工业互联网的发展建议

（1）积极寻求创新的商业模式

在 5G 网络的背景下，工业互联网公司需要与运营商紧密合作，深化双方的合作关系，共同探索创新的商业策略。基于各种定制服务和不同的应用场景，构建一个多维度的计费模式，旨在推动工业互联网的进步并吸引更多的 5G 运营商参与。现阶段，5G 网络服务的成本相对较高，因此企业应当重视 5G 网络资源的共享，减少网络基础设施的重复建设，持续提升网络资源的使用效率，并集中资源确保 5G 网络的高效进展。

（2）增强对用户隐私的保护

从网络技术的角度看，企业需要根据 5G 网络的各种应用场景来设计专门的数据信息保护模型。他们应该采用各种个性化的方法来保护各种信息，并根据实际情况来解决用户隐私保护的问题。此外，企业还应充分利用与密钥用户许可和访问控制相关的功能，确保网络各环节之间的信息传输和处理不会导致信息泄漏或受到恶意攻击。

在工业互联网的发展过程中，政府在服务和监督方面应发挥最大的作用，适当地参与部分工业互联网的管理，规范相关企业在获取、传输和处理用户信息方面的行为，以确保用户利益得到真正的保障。尽管社会监督通常由公民和各种组织来负责，但在实际操作中，社会监督往往缺乏足够的专业性，导致监督成果并不尽如人意。鉴于当前的状况，行业迫切需要建立具有深厚专业知识背景的机构，例如计算机行业协会，以增强对社会的监管。

12.1.5　工业物联网平台实践路径与案例

工业物联网平台不仅是推动制造业向数字化、智能化和网络化方向发展的核心工具，而且是基于大量数据的汇集、收集和分析而构建的网络服务体系。该平台能够根据各种不同的需求，智能而高效地连接和调度生产资源，从而实现工业技术和设备使用的全面革新。工业物联网平台不只是完成了生产的控制功能，它还为物联网的大数据提供了服务，并能基于其基础架构进行高效的数据分析和智能化的运维管理。这样做是为了更好地满足用户的独特需求。

1. 面向装备制造业后服务市场设计的工业物联网平台

对于各种移动设备（例如叉车、船舶、商用车、农用车、工程机械、轨道车辆、新能源汽车、隧道施工设备、矿井掘进设备等）、无人野外作业设备（如光伏、风电、油气钻采设备等）以及与安全相关的设备，工业物联网的应用是一项不可或缺的需求。装备制造行业的企业在不断创新其经营策略的过程中，成功地拓展了设备、供应链和综合解决方案等多种服务领域，从而加速了企业从产品向服务的转变，并提高了产品的附加价值。

远景智能（Envision Digital）通过其推出的 EnOS 智能物联操作系统，为各企业和城市在数字化转型过程中提供了强大的支持。现阶段，远景智能不只是新能源领域的佼佼者，它还是一家专注于软件技术的公司。多个工业 APP，它们主要用于设备的运维、风电场的运营以及选址等任务，都已在其自主开发的 EnOS 工业互联网平台上进行了部署。

目前，全球已有超过 6 000 万台智能设备成功接入了最先进的 EnOS 工业互联网平台。这些设备覆盖了光伏、风电、储能和充电汽车等多个行业领域，共同构建了"机器社交网络"，实现了设备间的智能协同工作，推动了可再生能源大规模接入工业互联网，加速了从高消耗能源向可再生能源的转变。更进一步地说，通过水平集成技术为客户提供支持以整合现有的系统数据，我们还能为企业和城市带来多角度、多维度的数字化转型解决方案。

在工程机械领域的后续服务市场中，我国的工业物联网平台已经成功地与众多设备实现了互联互通，为其提供了坚实的应用基础。装备制造行业可以通过工业物联网平台远程进行产品的监控和保养，这不仅有助于降低生产成本，还能优化服务品质和提高资源使用效率，从而对装备制造行业的持续发展起到了正面推动作用。

2. 面向特色专业型的工业物联网平台

工业物联网包括了 IT、工业、制造等多个领域的行业知识，但是能够全面掌握这些知识的人才非常稀少。仅当我们对所处行业进行深度的研究和掌握相关的技术技巧时，我们才能真正满足客户的期望，并从根本上帮助他们解决问题。因此，企业在制定行业系统改革计划时，必须首先解决行业内存在的问题和挑战，进行模式创新和技术升级，并根据产业实际需求来制定具有较高推广价值和特定应用场景的系统改革方案。

在 2016 年 5 月，蘑菇物联技术（深圳）有限公司正式成立。这家公司专注于公辅车间（包括水、电、气、冷、热的供应车间）的云智控管理系统研发工作。借助人工智能计算和物联网技术，他们致力于在公辅车间中实现智能、高效的费用数据收集、分析、决策和控制。通过数字技术，他们帮助工厂更精确地匹配供需，从而为工业设备产业链带来"省电、省人、提质"的可度量价值。

云智控系统在节约能源和减少消耗方面具有显著效果，它可以通过智能决策和全站检测的方法，为工厂的动力车间降低 30%～59%的能源消耗成本。空压站具备全天候进行维护提醒、故障预警、设备数据监控以及使用 AI 算法控制空压机启停的能力，这不仅提高了压缩空气的稳定性和站房管理水平，还降低了气体质量和成本。由于产品的通用性难以达成，工业物联网的实际应用也面临困难。蘑菇物联从通用设备的角度出发，针对车间的节能降耗和设备的运维需求，对各种应用场景进行了细致的分类，从而推出了一系列易于被广大客户接受且遵循的统一标准的软硬件解决方案。

工业物联网平台计划围绕其独特的应用领域进行广泛推广，在传统行业中起到全面的作用。这将提高解决方案的品质和行业资源的配置效率，加速工业物联网新经济、新模式和新业态的建设进程，从而助力行业企业走向创新和发展。

3. 面向网络化协同制造设计的工业物联网平台

大约十几年前，协同制造这一概念已经确立，并在航空、汽车等多个行业的公司中被广泛采纳。随着新一代信息技术如互联网、物联网、大数据和云计算的持续进步，网络化协同制造的含义变得更加丰富。企业可以通过大数据、物联网和工业云平台来发展新的现代制造经营模式，通过跨企业合作进行产品的研发、设计和制造，实现研发、供应链的协同和众包设计，这样可以更充分地利用资源，不受限制，迅速转向产业协同模式，从而大幅提升产业的整体竞争力。

举例来说，企业可以利用能够运行在多种边缘设备上的智能边缘平台，以及"双跨"（跨行业、跨领域）的浪潮云洲工业互联网平台，来实现企业内部企业之间的网络协同制造。为了实现对产品设计、物料采购、协作生产和产品生产等核心业务的有效管理，企业紧密关注设计数据并强化项目的管理控制。在其业务模式中，他们采纳了"边设计、边采购、边生产"的策略，实现了业务的协同合作。通过将设备完整地连接到边缘层，企业能够安全、高效且实时地访问工业数据。利用云平台，企业可以实时订阅和分发数据，从而构建一个端云一体化的协同系统；通过采用云化的策略部署，我们可以实现供应链的协同工作，确保从公司内部的各个工厂和部门到外部的所有合作伙伴，信息都能被共享；通过利用大数据分析平台，我们可以对大量的行业大数据进行深入的分析和建模，从而在数据层面为企业提供有力的运营决策支持。中铁工业与浪潮携手创建了一个新型的网络协同制造平台，该平台能够在产品设计的各个环节实现高效的联动。这意味着不再受到地理位置的限制，可以鼓励多个部门共同管理联合制造和数字化物流等环节，从而缩短了 5%～10%的产品交付周期和 3%～5%的综合成本。

12.2   大规模个性化定制

在工业化的社会背景下，消费者对产品的期望主要集中在高品质、低成本、价格可承受和功能满足上。但随着人们收入的增长和物质产品的多样化，消费者不再仅仅满足于大规模、标准化和统一化的产品。相反，他们开始追求更具个性的商品，也就是马斯洛的高级需求——尊重、认可和自我实现。从单一消费者向生产型消费者的转变，不可避免地引发了产品大量产能过剩和个性化需求不足之间的矛盾。因此，企业如果想要改变这种局面，就必须迅速提供个性化的定制服务。

大规模个性化定制是一种综合了企业、客户、供应商、员工和环境因素的生产方式，它在系统思维的引导下，从整体优化的角度出发，充分利用企业现有的各种资源，并在标准技术、现代设计方法、信息技术和先进制造技术的支持下，根据客户的个性化需求，以低成本、高质量和高效率的方式提供定制产品和服务。

大规模个性化定制，也被称为规模化个性化定制或个性化批量化定制，是一种全新的制造模式，它能以大规模生产的成本和速度，根据订单需求，对多样化（多品种小批量）和个性化（批量为 1）定制的产品进行大规模生产。该技术成功地将大规模生产和个性化需求这两个表面上看似冲突的元素融合在一起，从而实现了客户个性化定制与大规模生产的有机融合。简而言之，大规模个性化定制是一种生产模式，其目的是根据每一位客户的独特需求，以大规模生产的高效率来提供定制化的产品。

个性化定制标志着企业从传统工业向智能制造过渡的一个关键阶段。通过利用互联网平台和智能工厂的建设，企业可以将用户的需求直接转化为生产排单，实施以用户为中心的个性化定制和按需生产，从而有效地满足市场的多样化需求，解决制造业长期存在的库存和产能问题，实现产销的动态平衡。简而言之，个性化定制是一种由消费者个性化需求推动的生产模式。消费者可以通过企业提供的平台提出个性化需求，参与产品设计，经过物料准备和生产排程，生产线完成每一件个性化产品的生产，然后将其配送到用户手中。

借助个性化的定制手段，我们有可能实现这一目标：

（1）采取措施来解决企业的产能过剩问题。企业可以根据消费者的需求来制定自己的生产计划，从而实现科学、节约和合理的发展。

（2）尽最大努力来满足消费者的独特需求。消费者有机会购买到具有强烈个人特色的定制产品或服务，这不仅能进一步激发他们的购买欲望，还能增强整个市场的活跃度。

（3）这为消费者与产品供应商，乃至消费者与消费者之间建立了一个有效的沟通路径，从而增强了消费者的归属感和忠诚度。

在工业领域，大规模的个性化生产主要表现为以下四个方面：

（1）为满足某一特定人群的特定需求，企业实施了一定规模的个性化生产策略，这在一定程度上缓解了个性化生产与大规模生产之间的冲突。

（2）让客户参与到设计过程中，进行集体的调研和个性化定制。在产品设计的过程中，企业鼓励用户或特定目标群体的参与。根据用户的具体需求来优化产品，并依据设计成果来确定产品的最终形态和生产流程，这实质上是对目标客户需求进行细化后的大规模生产。

（3）根据客户的个性化需求，制定具体的生产方案，并采用小规模的生产方式。

（4）利用 3D 打印技术，企业可以完全达到个性化的生产流程，通过数据包的传输，在用户端完成产品的销售和生产，同时避免了物流和库存等渠道的压力，也不会造成原材料的浪费。

大规模个性化定制是上述多种智能制造创新模式的大集成，需要实现横向、纵向和端对端三大集成，大规模个性化定制具有以下四个特点：

（1）从生产模式的变革角度出发，大规模的个性化定制成为智能制造领域亟待解决的关键问题。智能制造的核心思想是利用数据的自动化流动来应对制造系统中的复杂性和不确定性，这种不确定性不仅源于产品制造过程中的不确定性，还与个性化的定制有关。

（2）从技术发展的角度看，大规模的个性化定制意味着实现数据流动的完全自动化。自动化分为两大类：其中一类是可视化的自动化，例如数控机床、机器人、自动供料机和物流自动导引运输车（Automated Guided Vehicle，AGV）小车，它们能够自动执行特定的动作、工序或流程；还有一种技术是看不见的自动化。随着各种设计工具、仿真模型、管理软件和工业数据的累积，以及 CPS 在更广泛的范围内的应用，在企业的横向、纵向和产品全生命周期数据集成过程中，实现了数据的互联、互通、互操作，即看不见的自动化。

（3）从组织变革的角度来看，大规模个性化定制需要建立新的组织管理模式。个性化和定制化的生产模式的核心问题是如何迅速地满足客户的需求，这需要组织结构的变革，企业内部可以根据实际情况灵活地组建新的团队，自动分配各种资源，并自动优化和调整其运行机制。

（4）从市场竞争的角度来看，大规模个性化定制已经成为互联网时代企业的一种新兴能力。

12.3   智能机器人

机器人是一种融合了机械、电子、控制、计算机、传感器以及人类智能等多个学科和前沿技术的高级设备，它代表了制造领域的技术巅峰。现在，在工业机器人的领域里。随着时间的推移，其机械结构逐渐走向标准化和模块化，功能也变得更为强大。它已经从传统的汽车制造、电子制造和食品包装等应用领域，转向了新的应用领域，例如新能源电池、高端装备和环保设备在工业领域得到了越来越广泛的应用。与此同时，机器人正逐步从传统工业领域扩展到更多的应用场景，包括家用服务、医疗服务和专业服务的服务机器人，以及用于紧急救援、极限作业和军事的特种机器人。面对非结构化的环境，服务机器人正在展现出蓬勃的发展势头。从宏观角度看，机器人系统正在朝着智能化系统的方向持续进化。

12.3.1   概述

在 1920 年，捷克文学家卡雷尔·恰佩克在他的科幻作品中，依据 Rohola（捷克文，原意为"劳役、苦工"）和 Rohoinik（波兰文，原意为"工人"）的观点，创造了"机器人"这一术语。1942 年，来自美国的科幻作家阿西莫夫首次提出了"机器人三定律"。尽管这只是科幻小说中的一部分，但它后来成为机器人遵循的伦理原则，机器人学界也始终将这三个原则视为机器人开发的指导原则。在 1954 年，美国科学家乔治·德沃尔成功地创造了全球首个可编程机械手，并对其进行了专利申请。这款机械手具备按照多种程序执行不同任务的能力，显示出一定程度的通用性和灵活性。在 1962 年，美国的 AMF 公司推出了名为"VERSATRAN"的产品，而 UNIMATION 公司则推出了名为"UNIMATE"的产品，这两款产品都采用了示教再现的方式，被认为是机器人系列中最早的实用型号。在 1968 年，美国斯坦福研究所宣布了他们成功研发的机器人 Shakey。这款机器人装备了电视摄像机、三角法测距仪、碰撞传感器、驱动电机和码盘等多种硬件设备。通过两台计算机的无线控制，它能够独立完成各种任务，包括感知、环境建模和行为规划，例如根据人类的指示去发现和抓取积木。Shakey 无疑是全球首个智能机器人，为智能机器人的研究开启了新的篇章。

人工智能机器人与传统的机器人有所区别。前者负责处理学习、感知、语言理解和逻辑推理等多种任务，而要在物理世界中完成这些任务，人工智能就必须依赖一个特定的载体，机器人就是这样的载体。机器人作为一种可编程的设备，通常具备独立或半独立地完成一系列任务的能力。当机器人与人工智能技术融合时，由人工智能软件驱动的机器人被称作智能机器人。

在过去的几十年中,智能机器人得到了飞速的发展,其中代表性的成果包括 1988 年由日本东京电力公司研发的具备自动越障功能的巡检机器人；在 1994 年，中科院沈阳自动化研究所以及其他相关单位成功研发出了中国首台无缆水下机器人，名为

"探索者"；1999 年，美国直觉外科成功研发了达芬奇机器人的手术系统；在 2000 年，日本本田技研公司推出了其首款仿人机器人，名为阿西莫；2005 年，美国波士成功研发了四足机器人大狗、双足机器人阿特拉斯以及两轮人形机器人 Handle；在 2008 年，深圳大疆成功研发了无人机，而德国 Festo 则推出了"SmartBierd"、机器蚂蚁和机器蝴蝶等产品；到了 2015 年，软银控股公司推出了情感机器人 Pepper。

将机器人塑造为人类的得力助手和合作伙伴，与人类或其他种类的机器人共同完成各种任务，构成了新型智能机器人发展的一个关键方向。为了让机器人对环境有更深入和精确的理解，我们需要为机器人配备视觉、听觉和触觉等多种传感器。通过这些传感器的集成技术，机器人可以与其所处的环境进行互动，从而在不断变化和不确定的环境中，完成各种复杂且精细的任务。从一方面来看，通过运用脑科学和类人认知计算技术，结合云计算和大数据处理手段，人们能够显著提升机器人对环境的感知、理解以及认知决策的能力；从另一方面看，有必要开发新型的传感器和执行器，这样机器人可以通过其工作环境与其他机器人的自然互动和自我适应的动态环境来增强其工作能力。此外，现代流行的虚拟现实和增强现实技术已经被广泛应用于机器人领域。这些技术与各类穿戴传感技术相结合，能够收集大量的数据，并通过人工智能手段来处理这些数据，从而赋予机器人自主学习人类操作技巧、进行概念抽象和实现自我诊断等多种功能。另外，汽车走向智能化是其发展的必然趋势，而无人车的技术正是推动汽车向机器人化方向发展的关键因素。科幻的世界正在逐渐变为现实。

12.3.2　人工智能技术在机器人中的应用

通过应用人工智能技术，机器人的智能化水平得到了显著提升，与此同时，对智能机器人的深入研究也进一步推动了人工智能的理论与技术进步。智能机器人作为人工智能技术的综合试验平台，能够全方位地评估和考察人工智能在各个研究领域的技术进展情况。图 12.3-1 展示了人工智能在智能机器人核心技术领域的运用，涵盖了智能感知、智能导航和规划以及智能控制等技术涉及操作和智能化的互动。

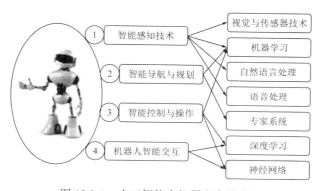

图 12.3-1　人工智能在机器人中的应用

1. 智能感知技术

随着机器人技术的持续进步，其所承担的任务变得越来越复杂。传感器技术赋予了机器人感知能力，增强了其智能化水平，并为机器人进行高精度智能操作奠定了基础。传感器可以被定义为那些能够感知测量结果并根据特定规则转化为可用输出信号的设备或装置，它们是机器人主要的信息获取来源，与人类的"五官"有相似之处。从仿生学的角度看，如果我们将计算机视为处理和识别信息的"大脑"，将通信系统视为信息传递的"神经系统"，那么传感器就可以被视为"感觉器官"。

传感技术是一种融合了多个学科的现代科学和工程技术，它从环境中提取信息并对其进行处理、转换和识别。这包括传感器的规划、设计、开发、制造或建设、测试、应用和评估，以及相关的信息处理和识别技术。传感器的功能和质量直接影响到传感系统在获取环境信息时的信息量和信息质量，这也是构建高品质传感技术系统的关键因素。信息处理包括信号包括预处理、后续处理、特征抽取和选择等步骤。识别任务的核心是对处理过的数据进行识别和分类，这可以通过被识别对象与特征信息之间的关联模型来对输入的特征信息集进行识别、对比、分类和评估。

接下来，我们将集中探讨人工智能技术如何在机器人的"视觉""触觉"以及"听觉"这三大基础感知模式中得到应用。

（1）机器人中视觉技术的运用

视觉是人类获取信息的主要来源，占比超过90%。因此，为机器人配置视觉系统成为一个非常普遍的考虑。机器人的视觉系统能够利用视觉传感器捕获周围环境的图像，然后通过视觉处理器进行深入的分析和解读，最终将这些图像转化为特定的符号，从而使机器人有能力识别并确定物体的具体位置。该目标旨在赋予机器人一对与人类相似的视觉器官，以便能够获取大量的环境信息，进而协助机器人更有效地完成其任务。

在机器人的视觉处理过程中，现实世界里的三维物体会被摄像机转化为二维平面图像，然后通过图像处理技术来生成该物体的视觉图像。机器人在判断物体的位置和形态时，通常需要依赖两种类型的信息：一是距离信息，二是明暗信息。毫无疑问，在物体的视觉信息中，色彩信息占有一席之地；但在物体的位置和形态识别方面，色彩信息的重要性不如前两种信息。机器人的视觉系统高度依赖光线，因此通常需要优质的照明环境，以确保物体生成的图像具有最高的清晰度，同时也解决阴影、低对比度和镜面反射等问题。

机器人视觉技术的应用领域涵盖了为机器人动作控制提供视觉上的反馈、为移动机器人提供视觉导航服务，以及为人们在进行质量和安全检查时提供必要的视觉验证。

（2）触觉技术在机器人领域的运用

当人类的皮肤触觉感受器与机械性刺激接触时，会产生一种被称作触觉的感觉。皮肤上分布着各种触点，这些触点大小不一且布局不均匀。通常情况下，指腹的数量最多，其次是头部，而背部和小腿的数量最少。因此，指腹的触感最为灵敏，而小腿和背部的触觉则相对较慢。如果用细腻的毛发轻轻触摸皮肤，只有在特定的点被触碰时，人们才能真正地感受到触觉的存在。触觉在人类与外部环境直接互动时，起到了关键的感知作用。

在机器人内部，触觉传感器扮演着模拟触觉功能的关键角色。在机器人内部，触觉传感器主要涵盖了接触觉、压力觉、滑觉、接近觉以及温度觉等多个方面，这些触觉传感器在灵巧手部进行精密操作时具有至关重要的作用。在过去 30 年的时间里，触觉感应器一直在被用来替代人体的各种器官。触觉感应器所传递的信息具有高度的复杂性和维度，并且在机械操作中加入这些感应器并不会直接增强其对物体的抓取能力。我们追求的是一种方法，能够将未经处理的初级数据转化为高级信息，从而增强对物体的抓取和控制能力。

在最近的几年中，伴随着现代传感、控制和人工智能技术的进步，科研工作者开始研究如何利用灵巧手触觉传感器，结合收集到的触觉数据和不同的机器学习算法来检测和识别抓取的物体，并对灵巧手抓取的稳定性进行深入分析。目前，触觉建模主要是通过机器学习中的聚类、分类等监督或元监督学习算法来实现的。

（3）机器人中听觉技术的运用

人类的耳朵与眼睛一样，都是关键的感知器官。当声波敲击耳膜时，它会激发听觉神经的反应，并随后传递至大脑的听觉区域，从而形成人的听觉体验。

听觉传感器的主要功能是捕捉声波并展示声音的振动图像，但它无法测量噪声的强度。这种传感器能够检测、测量并展示声音的波形，因此在日常生活、军事、医疗、工业、领海和航天等多个领域都得到了广泛应用，并已经成为机器人技术发展中不可或缺的组成部分。在特定的环境条件下，机器人需要能够准确地测量声音的音调和响度，区分声音的左右来源，并判断声源的大致位置。此外，机器人还需要与机器进行语音交流，以实现"人与机器"之间的对话功能，其中自然语言和语音处理技术起着至关重要的作用。得益于听觉传感器的存在，机器人在执行交互任务时表现得更为出色。

（4）在机器人的多模态信息整合过程中，机器学习起到了关键作用

伴随着传感器技术的飞速进步，各种不同的动态数据（例如视觉、听觉和触觉）正以空前的速度出现。对于一个需要描述的目标或场景，通过不同的方法或视角收集的、耦合的数据样本是一个多模态数据。通常，我们将收集这类数据的各种方式或观点统称为一个模态。在狭义上，多模态信息主要关注具有不同感知特性的模态，

但在广义上，多模态融合还需要进一步研究不同模态的内部结构、模态间的兼容性和互斥性，以及人与机器的融合意图，还有多个相似类型传感器的数据整合等方面。因此，多模态感知与学习的问题与信号处理中的"多源融合""多传感器融合"以及机器学习中的"多视学习"或"多视融合"有着紧密的关联。在智能机器人的实际应用中，机器人的多模态信息的感知和整合扮演着至关重要的角色。

在机器人系统中，传感器的配置是多种多样的，从摄像设备到激光雷达，再到听觉、触觉、味觉和嗅觉，几乎每一个传感器都在机器人内部得到了应用。然而，由于任务的复杂性、成本和使用效率等因素的限制，目前市场上最常用的机器人仍然是视觉和语音传感器，这两种模态通常是独立处理的（例如，视觉用于目标检测，听觉用于语音交互）。然而，在执行操作任务时，由于绝大多数机器人还没有足够的操作技能和物理人机互动能力，触觉传感器基本上还未被广泛应用。

对机器人系统来说，收集到的多模态数据都有其独特的属性，这其中涉及的问题有很多：

"污染"的多模态数据：机器人所处的操作环境极为复杂，因此收集到的数据通常都是包含在内的。

"动态"的多模态数据：由于机器人总是在不断变化的环境中运行，因此收集到的多模态数据自然会展现出复杂的动态行为。

"失配"的多模态数据：机器人所携带的传感器在工作频率和使用周期上存在显著的不同。另外，这些传感器在观测的视角和尺度上存在差异，这使得不同模态间的数据匹配变得困难。

这些挑战为机器人在多模态信息融合感知方面带来了不小的困难。为了确保多种模态信息能够有机地结合在一起，有必要为它们构建一个统一的特征描述和相应的匹配关系。

例如，在当前的操作任务中，许多机器人都装备了视觉传感器。然而，在实际的操作和应用场景中，传统的视觉感知技术面临诸多局限性，例如光照和遮挡等因素，这使得物体的多种内在特性（例如"软"或"硬"等）很难通过视觉传感器进行准确地感知和获取。对于机器人来说，触觉成为它获取周围环境信息的关键感知手段。触觉传感器与视觉传感器有所不同，它能够直接测定物体和环境的各种属性和特点。与此同时，触觉也构成了人们对外界环境感知的一种基础方式。在 20 世纪 80 年代初期，神经科学的研究者们通过在试验中对志愿者的皮肤进行了麻醉，进一步证实了触觉感知在稳定抓取过程中的关键作用。因此，为机器人引入触觉感知功能，不仅在某种程度上模仿了人类的感知和认知方式，同时也满足了实际操作和应用的要求。

视觉信息和触觉信息所收集的信息可能来自物体的不同部分，其中视觉信息是非直接接触的，而触觉信息则是直接接触的。因此，这两种信息在反映物体特性上存在显著的不同，导致视觉和触觉信息之间存在着极为复杂的内在联系。在当前阶段，利用人工机制进行分析以获取完整的关联信息是相当困难的，因此，数据驱动方法被认为是解决这类问题的一种相对有效的手段。

视觉目标识别主要是为了确定物体的名词特性，例如"石头"或"木头"，而触觉模态则更适合用来确定物体的形容词特性，例如"坚硬"或"柔软"。"触觉形容词"已经崭露头角，成为触觉情感分析模型中的有效工具。需要强调的是，对于某些特定的目标，"触觉形容词"通常拥有多种不同的属性。这些"触觉形容词"之间通常存在某种联系，例如"硬"和"软"很难同时出现，但"硬"与"坚实"之间却有着紧密的联系。

视觉和触觉的模态信息之间存在着明显的不同。从一方面看，它们的获取难度各不相同。视觉模态通常比较容易获得，但触觉模态则更为复杂，这常常导致两种模态的数据量有较大的差异。从另一方面看，因为"所观察到的并不是实际触摸到的"，所以在数据收集过程中获取的视觉和触觉信息通常并不是针对相同的部分，显示出相对较弱的"匹配特性"。因此，对视觉和触觉信息进行综合感知是一项极具挑战性的任务。

机器人构成了一个高度复杂的工程系统，在进行机器人多模态融合感知的过程中，需要全面地考虑任务特性、环境因素以及传感器的特性。然而，当前机器人在触觉感知方面的发展明显滞后于视觉和听觉感知技术的进步。尽管 20 世纪 80 年代就开始了关于如何将视觉、触觉和听觉模态结合起来的研究，但这方面的进展始终是缓步的。在未来，我们需要在视觉、听觉和触觉的融合认知机制、计算模型、数据集以及应用系统方面实现重大突破，以全面解决信息表示、融合感知和学习的计算难题。

2. 智能导航与规划

随着信息科学、计算机科技、人工智能以及其他现代控制技术的不断进步，人们开始尝试运用智能导航和规划技术来解决机器人运行中的安全问题。这不仅是机器人相关研究和开发的核心技术之一，也是机器人能够顺利执行各种任务和操作（例如安全巡逻和物体抓取）的基础条件。

以机器学习和专家系统的实际应用为例子。智能机器人在导航和规划方面的安全性一直是一个待解决的关键问题。为了解决在有限条件下由于人为因素导致的机器人自动化水平低下等问题，减少人在导航和规划过程中的参与，并逐渐实现机器人避碰自动化，被认为是解决这些人为因素的基础途径。从 20 世纪 80 年代开始，无论是国内还是国外，在智能导航和规划技术上都实现了显著的进步。智能导航的关键在于能够自动避免碰撞。为了解决机器人的智能避碰问题，众多的专家和学者从不同的领域出发，特别是结合了人工智能技术的不断进步和发展。机器人的自动避碰系统是由数据库、知识库机器学习以及推理机等多个部分组成的。

在机器人的主体部分，各种导航传感器负责收集主体和障碍物的动态数据，并将这些数据录入到数据库中。该数据库主要用于储存来自机器人本体传感器、环境地图以及推理过程中产生的中间结果等各种信息，以供机器学习和推理机在需要时进行调用。

该知识库主要涵盖了以下几个方面：机器人的避碰规则、专家对避碰规则的理解和认识模块，以及基于机器人避碰行为和专家经验推导出的研究成果—机器人运动规划的基础知识和规则；为了实现避碰推断，我们需要特定的算法和它的输出结果；由多种生成规则构成的数个基础碰撞避免知识模块等。避碰知识库构成了机器人自动避碰决策过程中的关键环节，并通过知识工程技术将其转换为实际可用的形态。所谓的知识工程，是指从各种专家和学术文献中筛选出与特定领域相关的信息，并将这些信息的模型转化为所选择的知识格式。知识的描述可以呈现为多种不同的形态，其最大的优势在于它具有积木性。在对避碰情境进行分类时，会根据各种可能的相遇情况，进一步细分为不同的避碰操作。针对每一种避碰规划的具体划分，都是基于专家的建议和机器人的实际避碰规划来制定的，其核心目标是为推理机的逻辑推理提供充足且必要的知识支持。

机器学习旨在让计算机能够自主地获取所需的知识。面对避碰这一动态和时变的任务，系统需要能够实时捕捉目标的动态变化，只有这样，基于这些知识制定的避碰计划才能展现出与人类相似的应对能力。我们构建的智能导航和规划系统的表现，很大程度上依赖于机器学习的效果，而这种学习效果是基于学习的真实性、高效性和其抽象的层次这三大准则来评估的。为了优化智能导航与规划系统的表现，我们在系统设计时选择了算法作为学习的呈现方式，并采纳了归纳学习作为主要的学习方法。一旦方法被确定，我们将在推理机的指导下，决定从知识库中选择哪种算法来执行计算、分析和决策。这种方式有助于减少学习过程中的盲目性，从而提高学习效果，而学习的真实性则依赖于算法对实际情况的反应水平。学习的抽象层次是由选择表示知识的方式决定的，其中，框架形式的表示是一种适应性强、概括性高、结构化良好、推理方式灵活可变、知识库与推理机结合的知识表示方法，它可以将陈述性知识和过程性知识结合起来，有助于解决复杂问题，可以克服产生式避碰知识库的缺点。

推理机的核心功能在于决定如何高效地应用知识，并对各个环节的工作进行控制与协同。在该系统设计中，知识库和推理机被整合为一个整体，以确保推理机能够精准地控制机器的学习环节，从而使其学习更加有针对性。更为关键的是，它决定了系统如何有效地运用这些知识。可以说，推理机在控制机器获取和应用现场知识的推理过程中，模仿了人类的思维模式。在推理过程中，我们采用了启发式搜索方法，以确保推理的准确性、实用性和搜索结果的独特性。在这一启发式的搜索控制机制下，避碰规划在系统的学习和推理阶段得到了生成和优化。

自动避免碰撞的核心步骤涵盖了：

（1）确立机器人的静态与动态特性参数。机器人的静态参数涵盖了机器人的体长、宽度和负载等方面；而动态参数则包括了机器人的速度和方向、从全速状态到停止所需的时间和前进距离、从全速状态到全速倒车所需的时间和前进距离，以及机器人首次避碰的时机等多个参数。

（2）确立机器人主体与障碍物间的相对定位参数。依据机器人本体的静态与动态参数，以及障碍物的可靠信息（如位置、速度、方向和距离等），我们可以确定机器人本体与障碍物间的相对位置参数。这些建议的相对位置参数涵盖了相对速度、相对速度的方向以及相对的方位等方面。

（3）基于障碍物的参数，我们分析了机器人主体的动态行为。为了确定障碍物与机器人本体之间是否存在碰撞的风险，并对潜在的危险目标进行鉴别，这种鉴别过程主要涉及确定机器人与障碍物的相遇情况、基于机器人与障碍物的相遇情况进行分析、利用相关的知识模块来确定机器人的避碰策略和目标的避碰参数，并对这些避碰策略进行实际验证。另外，在自动避碰的全过程中，系统需要持续监控所有环境的动态变化，并不断确认障碍物的运动状况。

在未来，机器人的智能导航与规划系统预计将演变为一个融合导航（如定位和避碰）、控制以及监视通信功能的机器人综合管理平台，并将更加注重信息整合的重要性。通过整合专家系统、雷达、GPS、罗经、计程仪等设备提供的导航数据，以及其他传感器测量的环境数据、机器人的状态信息和知识库中的静态数据，我们可以实现机器人的自动化运动规划。这包括运行规划管理、自动导航和避碰等功能，从而确保机器人从任务开始到任务结束都能完全自动化地运行。

3. 智能控制与操作

机器人的操作和控制涵盖了动态控制以及在操作过程中的独立操作和远程操控。伴随着传感技术和人工智能技术的不断进步，智能运动控制和智能操作已经逐渐成为机器人操作和控制的核心方向。

1）在智能运动控制领域，神经网络起到了关键作用

在机器人运动控制的多种方法中，比例-积分-微分控制如 PID、计算力矩控制（CTM）、鲁棒控制（RCM）和自适应控制（ACM）是几种具有代表性的控制策略。然而，这些控制方法都有其局限性：例如，PID 控制虽然实施起来相对简单，但在设计系统的动态性能方面表现不佳；而 CTM、RCM 和 ACM 这三种控制策略虽然能提供出色的动态性能，但都需要对机器人的数学模型有深入的了解。CTM 方法强调机械手的数学模型需要精确地了解 RCM 对系统不确定性界限的要求，而 ACM 则侧重于了解机械手的动力学结构。这些基于模型的机器人控制策略在面对缺乏的传感器信息、未计划的事件以及机器人在作业环境中的不熟悉位置等方面表现出高度的敏感性。

神经网络控制是一种基于人工神经网络的控制策略，它具备学习和非线性映射的能力，能够解决机器人复杂的系统控制问题。在机器人的控制系统中，所采用的神经网络结构包括直接控制、神经网络的自我校正控制以及神经网络的并联控制等多种方式。

（1）利用神经网络的学习特性，神经网络可以直接进行控制，并通过离线培训来获得机器人的动力学的抽象公式。在网络出现偏差的情况下，它会生成一个与实际机器人的动力特性完全匹配的输出，从而达到对机器人进行控制的目的。

（2）神经网络自校正控制结构采用神经网络作为自校正控制系统的参数估算器。当系统模型参数发生变化时，神经网络可以在线估计机器人的动力学参数，然后将这些估计的参数送到控制器，从而实现对机器人的控制。这一结构设计避免了将系统模型简化为解耦的线性模型，并且在系统参数估计方面表现出较高的精确性，从而显著提高了控制性能。

（3）神经网络的并联控制架构可以被分类为前馈控制和反馈控制两大类。利用前馈型神经网络来研究机器人的逆动力行为，并将控制的驱动力矩与一个标准控制器进行前馈并行处理，从而达到对机器人的精确控制。在适当的驱动力矩条件下，系统的误差极小，而传统控制器的控制能力相对较弱；相对地说，常规的控制器扮演着核心的控制角色。反馈型并联控制方法是基于控制器的控制实现，利用神经网络根据实际需求和动态差异生成校正力矩，从而使机器人实现预期的动态性能。

2）在机器人的灵活操作中，机器学习起到了关键作用

随着先进的机械制造和人工智能技术逐渐走向成熟，机器人研究的焦点也从传统的工业机器人逐步转向了应用范围更广、智能化水平更高的服务型机器人。在服务机器人领域，机械手臂系统执行各类灵活操作已成为机器人操作的核心任务之一，这一领域在近些年内持续受到国内外学术和工业界的普遍关注。该研究的核心内容是使机器人在真实环境中能够智能地抓取目标物体，并在成功抓取后执行灵活的操作。这要求机器人具备智能地识别和抓取各种形状和姿态的目标物体的特性，制定灵活的抓取姿态，并规划多自由度机械臂的移动路径以完成任务。

采用多指机械手进行抓取规划的策略主要可以归纳为"分析法"和"经验法"这两种方法。为了进行"分析法"，我们需要构建一个手指与物体接触的模型，并依据抓取的稳定性标准以及手指关节的逆运动学来优化手腕的抓取姿态。由于在抓取点搜索过程中存在的盲目性和逆运动学优化求解的复杂性，过去二十年里，"经验法"在机器人操作规划方面受到了广泛的关注，并已经取得了显著的进展。"经验法"，也被称为数据驱动法，是一种通过支持向量机（SVM）或其他监督或无监督的机器学习技术，对大量目标物体的形状参数和灵巧手抓取姿态参数进行学习和训练的方法，从而得到抓取规划模型，并将其扩展到新物体的操作中。在实际的操作过程中，机器人会利用所学到的抓取特性，通过抓取规划模型进行分类或回归，从而

确定物体上最适合的抓取位置和姿态；接着，机械手利用视觉伺服等先进技术被导航至预定的抓取点，以完成对目标物的精确抓取。在最近的几年中，深度学习在计算机视觉等领域实现了显著的进展。深度卷积神经网络（CNN）被广泛应用于图像抓取特征的学习，从而不需要依赖于专家的专业知识。这种方法能够充分利用图像中的信息，从而提高计算的效率，并满足机器人抓取任务的实时需求。

同时，传统的多自由度机械臂的运动路径规划技术（例如五次多项式法、RRT法等）很难满足服务机器人灵活操作任务的多样性和复杂性需求，因此模仿学习和强化学习方法受到了研究人员的青睐。模仿学习指的是机器人通过观察和模仿来达到学习的目的。它从示教者给出的实例中吸取知识，通常为人类专家提供决策所需的数据。每一项决策都涵盖了状态和动作序列。在提取所有的状态-动作对并构建新的集合后，我们可以将这些状态作为特征，将动作作为标识进行分类（针对离散动作）或回归（针对连续动作）的学习，从而构建出最佳的策略模型。模型训练的主要目的是确保模型产生的状态与动作的轨迹分布与输入的轨迹分布是一致的。为了训练模仿学习为基础的运动轨迹规划模型，通常会采用深度神经网络，而强化学习策略则是通过引入回报机制来掌握机械臂的运动路径。总体来说，由于机器学习和深度神经网络技术的迅速进步，智能服务机器人在面对多变和复杂环境时的操作性能得到了显著提升。

4. 机器人之间的智能互动

人与机器之间的互动旨在促进人与机器人的交流，并消除他们之间的沟通障碍。通过语言、面部表情、动作或某些可穿戴的工具，人们可以自由地与机器人进行信息的交流和理解。随着机器人技术的不断进步，人与机器的交互方式也在持续地进行创新和发展。从一方面看，机器人技术的不断创新和进步极大地推动了人类的生产和生活方式，这不仅为人类带来了巨大的便利，还显著提高了工作效率；从另一方面看，人与机器的互动实现了人工智能和机器人技术的完美融合，这极大地推动了人工智能技术的进步，使得更多的机器人能够为人类提供更为高效和合理的服务。

（1）采用可穿戴设备进行的人与机器的互动

基于可穿戴设备的人机互动技术构成了普适计算的一个组成部分。作为一种用于信息收集的手段。可穿戴设备是一种超微型、高精度、可穿戴的人机最优融合的移动信息系统，可以直接穿戴在用户身上，与用户建立紧密的联系，为人机交互带来更好的体验。基于可穿戴设备的人与机器的互动是由安装在这些设备上的计算机系统来完成的，当用户成功佩戴这些设备后，该系统将持续保持其工作模式。根据设备的固有特性，它能够主动地感知用户的当前状况、需求和已完成的环境，同时也增强了用户对外部环境的感知能力。得益于基于可穿戴设备的人机交互带来的出色体验，几十年的进步使得基于可穿戴设备的人机交互在多个行业中得到了广泛应用。

在民间娱乐行业中，利用全息影像技术和可穿戴设备，用户可以通过头戴式 Oculus Rif 来体验虚拟世界的感觉，并有能力在其中自由移动。在 2015 年，微软发布了 HoloLens 眼镜，这款眼镜让人们有机会通过它来感知画面在现实世界中的投影效果。

在医学领域中，利用认知技术或大脑信号来理解大脑的意图，从而实现对观点的挖掘和情感的分析。Emotiv 是一种基于脑电信号信息交互的技术，能够通过收集用户的脑电信号信息来实现对用户情感的识别。这样，用户可以在真实的环境中通过意念与机器进行交互，从而更好地帮助残疾人表达他们的情感。

在科学研究的领域内，我们成功地开发了一种针对可穿戴设备的视觉互动技术。当用户佩戴了带有视觉功能的交互设备后，他们可以利用视觉感知技术来捕获外部交互场景的信息，并结合上下文信息来理解用户的交互意图。这样，用户可以在整个视觉处理过程中担任决策者的角色，从而更好地进行可穿戴设备的视觉交互。

（2）采用深度网络技术进行的人与机器的互动学习

作为智能实体的人类，基于对外部环境的感知和认知，展示了人类在运动、感知和认知能力方面的多样性和不确定性。因此，有必要构建一个以人为核心的人机交互模型，通过融合多种感知模式来更好地理解人类的各种活动。为了更好地理解人类的行为和动作，我们可以利用各种传感设备来整合和整合在不同模态下的信息。这不仅可以帮助我们更好地理解人类的行为和习惯，还可以解决机器人操作的高效性和精确性与人类动作的模糊性和不稳定性之间的不一致问题，从而实现人机交互对人类行为和动作的自然、高效和无障碍的认识。

在人与机器的智能互动中，识别和预测人类的动作行为被称为意图理解。机器人能够深入理解动态环境，实现对动态状况的感知，并对合作任务进行理解和预测，从而达到人与机器人之间的相互适应和自主合作。在人与机器的合作过程中，人被视为服务的核心，他们的意图直接影响到机器人的反应方式。行为不仅是语言，也是人们传达意图的关键途径。因此，机器人有必要对人类的行为和姿态进行深入的理解和预测，以便更好地把握人类的意图和需求。行为识别首先涉及对特定数据流中的人类动作进行检测和分类，然后通过识别和预测的迭代修正来估算人体关节点的位置，从而生成具有语义意义的长期运动行为预测，以实现对意图的准确理解，并为人机交互和合作提供充足的信息支持。在早期阶段，行为识别研究主要集中在如跑步和行走这样的基础行为上，这些行为的背景通常是相对稳定的，研究的焦点主要是设计用于描述人体运动特性和特征。伴随技术，尤其是深度学习技术的飞速进步，目前行为识别研究的行为类型已经接近一千种。近几年来，利用 Kinect 视觉深度传感器来获取人体三维骨架信息的技术已经变得越来越成熟。根据三维骨骼点的时空变化，采用长短时记忆的递归深度神经网络进行行为分类识别是解决这一问题的有效途径之一。然而，在当前的人机交互环境中，行为识别主要集中在处理完整的输入数据，而不是实时处理片段数据，因此，能够直接用于实时人机交互的算法还需要进一步的研究。

当机器人认识到人类需要它来完成特定的任务，例如将水杯接住并放置在桌子上，机器人会根据需要采取适当的行动来完成任务。鉴于人与机器人互动时安全问题的关键性，机器人需要能够实时地设计出不会发生碰撞的机械臂的运动路径。一些具有代表性的方法包括利用图搜索的快速随机树（RRT）算法、采用概率学碰撞模型的随机轨迹优化（STOMP）算法，以及面向操作任务的动态运动基元表征等。近几年，采用强化学习中的"试错"训练作为学习运动规划的手段受到了广泛的关注。这种强化学习方式在掌握复杂操作技巧上显示出了明显的优势，并在交互式机器人的智能轨迹规划领域展现出了广阔的应用潜力。

伴随着人工智能技术的飞速进步，基于可穿戴设备的人机互动方式也正在逐步地重塑人类的生产和生活方式，而实现人机之间的和谐统一将成为未来的主要发展方向。

12.3.3 智能机器人发展展望

现代机器人的发展趋势可以总结为三个主要特点：第一点是，从横向角度看，机器人的应用范围正在逐渐扩大，从原先的 95% 的工业应用扩展到更多的非工业应用领域，如手术、水果采摘、修剪、巷道挖掘、侦查和排雷等，此外还包括空间机器人和潜海机器人。机器人的使用没有任何限制。只要你有想法，就有能力去创造和实现它。第二点是，在垂直方向上，机器人的种类正在不断增加，例如进入人体的微型机器人已经变成了一个新的发展方向。第三点是，机器人的智能化水平得到了提升，使得机器人变得更为智慧。机器人的历史进程与人类文明及其进化历程一样，都在持续地迈向更高的层次。从理论角度看，意识化机器人代表了机器人的高级形态，但我们也可以将意识分为简单和复杂两种类型。人类拥有高度复杂和完美的意识，但现代所称的意识机器人大多仅仅是简化的概念。

对于未来，意识化的智能机器人很有可能成为发展的方向。人们可以从日常的学习和生活中不断地积累和学习运动技能的经验，并将这些经验逐步转化为自己所掌握的技能。人们有能力通过持续的学习来提升自己掌握的技能，并将这些技能储存在自己的记忆里。在执行面向特定任务的过程中，人们可以根据已有的经验自主选择相应的技能动作来完成任务。例如，在比赛中，人们通常会选择运球或投篮的动作，以达到最终得分的目的。在机器人的研究领域中，人们对机器人学习的关注日益增强，如何将人类的学习策略和流程融入机器人学习已经成为研究的中心话题。

目前，我国已经步入了机器人产业化的快速发展时期。无论是在帮助老年人和残疾人、提供医疗服务，还是在面对空间、深海、地下等高风险工作环境，或是在精密组装等高端制造领域，都迫切地需要增强机器人对工作环境的感知和其灵活操作的能力。随着云计算和物联网技术的不断进步，与之相伴的各种技术、思维方式和服务模式正在逐渐改变我们的日常生活。作为一种创新的计算方法，机器人的操作模式也正在经历变革。作为一种高科技产业，机器人产业应当最大限度地利用云计算和物联网所带来的技术革新，以提升其智能化和服务质量，进而促进我国在机器人产业方面的持续创新和发展。

随着无线网络和移动设备的广泛应用，机器人现在能够接入网络，而无需担心因其移动和复杂任务导致的网络布线问题，同时，多机器人之间的网络连接也为机器人之间的合作带来了便利。云机器人系统充分发挥了网络的通用性，采纳了开源、开放和众包的开发策略。这极大地扩展了早期的在线机器人和网络化机器人的概念，提高了机器人的能力，扩展了机器人的应用范围，加速和简化了机器人系统的开发过程，降低了机器人的结构和使用成本。尽管目前的研究仍处于初级阶段，但随着机器人的无线传感技术、网络通信技术以及云计算的进一步整合，云机器人的研究将逐渐走向成熟。这将推动机器人的应用朝着更为经济、用户友好和实用的方向发展。此外，云机器人的研究成果也有潜力被广泛应用于网络智能系统和智能物联网系统等多个领域。

虽然物联网的技术进步速度很快，但目前的研究仍然是相对独立的。在物联网的研究领域，目前的焦点主要是智能化的识别、定位、追踪、实时监测和管理，但这些技术在很大程度上还不能支持智能移动和独立操作。在服务机器人的研究领域，大部分的研究都聚焦于提高机器人的固有能力。但由于硬件、软件和成本的制约，当机器人的感知和智能达到某个阶段时，进一步提高其技术难度将会急剧上升。实际上，物联网机器人系统是信息物理融合系统的一个实际应用案例。通过将物联网技术与服务机器人技术紧密结合，可以有效地解决物联网和服务机器人各自的研究难题，并实现两者优势的互补。由感知层、网络层和应用层组成的物联网系统能为机器人提供全面的感知和规划，从而弥补机器人在感知范围和计算能力方面存在的不足；从另一个角度看，机器人不仅具备移动和操作的功能，还可以作为物联网的执行部件，从而赋予其主动服务的能力。综合来看，物联网机器人系统不仅是物联网技术增强其功能的关键途径，也代表了机器人在日常服务环境中提供高效智能服务的潜在发展路径。特别是在如环境监测、突发事件的紧急处理和日常生活支持等大规模、动态变化的复杂服务场景中，它展现出了巨大的应用潜力。

现阶段，无论是国内还是国外的研究机构和学者，他们对物联网机器人系统的探索都还处于初级阶段。鉴于物联网机器人系统需要研究的领域和应用更为广泛，因此在研究过程中所遇到的问题和挑战也相应增大。迄今为止，物联网和服务机器人的研究都还处于起始阶段。当这两种技术结合起来构建物联网机器人系统时，研究仍然处于初级阶段，并面临许多未解决的挑战，如物联网机器人系统的架构设计、感知和认知问题、复杂任务的调度和规划，以及系统标准的建立等。

　　在云计算和物联网的背景下，机器人在进行认知学习时，无疑会遭遇大数据带来的各种机会和挑战。通过对大量数据的存储、统计、智能分析和推断，再加上机器的深度学习，大数据能够有效地促进机器人认知技术的进步。云计算技术使得机器人能够在云端实时处理大量的数据。显然，云计算与大数据技术为智能机器人的进步提供了坚实的基石和推动力。面对云计算、物联网以及大数据的浪潮，我们应当积极推进认知机器人的技术进步。认知机器人代表了一种拥有与人类相似的高级认知技能的新型机器人，它能够在复杂的环境中工作并完成各种复杂的任务。从认知的角度出发，机器人不仅可以有效地解决前面提到的各种问题，而且其智能能力也得到了进一步的增强；从另一个角度看，机器人也拥有与人类相似的大脑和手的功能，这使得人们能够从琐碎和危险的工作环境中得到解放，这一直是人们所追求的理想。脑与手的运动感知系统之间存在着清晰的功能对应关系。从神经、行为和计算等多个维度深入探讨大脑神经运动系统的认知功能，可以揭示大脑与手的动作行为之间的协同作用。理解人类大脑与手的运动控制本质，为我们提供了一个探索大脑奥秘并有望实现重大突破的关键视角。这些新的发现将助力我们更好地理解脑-手感觉运动系统中的信息感知、编码和脑区的协同工作，从而实现脑-手的灵活控制。现阶段，国内针对认知机制的仿生手的试验验证平台相对较少，绝大部分仿生手的相关研究并没有充分吸收脑科学的研究成果。事实上，人的手可以在不断变化和不确定的环境中完成各种高度复杂的操作任务，这是基于人的大脑—手系统对视、触、力等多模态信息的感知、交互、融合，以及在此基础上形成的学习和记忆。因此，将人类大脑与手部的协同认知机制融入仿生手的研究中，已经成为新一代高智能机器人发展的不可避免的方向。